应用型高等院校改革创新示范教材

机械制图

主　编　许淑珍　于利民

副主编　耿相军　柳同音　李志丹　刘　勇　郭守真

主　审　王喜仓

·北京·

内 容 提 要

本书是山东省高等教育面向 21 世纪教学内容和课程体系改革立项教材。

为了适应高等院校应用型人才培养体系的创新与实践，结合现代技术的发展，在编写过程中，作者参考了国内外相关教材，对本书内容进行了适度创新。本书采用我国最新颁布的《技术制图》国家标准。

本书共 8 章：制图的基本知识；点、直线及平面的投影；立体的投影及表面交线；组合体的三视图和轴测图；机件的常用表达方法；标准件和常用件；零件图；装配图等。

与本书配套使用的《机械制图习题集》《计算机辅助设计与绘图》由中国水利水电出版社同期出版。

本书可作为高等工科院校机械类及相关专业制图课程的教材，也可作为高职高专等其他院校相应专业的教学用书，并可供相关工程技术人员参考。

本书配有电子教案，读者可以从万水书苑以及中国水利水电出版社网站下载，网址为：http://www.wsbookshow.com 和 http://www.waterpub.com.cn/softdown/。

图书在版编目（CIP）数据

机械制图 / 许淑珍，于利民主编. -- 北京 : 中国水利水电出版社，2017.10
 应用型高等院校改革创新示范教材
 ISBN 978-7-5170-5961-5

Ⅰ．①机… Ⅱ．①许… ②于… Ⅲ．①机械制图－高等学校－教材 Ⅳ．①TH126

中国版本图书馆CIP数据核字(2017)第257186号

策划编辑：石永峰　责任编辑：封裕　加工编辑：高双春　封面设计：李佳

书　名	应用型高等院校改革创新示范教材 **机械制图** JIXIE ZHITU
作　者	主　编　许淑珍　于利民 副主编　耿相军　柳同音　李志丹　刘勇　郭守真 主　审　王喜仓
出版发行	中国水利水电出版社 （北京市海淀区玉渊潭南路1号D座　100038） 网址：www.waterpub.com.cn E-mail: mchannel@263.net（万水） 　　　　sales@waterpub.com.cn 电话：（010）68367658（营销中心）、82562819（万水）
经　售	全国各地新华书店和相关出版物销售网点
排　版	北京万水电子信息有限公司
印　刷	三河市铭浩彩色印装有限公司
规　格	184mm×260mm　16开本　17.25印张　422千字
版　次	2017年10月第1版　2017年10月第1次印刷
印　数	0001—5000 册
定　价	36.00元

凡购买我社图书，如有缺页、倒页、脱页的，本社营销中心负责调换

版权所有·侵权必究

前　言

本书是山东省高等教育面向 21 世纪教学内容和课程体系改革立项教材。

随着我国高等教育教学改革的不断深化，高等院校工程图学的教育在课程体系、教学内容、教学手段和方法等方面都发生了深刻的变化。本书是根据应用型人才培养目标，以及教育部工程图学教学指导委员会最新修订的《普通高等院校工程图学课程教学基本要求》，总结作者多年的教学经验和改革实践编写而成。同时作者还编写了与这本教材配套的《机械制图习题集》《计算机辅助绘图设计》。本套教材适应的学时数为 70～120 学时。

本书主要特点如下：

（1）在内容的结构体系上，注重科学性与工程实践性相结合，将丰富的案例纳入教学内容。

（2）由于各高校对《机械制图》教学课时都做了程度不同的压缩，因此教材对传统工程制图的内容做了一定的删减，尤其对画法几何的内容，仅选用了最基本和必要的部分。教材其他内容的选择，也力求做到少而精、针对性强、简练实用。

（3）插图图形清晰、图例典型。

（4）采用我国最新颁布的《技术制图》国家标准。

本教材由山东交通学院工程图学教研室的教师共同编写。

本书由许淑珍、于利民任主编，耿相军、柳同音、李志丹、刘勇、郭守真任副主编，王喜仓教授任主审，具体编写分工如下：于利民编写前言、附录，李志丹编写第 1 章、第 2 章，耿相军编写第 3 章、第 4 章，柳同音编写第 5 章、第 6 章、许淑珍编写第 7 章、第 8 章，刘勇编写第 2 章（部分），郭守真编写第 6 章（部分）。

在本书编写过程中，作者得到了所在单位有关领导及工程图学教师的支持与帮助，在此表示衷心的感谢。

由于时间仓促及编者水平有限，书中难免有错误与不当之处，敬请读者批评指正。

编 者
2017 年 9 月

目　录

前言

绪　论 ································· 1
  一、本课程的研究对象及作用 ········· 1
  二、本课程的基本任务 ··············· 1
  三、本课程的特点与学习方法 ········· 1

第1章　制图的基本知识 ················ 2
1.1　国家标准《技术制图》和《机械制图》一般规定 ···················· 2
  1.1.1　图纸幅面及格式（GB/T14689－2008） ························ 2
  1.1.2　比例（GB/T14690－1993） ···· 4
  1.1.3　字体（GB/T14691－1993） ···· 4
  1.1.4　图线（GB/T17450－1998） ···· 6
  1.1.5　尺寸标注（GB/T4458.4－2003） ··· 7
1.2　绘图工具及其使用 ················ 12
  1.2.1　图板和丁字尺 ·················· 13
  1.2.2　三角板 ······················· 13
  1.2.3　圆规 ························· 13
  1.2.4　分规 ························· 13
  1.2.5　铅笔 ························· 14
  1.2.6　曲线板 ······················· 14
  1.2.7　其他用品 ···················· 14
1.3　几何作图 ······················· 14
  1.3.1　等分已知线段 ················· 14
  1.3.2　等分圆周作内接正多边形 ······· 15
  1.3.3　斜度和锥度 ··················· 16
  1.3.4　椭圆的画法 ··················· 17
  1.3.5　圆弧连接 ···················· 17
1.4　平面图形的分析和画法 ············ 19
  1.4.1　平面图形的分析 ··············· 19
  1.4.2　平面图形的画法 ··············· 19
  1.4.3　平面图形的尺寸注法 ··········· 20
1.5　手工绘图 ······················· 21
  1.5.1　仪器绘图的方法和步骤 ········· 21
  1.5.2　徒手绘图的方法和步骤 ········· 23

第2章　点、直线及平面的投影 ········· 26
2.1　投影法的基本知识 ················ 26
  2.1.1　投影的概念 ··················· 26
  2.1.2　投影法的种类 ················· 26
2.2　点的投影 ······················· 27
  2.2.1　点在两投影体系中的投影 ······· 27
  2.2.2　点在三投影面体系中的投影 ····· 28
  2.2.3　点的投影与坐标 ··············· 30
  2.2.4　特殊位置点的投影 ············· 31
  2.2.5　两点的相对位置与重合投影 ····· 32
2.3　直线的投影 ····················· 33
  2.3.1　直线的投影特性及三面投影 ····· 33
  2.3.2　直线与投影面的相对位置及其投影特性 ···················· 33
  2.3.3　直线上的点 ··················· 35
  2.3.4　两直线的相对位置 ············· 36
  2.3.5　直角投影定理 ················· 37
2.4　平面的投影 ····················· 38
  2.4.1　平面的表示方法 ··············· 38
  2.4.2　各种位置平面的投影特性 ······· 38
  2.4.3　平面内的点和直线 ············· 40
2.5　直线与平面、平面与平面的相对位置 ···· 42
  2.5.1　直线与平面平行、两平面平行 ··· 42
  2.5.2　直线与平面相交、两平面相交 ··· 43
  2.5.3　直线与平面垂直、两平面垂直 ··· 44
2.6　换面法 ························· 46
  2.6.1　概述 ························· 46
  2.6.2　换面法的基本作图方法 ········· 47
2.7　综合实例 ······················· 52

第3章　立体的投影及表面交线 ········· 59
3.1　平面立体 ······················· 59
  3.1.1　平面立体的投影 ··············· 59

        3.1.2 平面立体表面取点 ··················· 61
    3.2 曲面立体 ······································ 62
        3.2.1 圆柱 ·· 63
        3.2.2 圆锥 ·· 64
        3.2.3 球 ·· 64
        3.2.4 圆环 ·· 65
        3.2.5 曲面立体表面取点 ··················· 66
    3.3 平面与立体表面相交 ······················ 68
        3.3.1 平面与平面立体表面相交 ········· 68
        3.3.2 平面与曲面立体表面相交 ········· 71
    3.4 两曲面立体表面交线 ······················ 80
        3.4.1 相贯线的概念 ···························· 80
        3.4.2 相贯线的特殊情况 ··················· 85
    3.5 综合实例 ······································ 86

第4章 组合体的三视图和轴测图 ········· 89

    4.1 三视图的形成及其投影特性 ··········· 89
        4.1.1 三视图的形成 ···························· 89
        4.1.2 三视图的投影特性 ··················· 89
    4.2 组合体的形体分析与视图的画法 ···· 90
        4.2.1 组合体的形体分析 ··················· 90
        4.2.2 组合体视图的画法 ··················· 92
    4.3 组合体的尺寸标注 ························· 94
        4.3.1 基本体的尺寸标注 ··················· 95
        4.3.2 切割体和相贯体的尺寸标注 ····· 95
        4.3.3 组合体的尺寸标注 ··················· 96
    4.4 看组合体视图 ································ 98
        4.4.1 看图的基本要领 ······················· 98
        4.4.2 看图的基本方法 ····················· 100
        4.4.3 已知两视图补画第三视图 ······· 102
    4.5 轴测图 ·· 103
        4.5.1 轴测图的基本知识 ················· 104
        4.5.2 轴测图的分类 ·························· 105
        4.5.3 正等轴测图 ···························· 105
        4.5.4 斜二轴测图 ···························· 109
    4.6 综合实例 ···································· 110

第5章 机件的常用表达方法 ············· 114

    5.1 视图 ·· 114
        5.1.1 基本视图 ······························· 114
        5.1.2 向视图 ···································· 114

        5.1.3 斜视图 ···································· 115
        5.1.4 局部视图 ······························· 116
    5.2 剖视图 ·· 117
        5.2.1 剖视的基本概念 ····················· 117
        5.2.2 剖视图的画法 ·························· 117
        5.2.3 剖视图的种类 ·························· 119
        5.2.4 剖切平面的种类及剖切方法 ··· 121
    5.3 断面图 ·· 124
        5.3.1 断面图的概念 ·························· 124
        5.3.2 断面的种类 ···························· 124
    5.4 其他表达方法 ······························ 126
        5.4.1 局部放大图 ···························· 126
        5.4.2 简化画法 ································ 127
    5.5 综合实例 ···································· 129

第6章 标准件和常用件 ····················· 132

    6.1 螺纹及螺纹紧固件 ······················· 132
        6.1.1 螺纹 ······································ 132
        6.1.2 螺纹的基本要素和分类 ··········· 134
        6.1.3 螺纹的规定画法 ····················· 136
        6.1.4 常用螺纹的标注 ····················· 139
    6.2 螺纹紧固件及其联接 ···················· 142
        6.2.1 螺纹紧固件及其标记 ·············· 143
        6.2.2 螺纹紧固件的画法 ················· 144
        6.2.3 螺纹紧固件装配图的画法 ······· 144
    6.3 齿轮 ·· 148
        6.3.1 圆柱齿轮 ································ 148
        6.3.2 直齿圆锥齿轮 ·························· 152
    6.4 键、销、滚动轴承与弹簧 ············ 155
        6.4.1 键联接 ···································· 155
        6.4.2 销 ·· 158
        6.4.3 滚动轴承 ································ 159
        6.4.4 弹簧 ······································ 161

第7章 零件图 ···································· 165

    7.1 零件图的内容 ······························ 165
    7.2 零件图的视图选择 ······················· 166
        7.2.1 主视图的选择 ·························· 166
        7.2.2 其他视图的选择 ····················· 167
    7.3 零件图的尺寸标注 ······················· 167
        7.3.1 尺寸基准的选择 ····················· 167

7.3.2 尺寸的标注形式 ················ 168
7.3.3 合理标注尺寸应注意的事项 ······· 168
7.3.4 零件上常见孔的尺寸标注 ········ 170
7.4 零件上常见的工艺结构 ············· 171
7.4.1 铸造工艺结构 ················ 171
7.4.2 机械加工工艺结构 ············ 172
7.5 零件图上的技术要求 ··············· 173
7.5.1 表面结构 ···················· 174
7.5.2 极限与配合 ·················· 178
7.5.3 几何公差简介 ················ 183
7.6 典型零件图的分析与实例测绘 ······· 186
7.6.1 轴套类零件 ·················· 186
7.6.2 轮、盘、盖类零件 ············ 191
7.6.3 叉架类零件 ·················· 195
7.6.4 箱壳类零件 ·················· 199
7.7 读零件图 ························· 204
7.7.1 读零件图的方法和步骤 ········ 204
7.7.2 实例解读顶杆帽（轴套类）零件 ··· 205
7.7.3 实例解读溢流阀体（箱壳类）
    零件 ························ 207

第8章 装配图 ···························· 211

8.1 装配图的作用和内容 ··············· 211
   8.1.1 装配图的作用 ················ 211
   8.1.2 装配图的内容 ················ 211
8.2 装配图的表达方法 ················· 213
   8.2.1 装配图的规定画法 ············ 213
   8.2.2 装配图的特殊画法 ············ 213
   8.2.3 装配图的视图选择 ············ 215
8.3 装配图的尺寸标注和技术要求 ······· 218
   8.3.1 装配图的尺寸标注 ············ 218
   8.3.2 装配图的技术要求 ············ 218
8.4 装配图中的零部件序号和明细栏 ····· 219
   8.4.1 零部件序号 ·················· 219
   8.4.2 明细栏 ······················ 219
8.5 装配结构的合理性简介 ············· 220
   8.5.1 接触面或配合面的结构 ········ 220
   8.5.2 螺纹紧固件的防松结构 ········ 222
8.6 部件测绘和装配图的画法 ··········· 222
   8.6.1 了解分析测绘对象和拆卸零部件 ··· 222
   8.6.2 拆卸零部件和测量尺寸 ········ 222
   8.6.3 画装配示意图 ················ 223
   8.6.4 测绘零件并画零件草图 ········ 223
   8.6.5 画装配图 ···················· 226
   8.6.6 画零件图 ···················· 227
8.7 读装配图和拆画零件图 ············· 229
   8.7.1 读装配图 ···················· 229
   8.7.2 拆画零件图 ·················· 234
   8.7.3 实例解读气缸装配图及拆画
    零件图 ······················ 235

附录 ···································· 242

参考文献 ································ 268

绪　论

一、本课程的研究对象及作用

本课程主要研究运用投影法知识，按一定的标准规定，借助于图板、丁字尺、计算机等绘图工具，将物体的形状、尺寸、技术要求等准确地表达在图纸等介质上。这种应用于工程领域中，包含物体形状、尺寸与技术要求等信息的图形称为工程图样。

工程图样是表达和交流技术思想的重要工具，是工程技术部门的一项重要技术文件。在工业生产与科学试验中，工程图样是进行加工制造、维修检验等方面的主要依据。它被喻为"工程界的技术语言"。这种技术语言广泛应用于机械、电子、建筑等领域，工程技术人员必须掌握这种语言，具备绘制和阅读工程图样的能力。绘制工程图样的方法有手工绘图和计算机绘图两种，工程技术人员除应掌握手工绘图方法外，还应具有计算机绘图能力。

二、本课程的基本任务

（1）学习正投影法的基本原理及其应用。
（2）培养绘制与阅读机械工程图样的能力。
（3）培养空间想象、空间构思能力。
（4）学习用计算机绘制工程图样的基本技能。
（5）培养严肃细致的工作作风、认真负责的工作态度。

三、本课程的特点与学习方法

本课程是一门既有系统理论，又偏重于实践的技术基础课。学习该课程，既包含对投影理论等知识的理解，又包含对绘图与看图基本技能的训练。而这两者都必须通过大量的绘图、读图练习来得以实现。因此学好本课程必须要理论联系实际，多画、多想、多看，并通过完成较多的习题作业来加强对投影理论、基本概念的理解，培养起较强的空间想象能力及较高的绘图与看图的基本技能。此外在学习中还应注意：

（1）本课程的中心内容主要是讲授如何用平面图形完整、准确、简洁地表达空间形体。学习时要密切注意画在平面上的投影图形与所表达的空间形体之间的关系，由物画图，由图想物，只有通过这种经常的从空间到平面、从平面到空间的反复对照与思索，才能较快地提高空间想象力及画图与看图的能力。

（2）要熟知国家颁布的《机械制图》《技术制图》国家标准，尤其对《机械制图》国家标准中常用的一些规定必须要熟记，并在绘图实践中严格遵守。另外还应尽可能了解一些机械制造的有关知识，这对学习该课程将很有益处。

（3）本教材要求学生同时具备手绘草图、仪器绘图和计算机绘图三种能力，尤其是计算机绘图能力的培养，要靠平时多争取上机机会，熟练运用各种绘图命令，才能又快又好地绘出工程图。

第1章 制图的基本知识

1.1 国家标准《技术制图》和《机械制图》一般规定

工程图样是现代化生产中进行产品设计、制造、安装和检验等必不可少的技术资料，也是每位工程技术人员表达设计思想、进行技术交流的重要工具，被称为工程技术界的"共同语言"。因此，必须对工程图样的内容、格式、表达方法等做出统一规范，这个统一规范就是相关的国家标准。我国于1959年由国家科学技术委员会批准颁布了"GB122~141－1959《机械制图》"标准，之后不间断地进行过修订工作。

目前常用的标准是由国家标准化主管机构参照国际标准化组织的标准，制定并颁布的与国际标准（ISO）接轨的我国《技术制图》和《机械制图》国家标准，简称"国标"，其代号为"GB"。例如，在标准代码"GB/T 4457.4－2002"中，"GB/T"称为"推荐性国家标准"，"4457"表示标准顺序号，后面的4表示该标准的第4部分，"2002"是该标准颁布的年份。

本章主要介绍国家标准的基本规定、绘图仪器的使用、几何作图和常见平面图形的画法等内容。通过上述内容的学习，认识到国家标准的严格性和权威性，建立和增强标准化意识，掌握基本的作图方法，在今后绘制工程图样时形成严谨、规范的绘图习惯。

1.1.1 图纸幅面及格式（GB/T14689－2008）

1.1.1.1 图纸的幅面

图纸宽度与长度组成的图面，称为图纸幅面。绘制图样时，应优先采用表1-1中规定的5种基本幅面。必要时允许选用规定的加长幅面。加长幅面的尺寸是由基本幅面的短边成整数倍增加得到的。

表1-1 图纸基本幅面尺寸 （mm）

幅面代号	A0	A1	A2	A3	A4
尺寸 B×L	841×1189	594×841	420×594	297×420	210×297
a	25				
c	10			5	
e	20		10		

表中幅面代号意义见图1-1、图1-2。

1.1.1.2 图框格式

图框是图纸上限定绘图区域的线框，其格式分为不留装订边和留有装订边两种，如图1-1、图1-2所示，但同一产品的图样只能采用一种格式。在图纸上图框线必须用粗实线绘制。

1.1.1.3 标题栏（GB/T10609.1－2008）

在工程图样中必须绘制标题栏，其位置一般如图1-1、图1-2所示。标题栏的文字方向应为看图方向，标题栏的外框为粗实线，里边是细实线，其右边线和底边线应与图框线重合。国家标准对标题栏的内容、格式和尺寸作了规定，如图1-3所示。在学校的学生制图作业中，为了简化作图，建议采用图1-4的格式。

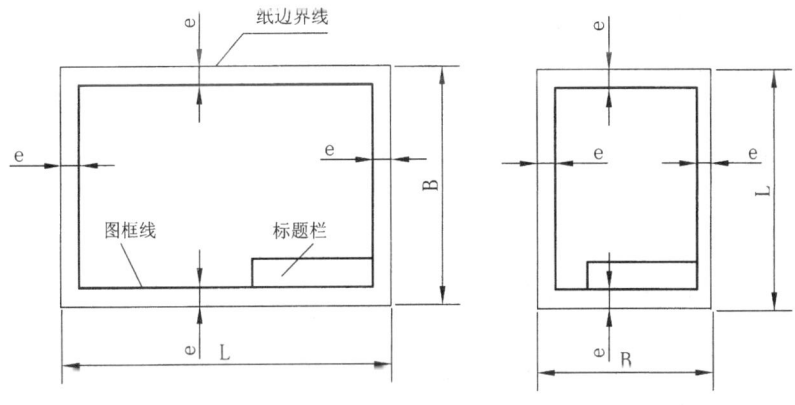

图1-1　不留装订边的图框格式

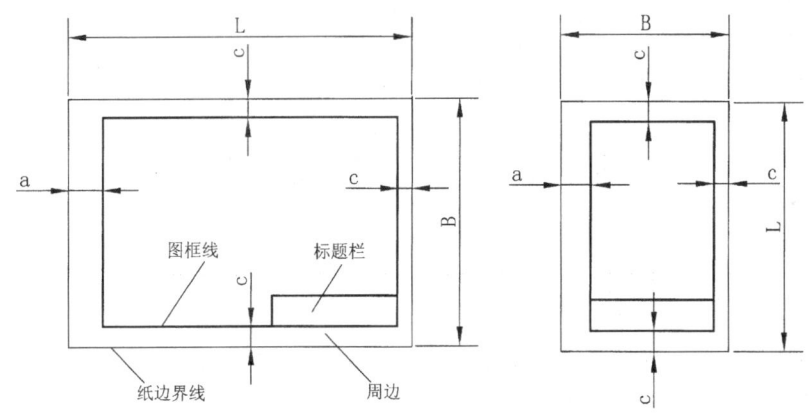

图1-2　留有装订边的图框格式

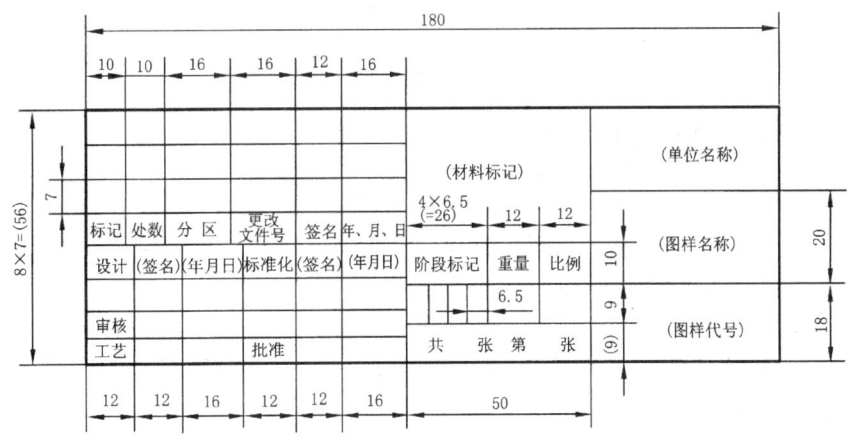

图1-3　标题栏的尺寸与格式

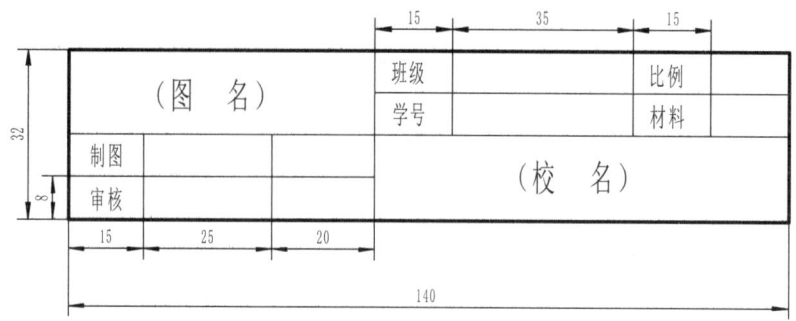

图 1-4　标题栏格式（作业中使用）

1.1.2　比例（GB/T14690－1993）

比例是图样中图形与实物相应要素的线性尺寸之比。需要按比例绘制图样时，应从表 1-2 规定的系列中选取适当的比例。

表 1-2　绘图比例

种类	比例				
原值比例	1:1				
放大比例	2:1 （2.5:1）	5:1 （4:1）	$1\times10^n:1$ （$2.5\times10^n:1$）	$2\times10^n:1$ （$4\times10^n:1$）	$5\times10^n:1$
缩小比例	1:2 （1:1.5） （$1:1.5\times10^n$）	1:5　1:10 （1:2.5） （$1:2.5\times10^n$）	$1:1\times10^n$ （1:3） （$1:3\times10^n$）	$1:2\times10^n$ （1:4） （$1:4\times10^n$）	$1:5\times10^n$ （1:6） （$1:6\times10^n$）

注：n 为正整数，优先选择无括号标准。

为了能从图样上得到实物大小的真实感，应尽量采用原值比例（1:1），当机件过大或过小时，可选用表 1-2 中规定的缩小或放大比例绘制，但尺寸标注时必须标注实际尺寸。一般来说，绘制同一机件的各个视图应采用相同的比例，并在标题栏中注明。当某个视图需要采用不同比例时，可在视图名称的下方或右侧标注比例，例如：

$$\frac{\mathrm{I}}{2:1} \qquad \frac{A}{1:100} \qquad \frac{B-B}{2.5:1} \qquad 平面图\ 1:10$$

1.1.3　字体（GB/T14691－1993）

图样中书写的文字必须做到：字体工整、笔画清楚、间隔均匀、排列整齐。

字体的高度（用 h 表示）的公称尺寸系列为 1.8mm、2.5mm、3.5mm、5mm、7mm、10mm、14mm、20mm。字体高度代表字体的号数。

1.1.3.1　汉字

汉字应写成长仿宋体，并应采用国家正式公布推行的简化字。汉字的高度不应小于 3.5mm，其字宽一般为字高的 2/3。长仿宋体的书写要领是：横平竖直，注意起落，结构匀称，填满方格。

长仿宋体的汉字示例：

10 号字

字体工整笔画清楚排列整齐间隔均匀

7 号字

横平竖直注意起落结构匀称填满方格

5 号字

字体工整笔画清楚排列整齐间隔均匀

1.1.3.2 数字和字母

数字和字母有直体和斜体两种。一般采用斜体，斜体字字头向右倾斜，与水平线约成 75°。在同一图样上，只允许选用一种形式的字体。

（1）斜体拉丁字母示例。

（2）斜体数字示例

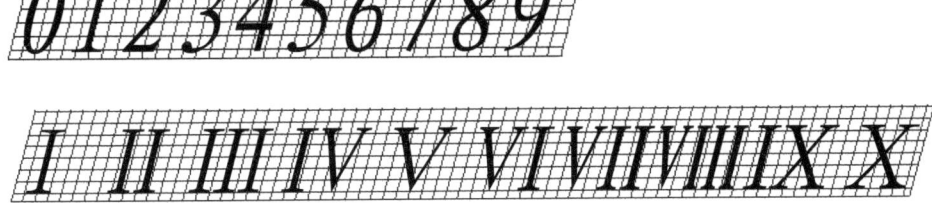

1.1.4 图线（GB/T17450－1998）

1.1.4.1 图线线型及其应用

图线是工程图样中所采用各种线型，GB/T17450－1998《技术制图 图线》中规定了15种基本线型。图线的宽度（用 d 表示）分为粗线、中粗线、细线三种，其比例关系是 4:2:1。机械图样上多采用两种线宽，其比例关系是 2:1。建筑图样上可以采用三种线宽。所有线型的图线宽度应按图样的类型和尺寸大小在下列数系中选择：0.18mm、0.25mm、0.35mm、0.5mm、0.7mm、1mm、1.4mm、2mm。宽度为 0.18mm 的图线在图样复制中往往不清晰，尽量不采用。

目前，在机械图样中仍采用 GB/T4457.4－2002 中规定的 8 种线型：粗实线、细实线、波浪线、双折线、虚线、粗点划线、细点划线、双点划线，如表 1-3 所示。

表 1-3 图线型式及应用

图线名称	图线形式	图线宽度	主要用处
粗实线	————————	d	可见轮廓线
细实线	————————	d/2	尺寸线，尺寸界线，剖面线，重合剖面的轮廓线
波浪线	～～～～	d/2	断裂处的边界线，视图与剖视的分界线
双折线	—✓—✓—	d/2	断裂处的边界线
虚线	- - - - - -	d/2	不可见的轮廓线
细点划线	— · — · — · —	d/2	轴线，对称中心线，轨迹线
粗点划线	— · — · — · —	d	有特殊要求的线或表面的表示线
双点划线	— ·· — ·· —	d/2	相邻辅助零件的轮廓线，极限位置的轮廓线

1.1.4.2 图线的画法

（1）同一图样中同类图线的宽度应基本一致，虚线、点划线、双点划线的线段长度和间隔应各自大致相等，在图样中要显得匀称协调，建议采用图 1-5 的图线规格。

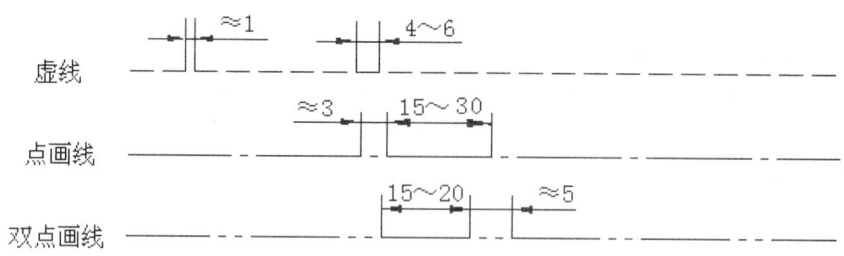

图 1-5 图线规格

（2）绘制点划线时，首末两端及相交处应是线段而不是短划，超出图形轮廓 2～5mm。在较小的图形上绘制点划线和双点划线有困难时，可用细实线代替。

（3）虚线与虚线相交，或与其他图线相交时，应以线段相交，当虚线为实线的延长线时，应留有间隙，以示两种不同线型的分界线。

绘制图线应注意的问题如图 1-6 所示。

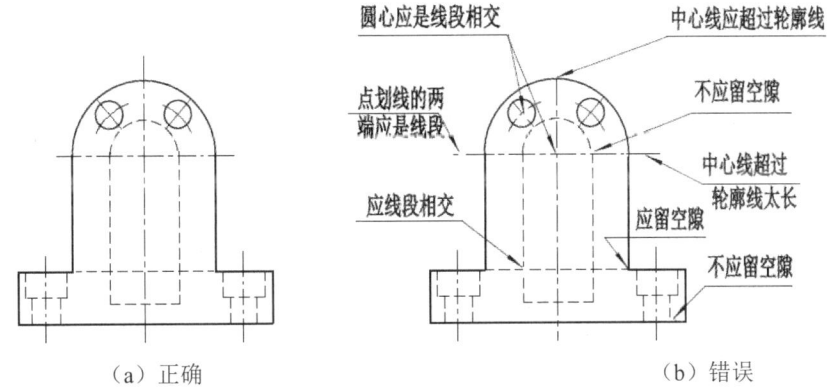

(a) 正确　　　　　　　　　　　　　(b) 错误

图 1-6　画点划线和虚线应遵守的画法

图线应用示例如图 1-7 所示。

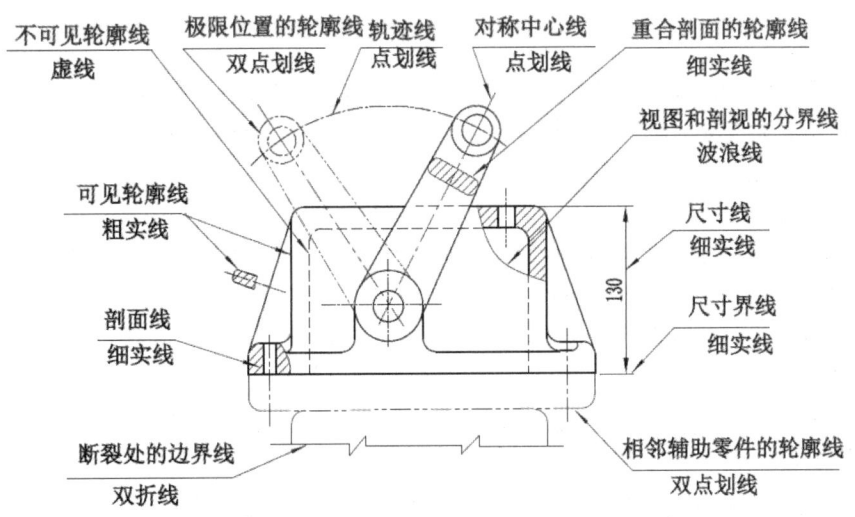

图 1-7　图线应用实例

1.1.5　尺寸标注（GB/T4458.4－2003）

1.1.5.1　基本规则

（1）图样中的尺寸，以 mm 为单位时，不需注明计量单位代号或名称。若采用其他单位则必须注明相应计量单位或名称。

（2）图样上所注的尺寸数值是机件的真实大小，与图形大小及绘图的准确度无关。

（3）机件的每一尺寸，在图样上一般只标注一次，并应标注在反映该结构最清楚的视图上。

（4）图样中所注尺寸是该机件最后完工时的尺寸，否则应另加说明。

1.1.5.2　尺寸要素

一个完整的尺寸，由尺寸界线、尺寸线、尺寸线终端和尺寸数字四个要素组成，如图 1-8 所示。

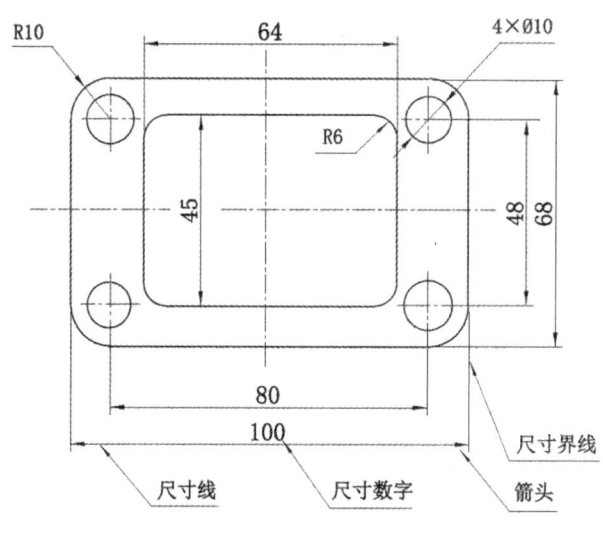

图 1-8 尺寸的组成

1. 尺寸界线

尺寸界线用细实线绘制，一般是图形的轮廓线、轴线或对称中心线的延长线，超出尺寸线约 2～3mm。也可直接用轮廓线、轴线或对称中心线作尺寸界线。尺寸界线一般与尺寸线垂直，必要时允许倾斜。

2. 尺寸线

尺寸线用细实线绘制，必须单独画出，不能用其他图线代替，一般也不得与其他图线重合或画在其延长线上。并应尽量避免尺寸线之间及尺寸线与尺寸界线之间相交。尺寸线应与所标注的线段平行，平行标注的各尺寸线的间距要均匀，间隔应大于 5mm，同一张图纸的尺寸线间距应相等。

标注角度时，尺寸线应画成圆弧，其圆心是该角的顶点。

3. 尺寸线终端

尺寸线终端有两种形式，箭头或细斜线，如图 1-9 所示。箭头适用于各种类型的图样。当尺寸线终端采用细斜线形式时，尺寸线与尺寸界线必须垂直。同一张图样中，只能采用一种尺寸线终端形式。采用箭头形式时，在位置不够的情况下，允许用圆点或斜线代替。

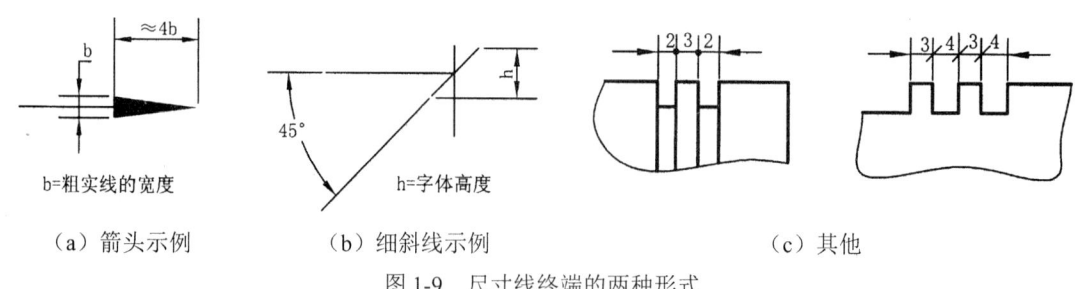

（a）箭头示例　　（b）细斜线示例　　（c）其他

图 1-9 尺寸线终端的两种形式

4. 尺寸数字

线性尺寸的数字一般注写在尺寸线上方或尺寸线中断处。尺寸数字不能被任何图线通过，否则应将该图线断开，如图 1-10 所示。

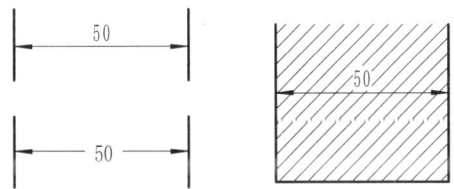

图 1-10 尺寸数字的标注方法

标注尺寸时,应尽可能使用符号和缩写词。常用的符号和缩写词见表 1-4。

表 1-4 常用符号和缩写词

名称	符号和缩写词	名称	符号和缩写词	名称	符号和缩写词
直径	φ	厚度	t	沉孔或锪平	⌴
半径	R	正方形	□	埋头孔	∨
球直径	Sφ	45°倒角	C	均布	EQS
球半径	SR	深度	▽	弧长	⌒

1.1.5.3 各类尺寸标注示例

1. 线性尺寸的注法

线性尺寸的数字应按图 1-11(a)所示的方向注写,即以标题栏方向为准,水平方向字头朝上,垂直方向字头朝左,倾斜方向时字头有朝上趋势。应尽量避免在如图 1-11(a)所示的 30°范围内标注尺寸,当无法避免时,可按如图 1-11(b)所示的形式标注。

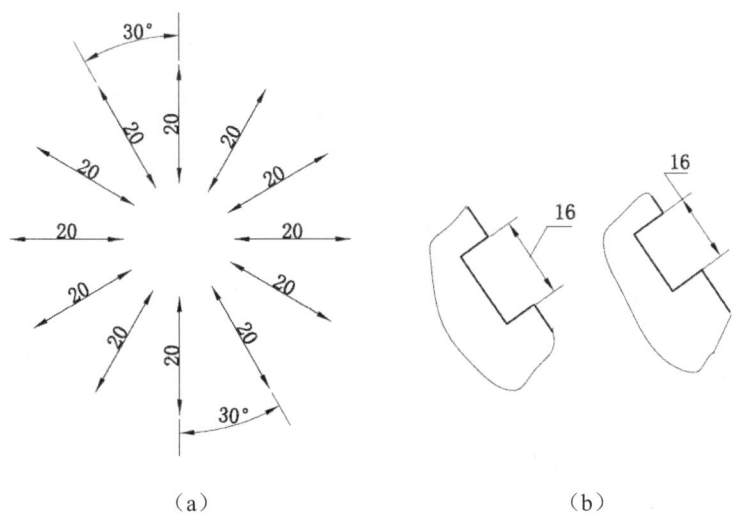

(a)   (b)

图 1-11 线性尺寸的数字注法

2. 角度尺寸注法

标注角度时,尺寸数字一律水平书写,即字头永远朝上,一般注在尺寸线的中断处,如图 1-12(a)所示,必要时也可按图 1-12(b)的形式标注。

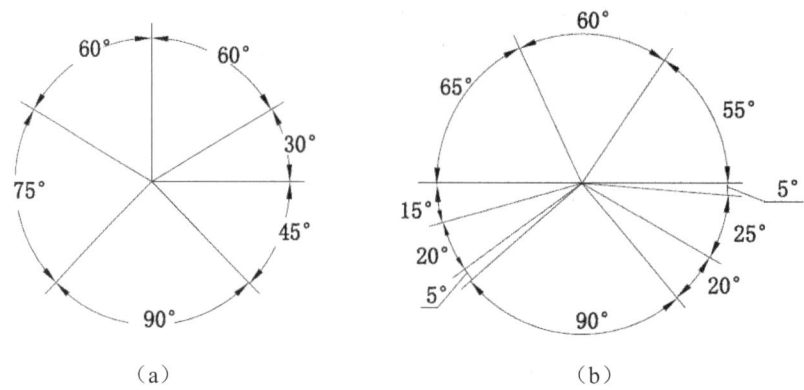

图 1-12　角度尺寸的注法

3. 圆、圆弧及球面尺寸的注法

（1）标注圆或大于半圆的弧时，应在尺寸数字前加注符号φ；标注圆弧半径时，应在尺寸数字前加注符号 R。尺寸线应通过圆心，终端为箭头。可按如图 1-13 所示的方法标注。

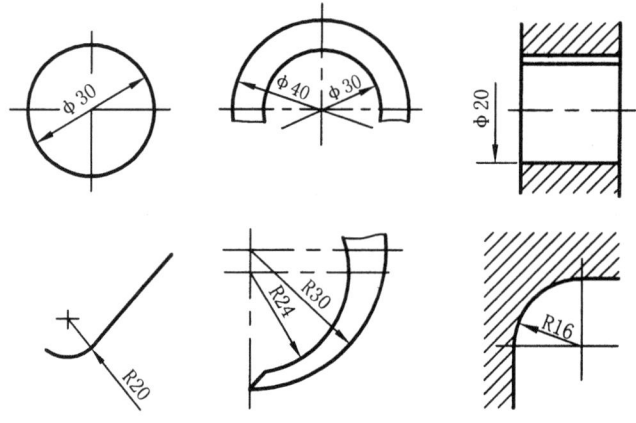

图 1-13　圆及圆弧尺寸的注法

（2）当圆弧的半径过大，图纸范围内无法注出圆心位置时，可按图 1-14 标注。

（3）标注球面的直径或半径时，应在符号φ或 R 前加注 S。（在不易引起误解时，可省略，如图 1-15 所示。）

图 1-14　大圆弧尺寸的注法　　　　　图 1-15　球面尺寸的注法

4. 小尺寸的注法

对于小尺寸，在没有足够的位置画箭头或注写数字时，箭头可画在外面，或用小圆点代替两个箭头，尺寸数字也可采用旁注或引出标注，如图 1-16 所示。

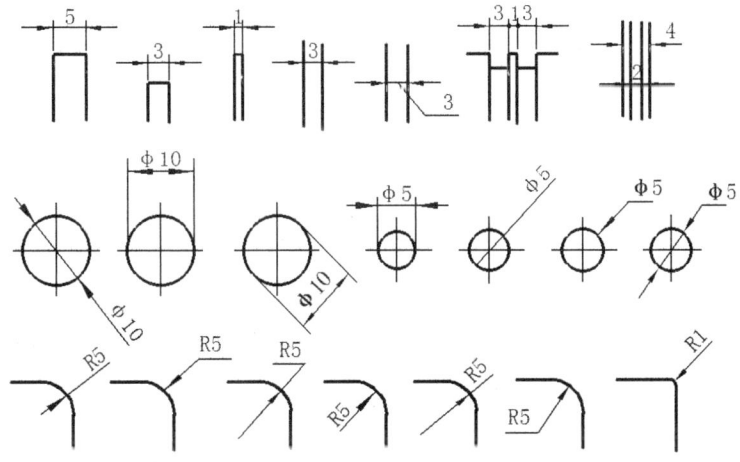

图 1-16 小尺寸的注法

5. 弦长和弧长的标注

弦长和弧长的尺寸界线应垂直于弦的垂直平分线。标注弧长尺寸时，尺寸线用圆弧，并应在尺寸数字上方加注符号"⌒"，如图 1-17 所示。

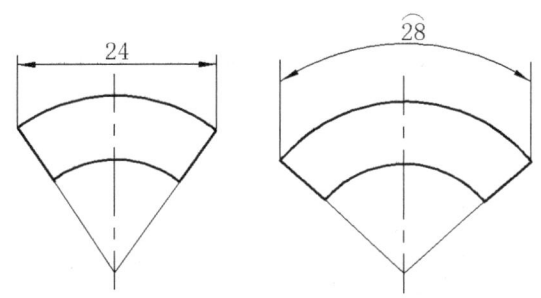

图 1-17 弦长、弧长的标注

6. 其他结构尺寸的注法

（1）光滑过渡处的尺寸注法。在光滑过渡处注尺寸，必须用细实线将轮廓线延长，从交点处引尺寸界线。尺寸线应平行于两交点的连线，如图 1-18 所示。

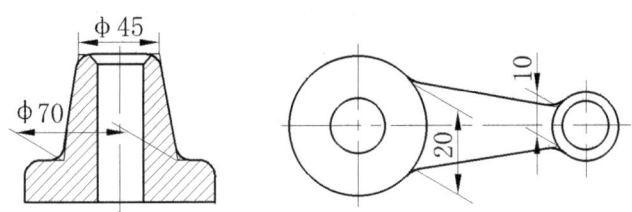

图 1-18 光滑过渡处的尺寸标注

（2）板状零件和正方形结构的注法。板状零件的厚度可在尺寸数字前加注符号 t，如图 1-19 所示。标注机件的断面为正方形结构的尺寸时，可在边长尺寸数字前加注符号"□"或注"边长×边长",如图 1-20 所示。图中相交的两条细实线是平面符号。

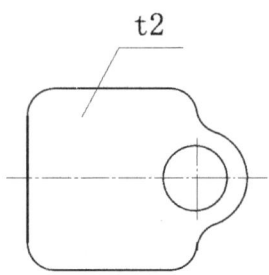

图 1-19　板状零件厚度的标注

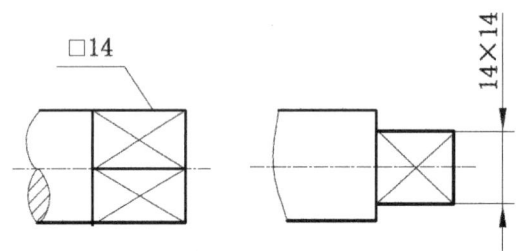

图 1-20　正方形结构的尺寸标注

（3）均匀分布成组结构的注法。均匀分布的成组结构,可按图 1-21（a）标注。当成组结构的定位和分布情况明确时,可不标注其角度并省略 EQS（均布）,如图 1-21（b）所示。

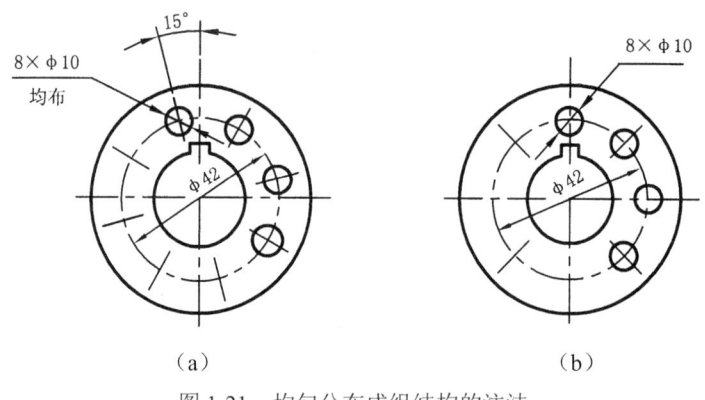

图 1-21　均匀分布成组结构的注法

1.2　绘图工具及其使用

正确使用绘图工具和仪器,是保证绘图质量、提高绘图效率的一个重要方面。为此,必须养成正确使用绘图工具及仪器的良好习惯。

常用的绘图工具及仪器有图板、丁字尺、三角板、圆规、分规、曲线板、铅笔等。下面分别介绍各种工具及仪器的使用方法。

1.2.1 图板和丁字尺

图板用作画图时的垫板,以铺放、固定图纸,其板面必须平整、光滑,周边应平直,绘图时用胶带纸将图纸固定在图板上。丁字尺由尺头和尺身组成,与图板配合使用,主要用来画水平线。使用时左手握尺头,使内侧边紧靠图板的左边上下滑动,沿尺身工作边由左向右画水平线,如图 1-22 所示。

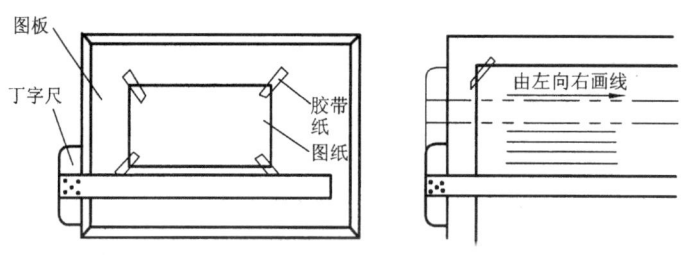

图 1-22　图板与丁字尺的用法

1.2.2 三角板

一副三角板有两块,一块是 45°等腰直角三角形,另一块是 30°和 60°直角三角形。三角板与丁字尺配合使用,可画竖直线和 15°、30°、45°、60°、75°的倾斜线,如图 1-23 所示。此外,利用一副三角板,还可以画出已知直线的平行线和垂直线。

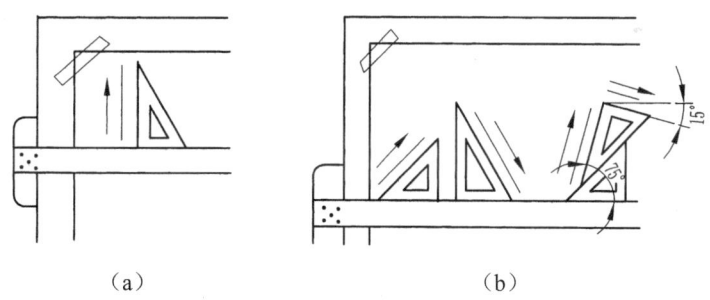

（a）　　　　　　　　　　　　（b）

图 1-23　三角板的用法

1.2.3 圆规

圆规主要用于画圆和圆弧。圆规的一条腿上装有铅芯,另一条腿上装有钢针,钢针两端的形状不同,一端为台阶状,一端为锥状,常用台阶状的那端做圆规用,锥状针尖做分规用。画大圆时需装延伸杆。使用时,针尖应比铅芯略长,钢针和铅芯垂直于纸面,特别在画大圆时更应如此。

1.2.4 分规

分规用来量取线段、等分线段和截取尺寸。分规两腿均装有锥形钢针。为了量取尺寸准确,分规的两针尖应平齐。

1.2.5 铅笔

绘图用铅笔的铅芯分别用 B 和 H 表示软、硬程度，B 前的数字越大表示铅芯越软，H 前的数字越大表示铅芯越硬。在绘制图样时，通常先使用铅芯较硬（如 2H）的铅笔画底稿，再使用铅芯较软（如 2B）的铅笔在底稿上加深或加粗图线，最后使用软硬程度适中的 HB 铅笔在所绘工程图样上书写字体（包括数字、字母与汉字等）。

为了绘制出满足国家标准规定的图线，除了保证铅芯的软硬外，还应保证铅芯的形状。常用的铅芯形状分为圆锥形和矩形两种，前者通常在绘制底稿、加深细线和书写字体时使用，后者通常在绘制粗线时使用。

1.2.6 曲线板

曲线板用来画非圆曲线。作图时，应先徒手将曲线上各点轻轻连接起来，然后，从一端开始选择曲线板上与所画曲线吻合的部分，沿曲线板逐段画出，每画一段时，至少应有三个点与曲线板上某一段重合，并与上次画出的曲线段重合一部分，以保证曲线圆滑，如图 1-24 所示。

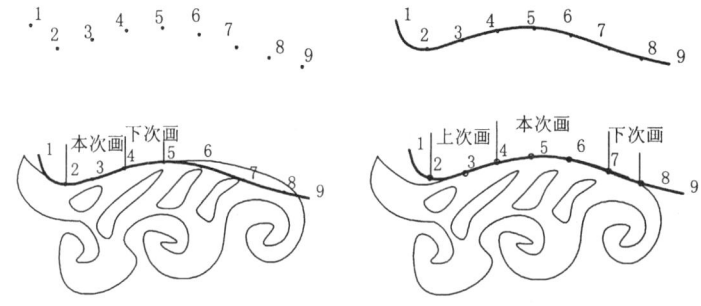

图 1-24 曲线板的用法

1.2.7 其他用品

绘图时，还需要橡皮、小刀、擦图片、量角器、胶带纸和修磨铅芯的细砂纸等。

1.3 几何作图

机械图样中轮廓线千变万化，但它们基本上都是由直线、圆弧和其他一些曲线组成的几何图形。为确保绘图质量和效率，除了要正确使用绘图工具和仪器外，还要熟练掌握常用的几何作图方法。

1.3.1 等分已知线段

对直线线段的任意等分及其定比分割的几何作图方法如图 1-25 所示，欲将线段 AB 五等分，先过端点 A 作辅助直线 AC，用分规在 AC 上以适当长度截取五等份，得到 1、2、3、4、5 各点；然后连接 5B，并过 AC 线上其余各点作 5B 的平行线，即得到线段 AB 的五等分点。

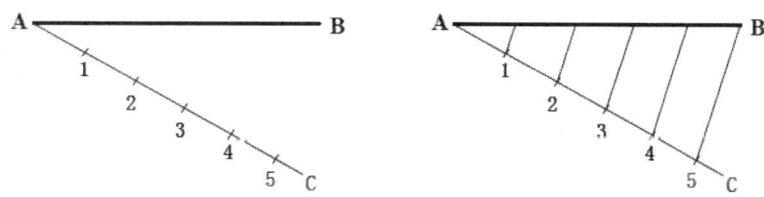

图 1-25　等分已知直线段的几何作图方法

1.3.2　等分圆周作内接正多边形

1.3.2.1　正五边形的画法

如图 1-26 所示，作出水平线 ON 的中点 M，以 M 为圆心，MA 为半径画弧，交水平线于 H，AH 即为正五边形的边长，以 AH 为边长，即可作出圆内接正五边形。

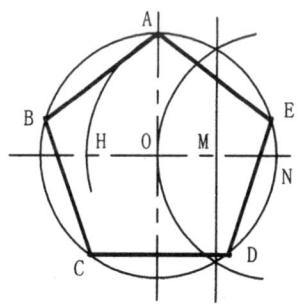

图 1-26　正五边形的画法

1.3.2.2　正六边形的画法

方法一：用 60°三角板等分

如图 1-27 所示，用 60°三角板配合丁字尺通过水平直径的端点作平行线，可画出四条边，再以丁字尺作上、下水平边，即可画出圆内接正六边形。

方法二：用圆规直接等分

如图 1-28 所示，以已知圆直径的两端点 A、B 为圆心，以已知圆半径为半径画弧与圆周相交出其余四个端点，依次连接各点即得圆内正六边形。

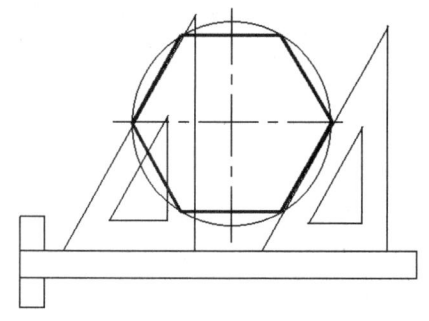
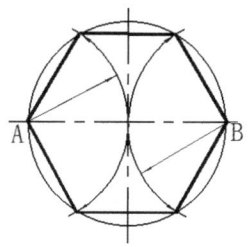

图 1-27　正六边形的画法（一）　　　图 1-28　正六边形的画法（二）

思考：如果已知正六边形两对边的距离，如何绘制此正六边形呢？

如图 1-29 所示，利用已知距离作出两条平行线，过正六边形的中心，用 60°三角板确定出对边上的四个端点，过端点分别作平行线得到另外两个端点，依次连接六个端点即得。

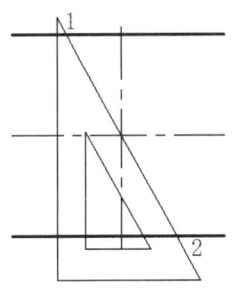 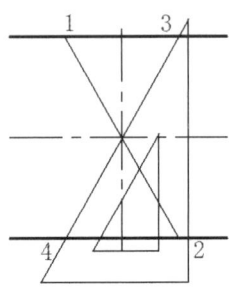 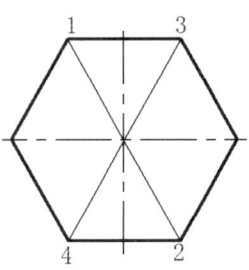

图 1-29　正六边形的画法（三）

1.3.2.3　正 n 边形的画法

如图 1-30 所示，将铅垂直径 AB 分成 n 等分（图中 n=7），以 B 为圆心，AB 为半径画弧，交水平中心线于 K（或对称点 K'），自 K（或 K'）与直径上奇数点（或偶数点）连线，并延长至圆周，即得各分点 I、II、III、IV，再作出它们的对称点，即可画出圆内接正 n 边形。

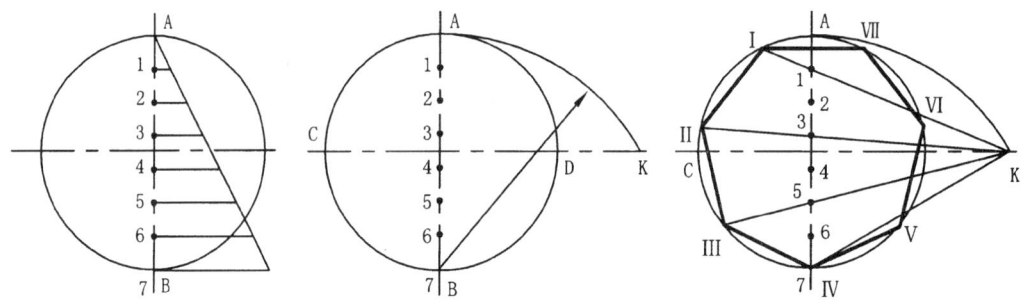

图 1-30　正 n 边形的画法（n=7）

1.3.3　斜度和锥度

1.3.3.1　斜度的画法

斜度是指一直线（或平面）对另一直线（或平面）的倾斜程度，其大小为该两直线（或平面）间夹角的正切值，在图样中以 1:n 的形式标注。图 1-31 为斜度 1:6 的作法：由点 A 在水平线 AB 上取 6 个单位长度得点 D，过 D 点作 AB 的垂线 DE，取 DE 为一个单位长，连接 AE 即得斜度为 1:6 的直线。斜度符号"∠"的方法应与倾斜方向一致。

1.3.3.2　锥度的画法

锥度是正圆锥底圆直径与圆锥高度之比，在图样中也用 1:n 的形式标注。图 1-32 为锥度 1:6 的作法：由点 S 在水平线上取 6 个单位长得点 O，过 O 点作 SO 的垂线，分别向上和向下量取半个单位长度，得 A、B 两点，分别过 A、B 与点 S 相连，即得 1:6 的锥度。

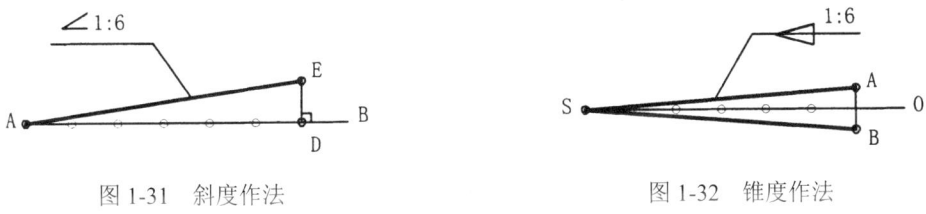

图 1-31 斜度作法 　　　　　　　　　　图 1-32 锥度作法

1.3.4 椭圆的画法

1.3.4.1 同心圆法

如图 1-33 所示，以 O 为圆心，以长轴 AB 和短轴 CD 为直径画同心圆，过圆心 O 作一系列直径与两圆相交，自大圆的交点作短轴的平行线，自小圆的交点作长轴的平行线，其交点就是椭圆上的各点，用曲线板将这些点光滑地连接起来，即得椭圆。

1.3.4.2 四心圆弧法

如图 1-34 所示，连接长、短轴的端点 A、C，以 O 为圆心，OA 为半径画弧度交短轴于 E，以 C 为圆心，CE 为半径画弧交 AC 于 E′点，作 AE′的中垂线与两轴分别交于 O_1、O_2，并作 O_1 和 O_2 的对称点 O_3、O_4，最后分别以 O_1、O_2、O_3、O_4 为圆心，O_1A、O_2C、O_3B、O_4D 为半径画圆弧，这四段圆弧就近似地代替了椭圆，圆弧间的连接点为 K、N、N_1、K_1。

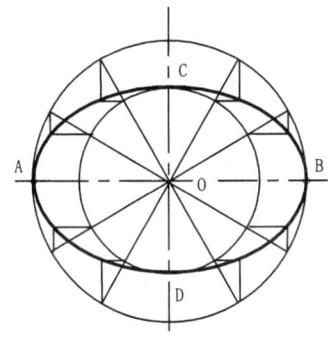 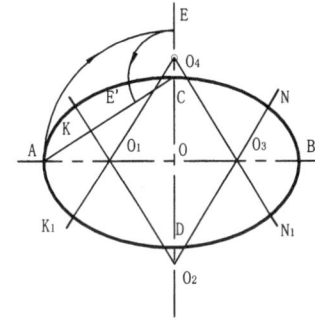

图 1-33 用同心圆法作椭圆 　　　　　　图 1-34 用四心圆弧法作椭圆

1.3.5 圆弧连接

在绘图时，经常会遇到用圆弧来光滑连接已知直线或圆弧的情况，光滑连接也就是在连接处相切。为了保证相切，在作图时必须准确地作出连接圆弧的圆心和切点。

圆弧连接有三种情况：用已知半径的圆弧连接两条直线；用已知半径的圆弧连接两圆弧；用已知半径的圆弧连接一直线与一圆弧。下面就各种情况作简要的介绍。

1.3.5.1 用已知半径为 R 的圆弧连接两条直线

已知直线Ⅰ、Ⅱ，连接弧的半径为 R，作连接弧的过程就是确定连接弧的圆心和连接点的过程，其作图步骤如图 1-35 所示。

（1）求连接弧的圆心。分别作与已知两直线相距为 R 的平行线Ⅰ′、Ⅱ′，其交点 O 即为连接弧圆心。

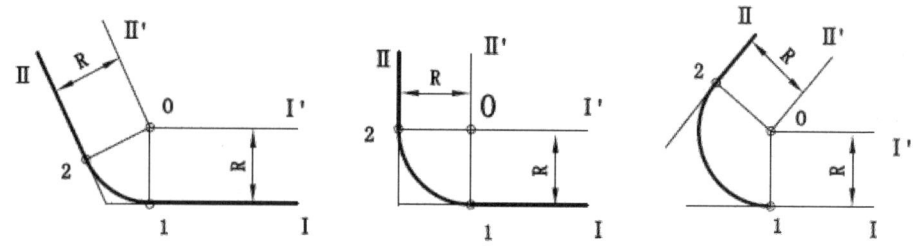

图1-35 用圆弧连接两已知直线

(2) 求连接弧的切点。过O点分别向直线Ⅰ、Ⅱ作垂线,垂足1、2即为切点。

(3) 以O为圆心,以R为半径在切点1、2之间作弧,即完成连接。

1.3.5.2 用已知半径为R的圆弧同时外切两圆弧(如图1-36(a)所示)

(1) 求连接弧的圆心。分别以R_1+R及R_2+R为半径,以O_1及O_2为圆心,作两圆弧交于点O,O即为连接弧的圆心。

(2) 求连接弧的切点。连接O、O_1交已知圆弧于点1,连接O、O_2交已知圆弧于点2,1、2即为切点。

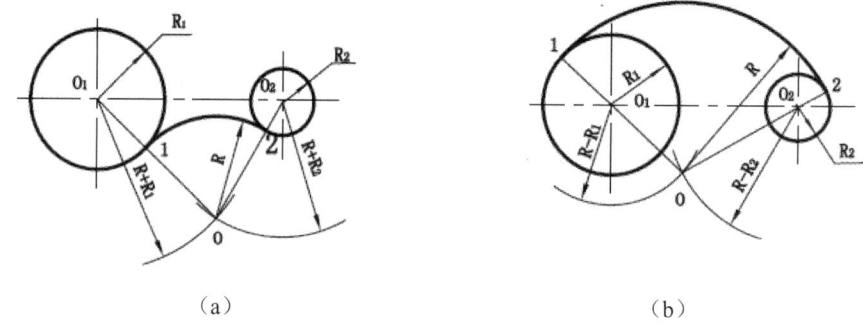

(a)　　　　　　　　　　　(b)

图1-36 用圆弧连接两已知圆弧

(3) 以O为圆心,以R为半径,在两切点1、2之间作弧,即完成连接。

1.3.5.3 用已知半径为R的圆弧同时内切两圆弧(如图1-36(b)所示)

(1) 求连接弧的圆心。分别以$R-R_1$及$R-R_2$为半径,O_1及O_2为圆心,作两圆弧交于点O,O即为连接弧的圆心。

(2) 求连接弧的切点。连接O、O_1并延长交已知圆弧于点1,连接O、O_2并延长交已知圆弧于点2,1、2即为切点。

(3) 以O为圆心,R为半径,在两切点1、2之间作弧,即完成连接。

1.3.5.4 用已知半径为R的圆弧连接一直线与一圆弧

已知圆心为O_1、半径为R_1的圆弧和一直线,用半径为R的圆弧将其圆滑连接起来,其作图步骤如图1-37所示。

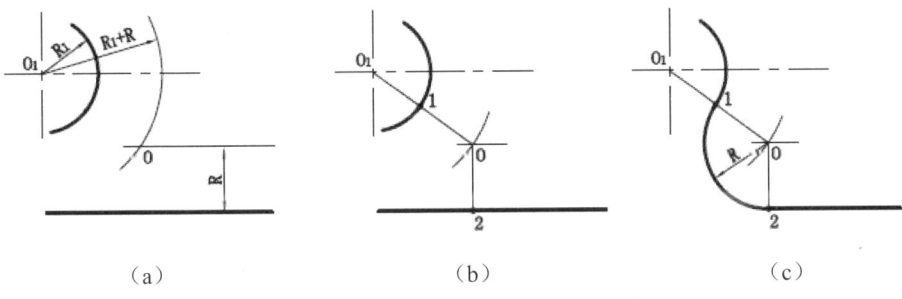

图 1-37 用圆弧连接已知圆弧和直线

1.4 平面图形的分析和画法

1.4.1 平面图形的分析

平面图形通常由各种不同线段（包括直线段、圆弧和圆）组成。画图时，要先对平面图形的线段进行分析，弄清楚哪些是已知线段，可以直接画出，再找出哪些是中间线段，必须根据与相邻线段的连接关系才能画出来，最后确定连接线段，求出连接圆弧的切点和圆心，方能画出。如图 1-38 所示，半径为 R25、R52、R10 的圆弧和直径为 ϕ12 的圆为已知圆弧，半径为 R12 的圆弧为中间圆弧，半径为 R3 的圆弧是连接圆弧，两条公切线是连接直线。

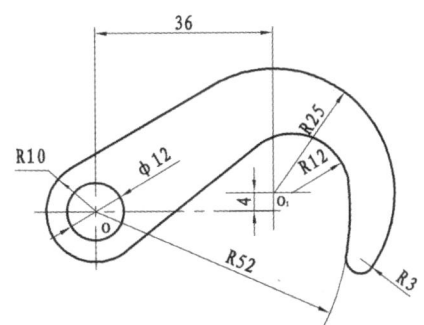

图 1-38 拨钩构形示例

1.4.2 平面图形的画法

画图时，应先画已知线段，再画中间线段，最后画连接线段。以图 1-38 拨钩构形图为例，画图步骤如下：

（1）画已知圆弧（见图 1-39（a））。

（2）画半径为 R12 的中间弧（与半径为 R52 的已知弧内切）：以 O 为圆心，以 R40 为半径画圆弧与过 O_1 的水平线相交，交点 O_2 为 R12 圆弧的圆心；连线段 OO_2，其延长线与半径为 R52 的圆弧的交点 A 即为切点；画半径为 R12 的圆弧（见图 1-39（b））。

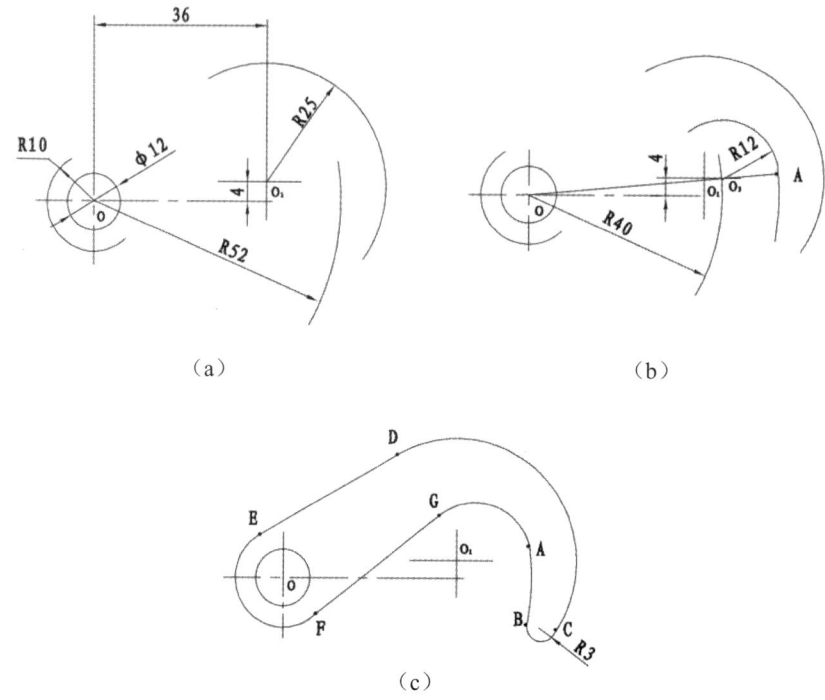

图 1-39 拨钩构形作图过程

(3) 画半径为 R3 的连接弧 (与半径 R52 的圆弧外切、与半径为 R25 的圆弧内切) (见图 1-39 (c))。

(4) 画两条公切的直线段 (半径分别为 R10、R25 的圆弧的公切线 ED, 半径分别为 R10、R12 的圆弧的公切线 FG) (见图 1-39 (c))。

(5) 检查、描深并标注尺寸 (见图 1-38)。

1.4.3 平面图形的尺寸注法

平面图形画完后,需按照正确、完整、清晰的要求来标注尺寸,即标注的尺寸要符合国标规定;尺寸不出现重复或遗漏;尺寸安排有序,注写清楚。

标注平面图形尺寸的一般步骤(参见图 1-40)为:

(1) 分析平面图形各部分的组成,确定尺寸基准。

(2) 标注全部定形尺寸。

(3) 标注必要的定位尺寸。已知线段的两个定位尺寸都要标出;中间弧只需注出圆心的一个定位尺寸;连接弧圆心的两个定位尺寸都不必注出,否则便会出现多余尺寸。

(4) 检查、调整、补遗删多。尺寸排列要整齐、匀称,小尺寸在里面,大尺寸在外面,以避免尺寸线与尺寸界线相交,箭头不应指在切点处,而指向表示该线段几何特征最明显的部位。

如图 1-40 所示为几种平面图形的尺寸标注示例,供读者分析参考。

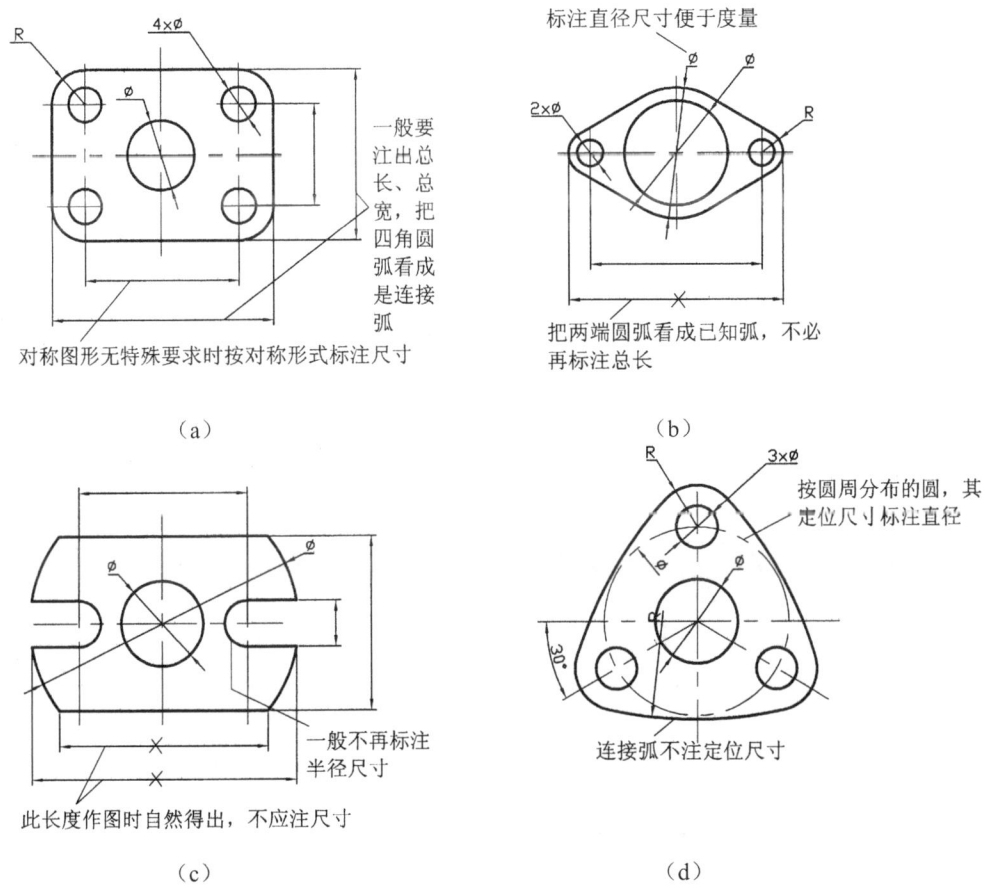

图 1-40 平面图形的尺寸标注示例

1.5 手工绘图

1.5.1 仪器绘图的方法和步骤

工程制图是一门精确表达物体的技术，如何使用绘图仪器精确绘制出平面图形是初学者必须熟练掌握的基础制图技能。为了绘制出线型标准、尺寸精确的图形，以图 1-41 手柄平面图形为例说明仪器绘图的基本绘图方法和步骤。

1.5.1.1 准备工作

（1）绘图前应准备好绘图工具和仪器；根据所画图形的大小和复杂程度，选择合适的绘图比例和图纸幅面，用胶带将图纸四角固定在图板上，并用丁字尺进行校正；画出图框和标题栏，如图 1-42（a）所示。

（2）对所画图形进行尺寸分析、线段分析，确定尺寸基准；要合理、匀称地布置图形，要避免一张图上有的地方过挤，有的地方太空，同时应考虑预留注写尺寸和文字说明的地方，如图 1-42（b）所示。

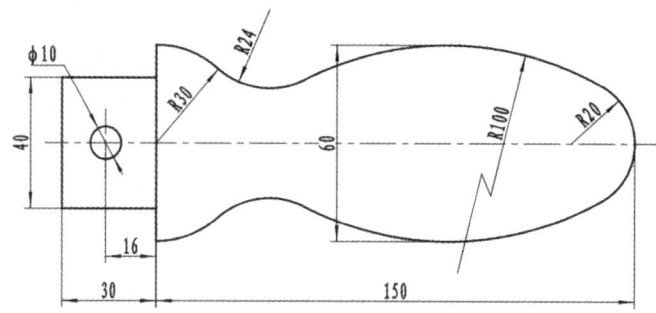

图 1-41　手柄平面图形

1.5.1.2　绘制底稿

绘制底稿通常用 H 或 2H 铅笔，底稿上各线型要轻、细、准。

画底稿时，先根据定位尺寸绘制出所有的基准线、定位线等，再根据定形尺寸画出主要轮廓线，然后再画细节部分；根据对图形的线段分析，先画已知线段（弧），再画中间线段（弧）、最后画连接线段（弧），如图 1-42（c）（d）（e）所示。

1.5.1.3　加深图线

（1）底稿完成后，要进行细致地检查校对，是否有错画、漏画的图线，将多余的作图线擦去，如图 1-42（f）所示；

（2）不同类型的图线应选择不同型号的铅笔，加深粗实线用 B 铅笔；加深细实线、细点划线、虚线等用 HB 铅笔；

（3）加深同类图线时要用力均匀一致，加深的顺序一般是先曲后直、先粗后细、先实后虚、先水平再竖直后倾斜，由上向下，从左到右。

1.5.1.4　标注尺寸

绘制尺寸界限，尺寸线和箭头，注写尺寸数字和其他文字说明，如图 1-42（g）所示。

1.5.1.5　检查、填写标题栏

如图 1-42（h）所示。

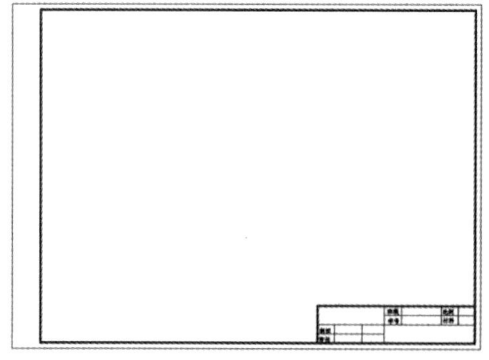

（a）绘制图框和标题栏　　　　（b）布图、绘制基准线

图 1-42　绘制平面图形的步骤

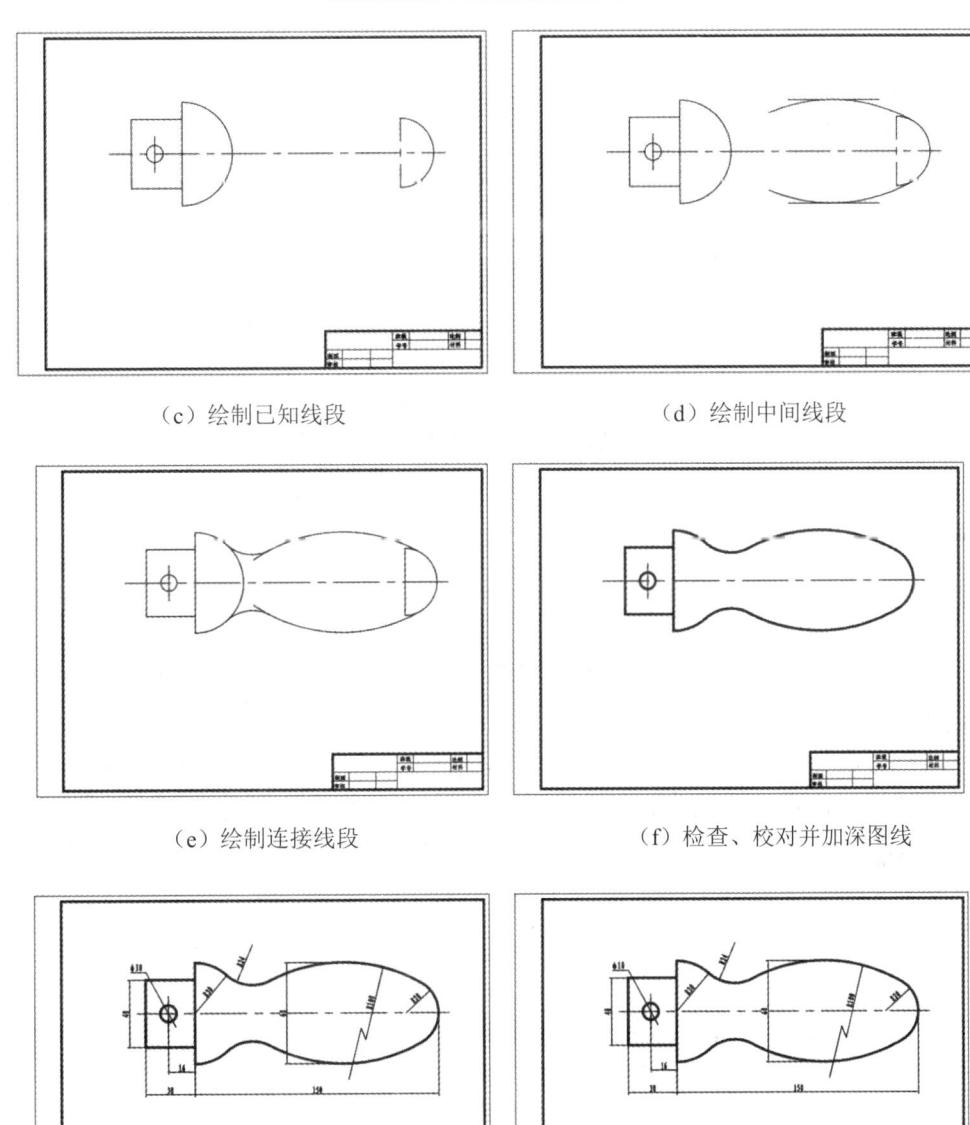

（c）绘制已知线段　　　　　　　　（d）绘制中间线段

（e）绘制连接线段　　　　　　　　（f）检查、校对并加深图线

（g）标注尺寸　　　　　　　　　　（h）填写标题栏

图 1-42　绘制平面图形的步骤（续图）

1.5.2　徒手绘图的方法和步骤

草图是不用绘图仪器，以徒手、目测的方法绘制出的图样。草图主要用于表达设计开始阶段的初步方案和设想、计算机绘图底稿、零部件的测绘、维修及进行技术交流等，具有很大的实用价值。所以工程技术人员必须具备徒手绘制草图的能力。草图尽管是徒手绘制，但绝不是潦草的图，徒手绘图也应做到图线清晰、比例匀称、投影正确、字体工整。画草图时一般选用中等硬度的铅笔，如 HB 或 B 较合适。为便于控制尺寸大小，提高画草图的质量和速度，

经常在方格纸上画草图,或将方格纸垫在透明性能较好的图纸下面。当徒手绘制草图时,图纸不要求固定在图板上,应将图纸放在走笔最顺手的位置上,为作图方便可任意转动或移动。

1.5.2.1 画直线

水平线应自左向右,垂直线应从上向下,小手指压住纸面,眼睛看着画线的终点,手腕轻轻靠着纸面随线移动,不要转动。画长斜线时,可将图纸略转动,使画线方向更为顺手。画水平线和垂直线时,要充分利用方格纸的线条,画45°斜线时,应利用方格纸的对角线方向。如图 1-43 所示。

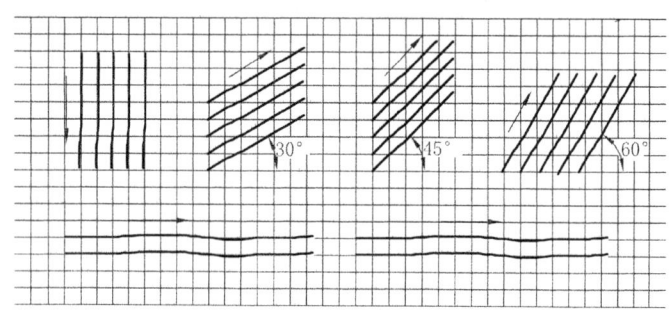

图 1-43　直线的画法

1.5.2.2 画圆和圆弧

(1)画圆时,应先画两条互相垂直的中心线,定出圆心位置,再根据半径用目测在中心线上定出四个端点,然后圆滑连接成圆形,如图 1-44(a)所示。当圆的直径较大时,可以通过圆心再增画两条 45°斜线,在斜线上找出四个半径的端点,然后依次圆滑连接这些端点即成圆形,如图 1-44(b)所示。

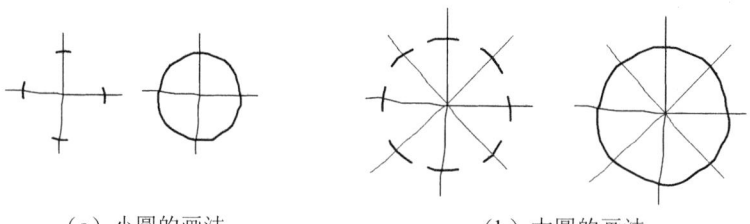

(a)小圆的画法　　　　　　(b)大圆的画法

图 1-44　圆的画法

(2)画圆弧时,先用目测在分角线上选取圆心位置,使它与角的两边的距离等于圆角的半径。过圆心向两边引垂线定出圆弧的起点和终点,并在分角线上定出圆弧上的一点,然后徒手把这三点圆滑连接起来,即画出圆弧,如图 1-45 所示。

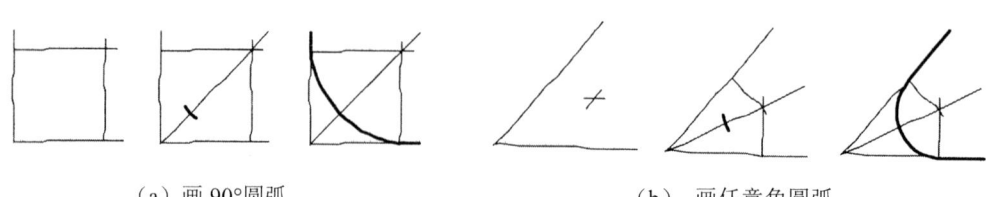

(a)画 90°圆弧　　　　　　(b)画任意角圆弧

图 1-45　圆角的画法

1.5.2.3 绘制零件草图

在绘制比较复杂的草图时,应先根据目测确定各部分大体上的相对比例,然后再分部分详细画出。图 1-46 是绘制零件草图的示例。初学者可在方格纸上绘制草图,利用方格纸上的线条和图框来控制图线的平直和图形的大小,经过一段时间的练习后,就可以在空白的图纸上画出比例匀称、图面工整的草图了。

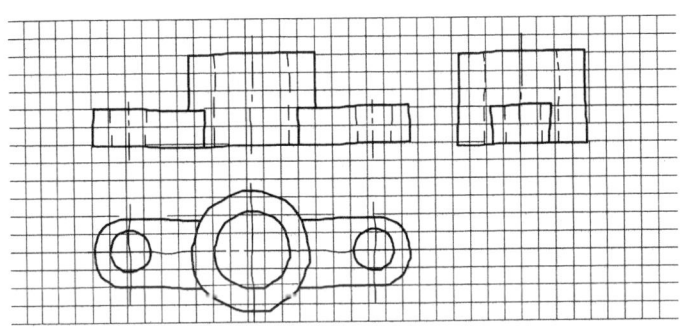

图 1-46 草图示例

第 2 章　点、直线及平面的投影

点、直线及平面是物体表面的基本几何要素。物体表面的投影是以点、直线及平面的投影为基础的。本章着重叙述点、直线及平面的投影性质和规律。

2.1　投影法的基本知识

2.1.1　投影的概念

我们知道，物体在光源的照射下在平面上产生图像，此图像为物体在平面上的投影。这种方法称为投影法。工程上的图样就是依据此法绘制的。如图 2-1 所示，设空间有一平面 P，平面外有一定点 S（光源）。若把空间点 A 投影到平面 P 上，可连接 SA 并延长与平面 P 交于 a，点 a 称为空间点 A 在平面 P 上的投影，P 为投影面，S 为投影中心，SAa 为投射线。

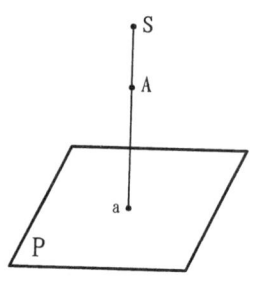

图 2-1　投影的形成

2.1.2　投影法的种类

投影法一般分为两类：中心投影法和平行投影法。

2.1.2.1　中心投影法

一组投射线都通过投影中心，如图 2-2 所示，有如灯光光源照射物体形成影子，称这种投影法为中心投影法。

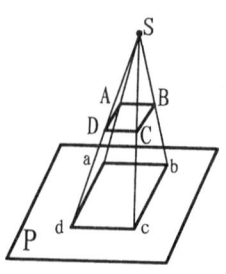

图 2-2　中心投影法

2.1.2.2 平行投影法

一组投射线相互平行，如图 2-3 所示，有如阳光光源照射物体形成影子，称这种投影法为平行投影法。

平行投影法可分为两种：

（1）正投影法。投射线方向垂直于投影面，如图 2-3（a）所示。

（2）斜投影法。投射线方向倾斜于投影面，如图 2-3（b）所示。

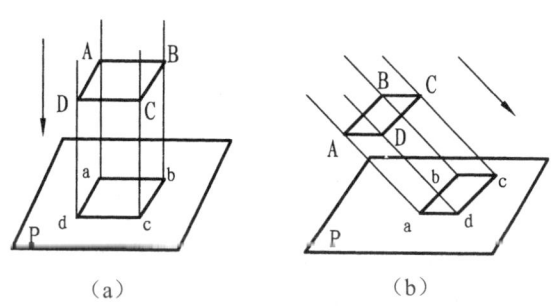

图 2-3 平行投影法

用正投影法确定空间几何形体在平面上的投影能正确反映其几何形状和大小，作图也简便，所以在画法几何和工程制图中得到广泛应用。本书主要是研究正投影法。

2.2 点的投影

点是最基本的几何要素，本节着重介绍点的投影过程和投影规律。

点的投影仍然是点，而且在一定的条件下是唯一的。图 2-4 中，空间点 A 在 P 投影面上的投影为 a，但是在同样的条件下，仅根据点的一个投影，则不能确定点的空间位置。若仅知道投影 b，则不能确定与之对应的空间点。

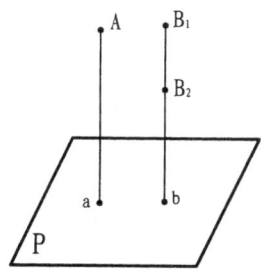

图 2-4 点的投影特点

2.2.1 点在两投影体系中的投影

1. 两投影面体系的建立

为了确定空间点的位置，设立相互垂直的正立投影面（简称正面）V 和水平投影面（简称水平面）H，组成两投影面体系，如图 2-5 所示。在该投影体系中，每两个投影面的交线称为投影轴。H 投影面与 V 投影面的交线称为 OX 轴。

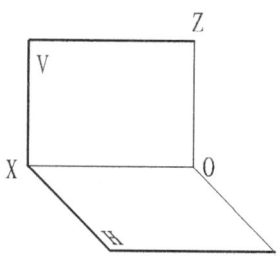

图 2-5　两投影面体系

2. 点的投影过程

在两投影面体系中，设有空间点 A，将 A 分别向两个投影面进行投影，则在 H 投影面上的投影称为水平投影（用 a 表示）；点 A 在 V 投影面上的投影称为正面投影（用 a′表示）。于是，点 A 的位置由其两面投影 a 和 a′完全确定，如图 2-6（a）所示。

在实际应用中，是将空间点 A 投影后将其移去，再将投影体系连同点的投影展开成一个平面，变成平面投影面体系。其展开方法是：V 面不动，H 面绕 OX 轴向下旋转 90º 与 V 面共面，如图 2-6（b）所示。各投影面可视为无界平面，故去掉其边框，如图 2-6（c）所示。

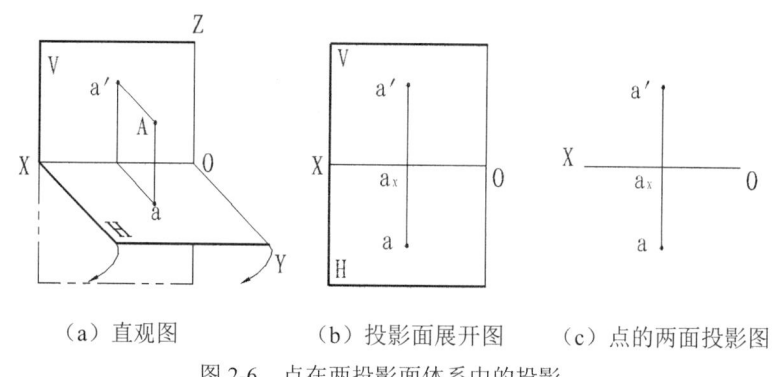

（a）直观图　　　　（b）投影面展开图　　（c）点的两面投影图

图 2-6　点在两投影面体系中的投影

3. 点的投影规律

由上所述，通过点的投影过程可总结出两投影面体系中点的投影规律如下：

（1）点的正面投影 a′与其水平投影 a 的投影连线垂直于 OX 轴，即 a′a⊥OX。

（2）点的投影到各投影轴的距离等于空间点到相应投影面的距离，即：

$a′a_X$=A a（点 A 到 H 面的距离）；

aa_X=A a′（点 A 到 V 面的距离）。

2.2.2　点在三投影面体系中的投影

2.2.2.1　三投影面体系

点的两面投影虽然已能确定点在空间的位置，为了能更清楚地表达某些几何体，需采用三面投影图，所以再设立一个与 H、V 面都垂直的平面（侧立投影面，简称侧面），以 W 表示。形成三投影面体系，如图 2-7（a）所示。

在该投影体系中,每两个投影面的交线称为投影轴。H 投影面与 V 投影面的交线称为 OX 轴,H 投影面与 W 投影面的交线称为 OY 轴,V 投影面与 W 投影面的交线称为 OZ 轴。三个投影轴的交点 O 称为原点。

2.2.2.2 点的投影过程

在三投影面体系中,设有空间点 A,将点 A 分别向三个投影面进行投影,则在 H 投影面上的投影,称为水平投影(用 a 表示);点 A 在 V 投影面上的投影,称为正面投影(用 a′表示);点 A 在 W 投影面上的投影,称为侧面投影(用 a″表示)。于是,点 A 的位置由其三面投影 a、a′、a″完全确定,如图 2-7(a)所示。

在实际应用中,是将空间点 A 投影后将其移去,再将投影体系连同点的投影展开成一个平面,变成平面投影面体系。其展开方法是:V 面不动,H 面绕 OX 轴向下旋转,W 面绕 OZ 轴向右旋转,各旋转 90º 与 V 面共面,如图 2-7(b)所示。由于 OY 轴为 H 面和 W 面共有,故展开后分别属于 H 和 W 两投影面。以 OY_H 和 OY_W 表示,如图 2-7(b)所示。

各投影面可视为无界平面,故去掉其边框,以相交的投影轴表示三投影面,如图 2-7(c)所示,即 XOZ、XOY_H 和 ZOY_W 分别表示 V、H 和 W 投影面。由于 aa_X、$a″a_Z$ 都反映空间点 A 到 V 面的距离($aa_X=a″a_Z$),为了作图方便和解题的需要,通常自原点 O 引∠Y_HOY_W 的等分角线作为辅助线。

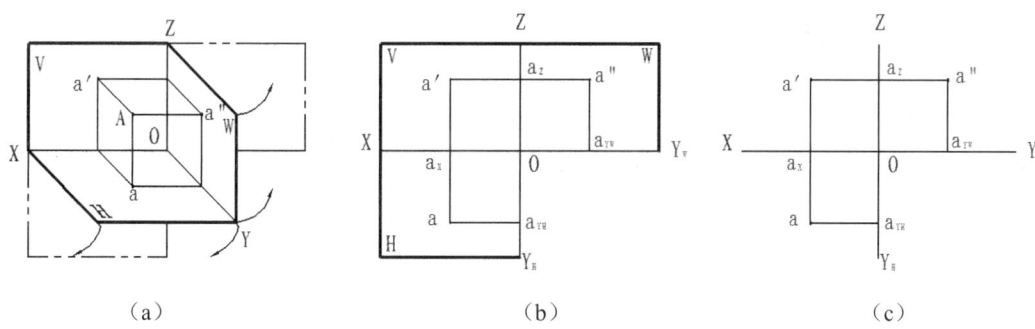

| (a) | (b) | (c) |

图 2-7 点在三投影面体系种的投影

2.2.2.3 点的投影规律

由上所述,通过点的投影过程可总结出三投影面体系中点的投影规律如下:

(1)点的正面投影 a′与其他两投影 a 和 a″连线分别垂直于 OX 轴和 OZ 轴,即 a′a⊥OX,a′a″⊥OZ。

(2)点的投影到各投影轴的距离,等于空间点到相应投影面的距离,即:

$a′a_X=a″a_{YW}=Aa$(点 A 到 H 面的距离);

$aa_X=a″a_Z=Aa′$(点 A 到 V 面的距离);

$a′a_Z=aa_{YH}=Aa″$(点 A 到 W 面的距离)。

(3)点的水平投影到 OX 轴的距离等于点的侧面投影到 OZ 轴的距离,即 $aa_X=a″a_Z$。

根据点的任意二投影和点的投影规律可求出点的第三投影。

例 2-1 已知点 A 的正面投影 a′和水平投影 a,试求其侧面投影 a″,如图 2-8(a)所示。

解:根据点的投影规律可知,a′和 a″连线垂直于 OZ 轴,且 $a″a_Z=aa_X$,由此求得 a″。其作图方法如图 2-8(b)所示,自原点 O 引∠Y_WOY_H 等分角线,再自 a′和 a 分别如箭头所示方向引线，其交点即为所求。

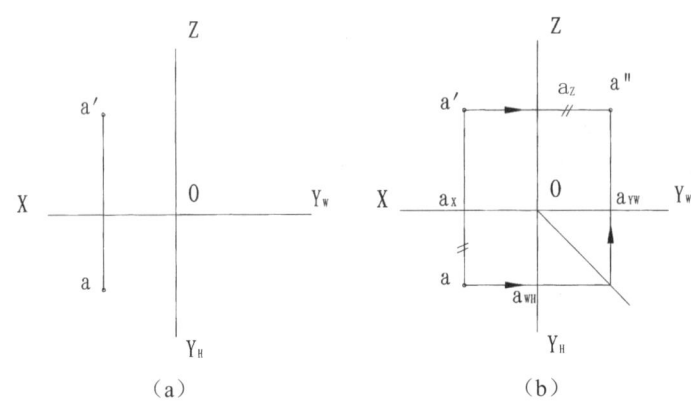

图 2-8　点的投影规律

2.2.3　点的投影与坐标

如果把 H、V、W 三个投影面作为直角坐标平面，那么，投影轴就成为坐标轴，O 点即为坐标原点。这样空间点到投影面的距离就可以用坐标表示，如图 2-9 所示。空间点的坐标在投影图上的方向规定：X 坐标自 O 点向左为正，Y 坐标自 O 点向下为正，Z 坐标自 O 点向上为正。由图 2-9 可以看出 A 点的三面投影与坐标有如下关系：

点 A 到 W 面的距离 $Aa''= a'a_Z=Oa_X=x$ 坐标；

点 A 到 H 面的距离 $Aa = a'a_X=Oa_Z=z$ 坐标；

点 A 到 V 面的距离 $Aa'=aa_X=a''a_Z=y$ 坐标。

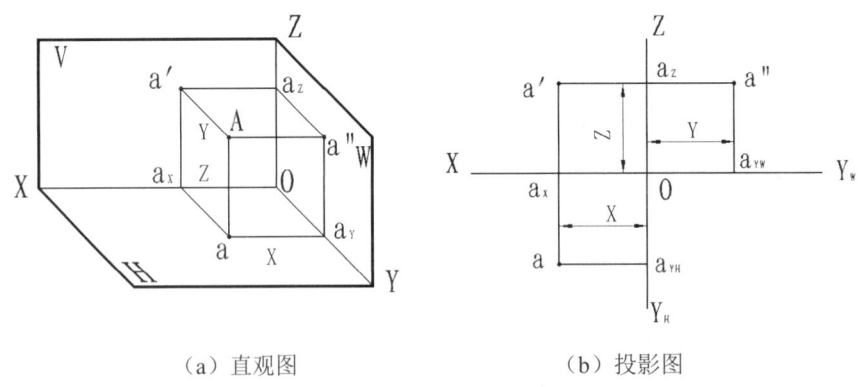

（a）直观图　　　　　　（b）投影图

图 2-9　点的投影与坐标

由图 2-9（b）可知，坐标 x 和 z 决定点的正面投影 a'，坐标 x 和 y 决定点的水平投影 a，坐标 z 和 y 决定点的正面投影 a"。因此，当已知点的坐标(x,y,z)，即可作出点的投影；反之，知道点的投影，亦可测得点的坐标值。

例 2-2　已知 A 点的坐标 A(18,15,20)，作出点 A 的三面投影。

解：其作图方法与步骤如图 2-10 所示。

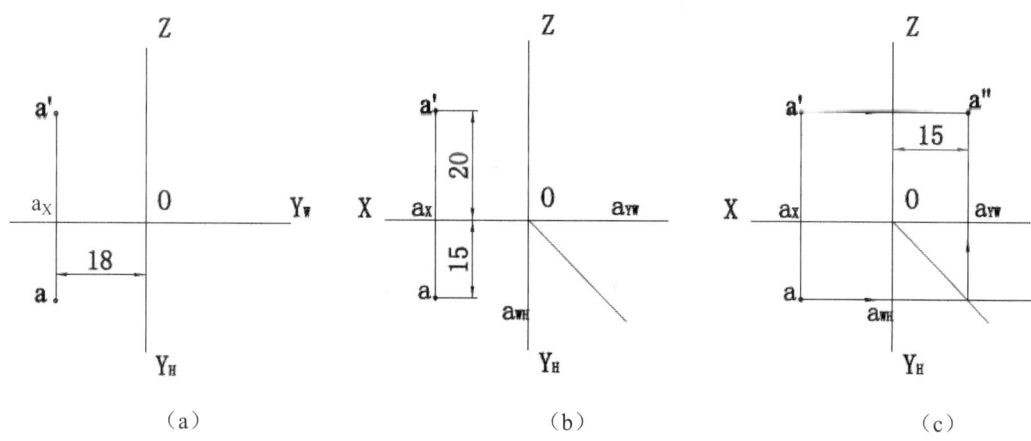

图 2-10 由点的坐标求点的三面投影

（1）画坐标轴，在 OX 轴上自 O 向左量取 18mm，即 X 坐标，定出 a_x。

（2）过 a_x 作 OX 轴的垂直线，并从 a_x 向下量取 aa_x=15mm，得 a 点，从 a_x 向上量取 aa_x=20mm，得 a′点。

（3）过 a′作 OZ 轴的垂直线，过 a 作 OY_H 轴的垂直线，再用 45°分角或圆弧求得 a″。即完成 A 点的三面投影。

2.2.4 特殊位置点的投影

由于空间点所处位置不同，有的点的某一投影表现为特殊性，称这样的点为特殊位置点，一般有下列两种情况。

1. 投影面上的点

若点在某投影面上，则其投影特点是点距该投影面的距离为零，在该投影面上的投影与空间点重合，其另两面投影在投影轴上。图 2-11（a）中，点 B 在 V 面上，根据点的投影规律，反映点 B 到 V 面距离为零，b′与 B 重合，其水平投影 b 在 OX 轴上，其侧面投影 b″在 OZ 轴上，如图 2-11（b）所示。

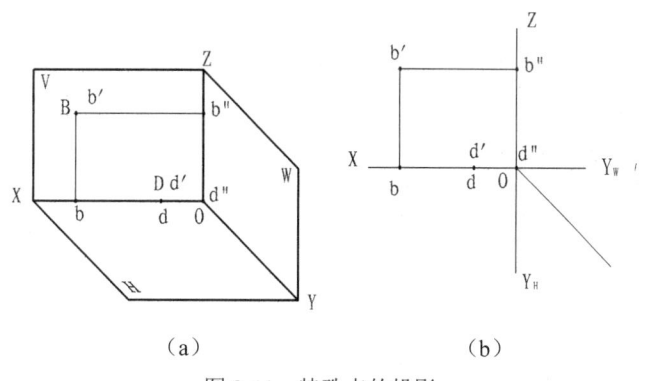

图 2-11 特殊点的投影

2. 投影轴上的点

若点在投影轴上，即为两投影面所共有，其投影特点为在该两投影面上的投影与空间点重合，一个投影与原点O重合，如图2-11（a）（b）中的点D。

2.2.5 两点的相对位置与重合投影

若已知两点的投影，便可根据点的投影对应关系，判别它们在空间的相对位置。如图2-12所示，已知点A和点B的三面投影，则由两点的投影沿左右、前后、上下三个方向所反映的坐标差，可知点B在点A的左、前、下方，（X坐标大在左，Y坐标大在前，Z坐标大在上）。反之，若已知两点的相对位置及其中一点的投影，便可作出另一点的投影。

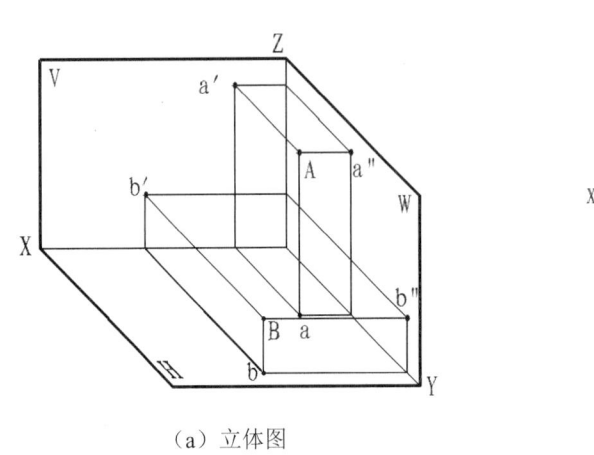

（a）立体图　　　　　　　　　　（b）投影图

图2-12　两点的相对位置

我们把与投影面相垂直的同一条投射线上的两点称为该投影面的重影点，此两点在该投影面上的投影重合为一点，如图2-13所示，E、F两点即为V面的重影点。

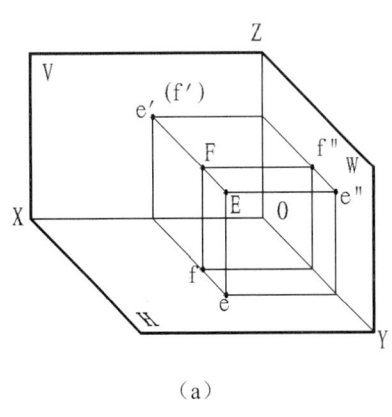 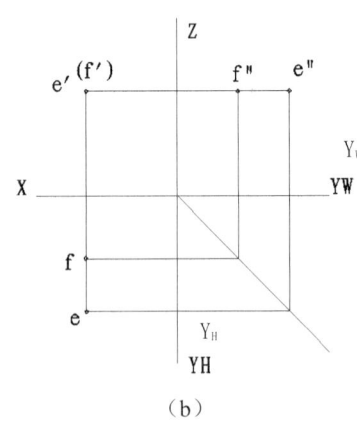

（a）　　　　　　　　　　　　　（b）

图2-13　点的重合投影

重影点在某投影面的重合投影，由于两点的相对位置关系而存在一个可见与不可见的问题。图2-13中，e′和f′为重合投影（$x_E - x_F = 0$，$z_E - z_F = 0$）。由其水平投影可知点E在前，点F在后，所以e′为可见，f′为不可见，并以"(f′)"表示。重合投影可见性的判别方法，就是利用具有坐标差的另一投影进行，并将不可见的投影加以小括号表示。

2.3 直线的投影

2.3.1 直线的投影特性及三面投影

2.3.1.1 直线的投影特性

根据"两点确定一直线"的几何条件，空间直线的投影可由直线上任意两点的投影确定。通常是取直线段两端点间连线表示，即作出直线上两端点投影后，将同面投影连接起来便得到直线的投影图。直线的投影一般仍为直线，当直线垂直于投影面时，其投影积聚为一点，如图2-14（a）所示。

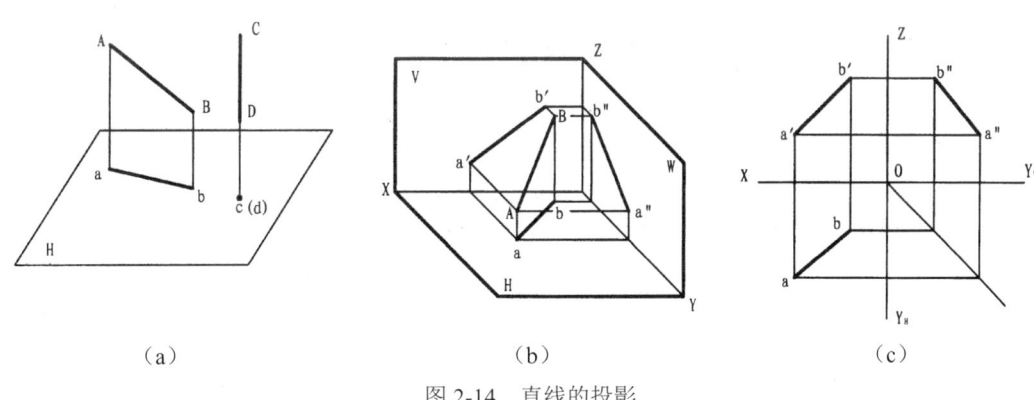

图 2-14 直线的投影

2.3.1.2 直线的三面投影

直线的三面投影可由直线上两点的同面投影连线来确定，如图2-14（b）和（c）所示。

2.3.2 直线与投影面的相对位置及其投影特性

在三投影面体系中，直线与投影面的相对位置可分为一般位置直线和特殊位置直线。下面分别介绍它们的投影特性。

2.3.2.1 一般位置直线的投影

同时倾斜于三个投影面的直线称为一般位置直线，如图2-15中的直线AB。一般位置直线对H、V和W三投影面的倾角分别以 α、β 和 γ 表示，于是有 $ab=AB\cos\alpha$，$a'b'=AB\cos\beta$，$a''b''=AB\cos\gamma$，由此可知一般直线的各投影均小于实长，且各投影与相应投影轴的夹角均不能反映空间中该直线与相应投影面的真实倾角。

2.3.2.2 特殊位置直线的投影

特殊位置直线可分为两类，即投影面平行线和投影面垂直线。

1. 投影面平行线

平行于一个投影面而与另外两个投影面倾斜的直线称为投影面平行线。平行于H面的直线称为水平线；平行于V面的直线称为正平线；平行于W面的直线称为侧平线。因为投影面平行线上各点与其所平行的投影面距离相等，所以它具有如下投影性质：

（1）直线在其所平行的投影面上的投影反映实长，该投影与两投影轴的夹角分别反映直线对相应投影面的倾角。

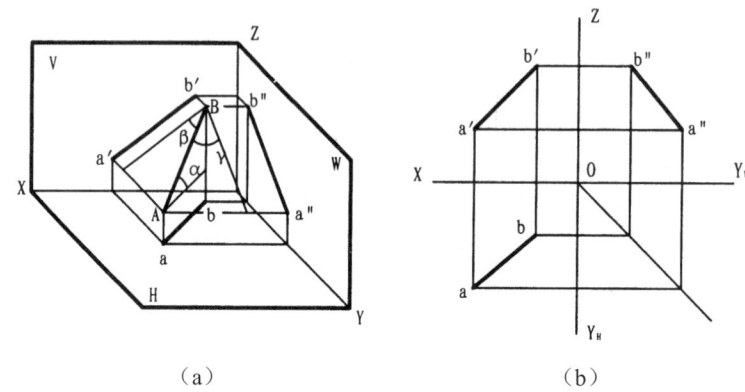

（a） （b）

图 2-15　一般位置直线的投影

（2）直线的其余两投影平行于相应的投影轴。

各平行线的投影性质，参看表 2-1。

表 2-1　投影面的平行线

名称	轴测图	投影图	投影性质
水平线			（1）ab=AB （2）a'b' // OX 　　a″b″ // OY_W （3）反映 β、γ 实角
正平线			（1）a'b'=AB （2）ab // OX 　　a″b″ // OZ （3）反映 α、γ 实角
侧平线			（1）a″b″=AB （2）a'b' // OZ 　　ab // OY_H （3）反映 α、β 实角

2. 投影面垂直线

垂直于投影面的直线称为投影面垂直线。垂直于 H 面的直线称为铅垂线；垂直于 V 面的直线称为正垂线；垂直于 W 面的直线称为侧垂线。因为某投影面的垂直线必同时平行于其余两投影面，所以它有如下投影性质：

（1）直线在其所垂直的投影面上的投影积聚为一点。
（2）直线的其余两投影垂直于相应投影轴且反映实长。

各垂直线的投影性质，参看表 2-2。

表 2-2 投影面的垂直线

名称	轴测图	投影图	投影性质
铅垂线	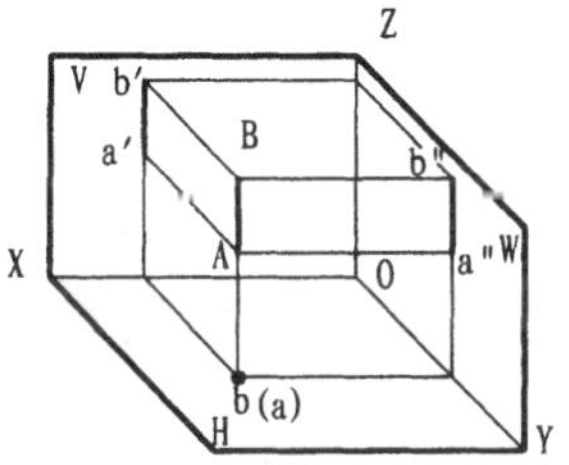	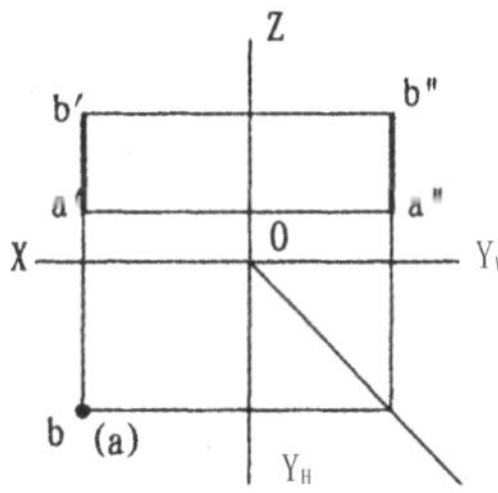	（1）ab 积聚为一点 （2）a'b'⊥OX a"b"⊥OY$_W$ 且 a'b'=a"b"=AB
正垂线	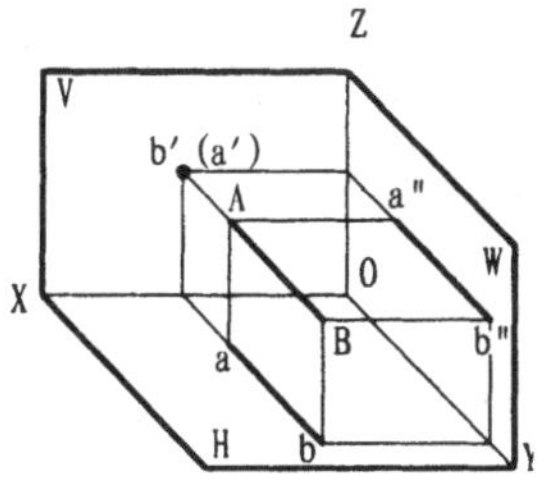	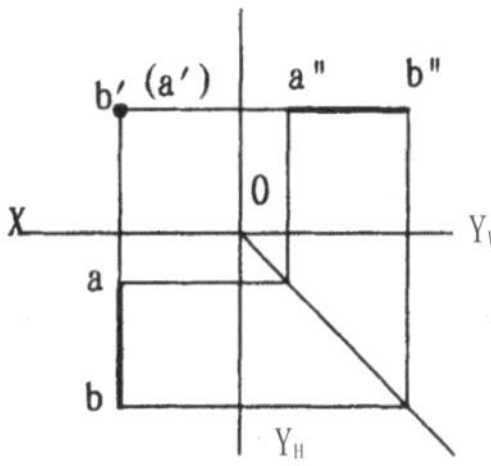	（1）a'b'积聚为一点 （2）a'b'⊥OX a"b"⊥OZ 且 ab= a"b"=AB
侧垂线	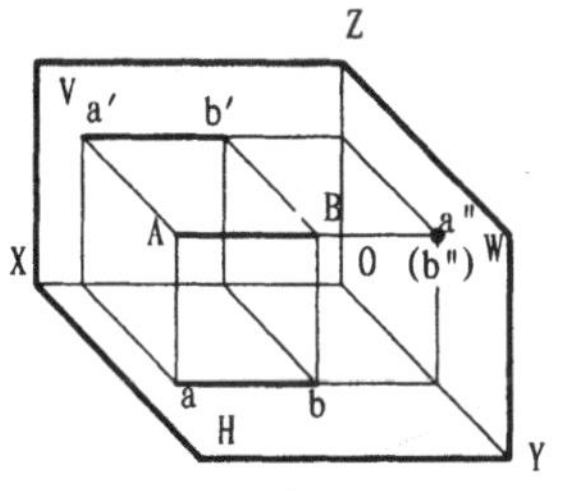	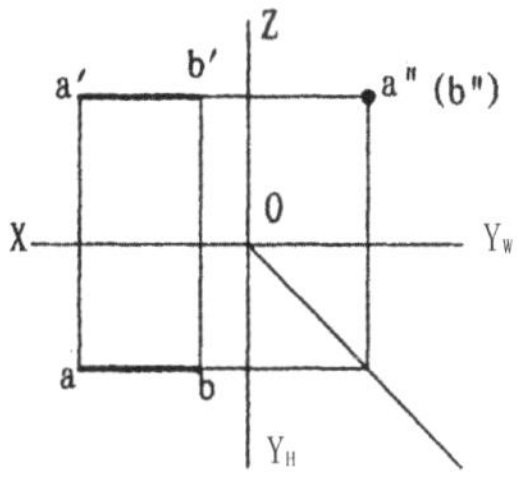	（1）a"b"积聚为一点 （2）ab⊥OY$_H$ a'b'⊥OZ 且 ab= a'b'=AB

2.3.3 直线上的点

（1）若点在直线上，则该点的各投影必在该直线的同名投影上。反之，若点的各投影分别在直线的各同名投影上，则该点必在此直线上。一般情况由点和直线的两面投影即可判断点是否在直线上。如图 2-16 所示，k 在 ab 上，k'在 a'b'上，则点 K 必在直线 AB 上。

（2）线段上的点分线段所成比例在其各投影上保持不变。若点 K 把 AB 线段分为 AK:KB=1:2，则 AK:KB=a'k': k'b'=a"k": k"b"=1:2。反之亦成立。

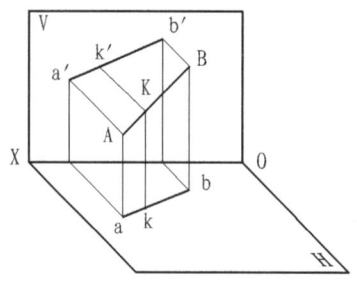

图 2-16　直线上的点

2.3.4　两直线的相对位置

两直线的相对位置有平行、相交和交叉三种情况，前两种为同面两直线，后一种为异面两直线。

2.3.4.1　平行两直线

若两直线平行，其各同名投影必平行。反之，若两直线的各同名投影平行，则该两直线必平行。

若两直线均为一般位置直线时，只要检查两面投影即可判定，如图 2-17 所示，ab//cd，a′b′//c′d′，所以，AB//CD。若两直线为某投影面平行线时，视其在所平行的投影面上的投影是否平行而判定，如图 2-18 所示，虽然 k′l′//m′n′，kl//mn。但两直线均为侧平线，而侧面投影 k″l″ 不等于 m″n″，所以，KL 不平行于 MN。

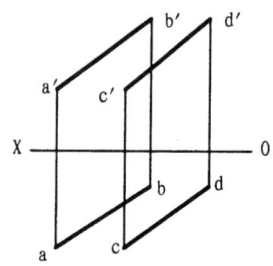

图 2-17　平行两直线

2.3.4.2　相交两直线

若两直线相交，其各同名投影必相交，且交点的投影符合点的投影规律。反之，若两直线的各同名投影均相交，且交点连线垂直于投影轴，则该两直线必相交，在一般情况下，只要检查两面投影即可判定。如图 2-19 所示，k′为 a′b′和 c′d′的共有点，k 为 ab 和 cd 的共有点，且 k′k 垂直于 OX 轴，所以直线 AB 和 CD 为相交二直线，其交点为 K。

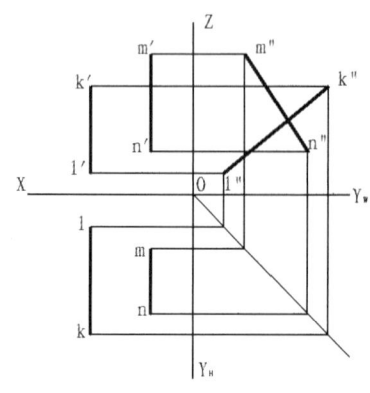

图 2-18　判断两直线的相对位置

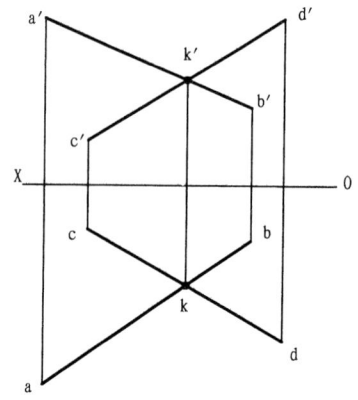

图 2-19　相交两直线

2.3.4.3 交叉两直线

既不平行又不相交的两直线称为交叉两直线。在投影图上，若两直线的各同名投影不具有平行两直线的投影性质，也不具有相交两直线的投影性质，则可判定为交叉两直线。图 2-20 和图 2-21 为交叉两直线，交叉两直线出现重影点，根据重影点的可见性判别两直线空间的相对位置。图 2-20 中，其水平投影的交点 1(2)，为直线 AB 上点 I 和直线 CD 上点 II 的水平重影点，因为 1′ 的 Z 坐标值大于 2′ 的 Z 坐标值，所以直线 AB 在直线 CD 上方；同理，从正面重影点可以判别出水平投影点 3 在前，点 4 在后，所以直线 AB 在直线 CD 的前方。

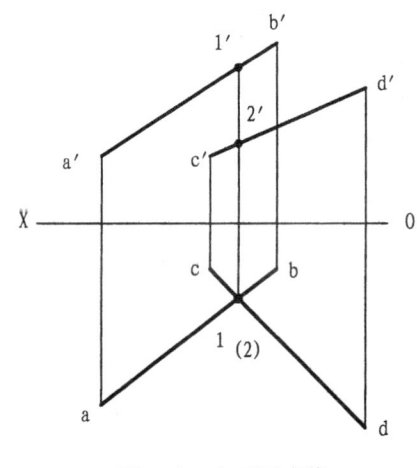

图 2-20 交叉两直线

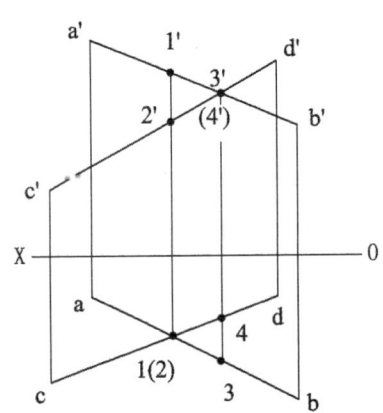

图 2-21 重影点的判断

2.3.5 直角投影定理

定理：垂直相交的两直线，若其中一直线平行于某投影面，则两直线在该投影面上的投影为直角。证明从略。

逆定理：若相交两直线在某投影面上的投影为直角，且其中一直线与该投影面平行，则该两直线在空间必相互垂直。

例 2-3 已知菱形 ABCD 的对角线 BD 的投影 bd、b′d′，及另一对角线 AC 端点 A 的水平投影 a，如图 2-22（a）所示，试完成菱形的两面投影。

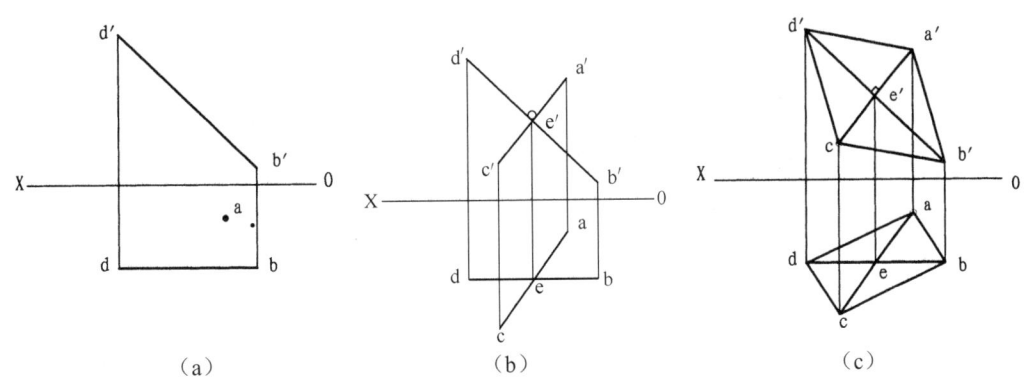

图 2-22 直角投影定理的应用

解：根据菱形对角线相互垂直且平分的性质，可先确定 BD 的中点 E，因 BD 是正平线，根据直角投影定理可知，a′c′⊥b′d′，而求得 a′，并可确定 a′c′，再作出其水平投影 ac，便可得菱形的两面投影 abcd 和 a′b′c′d′，如图 2-22（c）所示。

2.4 平面的投影

2.4.1 平面的表示方法

在投影图上，通常用如下五组几何要素中的一组表示平面：①不在一直线上的三点；②直线和直线外一点；③相交两直线；④平行两直线；⑤任意平面图形（三角形、圆及其他图形），如图 2-23 所示。

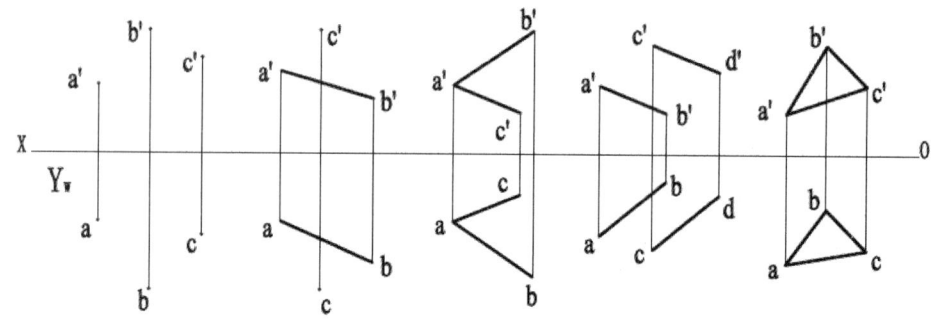

图 2-23　平面的表示方法

2.4.2 各种位置平面的投影特性

在三投影面体系中，平面对投影面的相对位置有一般位置和特殊位置。下面分别叙述它们的投影特性。

2.4.2.1 一般位置平面

与三个投影面都倾斜的平面称为一般位置平面，平面与 H、V 和 W 面的倾角分别用 α、β、γ 表示。由于一般位置平面与三个投影面均倾斜，所以它们的投影仍是平面图形，且面积缩小，如图 2-24 中的△ABC。

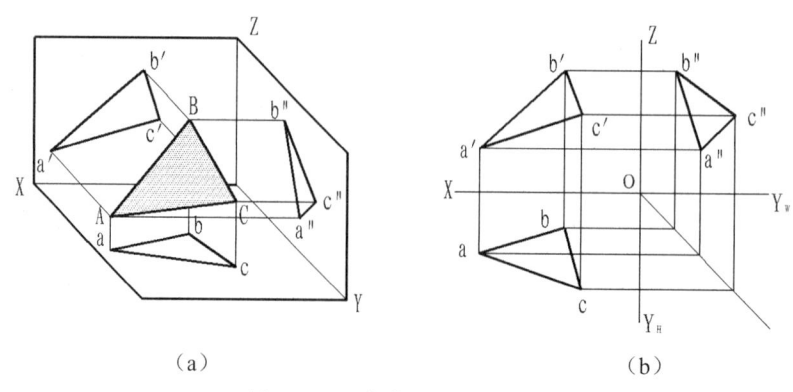

（a）　　　　　　　　　　　（b）

图 2-24　一般位置平面的投影

2.4.2.2 特殊位置平面

特殊位置平面包括：

（1）投影面垂直面。指垂直于一个投影面而倾斜于另外两个投影面的平面。按所垂直的投影面不同有铅垂面（⊥H）、正垂面（⊥V）和侧垂面（⊥W）。

（2）投影面平行面。指平行于一个投影面而垂直于另外两个投影面的平面。投影面平行面也有三种，分别是水平面（∥H），正平面（∥V）和侧平面（∥W）。

特殊位置平面的投影特性见表 2-3、表 2-4。

表 2-3　投影面垂直面

名称	轴测图	投影图	投影性质
铅垂面	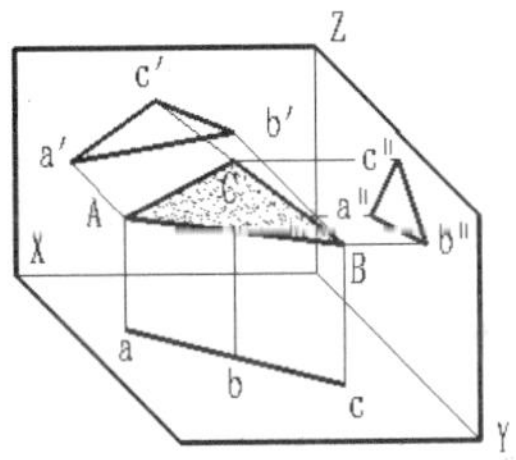	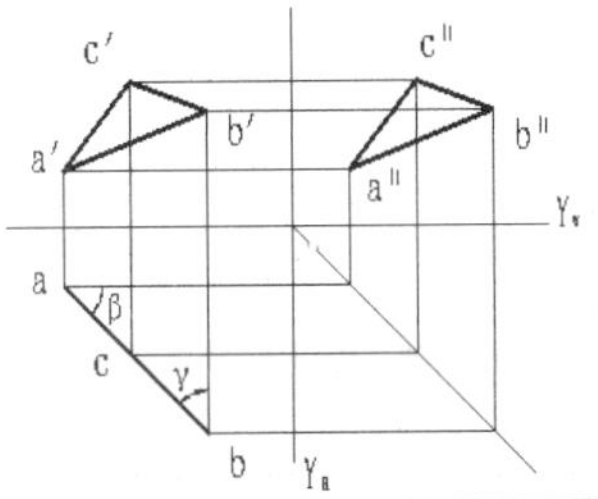	（1）水平投影积聚为一条直线且反映 β、γ 实角 （2）V、W 面投影为缩小的三角形
正垂面	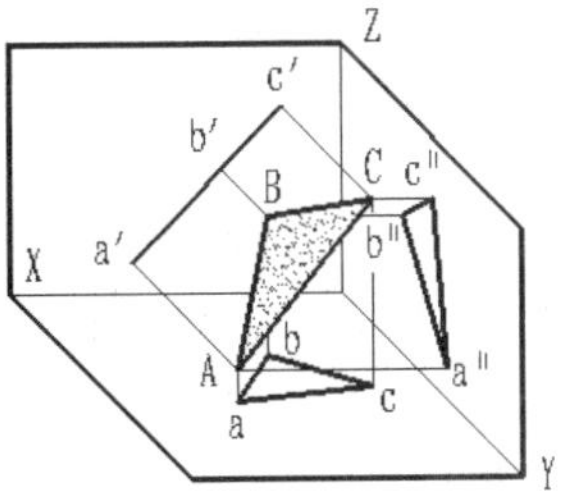	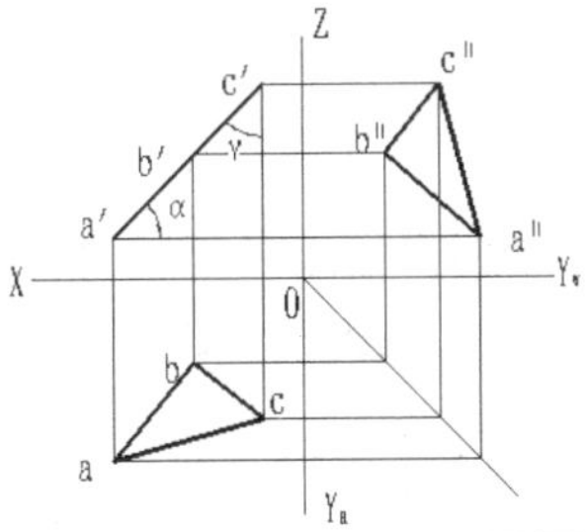	（1）正面投影积聚为一条直线且反映 α、γ 实角 （2）H、W 面投影为缩小的三角形
侧垂面	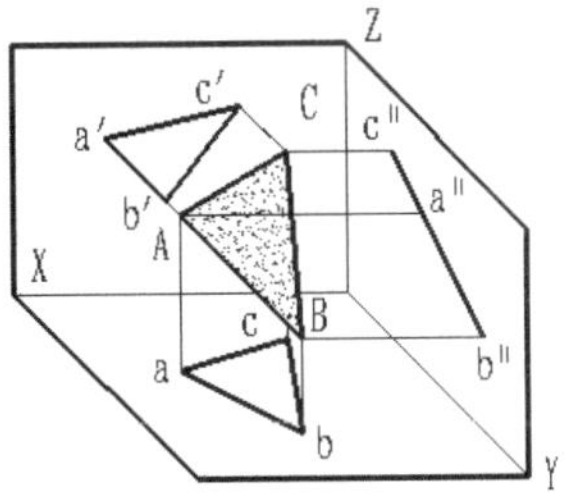	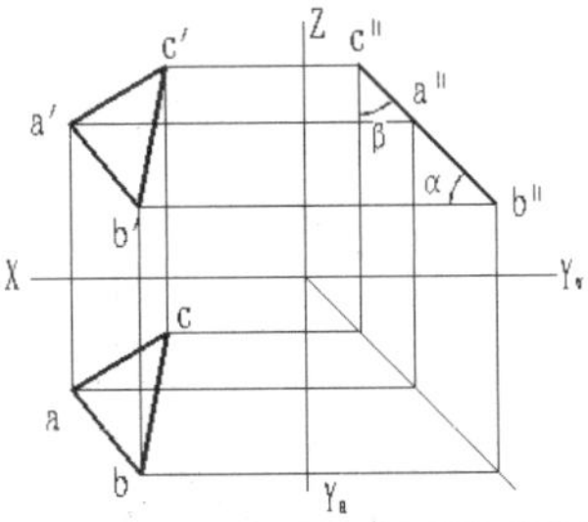	（1）侧面投影积聚为一条直线且反映 α、β 实角 （2）V、H 面投影为缩小的三角形

表 2-4　投影面平行面

名称	轴测图	投影图	投影性质
水平面	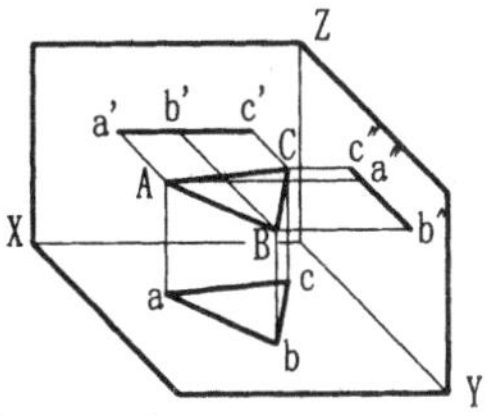	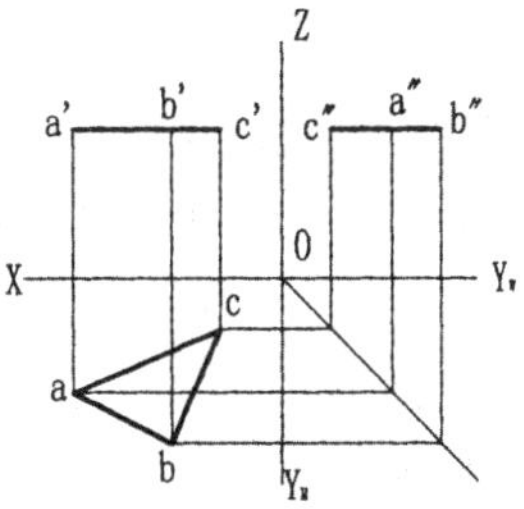	（1）水平投影反映实形 （2）V 面投影积聚为一直线且平行 OX，W 面投影积聚为一直线且平行 OY_W

续表

名称	轴测图	投影图	投影性质
正平面			（1）正面投影反映实形 （2）H 面投影积聚为一直线且平行 OX，W 面投影积聚为一直线且平行 OZ
侧平面			（1）侧面投影反映实形 （2）V 面投影积聚为一直线且平行 OZ，H 面投影积聚为一直线且平行 OY_H

2.4.3 平面内的点和直线

2.4.3.1 平面内取点

点在平面内，则该点必在此平面内的一条直线上。因此，在平面内取点，要取在平面内的已知直线上。图 2-25 为在相交两直线 AB 和 BC 所确定的平面内取任一点 M(m,m')，此点取在已知直线 BC 上，即在 bc 上取 m，在 b'c' 上取 m'，则此点必在该平面内。据此可判别点是否在平面内或仅知点的一个投影求另一投影时，可利用在平面内取点的方法，过该点作直线求之。

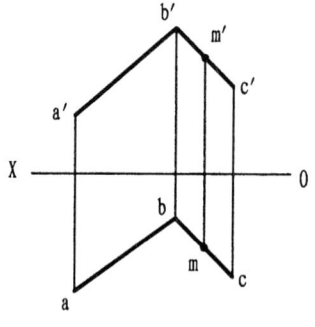

图 2-25 平面内取点

2.4.3.2 平面内取直线

直线在平面内，则该直线必通过此平面内的两个点；或通过此平面的一个点，且平行于此平面内的另一已知直线，这是直线在平面内的存在条件。在平面内取直线，依此条件可在平面内取两个已知点连线或取一已知点，过该点作平面内已知直线的平行线。

图 2-26 为在相交两直线 DE 和 EF 所确定的平面内取直线，其中图 2-26（a）为在平面内取两点 M(m,m') 和 N(n,n')，直线 MN 必在该平面内。图 2-26（b）为过 M(m,m') 作直线 MK//EF，

则直线 MK 必在该平面内。在平面内取点，要先在平面内取直线，而取直线又离不开点，二者互相应用，联系紧密，但其基础在于平面内取已知点。

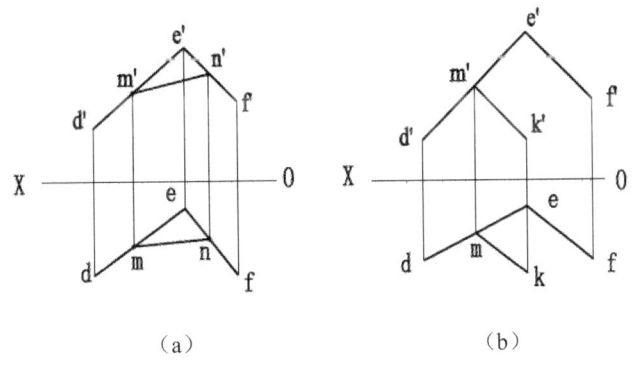

图 2-26　平面内取直线

例 2-4　在△ABC 所确定的平面内取一点 K，已知其正面投影 k′，求水平投影 k（见图 2-27（a））。

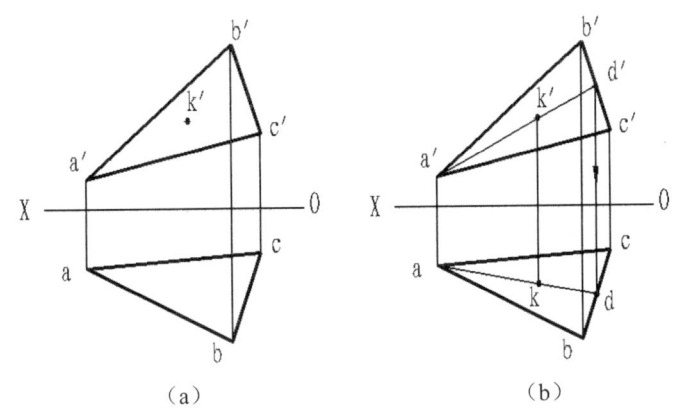

图 2-27　平面内点的求解

解：根据点在平面内的条件，过点 K 在△ABC 内作一直线 AK 交 BC 于 D，连接 a′k′延长交 b′c′于 d′，由 a′d′得 ad，因直线 AD 过点 K，所以 k′在 a′d′上，k 必在 ad 上，由此求得 k。

2.4.3.3　平面内的投影面平行线

在平面内可以取任意直线，但在实际应用中，为作图方便，常常是取平面内的投影面平行线。平面内的投影面平行线有三种：平面内的水平线、正平线和侧平线。这些线既要符合投影面平行线的投影特性，又要符合从属于平面的特性，因此其投影特点具有双重性。图 2-28（a）中△ABC 为给定平面，AM 为该平面内的正平线。根据正平线的投影特性，am∥OX 轴，a′m′=AM（实长）。

在图 2-28（a）中，是过△ABC 上 A 点作的一条正平线 AM，在图 2-28（b）中是过△ABC 上距离 H 面为 D 的一条水平线 MN。平面内的平行线常被用作解题的辅助线。

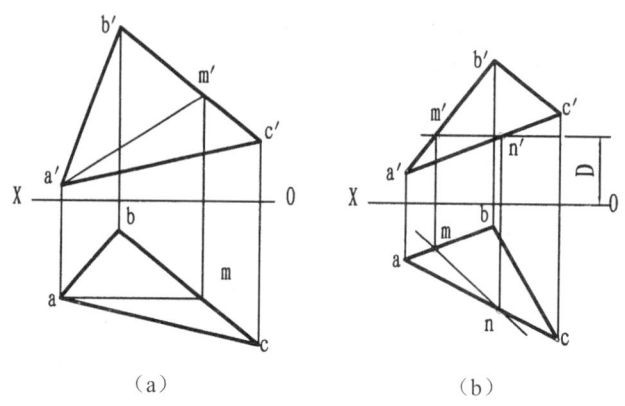

（a）　　　　　　　　　　（b）

图 2-28　平面内取特殊位置直线

2.5　直线与平面、平面与平面的相对位置

直线与平面、平面与平面的相对位置包括：直线与平面平行；两平面平行；直线与平面相交；两平面相交；直线与平面垂直；两平面垂直。本节着重讨论在投影图上如何绘制和判别它们之间的平行、相交和垂直的问题。

2.5.1　直线与平面平行、两平面平行

2.5.1.1　直线与平面平行

如果空间一直线与平面上任一直线平行，那么此直线与该平面平行。如图 2-29 所示，直线 AB 平行于平面 P 上的直线 CD，那么直线 AB 与平面 P 平行；反之，如果直线 AB 与平面 P 平行，则在平面 P 上必可以找到与直线 AB 平行的直线 CD。

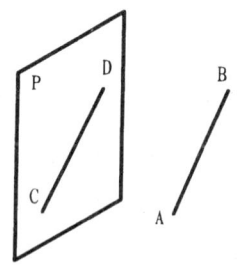

图 2-29　直线与平面平行的条件

上述原理是解决直线与平面平行问题的依据。

例 2-5　如图 2-30（a）所示，过点 C 作平面平行于已知直线 AB。

解：如图 2-30（b）所示，过点 C 作 CD∥AB（即作 cd∥ab，c′d′∥a′b′），再过点 C 作任意直线 CE，则相交两直线 CD、CE 确定的平面即为所求。

显然，由于直线 CE 可以任意作出，所以此题可以作无数个平面平行于已知直线。

2.5.1.2　平面与平面平行

如果平面上的两条相交直线分别与另一平面上相交的两直线平行，那么该两平面互相平

行，如图 2-31 所示。

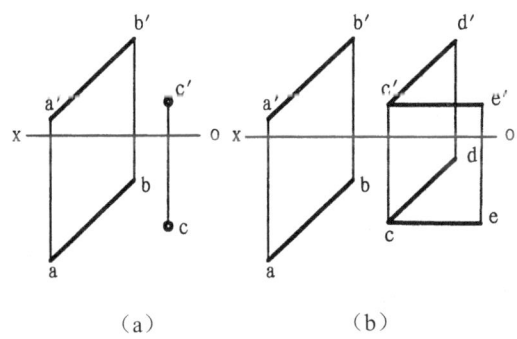

（a）　　　　　（b）

图 2-30　过定点作平面平行于已知直线

例 2-6　判别△ABC 与△DEF 是否平行（见图 2-32）？

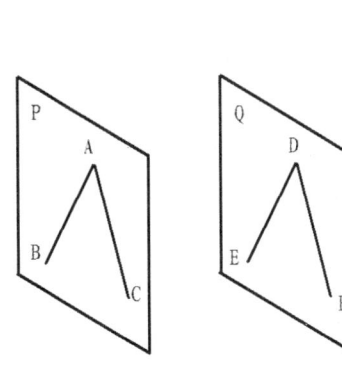

图 2-31　两平面平行的几何条件

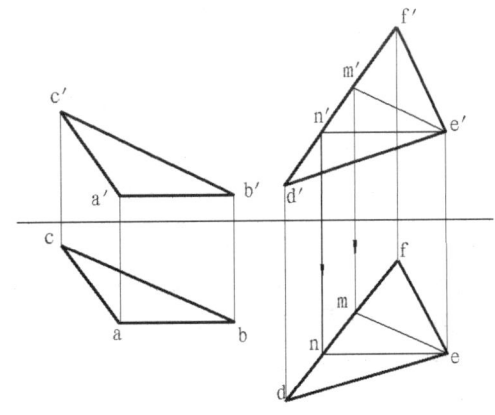

图 2-32　判别两平面是否平行

解：首先在其中一个平面内作出一对相交直线，然后在另一平面内，视其能否作出与之对应平行的一对相交直线。为此可在△DEF 内过点 E 作两条直线 EM 和 EN，使 e'm'∥b'c'，e'n'∥a'b'，然后作出 em 和 en，因为 em∥bc，en∥ab，所以△ABC∥△DEF。

2.5.2　直线与平面相交、两平面相交

2.5.2.1　直线与平面相交

直线与平面相交，其交点是直线和平面的共有点，它既在直线上又在平面上。当直线或平面与某一投影面垂直时，则可利用其投影的积聚性，在投影图上直接求得交点。

例 2-7　如图 2-33（a）所示，求直线 AB 与铅垂面 CDE 的交点。

解：△CDE 的水平投影 cde 积聚为一条直线，交点 K 是平面和直线的共有点，其水平投影既在 cde 上，又在直线 AB 的水平投影 ab 上，所以 cde 和 ab 的交点 k 即为交点 K 的水平投影。再由 k 在 a'b'上求得 k'，则点 K(k,k')即为所求，如图 2-33（b）所示。

判别可见性：由于平面在交点处把直线分为两部分，以交点为界，直线的一部分为可见，另一部分被平面遮盖为不可见。为图形清晰起见，规定不可见部分用虚线表示。交点为可见与

不可见的分界点。可见性是利用重影点来判别的,在图 2-33（b）中,正面投影 a'b' 与 c'e' 的交点为两点的重影点,此重影点分别为直线 AB 上的点 Ⅰ 和直线 CE 上的点 Ⅱ 的正面投影,从水平投影 Y 的坐标值看,$y_1 > y_2$,即在重影点处直线 AB 以交点 K 为界,右段在前,左段在后,所以正面投影以 k' 为界,k'b' 为可见,k'a' 被三角形遮盖部分为不可见,用虚线表示。判断某个投影的可见性时,可在该投影图上任取一个重影点进行判别。

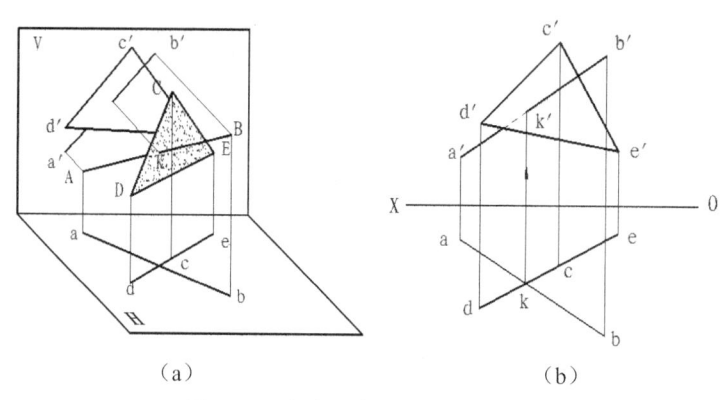

(a)　　　　　　　　　(b)

图 2-33　直线与特殊位置平面相交

2.5.2.2　平面与平面相交

空间两平面若不平行就必定相交。相交两平面的交线是一条直线,该交线为两平面的共有线,交线上的每个点都是两平面的共有点。当求作交线时,只要求出两个共有点即可。

例 2-8　求 △ABC 与铅垂面 DEFG 的交线（见图 2-34）。

解：因为铅垂面 DEFG 的水平投影 defg 有积聚性,按交线的性质,铅垂面与平面 ABC 的交线的水平投影必在 defg 上,同时又应在平面 ABC 的水平投影上,因而可确定交线 KL 的水平投影 kl,进而求得 k'l',如图 2-34（c）所示。

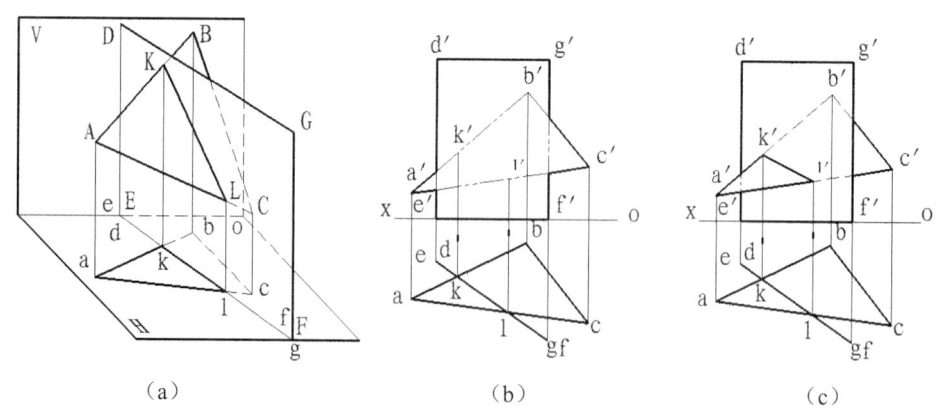

(a)　　　　　　　　(b)　　　　　　　　(c)

图 2-34　平面与铅垂面交线的求法

2.5.3　直线与平面垂直、两平面垂直

2.5.3.1　直线与平面垂直

由初等几何可知,如果一直线垂直于一平面,则此直线必垂直于该平面内的一切直线,

其中包括平面内的水平线和正平线。在图 2-35 中，直线 AB 垂直于平面 P，则必垂直于平面 P 内的一切直线，其中包括水平线 CD 和正平线 EF。根据直角投影定理，在投影图上，必是直线 AB 的水平投影垂直于水平线 CD 的水平投影（ab⊥cd），直线 AB 的正面投影垂直于正平线 EF 的正面投影（a′b′⊥e′f′）。反之，在投影图上，若直线的水平投影垂直于平面内水平线的水平投影，直线的正面投影垂直于平面内的正平线的正面投影，则直线必垂直于该平面。如图 2-36 所示，相交的水平线 CD 和正平线 EF 给定一平面，令直线 AB 垂直于该平面，则水平投影 ab⊥cd，正面投影 a′b′⊥e′f′。

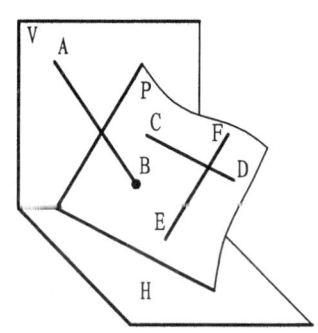

图 2-35 直线与平面垂直

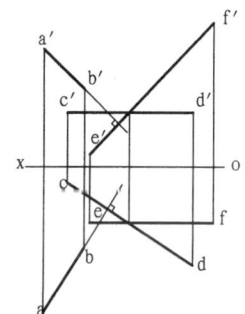

图 2-36 作直线与平面垂直的方法

例 2-9 试过定点 K 作平面（△ABC）的垂线 KL（见图 2-37）。

解：只要能知道垂线两投影的方向就可以作出。为此，作平面内任意正平线 BD 和水平线 CE，过 k′作 b′d′的垂线 k′l′，过 k 作 bd 的垂线 kl，KL 即为△ABC 的垂线。应用直线垂直于平面的条件，可解确定点到平面的距离问题。

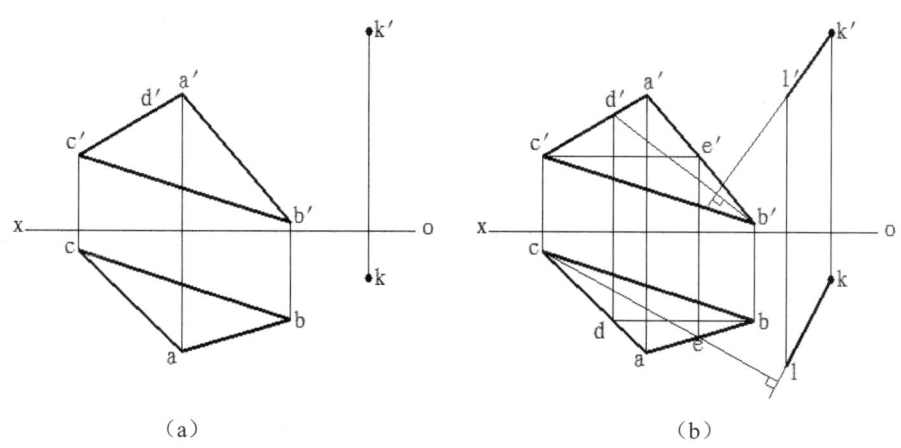

(a)　　　　　　　　　　　(b)

图 2-37 过定点作平面的垂线

2.5.3.2 两平面相互垂直

根据初等几何定理，如果一直线垂直于一平面，则过此直线的所有平面都垂直于该平面。反之，如果两平面相互垂直，则由第一平面内的任意一点向第二平面作垂线，该垂线一定在第一平面内。图 2-38 直线 KL 垂直于平面 P，则通过直线 KL 的平面 N、S、R 等都与该平面垂直。

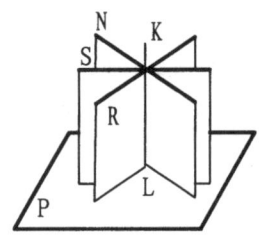

图 2-38 两平面垂直的条件

例 2-10 过直线 DE 作一平面与△ABC 垂直。

解：根据上述定理，只要过直线 DE 上的任意点作垂直于△ABC 的直线，则此直线与已知直线所组成的平面即为所求，见图 2-39。

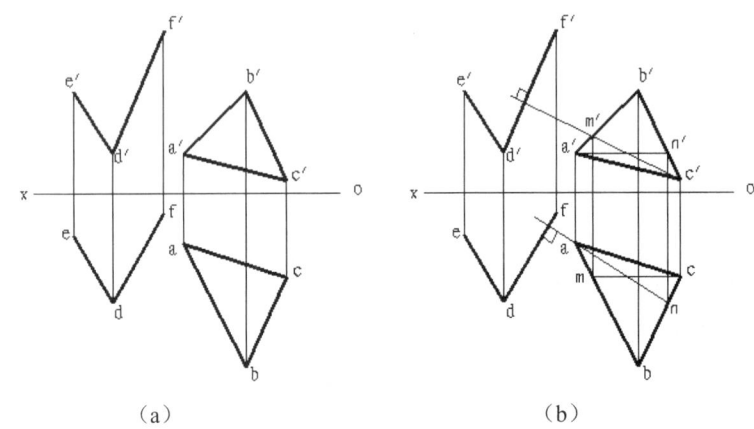

图 2-39 过直线作平面与已知平面垂直

在△ABC 内作水平线 AN 及正平线 CM，过直线 DE 上的 D 点作△ABC 的垂线 DF（即 d'f'⊥c'm'，df⊥an），则由相交两直线 DE、DF 组成的平面即为所求。

2.6 换面法

2.6.1 概述

从前面章节中知道，当直线或平面相对投影面处于特殊位置时，其定位或度量问题就比较容易解决。为了解题的需要，空间几何元素不动，设置一个新的投影面替换原投影体系中的某一投影面，组成一个新的投影体系，使相应的几何元素在该投影体系中处于特殊位置，达到简化解题的目的，这种方法称为变换投影面法，简称换面法。如图 2-40 所示，△ABC 在原投影面体系中是铅垂面，其两个投影均不反映实形。现设置一个新投影面 V_1，使 V_1 面垂直于 H 面并与△ABC 平行，于是组成了一个新投影面体系 V_1/H，V_1 面与 H 面交线 O_1X_1 为新投影轴。在这个新投影体系中，△ABC 是 V_1 面的平行面，所以它在 V_1 面上的投影反映实形。

在换面法中，新投影面的设置必须满足以下两个条件：

（1）新投影面必须垂直于原投影体系中的某一投影面。

（2）新投影面必须使几何元素（直线或平面）处于便于解题的位置。

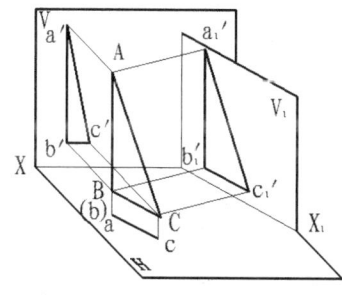

图 2-40 换面法

2.6.2 换面法的基本作图方法

2.6.2.1 点的换面

1. 点的一次换面

如图 2-41（a）所示，A 点在原投影体系 V/H 中的投影为 a、a'。现设置一个新投影面 V_1 替换 V 面，建立新的投影体系 V_1/H，则 A 点在 V_1/H 体系中的投影为 a、a_1'。使 V_1 面绕新投影轴 O_1X_1 旋转与 H 面重合，就得到 A 点在 V_1/H 体系中的两面投影图，如图 2-41（b）所示。从图中可以看出，新投影 a_1' 与不变投影面 H 面上的投影 a 的连线垂直于新投影轴，a_1' 到 X_1 轴的距离等于 a' 到 X 轴的距离。由此可得换面法中投影变换规律如下：

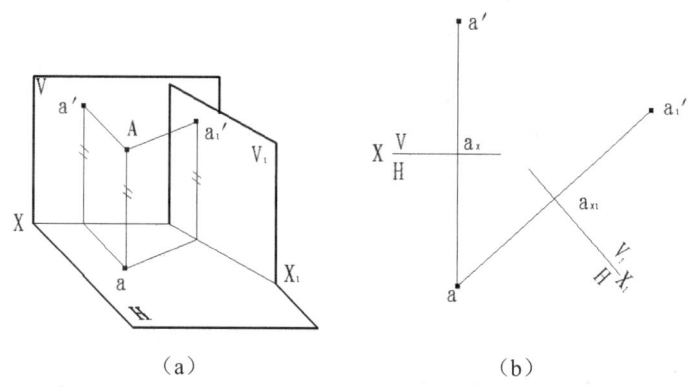

（a） （b）

图 2-41 点的一次换面（变换 V 面）

（1）新投影与不变投影之间的连线垂直于投影轴。
（2）新投影到新轴的距离等于被替换投影到旧轴的距离。
根据上述规律，点的一次换面作图步骤如下：
（1）确定要变换的投影面，如变换 V 面，作新轴 X_1，X_1 轴的位置可根据作图需要而定。
（2）过 a 点作新轴 X_1 的垂线。
（3）在垂线上截取 $a_1'a_{x1}=a'a_x$，即得 A 点在 V_1 面上的新投影 a_1'。
如变换 H 面，作图步骤与上述相似，如图 2-42 所示。

2. 点的二次换面

在解题中，有时一次换面还不能解决问题，而需要连续两次换面（见图 2-43）。二次换面是在一次换面的基础上进行换面,其原理和作图方法与一次换面相同。但要注意二次换面中,先换哪一个面应视解题需要而定,然后按顺序进行换面,如 V/H→V_1/H→V_1/H_2 或 V/H→V/H_1→V_2/H_1。

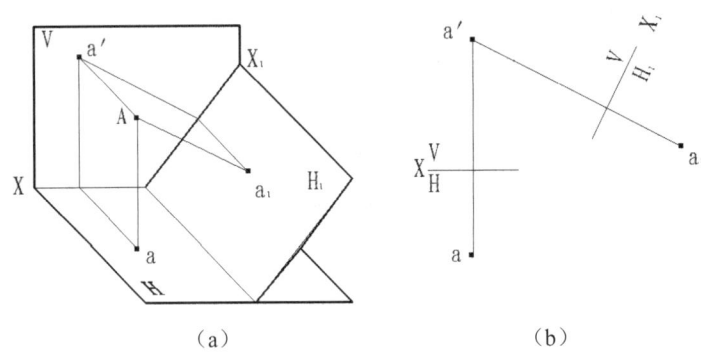

图 2-42　点的一次换面(变换 H 面)

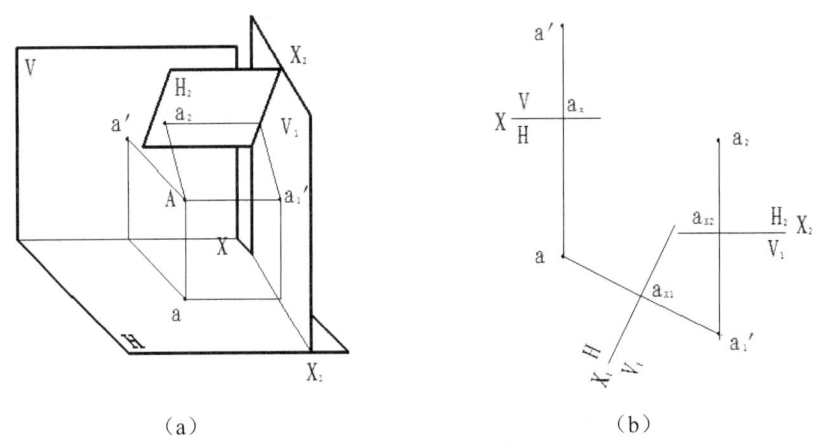

图 2-43　点的二次换面

2.6.2.2　直线的换面

1. 将一般位置直线变换成投影面平行线

如图 2-44 所示,AB 为一般位置直线。现设置 V_1 面平行于 AB 且垂直于 H 面,建立起新的投影面体系 V_1/H,则 AB 变换成 V_1 面的平行线。AB 在 V_1 面的投影 $a_1'b_1'$ 将反映 AB 的实长,$a_1'b_1'$ 与投影轴 X_1 的夹角反映直线 AB 对 H 面的倾角 α。作图步骤如下:

(1) 作新投影轴 X_1//ab。

(2) 分别由 a、b 两点作 X_1 轴的垂直线,与 X_1 轴交于 a_{x1}、b_{x1},然后在垂线上量取 $a_1'a_{x1}$=$a'a_x$、$b_1'b_{x1}$=$b'b_x$,得到新投影 a_1'、b_1'。

(3) a_1'、b_1' 得到投影 $a_1'b_1'$,它反映 AB 的实长,与 X_1 轴的夹角反映 AB 对 H 面的倾角 α。

如果求 AB 对 V 面的倾角 β,则要设置新投影面 H_1 平行于 AB,作图时取 X_1 轴平行于 $a'b'$,如图 2-45 所示。

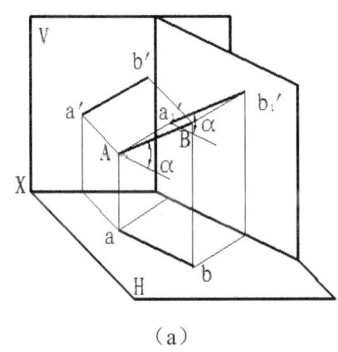 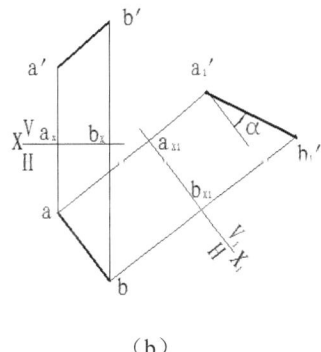

（a）　　　　　　　　　　　　　（b）

图 2-44　将一般位置直线变换成投影面平行线（变换 V 面）

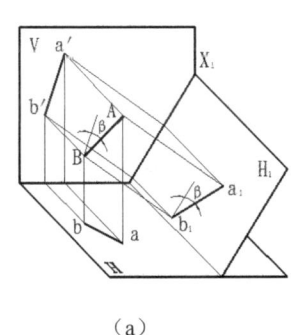 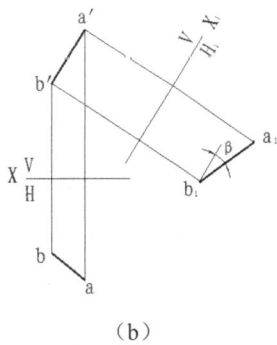

（a）　　　　　　　　　　　　　（b）

图 2-45　将一般位置直线变换成投影面平行线（变换 H 面）

2. 将投影面平行线变换成投影面垂直线

如图 2-46 所示，AB 为一水平线，现设置 $V_1 \perp AB$，建立新体系 V_1/H，则 AB 为 V_1 面的垂直线。AB 在 V_1 面上的投影积聚成一点。作图步骤如下：

（1）作新投影轴 $X_1 \perp AB$。
（2）过 a 或 b 点作 X_1 轴的垂直线。
（3）作出 AB 在 V_1 面上的投影 a_1'（b_1'）。

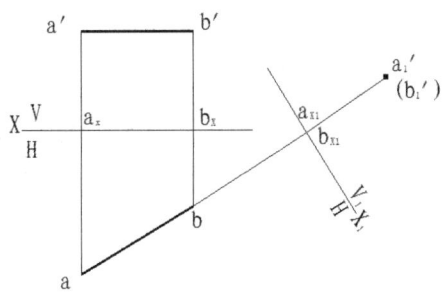

图 2-46　将投影面平行线变换成投影面垂直线

3. 将一般位置直线变换成投影面垂直线

将一般位置直线变换成投影面垂直线，必须经过二次换面：第一次将一般位置直线变换成投影面平行线；第二次再将投影面平行线变换成投影面垂直线。作图步骤如下所示（见图 2-47）：

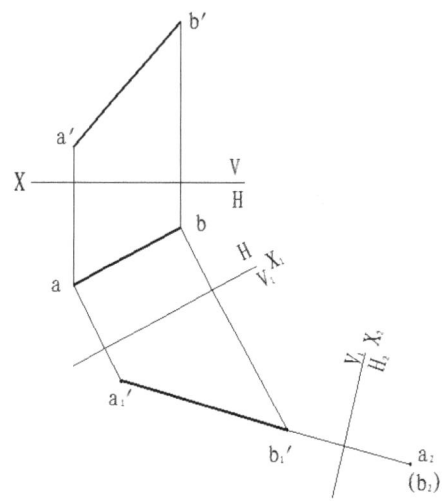

图 2-47　将一般位置直线变换成投影面垂直线

（1）作新投影轴 X_1∥ab，求得 AB 在 V_1/H 体系中的新投影 $a_1'b_1'$。

（2）再作一新投影轴 $X_2 \perp a_1'b_1'$，求得 AB 在 V_1/H_2 体系中的新投影 a_2（b_2）。

2.6.2.3　平面的换面

1. 将一般位置平面变换成投影面垂直面

将一般位置平面变换成投影面垂直面，即使该一般位置平面垂直于新投影面。在一般位置平面上只要作一条直线垂直于新投影面，则该平面即垂直于新投影面。为了简化作图，可在一般位置平面上任取一条投影面平行线，作其垂直面即为新投影面，则该平面即为新投影面的垂直面（见图 2-48）。作图步骤如下：

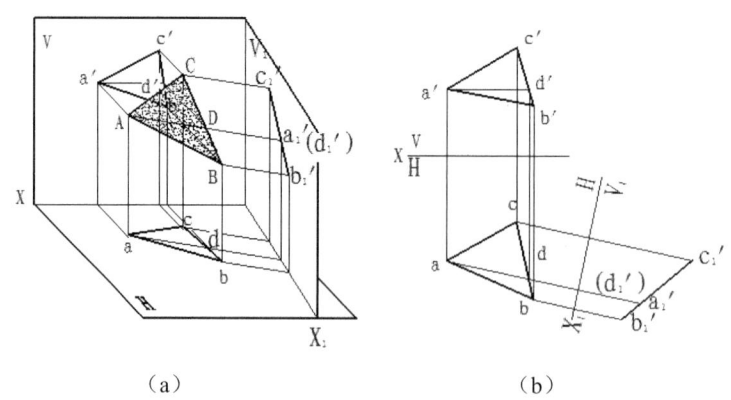

（a）　　　　　　　　　　（b）

图 2-48　将一般位置平面变换成投影面垂直面

（1）在 V/H 体系中，作△ABC 上水平线 AD 的两面投影 ad、a'd'。

（2）作 $X_1 \perp ad$，求得△ABC 的积聚投影 $a_1'b_1'c_1'$。

2. 将投影面垂直面变换成投影面平行面

如图 2-49 所示，△ABC 为铅垂面，将其变换成投影面平行面，只需一次换面，即变换 V 面，使 V 面平行于△ABC。作图步骤如下：

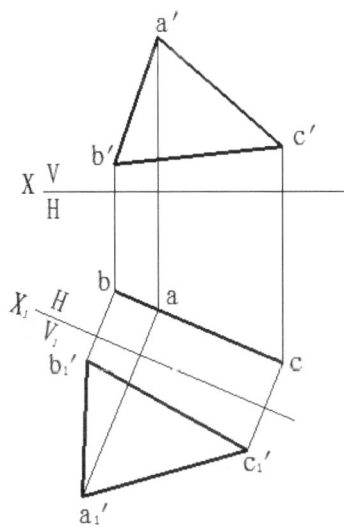

图 2-49　将投影面垂直面变换成投影面平行面

（1）作新投影轴 X_1 平行于△ABC 的积聚投影 abc。
（2）按点的投影变换规律作图，求出 a_1'、b_1'、c_1'，则△$a_1'b_1'c_1'$反映△ABC 实形。

3. 将一般位置平面变换成投影面平行面

将一般位置平面变换成投影面平行面，必须经过两次换面。第一次将一般位置平面变成投影面垂直面；第二次将投影面垂直面变换成投影面平行面。如图 2-50 所示，先将 ABC 变换成 H_1 面的垂直面，再变换成 V_2 面的平行面。作图步骤如下：

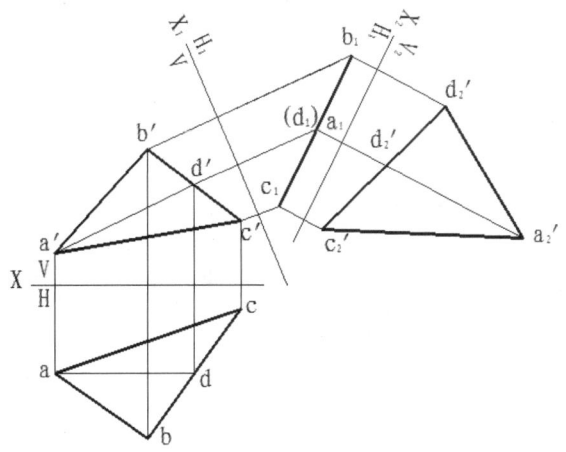

图 2-50　将一般位置平面变换成投影面平行面

（1）在△ABC 上作正平线 AD，设置新投影面 $H_1 \perp AD$，即作 $X_1 \perp a'd'$，然后作出△ABC 在 H_1 面上的积聚投影 $a_1b_1c_1$。

（2）作新投影面 V_2 平行于△ABC，即作 X_2∥$a_1b_1c_1$，然后作出△ABC 在 V_2 面上的新投影△$a_2'b_2'c_2'$，它即反映△ABC 实形。

2.7 综合实例

综合实例 2-1 已知点 A 在点 B 之前 5mm，之上 10mm，之右 8mm，求点 A 的投影，如图 2-51（a）所示。

分析：利用空间两点的相对位置可以由两点的坐标来确定，x 坐标大在左，y 坐标大在前，z 坐标大在上。

解：作图步骤如图 2-51 所示。

（1）根据题意，点 A 在点 B 之右 8mm，则 A 点的 x 坐标小，右移 8mm，如图 2-51（b）所示。

（2）点 A 在点 B 之前 5mm，则 A 点的 y 坐标大，前移 5mm；点 A 在点 B 之上 10mm，则 A 点的 z 坐标大，上移 10mm，如图 2-51（c）所示。

（3）点 A 的三面投影图如图 2-51（d）所示。

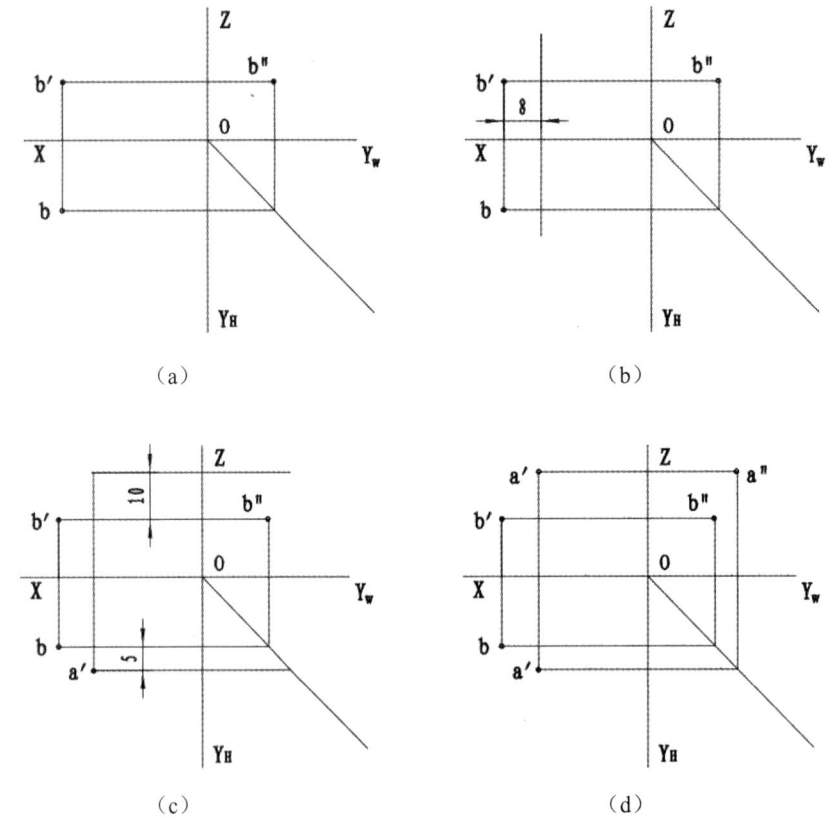

图 2-51 根据两点的相对位置求点的投影

综合实例 2-2 已知 A 点三面投影，过 A 点作水平线 AB。且知 AB=30mm，β=30°，B 点在 A 点的右前方，完成直线 AB 的三面投影，如图 2-52（a）所示。

分析：首先根据两点相对位置关系，确定 B 点相对于 A 点的位置；利用直线 AB 是水平线的特点，在水平面反映实长 AB=30mm，且水平投影与 x 轴的夹角反映 AB 与 V 面夹角 β=30°，AB 在正面和侧面投影平行于相应投影轴，确定 AB 的三面投影。

解：作图步骤如图 2-52 所示。

（1）根据题意 B 点在 A 点的右前方，且 β=30°，作图如图 2-52（b）所示。

（2）利用 AB 是水平线，在水平面反映实长 AB=30mm，作图如图 2-52（c）所示。

（3）水平线 AB 在正面和侧面投影平行于相应投影轴，即作 a'b'∥OX，a″b″∥OY$_W$，如图 2-52（d）所示。

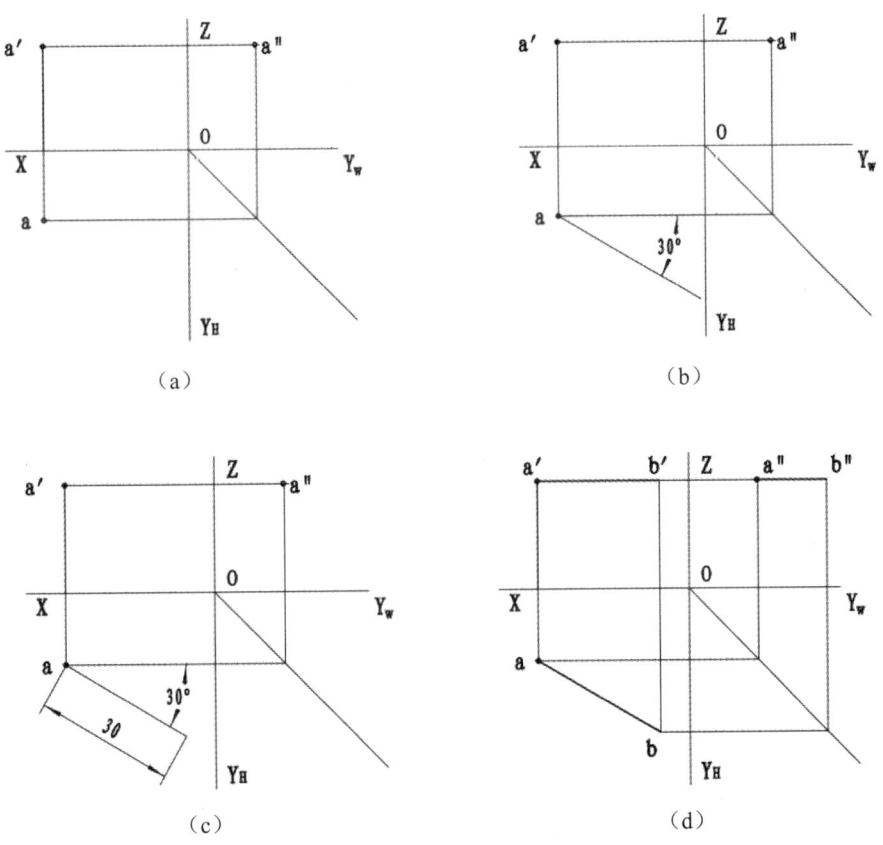

图 2-52 求特殊位置直线的三面投影

综合实例 2-3 已知点 K 在线段 AB 上，求点 K 正面投影，如图 2-53（a）所示。

分析：根据已知 2-53（a）图判断 AB 是侧平线，且点 K 在 AB 上，必须满足三面投影均在 AB 对应的三面投影上，考虑补画出 AB 的侧面投影，利用点的投影规律求出。

或者利用定比定理，即点分线段所成比例在其各自投影上保持不变求出。

解：作图步骤如图 2-53 所示。

方法一：引∠Y$_H$OY$_W$ 的等分角线作为辅助线，根据点的投影规律求出 a″，b″，连接侧面投影 a″b″，根据 K 在 AB 上，依次作出 k″，k'，如图 2-53（b）所示。

方法二：过 b'引辅助线，在此辅助线上依次量取 bk 和 ka，如图 2-53（c）所示；连接 a'a，过 k 作 k k′∥a a′，即得到 K 点的正面投影，如图 2-53（d）所示。

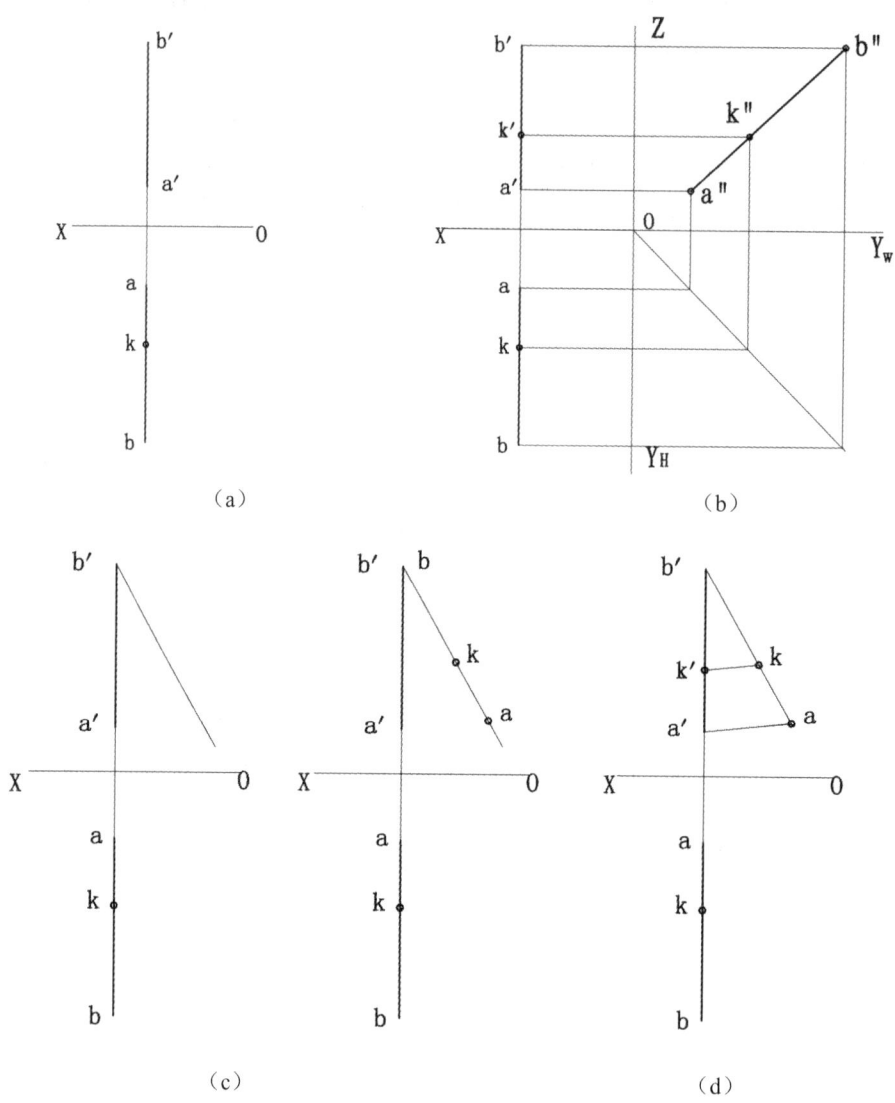

图 2-53 求直线上已知点的投影

综合实例 2-4 已知正垂面 ABC 与 H 面的夹角为 30°，已知其水平投影及顶点 B 的正面投影，求△ABC 的正面投影及侧面投影，如图 2-54（a）所示。

分析：根据正垂面的投影特性，正面投影积聚为直线，且该直线与 X 轴的夹角反映与 H 面的夹角 α=30°，利用点的投影规律作出 A，C 两点的正面投影；引 45°辅助线，作出三点的侧面投影。

解：作图步骤如图 2-54 所示。

（1）根据△ABC 是正垂面且与 H 面的夹角为 30°，作出其正面投影积聚成的直线；引 45°辅助线补画出侧面投影系，如图 2-54（b）所示。

（2）根据点的投影规律，作出正面投影 a′，c′，如图 2-54（c）所示。

（3）利用45°辅助线和点的投影规律，作出 A、B、C 三点的侧面投影 a″、b″、c″，依次连接即为△ABC 的侧面投影，如图 2-54（d）所示。

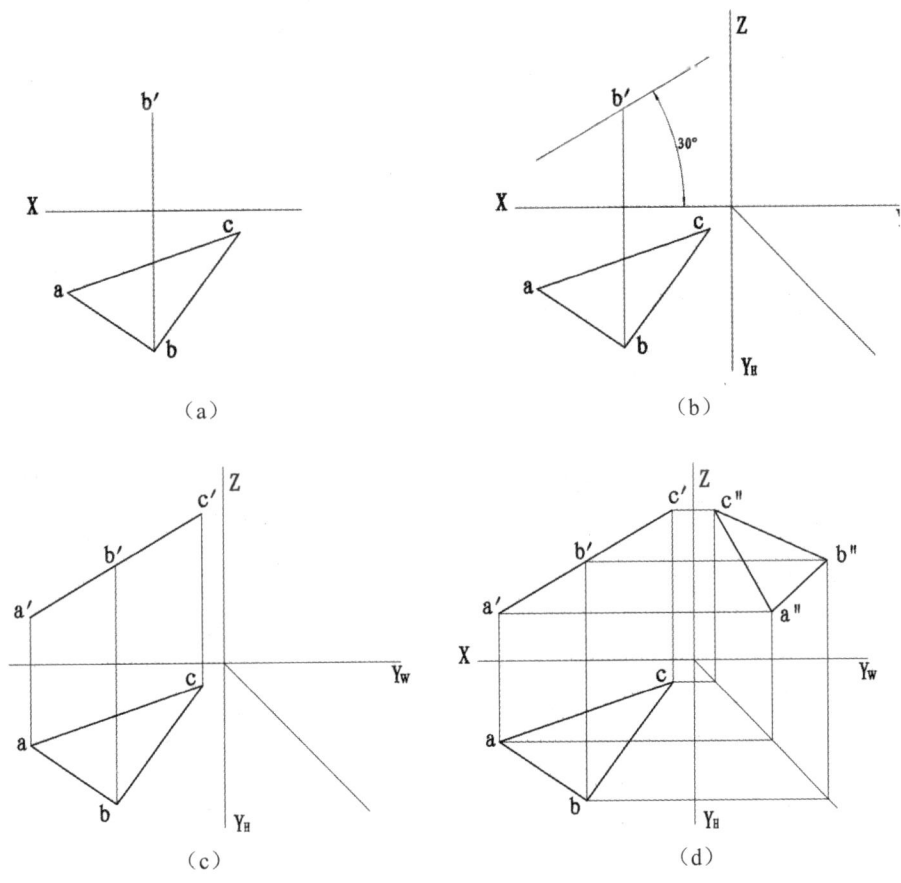

图 2-54　求特殊位置面的三面投影

综合实例 2-5　在已知△ABC 内取一点 K，并使其到 H 面的距离 15mm，到 V 面的距离 20mm，如图 2-55（a）所示。

分析：根据题意 K 点必定在△ABC 面内一条距离 H 面 15mm 的水平线上，同时满足在面内一条距离 V 面 20mm 的正平线上，因此 K 点必定是该面内两投影面平行线的交点。

解：作图步骤如图 2-55 所示。

（1）作出△ABC 面内距离 H 面 15mm 的水平线的两面投影，如图 2-55（b）所示。

（2）再作出△ABC 面内距离 V 面 20mm 的正平线的水平投影，其与（1）中作出的水平投影的交点 k 即为 K 点的水平投影，如图 2-55（c）所示。

（3）根据点的投影规律和平面内点的条件，作出 K 点的正面投影 k′，如图 2-55（d）所示。

综合实例 2-6　求点 E 到直线 AB 的距离，如图 2-56（a）所示。

分析：由于已知 AB 是水平线，可经过一次换面将 AB 变换为投影面的垂线，则点到直线的距离即变为两点连线。

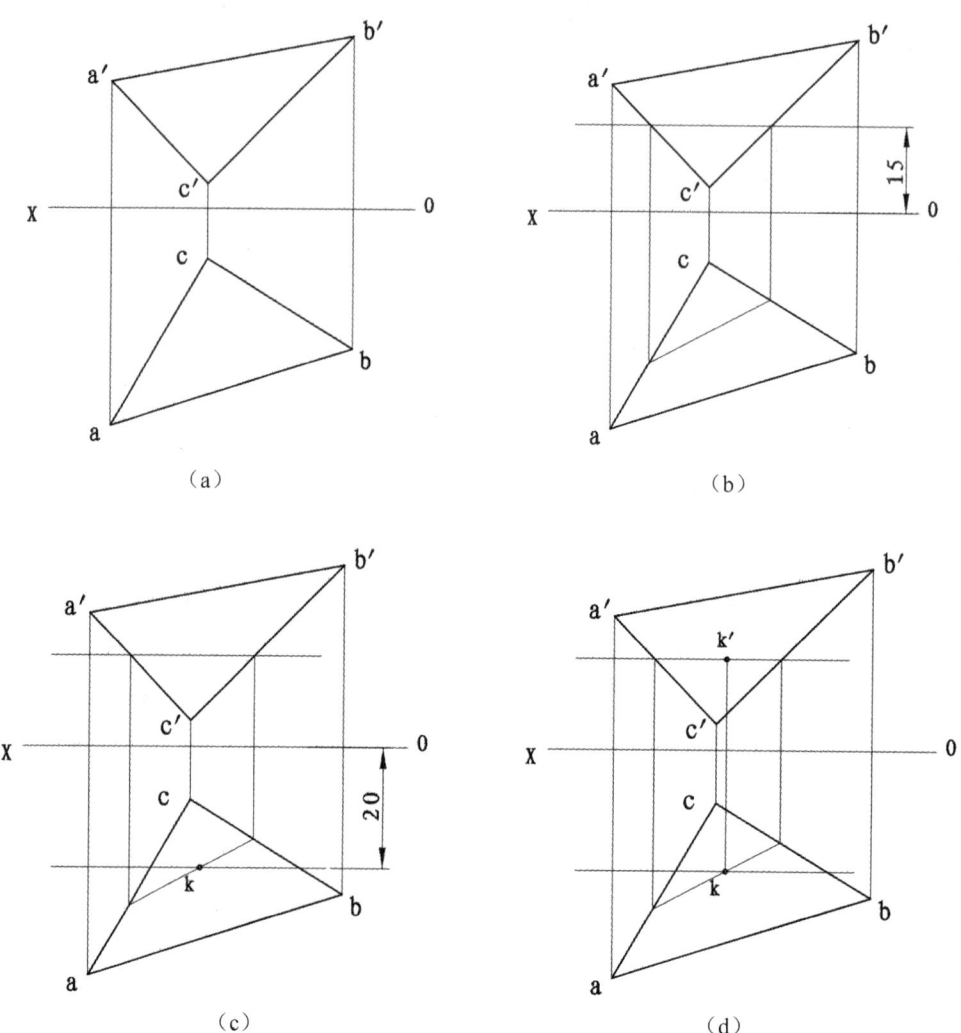

图 2-55 求平面内点的投影

解：作图步骤如图 2-56 所示。

（1）将直线 AB 变换为 V_1 面的垂直线，其在 V_1 面上的投影积聚为一点 a_1'（b_1'），如图 2-56（b）所示。

（2）点 E 随直线 AB 进行变换，作出 E 点在 V_1 面的投影 e_1'，如图 2-56（c）所示。

（3）连接 $a_1'e_1'$，即所求的距离，如图 2-56（d）所示。

思考：若直线 AB 是一般位置直线，怎么求 E 到直线 AB 的距离呢？

提示：经过两次换面，先利用一次换面将直线 AB 转换为投影面的平行线，再利用二次换面转换为投影面的垂线，其余作法同上。

综合实例 2-7　求点 E 到△ABC 的距离及其投影，如图 2-57（a）所示。

分析：已知△ABC 是一般位置平面，若将其变换为某一投影面的垂直面时，△ABC 在该投影面上积聚为直线，则点到该直线的垂线就是该投影面的平行线，此时垂线段的长度即反映点到△ABC 距离的实长。

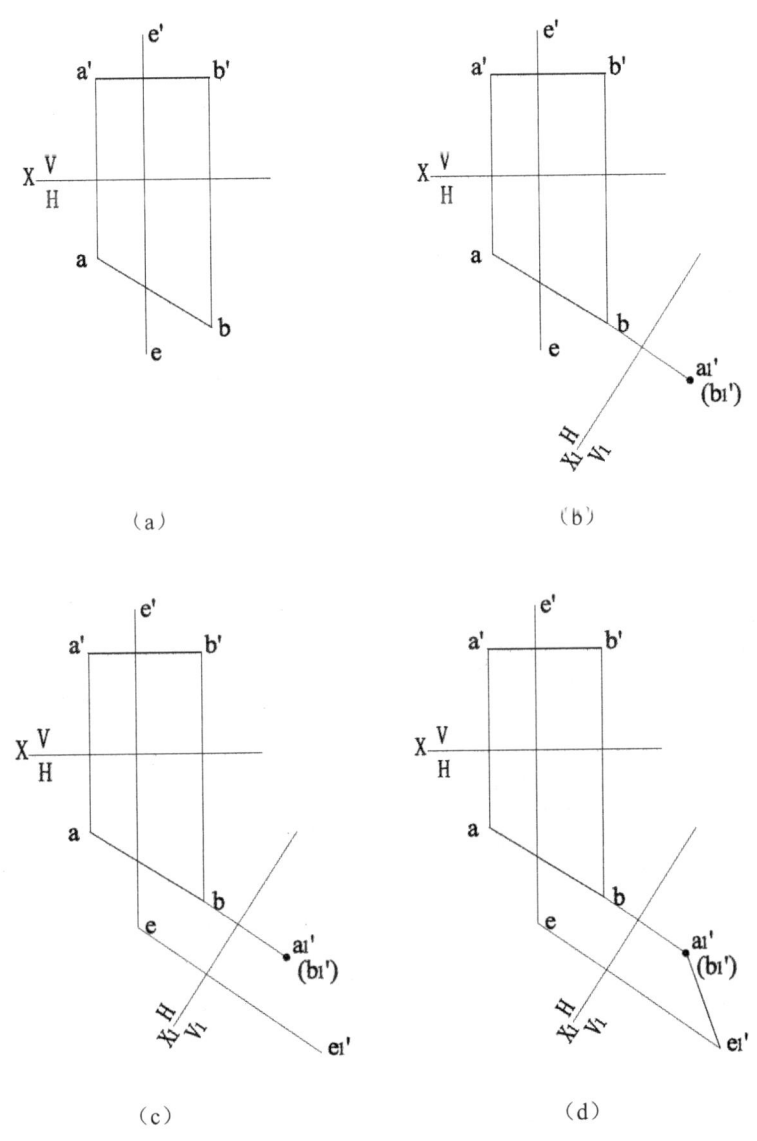

图 2-56 求点到直线的距离

解：作图步骤如图 2-57 所示。

（1）由图 2-57（a）看出△ABC 的 AB 边为水平线，作新投影轴 $O_1X_1 \perp ab$；作出△ABC 中 A、B、C 三点在 V_1 面上的投影 a_1'、b_1'、c_1'，积聚为直线，如图 2-57（b）所示。

（2）点 E 随△ABC 一起进行变换，作出 E 点在 V_1 面的投影 e_1'；由 e_1' 向直线 $a_1'b_1'c_1'$ 作垂线，垂足为 f_1'，则 $e_1'f_1'$ 即反映出点 E 到△ABC 的距离 EF 的实际长度，如图 2-57（c）所示。

（3）由于 EF 是新投影面 V_1 的正平线，过 e 点作直线 ef 平行于 O_1X_1 轴，根据点的投影变换规律作出 F 点在 V 面上的投影 f'，连接 $e_1'f'$ 即所求的投影，如图 2-57（d）所示。

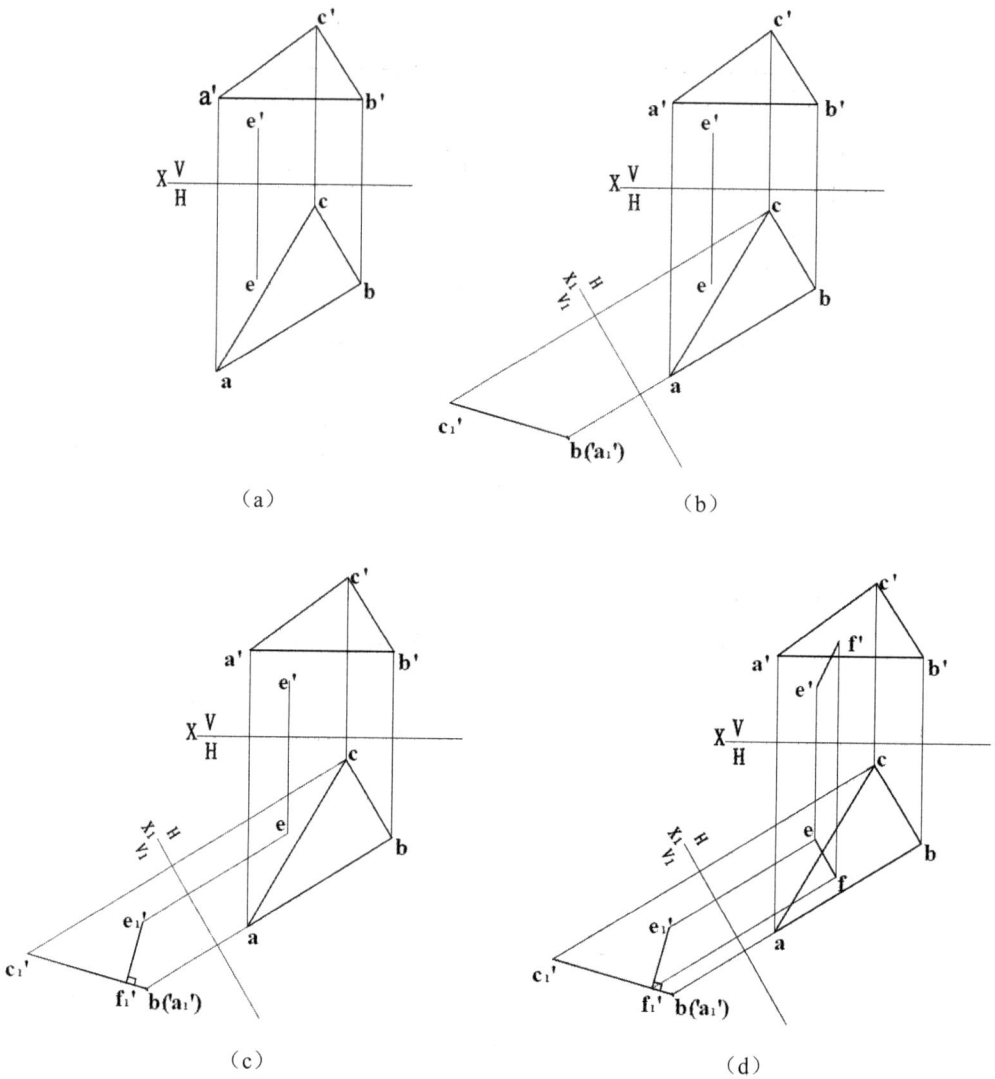

图 2-57　求点到平面的距离及其投影

第 3 章 立体的投影及表面交线

工程中常把棱柱、棱锥、圆柱、圆锥、球、圆环等形状简单、经常使用的单一几何形体称为基本体。

基本体可分为两类：表面均为平面的称为平面立体，表面均为曲面或平面与曲面共同围成的称为曲面立体。

3.1 平面立体

3.1.1 平面立体的投影

常用的平面立体有两种：棱柱和棱锥。

由于平面立体由若干多边形所围成，因此，绘制平面立体的投影，可归结为绘制它的所有多边形表面的投影，也就是绘制这些多边形的边和顶点的投影。多边形的边是平面立体的轮廓线，分别是平面立体的每两个多边形表面的交线。当轮廓线的投影为可见时，画粗实线；不可见时，画虚线；当粗实线与虚线重合时，应画粗实线。

3.1.1.1 棱柱的投影

棱柱通常有三棱柱、四棱柱、五棱柱、六棱柱等。棱柱的特点是组成棱柱的各侧棱相互平行，上、下底面相互平行。现以正六棱柱为例说明棱柱的投影特点。

如图 3-1（a）所示，正六棱柱是由上、下底面和六个侧棱面所围成。上、下底面为水平面，其水平投影反映实形并重合，正面投影和侧面投影积聚成平行于相应投影轴的直线。六个侧棱面中，前、后两个棱面为正平面，它的正面投影反映实形并重合，水平投影和侧面投影积聚成平行于相应投影轴的直线；其余四个棱面均为铅垂面，其水平投影分别积聚成倾斜直线，正面投影和侧面投影都是缩小的类似形（矩形）。将其上、下底面及六个侧面的投影画出后，即得正六棱柱的三面投影图，如图 3-1（b）所示。

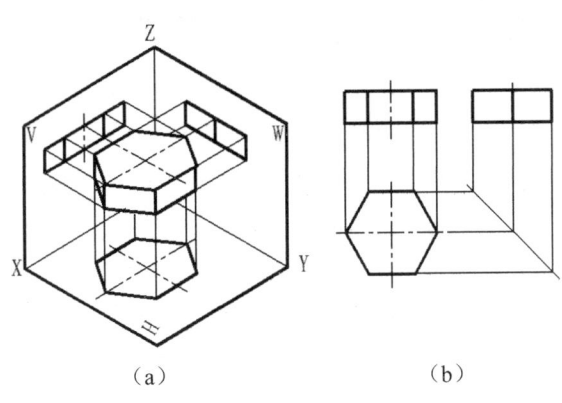

图 3-1 正六棱柱的投影

作图过程，如图 3-2 所示。

（1）画中心线、对称线，确定图形位置，如图 3-2（a）所示。

（2）画出上、下底面的水平投影、正面投影、侧面投影，如图 3-2（b）所示。

（3）将上、下底面对应顶点的同面投影连接起来，即得棱线的投影，如图 3-2（c）所示。

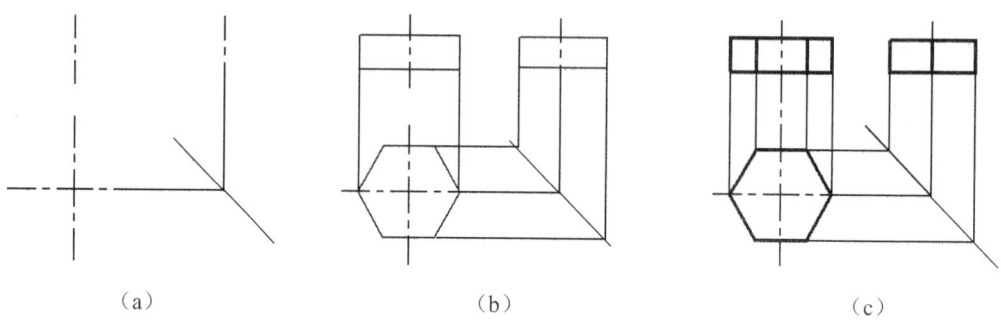

图 3-2　画正六棱柱的三面投影图的步骤

3.1.1.2　棱锥的投影

棱锥通常也有三棱锥、四棱锥、五棱锥、六棱锥等。棱锥是由一个底面和几个侧面所围成的。棱锥侧面彼此相交的交线，称为棱线；棱线汇交为一点，此点称为锥顶。如图 3-3（a）所示的四棱锥，ABCD 为底面，SA、SB、SC、SD 为棱线，S 为锥顶。现以四棱锥为例，说明棱锥的投影特点。

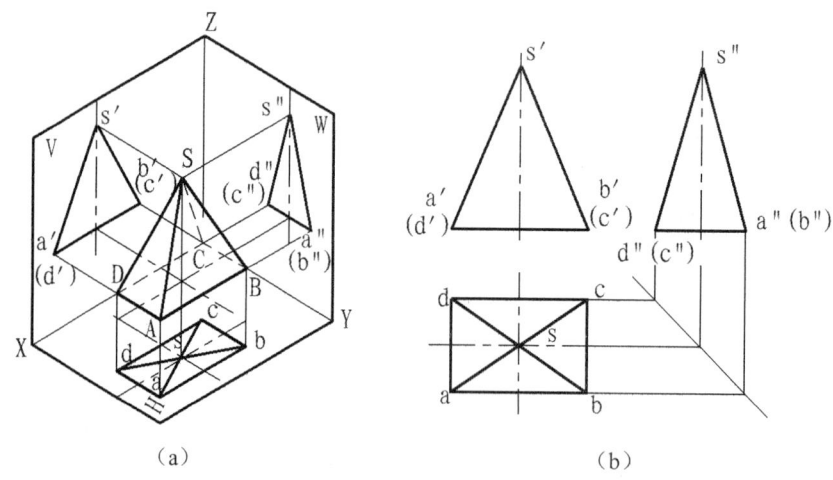

图 3-3　四棱锥投影

四棱锥的底面 ABCD 为水平面，其水平投影反映实形，正面投影和侧面投影积聚成平行相应投影轴的直线。左、右两个棱锥面 SAD 和 SBC 是正垂面，所以它的正面投影积聚为两段直线，水平投影 sad 和 sbc 为缩小且大小相等的类似形，侧面投影 s″a″d″和 s″b″c″为缩小的大小相等且投影重合的类似形。前、后两个棱锥面 SAB 和 SCD 是侧垂面，其侧面投影积聚为两段直线，水平投影 sab 和 scd 为缩小的类似形，正面投影 s′a′b′和 s′c′d′为缩小的类似形且投影重合，如图 3-3（b）所示。

四棱锥投影的作图步骤，如图 3-4 所示。

（1）画中心线、对称线，确定图形位置，如图 3-4（a）所示。

（2）画四棱锥底面 ABCD 的水平投影、正面投影、侧面投影，如图 3-4（b）所示。

（3）画顶点 S 的三面投影，如图 3-4（c）所示。

（4）连接锥顶 S 与锥底 ABCD 的各同名投影，即完成全图，如图 3-4（d）所示。

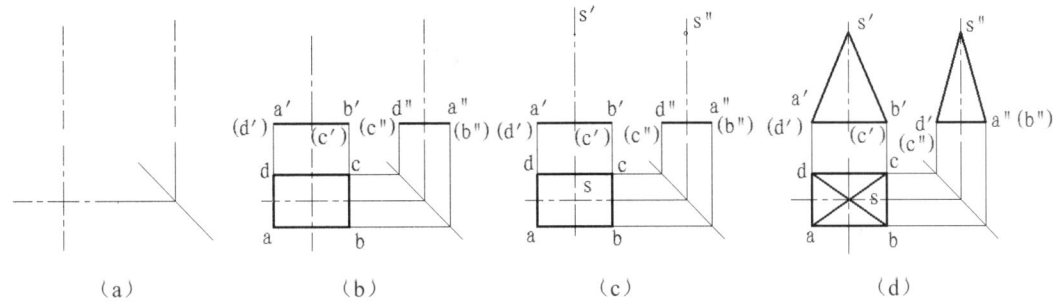

图 3-4　四棱锥的画图步骤

3.1.2　平面立体表面取点

平面立体表面取点的方法，与前面所述在平面内取点的方法相同。下面举例说明在平面立体表面取点的作图方法。

3.1.2.1　棱柱表面取点

图 3-5（a）（b）表示由已知正五棱柱棱面上点 M 和点 N 的正面投影 m′和(n′)，求作水平投影和侧面投影的作图过程。

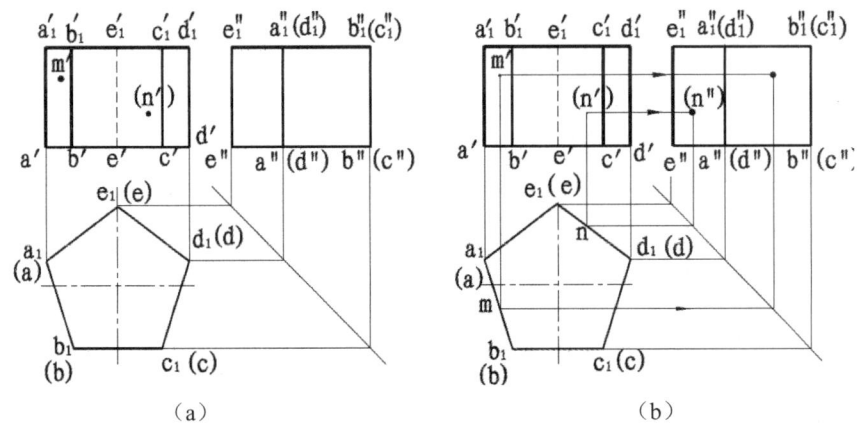

图 3-5　正五棱柱棱面上点的投影

由于点 M 的正面投影 m′为可见；所以点 M 在铅垂面 AA_1B_1B 上。点 N 的正面投影 n′为不可见，则点 N 在 D_1DEE_1 上。利用铅垂面水平投影的积聚性，先求出点 M 和点 N 的水平投影 m、n，再求出其侧面投影 m″、(n″)。

3.1.2.2　棱锥表面取点

图 3-6 表示求正三棱锥的侧面投影及点 P 和点 M 的水平投影和侧面投影的作图过程。

从图 3-6（a）可知，正三棱锥的底面 ABC 为水平面，棱面 SAB 和 SAC 为一般位置平面，SBC 为正垂面。在补画正三棱锥的侧面投影时，首先画出底面 ABC 的侧面投影 a″b″c″，然后画出锥顶 S 的侧面投影 s″、s″与 a″b″c″分别连线，即为所求，如图 3-6（a）所示。

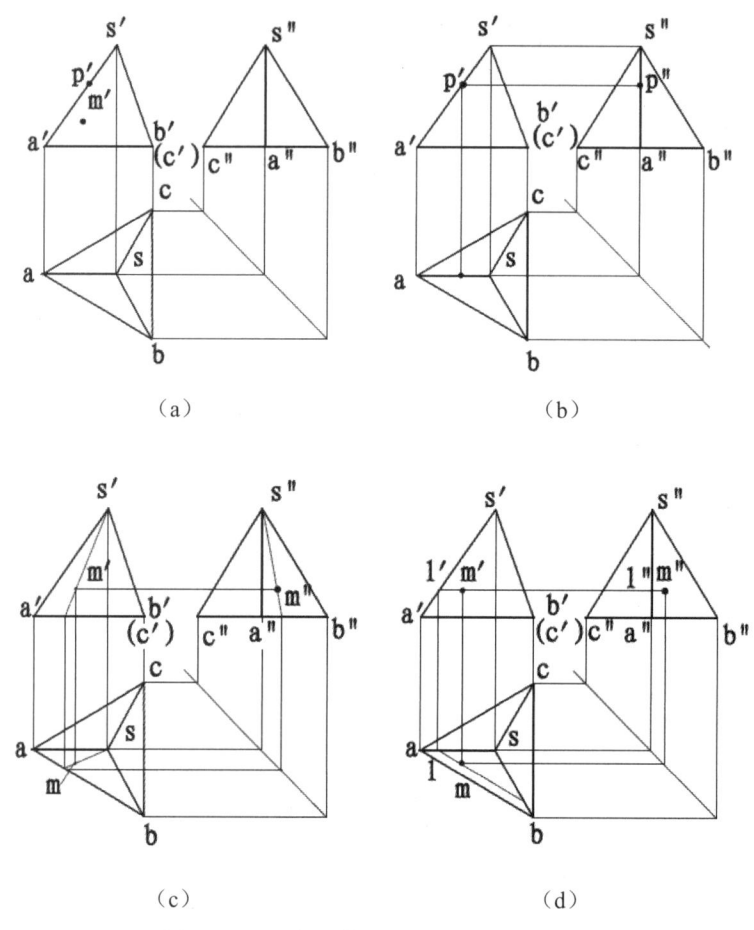

（a）　　　　　　　　（b）

（c）　　　　　　　　（d）

图 3-6　正三棱锥棱线和棱面上点的投影

点 P 是正三棱锥棱线 SA 上的点，利用点在线上的投影特性，即可求出 P 的水平投影 p 和侧面投影 p″，如图 3-6（b）所示。

从图 3-6（a）可知：m′为可见，所以 M 点在棱面 SAB 上。点 M 的其余两投影可利用面上取点法求之，具体作图步骤详见图 3-6（c）和（d）。

3.2　曲面立体

常见的曲面立体有圆柱、圆锥、圆球和圆环及具有环面的回转体。它们通常均称为回转体。如图 3-7 所示曲面立体的投影就是组成曲面立体的曲面和平面的投影的组合。本节主要介绍曲面立体投影图的画法以及表面取点的方法。

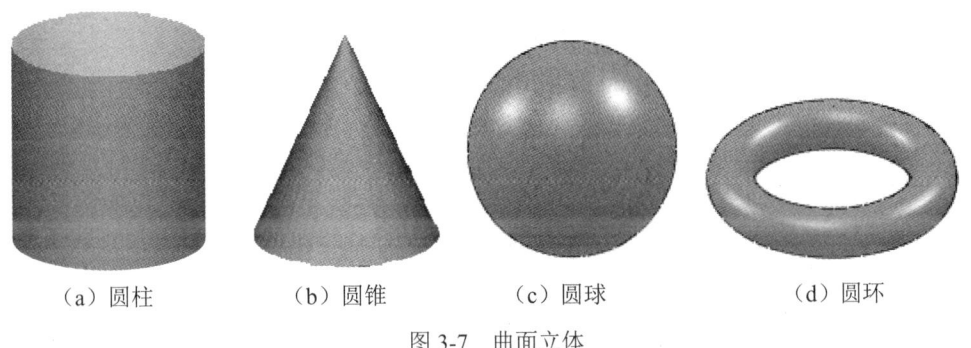

（a）圆柱　　　　（b）圆锥　　　　（c）圆球　　　　（d）圆环

图 3-7　曲面立体

3.2.1　圆柱

圆柱由圆柱面、顶面、底面所围成。圆柱面由一条直母线绕与它平行的轴线旋转而成。如图 3-8（a）所示，当轴线为铅垂线时，圆柱面上所有素线都是铅垂线，圆柱面的水平投影积聚成一个圆，圆柱面上的点和线的水平投影都积聚在这个圆上。圆柱的顶面和底面是水平面，它们的水平投影反映实形，就是这个圆。用点划线画出对称中心线，对称中心线的交点是轴线的水平投影。

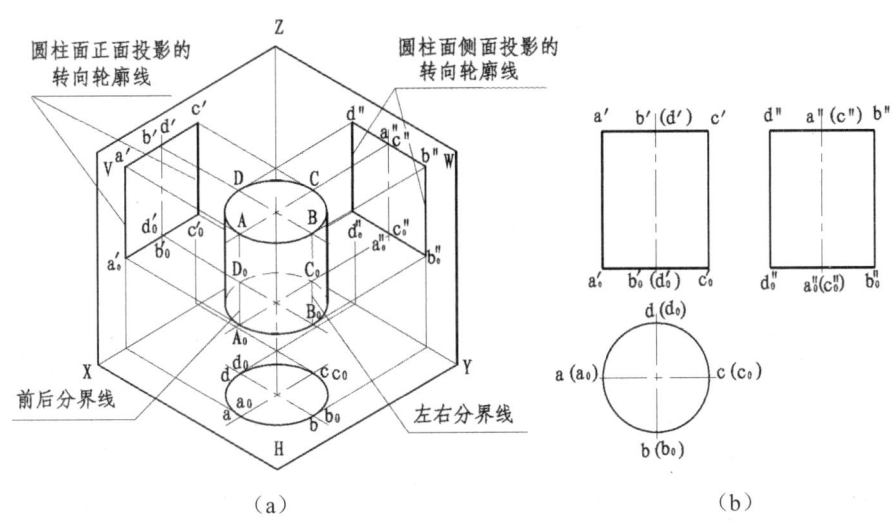

图 3-8　圆柱的投影

圆柱的顶面、底面的正面投影都积聚成直线；圆柱的轴线和素线的正面投影、侧面投影仍是铅垂线，用点划线画出轴线的正面投影和侧面投影。圆柱的正面投影的左右两侧是圆柱面的正面投影的转向轮廓线 $a'a_0'$ 和 $c'c_0'$，它们分别是圆柱面上最左、最右素线 AA_0、CC_0（也就是正面投影可见的前半圆柱面和不可见的后半圆柱面的分界线）的正面投影；AA_0 和 CC_0 的侧面投影 $a''a_0''$ 和 $c''c_0''$ 则与轴线的侧面投影相重合。圆柱的侧面投影的前后两侧是圆柱面的侧面投影的转向轮廓线 $b''b_0''$ 和 $d''d_0''$，它们分别是圆柱面上最前、最后素线 BB_0 和 DD_0（也就是侧面投影可见的左半圆柱面和不可见的右半圆柱面的分界线）的侧面投影；BB_0 和 DD_0 的正面投影 $b'b_0'$ 和 $d'd_0'$ 则与轴线的正面投影相重合。

这个圆柱的三面投影如图 3-8（b）所示。

3.2.2 圆锥

圆锥由圆锥面、底面所围成。圆锥面由一条直线绕与它相交的轴线旋转而成，圆锥表面上的一切素线为过锥顶的直线。

如图 3-9 所示，当圆锥的轴线为铅垂线时，底面的正面投影、侧面投影分别积聚成直线，水平投影反映它的实形——圆。

用点划线画出轴线的正面投影和侧面投影；在水平投影中，用点划线画出对称中心线，对称中心线的交点就是轴线的水平投影，又是锥顶 S 的水平投影 s。

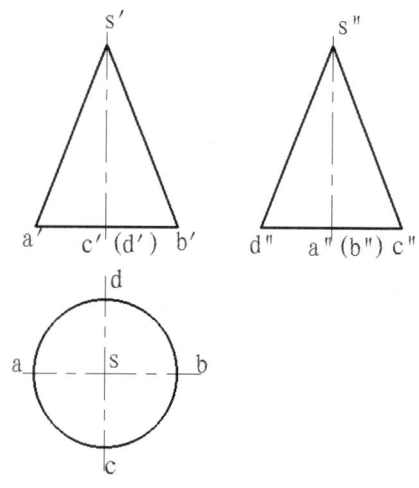

图 3-9 圆锥的投影

圆锥面正面投影的转向轮廓线 s′a′、s′b′ 是圆锥面最左、最右素线 SA、SB（也就是正面投影可见的前半圆锥面和不可见的后半圆锥面的分界线）的正面投影；SA、SB 的侧面投影 s″a″、s″b″ 与轴线的侧面投影相重合。圆锥面侧面投影的转向轮廓线 s″c″、s″d″ 是圆锥面上最前、最后素线 SC、SD（也就是侧面投影可见的左半圆锥面和不可见的右半圆锥面的分界线）的侧面投影；SC、SD 的正面投影 s′c′、s′d′ 与轴线的正面投影重合。在图 3-9 中清楚地表明了锥顶 S 的正面投影 s′、侧面投影 s″ 和水平投影 s。圆锥面的水平投影与底面的水平投影相重合。显然，圆锥面的三个投影都没有积聚性。

3.2.3 球

球由球面围成。球面由圆以其直径为轴线旋转而成。

如图 3-10 所示，球的三面投影都是直径与球直径相等的圆，它们分别是这个球面的三个投影的转向轮廓线。正面投影的转向轮廓线是球面上平行于正面的大圆（前后半球面的分界线）的正面投影；水平投影的转向轮廓线是球面上平行于水平面的大圆（上下半球面的分界线）的水平投影；侧面投影的转向轮廓线是球面上平行于侧面的大圆（左右半球面的分界线）的侧面投影。在球的三面投影中，应分别用点划线画出对称中心线，对称中心线的交点是球心的投影。

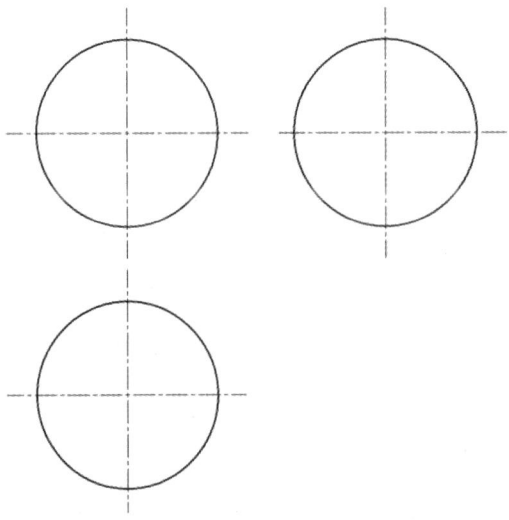

图 3-10 球的投影

3.2.4 圆环

环由环面围成。圆环是以圆为母线,绕与圆共面但不通过圆心的轴线旋转而成。圆环的投影一般以两个投影图表示,如图 3-11 所示。

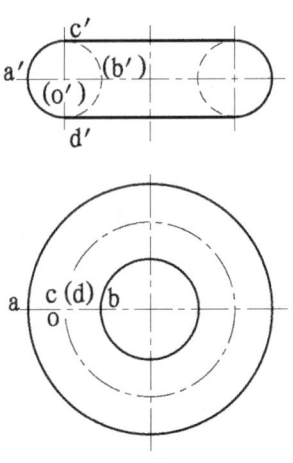

图 3-11 环的投影

轴线的水平投影积聚为一点(中心线的交点);圆母线的水平投影成为直线,延长后应通过轴线的有积聚性的水平投影。在旋转过程中,圆母线上的各点都形成垂直于轴线的水平纬圆;而环面的水平投影的转向轮廓线,是圆母线上离轴线最远的点 A 和最近的点 B 旋转形成的最大的和最小的纬圆的水平投影。圆心 O 旋转形成的水平圆的水平投影,用点划线表示。

轴线的正面投影仍是铅垂线。正面投影中的左、右两个圆,是平行于正面的两条圆素线的正面投影;而上、下两条直线,则是圆母线上的最高点 C 和最低点 D 旋转形成的水平圆的正面投影。它们都是环面的正面投影的转向轮廓线。圆母线的圆心 O 以及点 A、B 旋转形成的三个水平圆的正面投影,都分别重合在用点划线表示的环的上下对称线上。

圆母线离轴线较远的半圆旋转形成的曲面是外环面；离轴线较近的半圆旋转形成的曲面是内环面。在正面投影中，前半外环面的投影是可见的；后半外环面的投影不可见，但与前半外环面的投影相重合。内环面的正面投影都不可见，内环面的正面投影的转向轮廓线也不可见而画成虚线。在水平投影中，上半环面的投影可见；下半环面的投影不可见，且与上半环面的投影相重合。

3.2.5 曲面立体表面取点

3.2.5.1 圆柱表面取点

在圆柱表面上取点，可利用圆柱表面投影为圆的积聚性或作辅助素线的方法求得。

如图 3-12 所示，已知圆柱面上的点 A 和 B 的正面投影 a′(b′)，求作它们的水平投影和侧面投影。作图过程如下：

从 a′可见和(b′)不可见得知，点 A 在前半圆柱面上，而点 B 在后半圆柱面上，于是就可由 a′(b′)引铅垂的投影连线，在圆柱面的有积聚性的水平投影上作出 a 和 b。

由 a′(b′)引水平的投影连线，由 a、b 按宽相等和前后对应，就可作出 a″和 b″。

由于点 A 和 B 都在左半圆柱面上，所以 a″b″都是可见的。

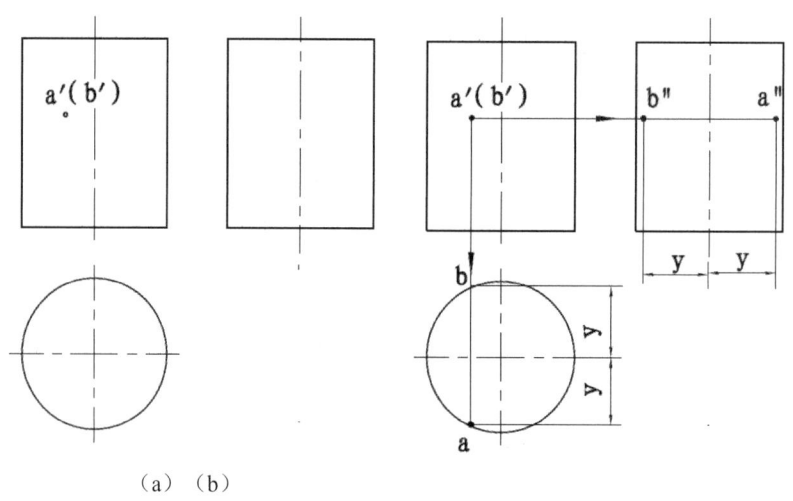

（a）（b）

图 3-12 作圆柱面上的点的投影

3.2.5.2 圆锥表面取点

如图 3-13 所示，已知圆锥的三面投影以及圆锥面上的点 A 的正面投影 a′，求作它的水平投影 a 和侧面投影 a″。由于圆锥面的三个投影都没有积聚性，所以需要在圆锥面上通过点 A 作一条辅助线。为了作图方便，应选取素线或垂直于铅垂轴线的纬圆（水平圆）作为辅助线，分述如下。

方法一（素线法）：先参阅图 3-13（a）中的立体图，连 S 和 A，延长 SA，交底圆于点 B，因为 a′可见，所以素线 SB 位于前半圆锥面上，点 B 也在前半底圆上。作图过程如图 3-13（a）投影图所示。

（1）连 s′和 a′，延长 s′a′，与底圆的正面投影相交于 b′。由 b′引铅垂的投影连线，在前半底圆的水平投影上交得 b。由 b 按宽相等和前后对应在底圆的侧面投影上作出 b″。分别连 s 和

b、s″和b″，即得过点A的素线SB的三面投影s'b'、sb和s″b″。

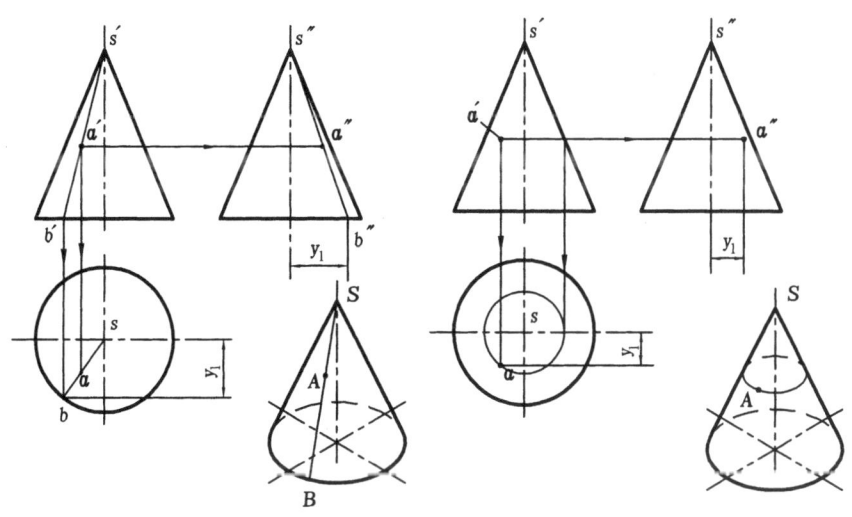

（a）素线法　　　　　　　　（b）纬圆法

图3-13 作圆锥面上的点的投影

（2）由a'分别引铅垂的和水平的投影连线，在sb上作出a和在s″b″上作出a″。由于圆锥面的水平投影可见，所以a也可见；又由于点A在左半圆锥面上，所以a″亦为可见。

方法二（纬圆法）：先参阅图3-13（b）的立体图，通过点A在圆锥面上做垂直于轴线的水平纬圆，这个圆实际上就是点A绕轴线旋转形成的。作图过程如3-13（b）投影图所示。

（1）过a'作垂直于轴线的水平纬圆的正面投影，其长度就是这个纬圆的直径的实长，它与轴线的正面投影的交点就是圆心的正面投影，而圆心的水平投影则重合于轴线的有积聚性的水平投影上，与S相重合。由此就可作出这个圆的反映实形的水平投影（也可如图中所示，利用这个圆在最右素线上的点作出）。

（2）由于a'可见，所以点A应在前半圆锥面上，于是就可由a'引铅垂的投影连线，在水平纬圆的前半圆的水平投影作出a。由a'引水平的投影连线，又由a按宽相等和前后对应，即可作出点A的侧面投影a″。可见性的判断在方法一中已阐述，不再重复。

3.2.5.3 圆球表面取点

如图3-14所示，已知球面上点A的正面投影a'，求作它的水平投影和侧面投影。因为球面的三个投影都没有积聚性，而且球面上不存在直线，但可以在球面上过点A作平行于投影面的圆，所以图中过点A作球面上的水平圆，这个圆实际上就是点A绕球的铅垂轴线旋转所形成的纬圆。

作图过程如图3-14所示。

（1）过a'作球面上的水平圆的正面投影，按在正面投影中所显示的这个圆的直径的实长（或如图中所示，利用这个圆在球面的平行于正面的大圆上的点），作出反映这个圆的实形的水平投影。

（2）因为a'可见，便可由a'引铅垂的投影连线，在这个圆的前半圆的水平投影上作出a。

（3）由a'引水平的投影连线，由a按宽相等和前后对应，就可作出a″。从a'可看出点A位于上半和左半球面上，所以a和a″都是可见的。

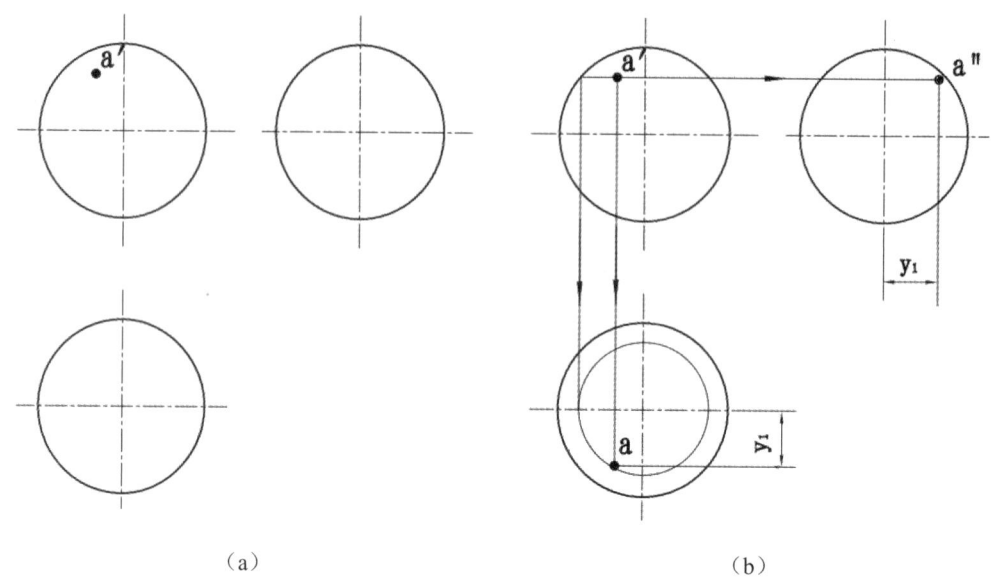

(a)　　　　　　　　(b)

图 3-14　球和球面上的点的投影

读者可以自作：用同样的作图原理和方法，也可在图 3-14 中用过点 A 的球面上平行于侧面的圆求作 a″和 a；还可以用过点 A 的球面上平行于正面的圆求作 a 和 a″。

3.3　平面与立体表面相交

3.3.1　平面与平面立体表面相交

平面切割立体时，立体表面要产生截交线，这个平面称为截平面，由截交线围成的平面图形称为截断面。

截平面与立体的相对位置不同，截交线的形状也各不相同，但一般都具有下列性质：

（1）截交线既在截平面上，又在立体表面上，因此截交线是截平面与立体表面的共有线，截交线上的点是截平面与立体表面的共有点。

（2）由于立体表面是封闭的，因此截交线是封闭的平面图形。

下面通过对不同平面立体的不同切口形状的分析，了解和掌握其投影图的画法。

例 3-1　如图 3-15 所示，已知五棱柱的正面投影和水平投影，并用正垂面 P 切割掉左上方的一块，被切割掉的部分用双点划线表示，求作截交线以及五棱柱被切割后的三面投影。

解：因为截交线的各边是正垂面 P 与五棱柱的棱面和顶面的交线，它们的正面投影都重合在 P_V 上，所以截交线的正面投影已知，五棱柱被切割后的正面投影也已知，只要作出截交线的水平投影，就可作出五棱柱被切割后的水平投影。根据五棱柱的正面投影和水平投影，可以作出它的侧面投影；同理，由已作出的截交线的正面投影和水平投影，也可作出截交线的侧面投影，从而作出五棱柱被切割后的侧面投影。从已知的正面投影可以直观地看出，断面的水平投影和侧面投影都是可见的。

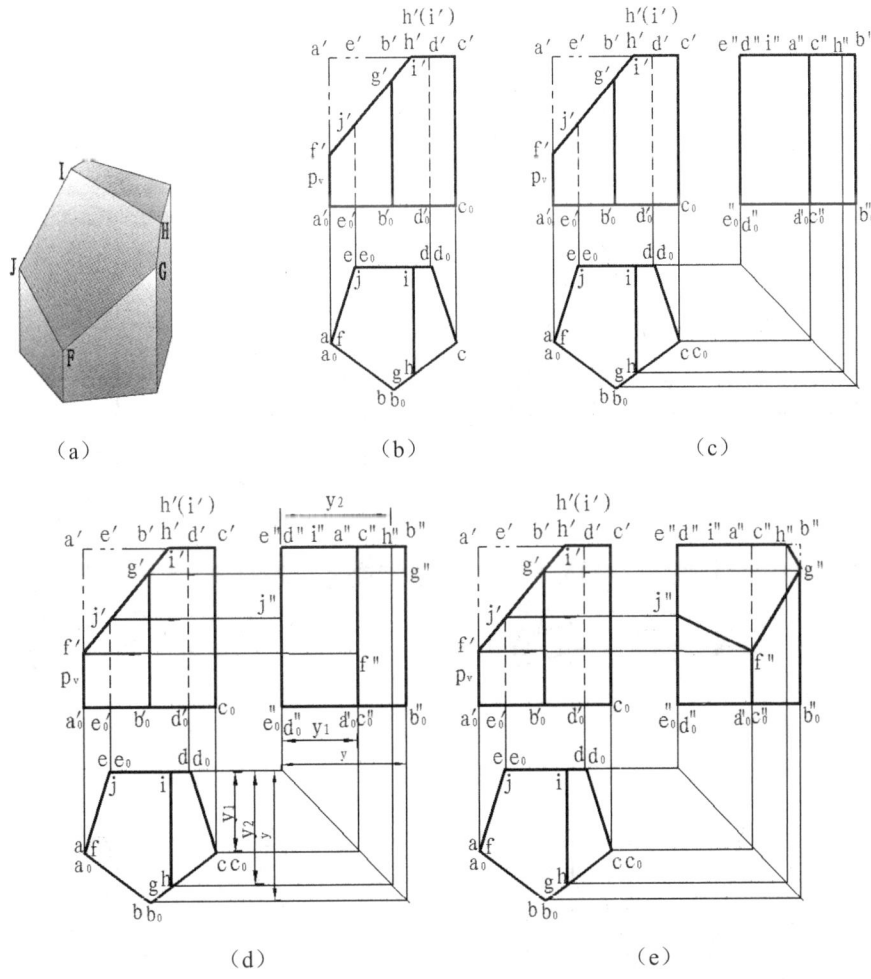

图 3-15 作五棱柱被切割后的三面投影

作图过程如图 3-15 所示。

（1）在五棱柱正面投影右侧的适当位置画表示后棱面的铅垂线，水平投影中从后棱面向前量取距离 y 和 y_1，按侧面投影与水平投影宽相等和前后对应，以及五棱柱顶面、底面的正面投影和侧面投影应分别在同一水平线上的原则，就可由已知的正面投影和水平投影作出完整的五棱柱的侧面投影。

（2）在截交线已知的正面投影上，标注出棱线 AA_0、BB_0、EE_0 与截平面 P 的交点 F、G、J 的正面投影 f′、g′、j′，标注出截平面 P 与顶面的交线 HI（及其端点 H、I）的正面投影 h′i′，就表示了截交线五边形 FGHIJ 的正面投影 f′g′h′i′j′。

在 aa_0、bb_0、ee_0 上分别标出 f、g、j，由 h′i′作出 h、i，画出截交线五边形 FGHIJ 的水平投影 fghij，也就补全了五棱柱被切割后的水平投影。

由 f′、g′、j′分别在 a″$a_0″$、b″$b_0″$、e″$e_0″$ 上作出 f″、g″、j″；由于点 I 在顶边侧垂线 ED 上，所以可直接在积聚成一点的 e″d″ 上标出 i″；在顶面的侧面投影上，从 i″向前量取水平投影中的距离 y_2，就可作出 h″。连 j″与 f″、f″与 g″、g″与 h″，h″i″、i″j″分别积聚在顶面、后棱面的侧面投影上，便画出截交线五边形 FGHIJ 的侧面投影 f″g″h″i″j″。因为棱线 AA_0 在点 F 之上的一段已被切割掉，而棱线 CC_0 仍是全部存在的，所以在侧面投影中应将 f'' 以上的粗实线改为虚线，仅表示侧面投影不可见的棱线 CC_0 上部的一段；同时还应将 h'' 以前和 g'' 以上的五棱柱被切割掉的侧面投影的轮廓线擦去或改为双点划线，就作出了五棱柱被切割后的侧面投影。

例 3-2 如图 3-16 所示，已知缺口三棱锥的正面投影，补全它的水平投影和侧面投影。

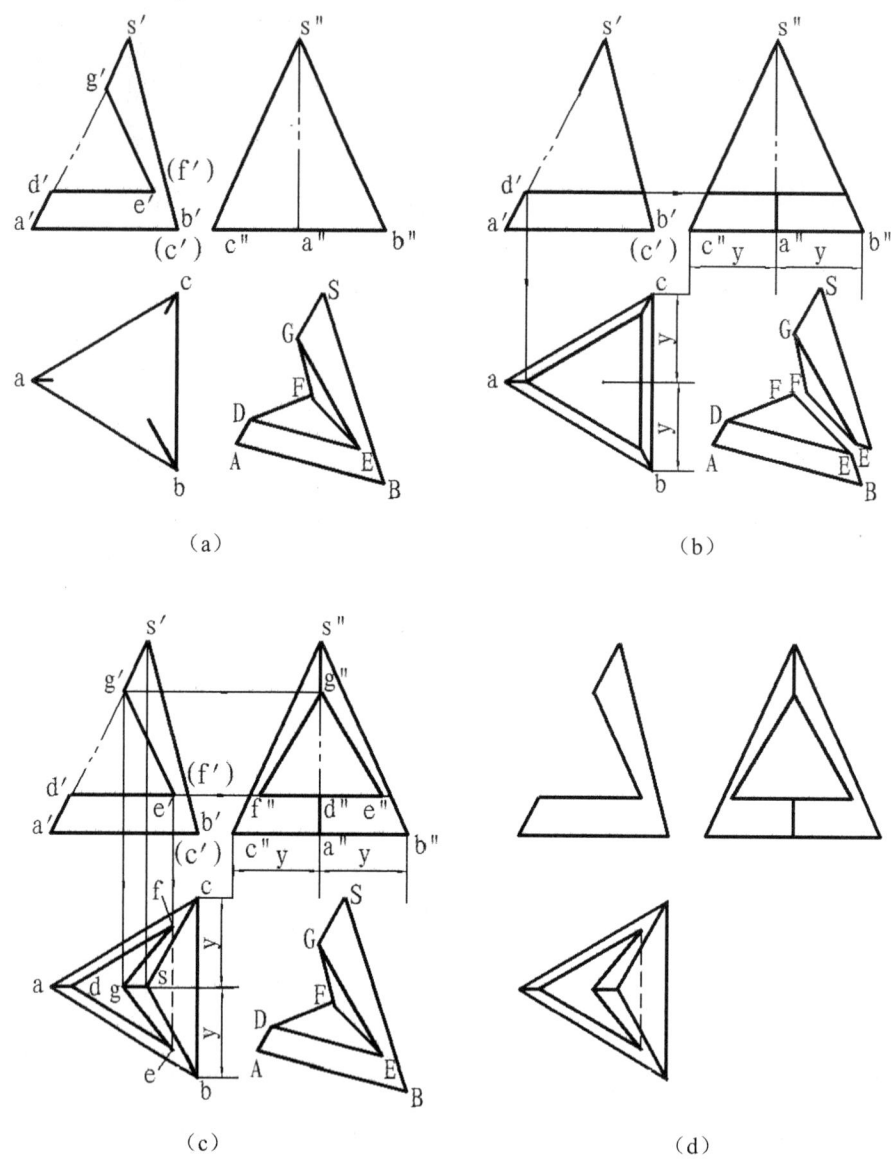

图 3-16 补全缺口三棱锥的水平投影和侧面投影

解： 从正面投影中可见：缺口是由一个水平面和一个正垂面切割三棱锥而形成的，左棱线 SA 有一段被切割掉，在正面投影中画成双点划线，而在水平投影和侧面投影中，未经作图确定 SA 被切割掉的一段棱线的投影之前，暂时先将 sa 和 s″a″ 都画成双点划线。

可以想象：因为水平截平面平行于底面，所以它与前、后棱面的交线 DE、DF 分别平行于底边 AB、AC。正垂截平面分别与前、后棱面相交于直线 GE、GF。由于两个截平面都垂直于正面,所以它们的交线 EF 一定是正垂线。想象的结果如图 3-16(a)右下角的立体图所示。画出这些交线的投影,也就画出了这个缺口的投影。

作图过程如图 3-16 所示。

(1)因为这两个截平面都垂直于正面,所以 d′e′、d′f′和 g′e′、g′f′都分别重合在它们有积聚性的正面投影上,e′f′则位于它们有积聚性的正面投影的交点处。于是在正面投影中标注出这些交线的投影。

(2)由 d′在 sa 上作出 d。由 d 作 de∥ab、df∥ac,再分别由 e′f′在 de、df 上作出 e、f。由 d′e′、de 作出 d″e″,由 d′f′、df 作出 d″f″,它们都重合在水平截平面的积聚成直线的侧面投影上。

(3)由 g′分别在 sa、s″a″上作出 g、g″,并分别与 e、f 和 e″f″连成 ge、gf 和 g″e″、g″f″。

(4)连 e 和 f,由于 ef 被三个棱面 SAB、SBC、SCA 的水平投影遮住而不可见,画成虚线;e″f″则重合在水平截平面的有积聚性的侧面投影上。

(5)用粗实线加深在棱线 SA 上实际存在的 SG、DA 段的水平投影 sg、da 和 s″g″、d″a″;原来用双点划线表示的 GD 段的三面投影 g′d′、gd、g″d″实际上是不存在的,不应画出。

由此就补全了缺口三棱锥的水平投影和侧面投影。作图结束如图 3-16(d)所示。

3.3.2 平面与曲面立体表面相交

平面与曲面立体交线的常用方法有积聚性法、辅助平面法。

下面分别介绍圆柱、圆锥、球的截交线的求法。

3.3.2.1 平面与圆柱相交

平面截切圆柱时,根据截平面与圆柱轴线的相对位置不同,可得到三种不同位置的截交线(见表 3-1)。

表 3-1 平面与圆柱相交的截交线

截平面位置	与轴线平行	与轴线垂直	与轴线倾斜
截交线形状	两平行直线	圆	椭圆
轴测图	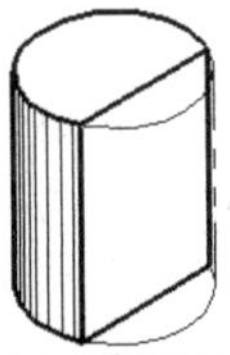	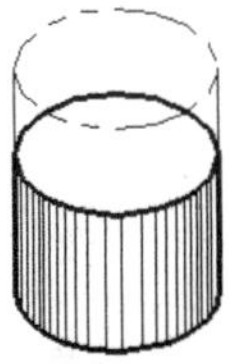	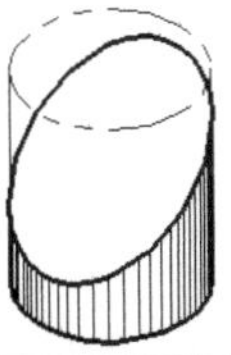
投影图	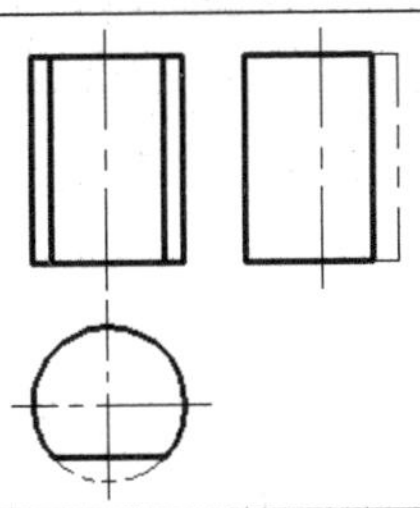	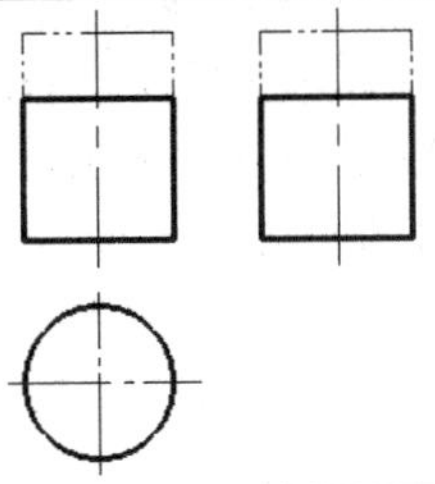	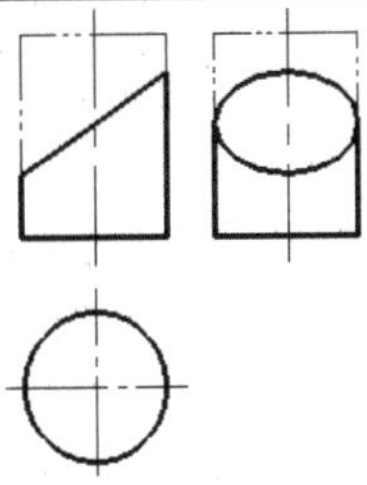

求圆柱表面的截交线,可利用圆柱轴线垂直于某一投影面时其表面投影的积聚性,用表面取点法直接作图。取点时,先求特殊点,即最高、最低、最左、最右、最前、最后点以及转

向轮廓线上的点，再求一般点。特殊点要取全，一般点要适当。

例 3-3　求正垂面截切圆柱的截交线（见图 3-17）。

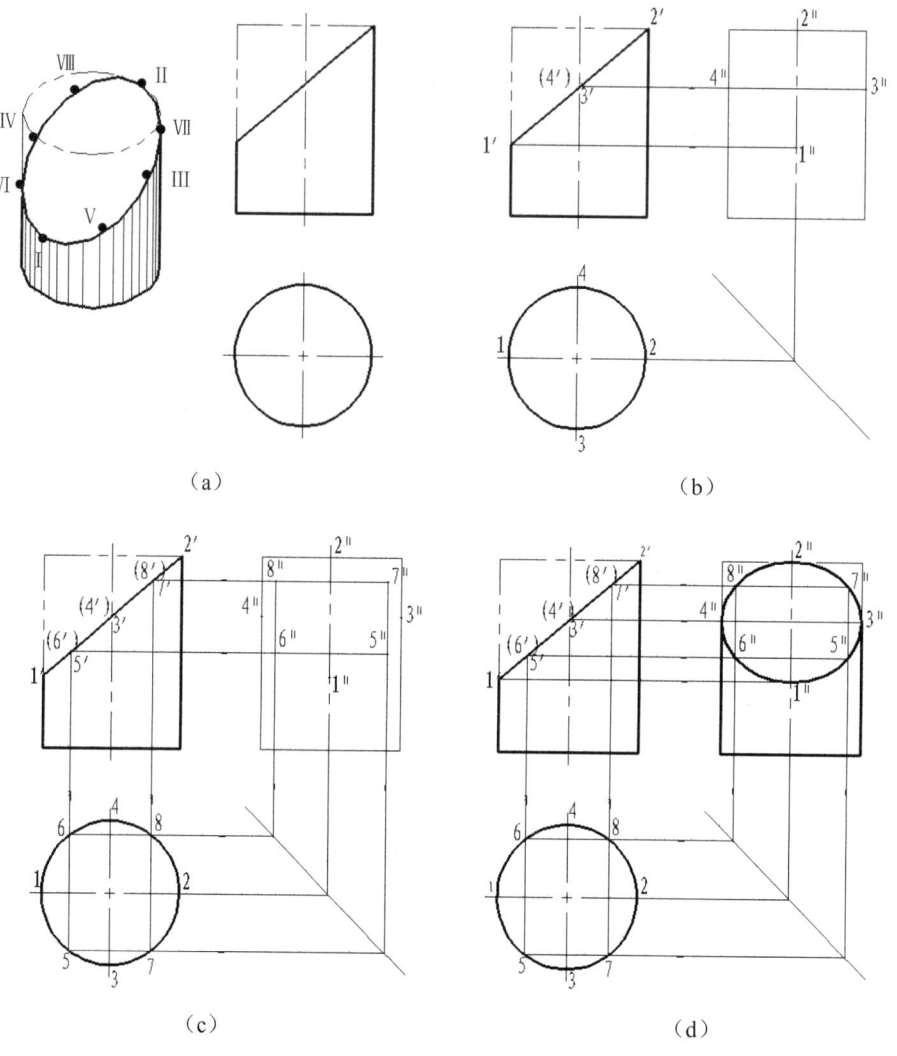

图 3-17　平面与圆柱面轴线斜交时截交线的画法

解： 由图 3-17（a）可以看出，由于截平面与圆柱面倾斜且垂直于正面，所以截交线为一椭圆，椭圆的正面投影积聚为直线，水平投影与圆柱表面的水平投影重合，因此截交线的两个投影为已知，侧面投影可通过取点的方法求出。由于截平面对于侧平面是倾斜位置，截交线的侧面投影一般仍为椭圆，但不反映实形。

作图过程如图 3-17 所示。

（1）求作特殊点。Ⅰ、Ⅱ 两点是位于圆柱正面转向线上的点，也是截交线上最低、最高点，Ⅲ、Ⅳ 两点是位于圆柱侧面转向线上的点，也是截交线上最前、最后点。由正面投影 1′、2′、3′、(4′) 及水平投影 1、2、3、4，求得侧面投影 1″、2″、3″、4″。

（2）求作一般点。在适当位置取一般点，取 Ⅴ、Ⅵ、Ⅶ、Ⅷ 为一般点，先从正面投影 5′、

(6′)、7′、(8′),求出其水平投影 5、6、7、8,最后根据正面投影和水平投影求出侧面投影 5″、6″、7″、8″。

(3)依次圆滑连接各点的侧面投影,即为所求。

若截平面与圆柱轴线倾斜 45°,截交线的侧面投影为圆。

例 3-4 圆筒轴端开凸槽,已知其正面投影,试完成其水平投影和侧面投影(见图 3-18)。

解: 如图 3-18(a)所示,圆筒被侧平面截切所得的截交线为平行于轴线的直线;被水平面截切所得的截交线为水平圆弧。如交线Ⅰ Ⅱ、Ⅲ Ⅳ、Ⅴ Ⅵ、Ⅶ Ⅷ及圆弧Ⅷ Ⅱ、Ⅵ Ⅳ,直线Ⅱ Ⅳ、Ⅵ Ⅷ为两截平面的交线,而直线Ⅰ Ⅲ、Ⅴ Ⅶ是截平面与圆筒上端面的交线。由于被切圆筒左右对称,这里只分析左侧被切部分的投影。

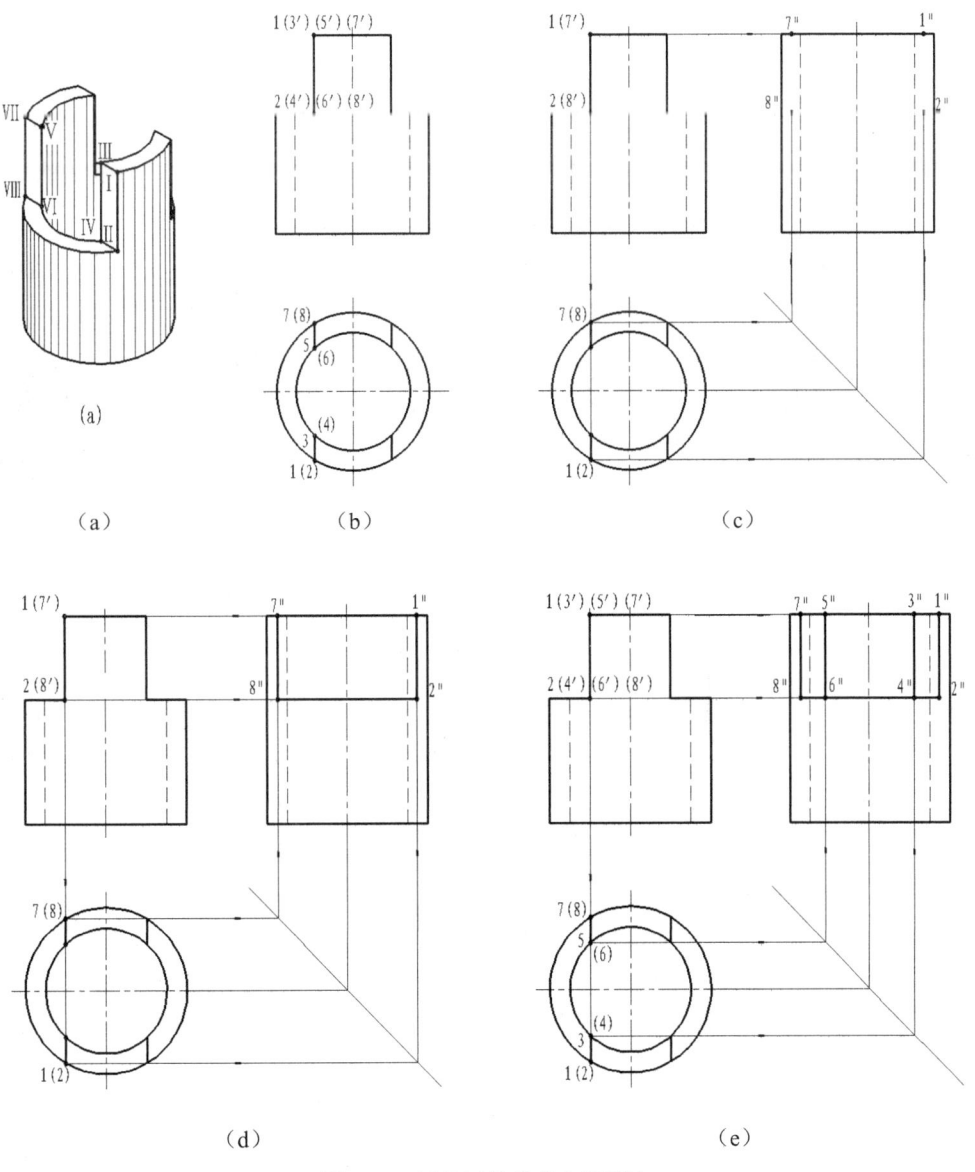

图 3-18 圆筒开槽的截交线画法

作图如图 3-18（b）(c)(d)(e) 所示。

（1）先作出直线和圆弧各端点的正面投影 1′、(3′)、(5′)、(7′) 及 2′、(4′)、(6′)、(8′)，由于交线Ⅰ Ⅱ、Ⅲ Ⅳ、Ⅴ Ⅵ、Ⅶ Ⅷ是四条铅垂线，它们的水平面投影积聚成一点，并且位于圆筒内、外圆柱面的水平投影上，因此可求出水平投影 1(2)、3(4)、5(6)、7(8)。根据投影规律求出侧面投影 1″2″、3″4″、5″6″、7″8″。

（2）交线Ⅱ Ⅷ和Ⅳ Ⅵ圆弧是平行于水平面的圆弧，其水平面投影(2)(8)、(4)(6)圆弧为圆筒内、外圆柱面水平投影的一部分，侧面投影为直线 2″8″、4″6″，并重合。

（3）连接各点的水平投影和侧面投影。形体右侧被切割部分的正面投影和水平投影与左侧对称，侧面投影与左侧重合。

3.3.2.2　平面与圆锥相交

圆锥被不同位置平面截切时，根据截平面与圆锥轴线相对位置不同，可得到 5 种不同的截交线（见表 3-2）。

表 3-2　平面与圆锥相交的截交线

截平面位置	过锥顶	垂直于轴线 θ=90°	倾斜于轴线 θ>α	倾斜于轴线 θ=α	平行或倾斜于轴线 θ=0°或θ<α
截交线形状	相交两直线	圆	椭圆	抛物线	双曲线
轴测图		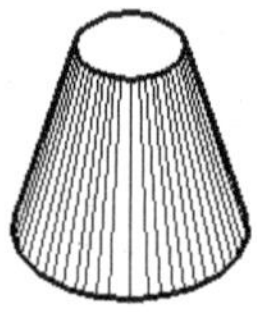	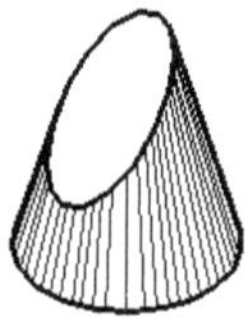	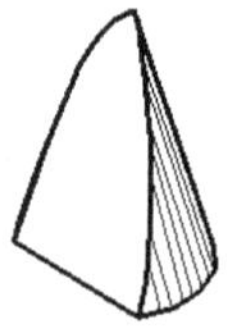	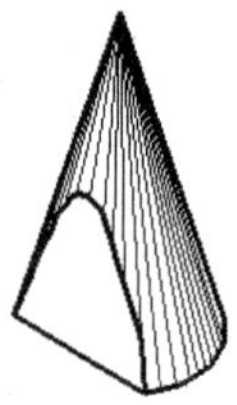
投影图	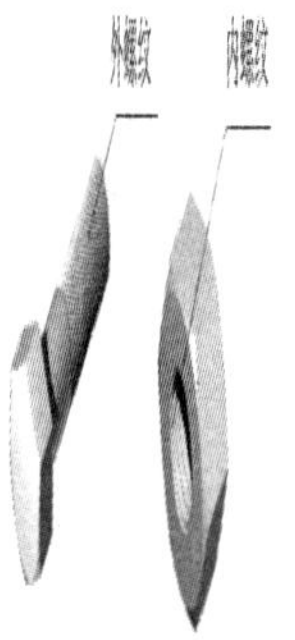	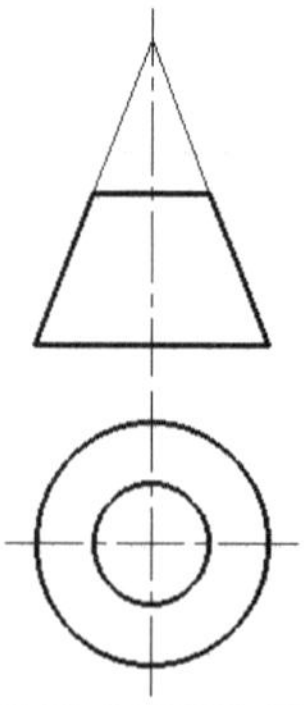	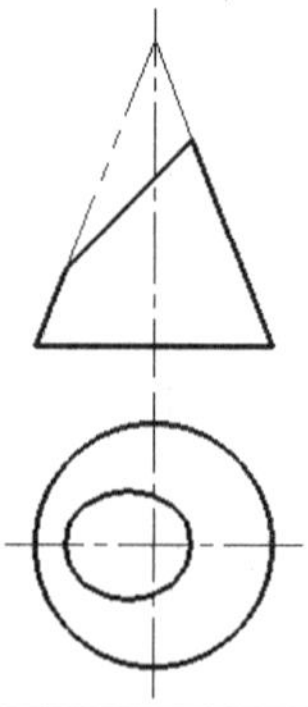	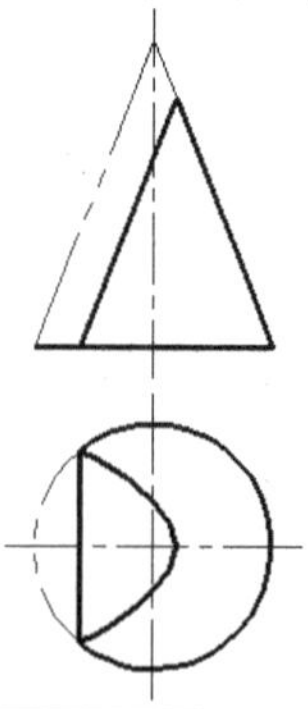	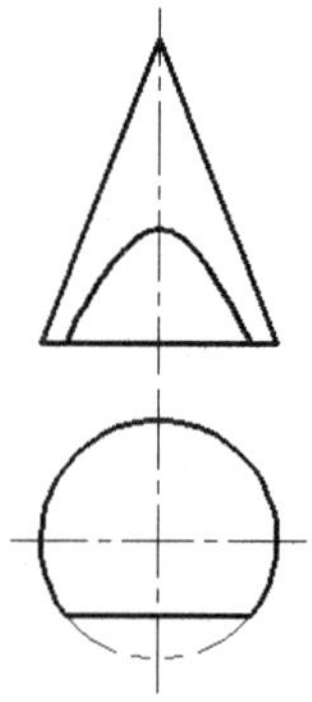

求圆锥的截交线，可用圆锥表面取点法或辅助平面法。

辅助平面法是求截交线的常用方法，其实质是利用三面共点原理求出交线上的点，连接这些点就得到截交线的投影。下面以截平面与圆锥轴线平行，截交线为双曲线为例，说明辅助平面法的作图方法。

求截交线的投影，实质上是截交线上点的投影。如图 3-19（a）所示，截交线是截平面 Q 与圆锥表面相交形成的交线，因此这条交线上的点均为平面 Q 与圆锥表面所共有，如果用垂直于圆锥轴线的辅助平面 P 切割圆锥，平面 P 与锥面相交，其交线为圆 R，平面 P 与平面 Q

相交，其交线为直线 MN，圆 P 和直线 MN 的交点Ⅳ、Ⅴ为圆锥表面、截平面 Q 和辅助平面 P 所共有，此两点即为截交线上的点。因此，只要求得一系列这样的点，连接起来就是所求的截交线。

例 3-5 直立圆锥被侧平面（不过锥顶）所截，求截交线的侧面投影（见图 3-19）。

解： 截平面为不过锥顶的侧平面时，截交线为双曲线，其正面投影和水平投影均为直线，侧面投影反映实形。

作图过程如图 3-19（b）（c）（d）所示。

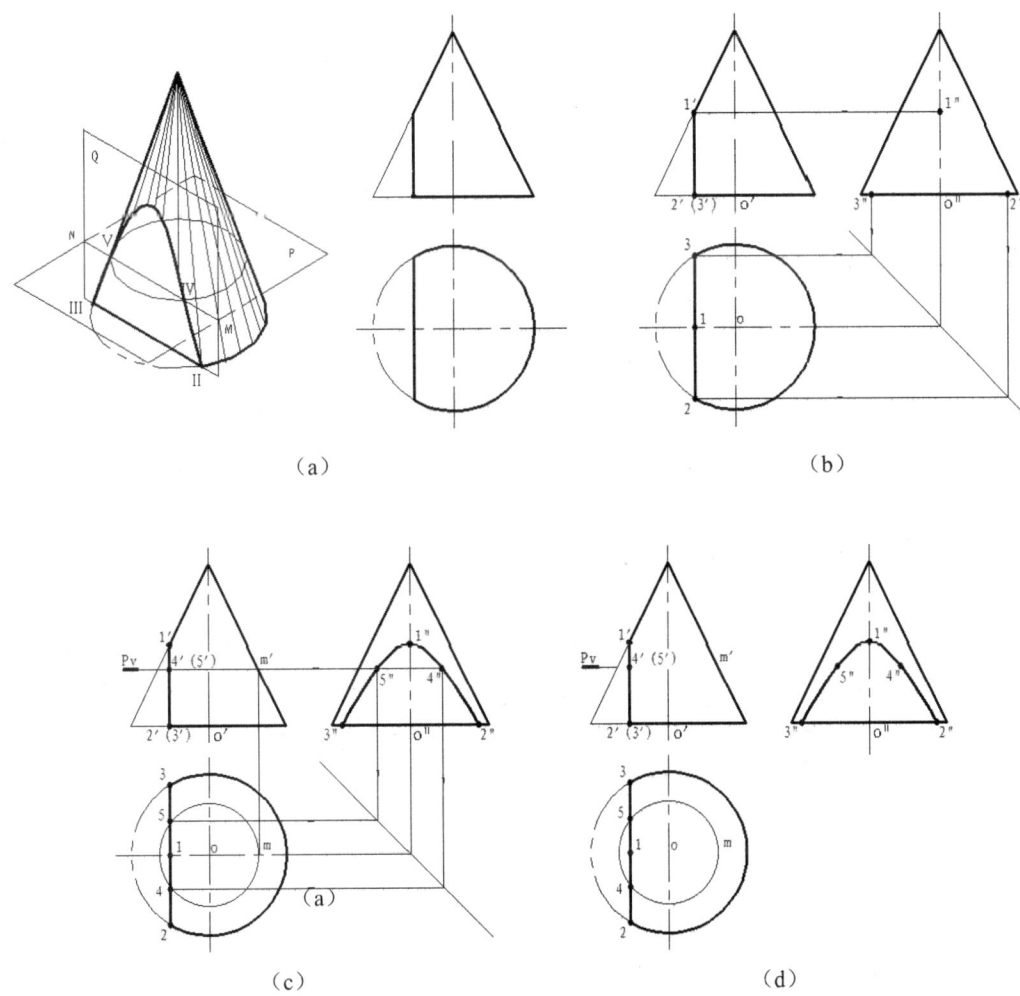

图 3-19 平面与圆锥轴线平行时截交线的画法

（1）求作特殊点，点Ⅰ为双曲线的最高点，在圆锥最左素线上，由 1′求得 1 和 1″。点Ⅱ、Ⅲ为截交线的最低点，在圆锥底圆上，由 2′、(3′)和 2、3 求得 2″、3″。

（2）求作一般点，选水平面 P 作辅助平面，即作 P_V 与截交线正面投影交于 4′(5′)，与圆锥最右素线交于 m′，求得 m，以 o 为圆心，om 为半径作圆，与截交线的水平投影交于 4、5，由 4′、(5′)和 4、5 求得 4″、5″。用同样方法在 P 上下再作辅助平面，求出若干点。

（3）依次圆滑连接所求各点，即得截交线的侧面投影。

例 3-6 直立圆锥被正垂面所截,求截交线的水平投影和侧面投影(见图 3-20)。

解: 如图 3-20(a)所示,因截平面 P 倾斜于圆锥轴线且 θ>α,故截交线为椭圆,其正面投影积聚在 P_V 上,椭圆的长轴为正平线,其端点分别在最左、最右素线上,短轴为过长轴中点的正垂线,其水平投影反映实长。

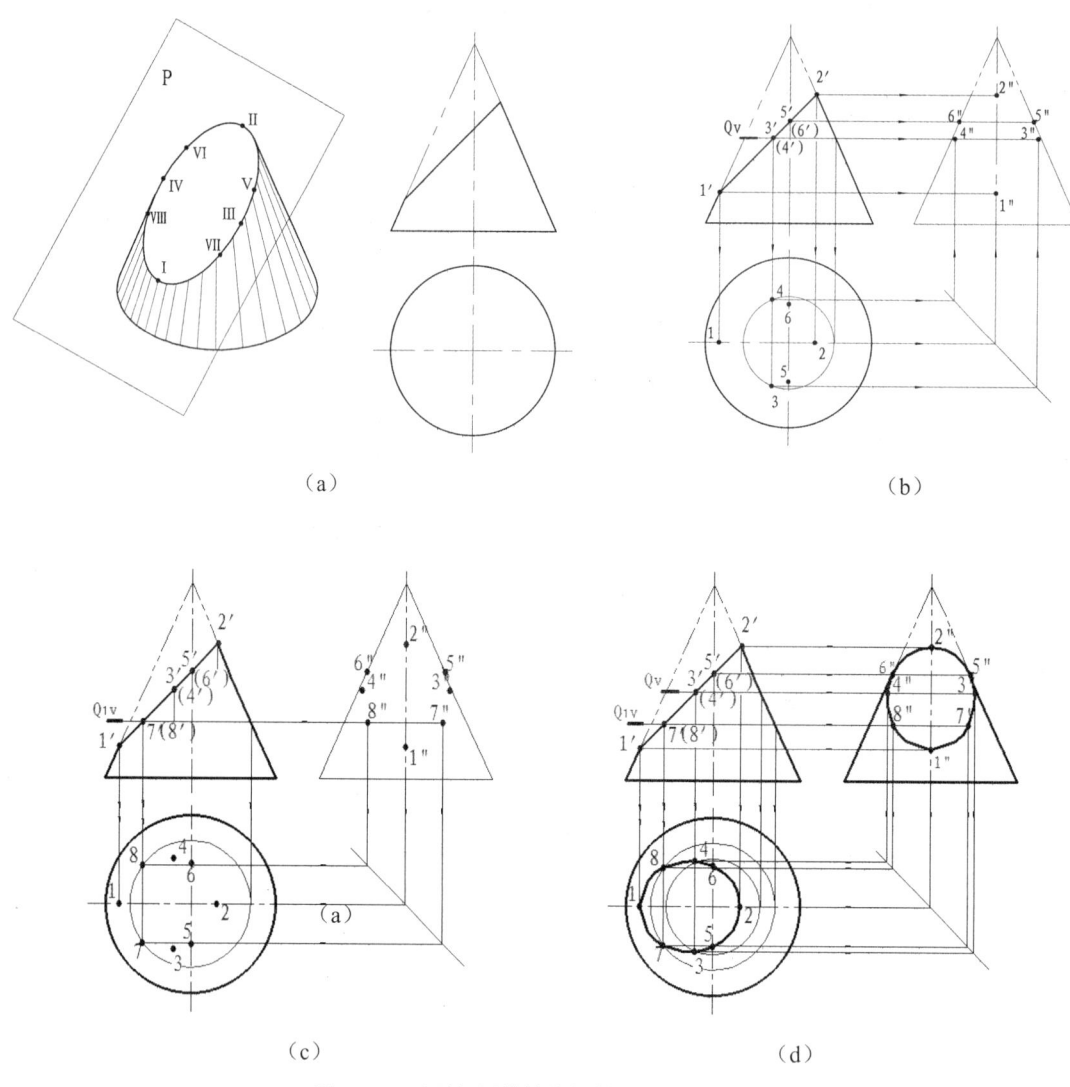

图 3-20 平面与圆锥轴线倾斜时截交线的画法

作图过程如图 3-20(b)(c)(d)所示。

(1)求作特殊点。点Ⅰ和点Ⅱ分别在圆锥的最左和最右素线上,其正面投影为 1′、2′,由 1′、2′求得 1、2 和 1″、2″。在 1′2′中点处取点 3′、(4′)为椭圆短轴Ⅲ Ⅳ的正面投影,过Ⅲ、Ⅳ点作水平辅助平面 Q,Q 与圆锥面的交线为水平圆,则Ⅲ、Ⅳ点的水平投影和侧面投影必在这个圆的同面投影上,因此可得 3、4 及 3″、4″。点Ⅴ、Ⅵ分别在最前和最后素线上,由 5′、(6′)可求得 5、6 和 5″、6″。

(2)求作一般点。在截交线上取点Ⅶ、Ⅷ,其正面投影为 7′、(8′),过Ⅶ、Ⅷ点作辅助平

面 Q_1，求出 7、8 及 7″、8″。

（3）依次圆滑连接各点的同面投影，即得截交线的水平投影和侧面投影。

3.3.2.3 平面与圆球相交

圆球被任一位置平面所截，其截交线均为圆。当截平面为投影面的平行面时，截交线在该投影面上的投影为反映实形的圆；当截平面为投影面的垂直面时，截交线在该投影面上的投影积聚为直线；当截平面倾斜于投影面时，截交线在该投影上的投影为椭圆。

例 3-7 求半圆球被开凹槽后的水平和侧面投影（见图 3-21）。

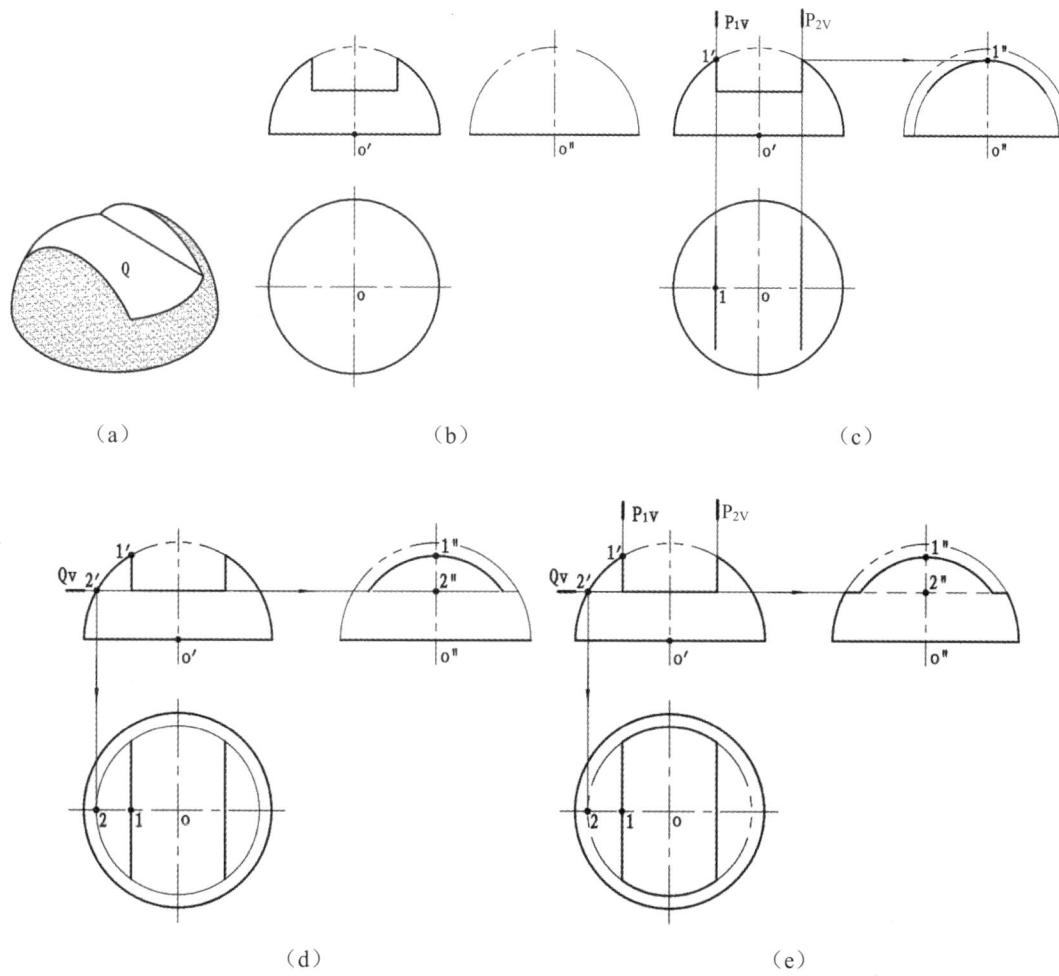

图 3-21 圆球开槽的截交线画法

解：圆球被两个侧平面 P_1、P_2 所截其截交线为完全相同的两段圆弧，其正面投影分别与 P_{1v}、P_{2v} 重合，P_{1v} 交半球正面投影的转向轮廓线于 1′，由 1′得 1″，以 O″为圆心，O″1″为半径作弧得截交线的侧面投影，水平投影为直线。

同理，Q_v 交球体正面投影的转向轮廓线为 2′，由 2′得 2，以 O 为圆心，以 O2 为半径作弧得截交线圆弧的水平投影，侧面投影为直线。

最后判别可见性，整理轮廓线。

例 3-8 球体被正垂面所截，试完成其水平投影和侧面投影（见图 3-22）。

解： 如图 3-22（a）所示，由于截平面为正垂面，所以截交线圆的正面投影积聚为直线，水平投影和侧面投影为椭圆。可用辅助平面法求之。

作图过程如图 3-22（b）（c）（d）所示。

（1）求特殊点。由正面投影可知，点Ⅰ、Ⅱ为截交线的最左、最右点，并且位于最大正平圆上，由 1′、2′可直接求得 1、2 和 1″、2″。取 1′2′的中点 3′、(4′)为截交线圆的水平、侧面投影椭圆长轴上的两端点的正面投影，点Ⅲ、Ⅳ为最前、最后点，作辅助平面 Q 可求得 3、4 及 3″、4″。点Ⅴ、Ⅵ、Ⅶ、Ⅷ为球面转向轮廓线上的点，由 5′、(6′)、7′、(8′)可求得 5、6、7、8 和 5″、6″、7″、8″。

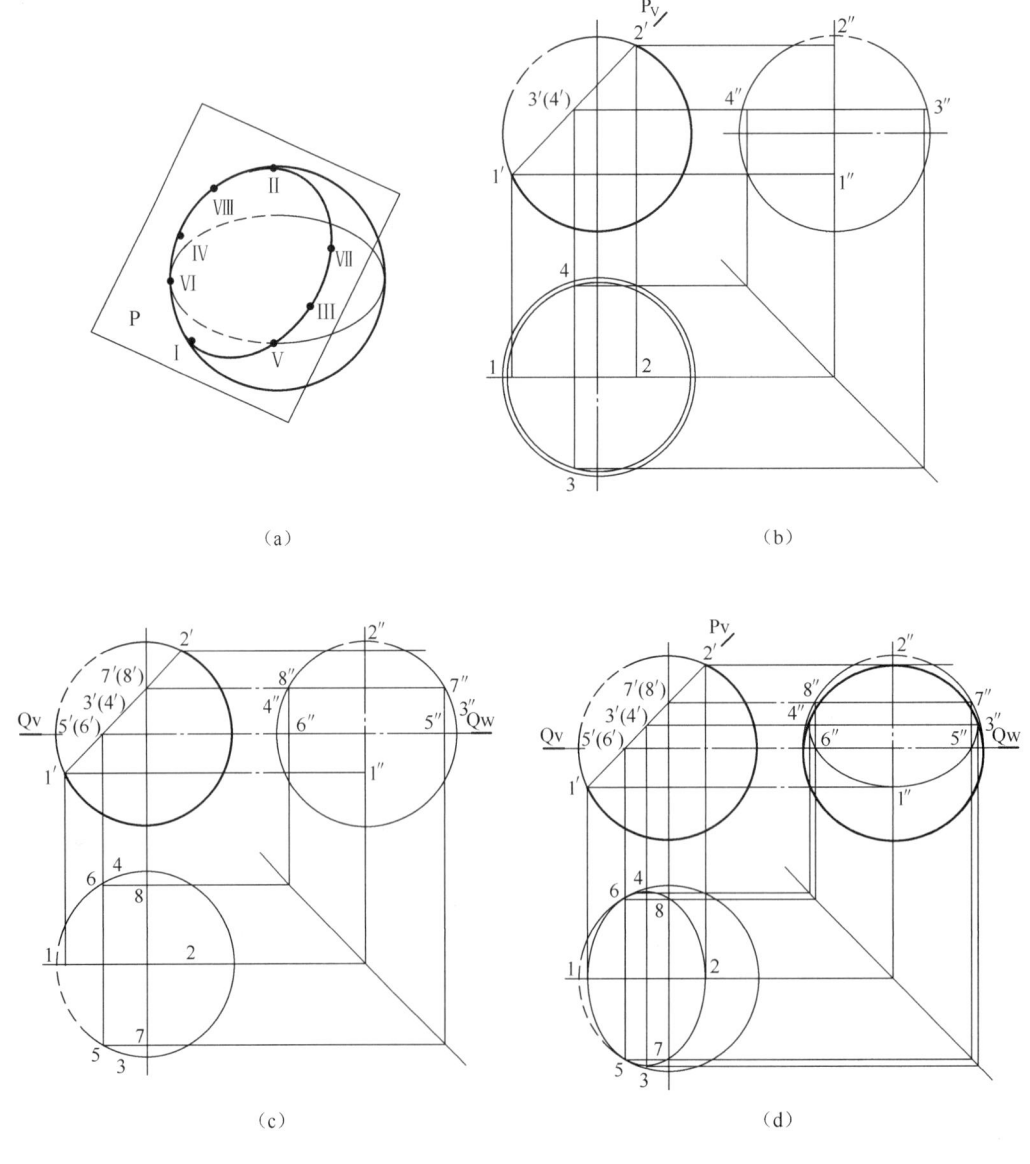

图 3-22 斜切圆球的截交线画法

（2）求作一般点。在适当位置取若干个一般点，利用辅助平面法，由正面投影求得水平投影和侧面投影。

（3）依次圆滑连接各点的同面投影，并整理轮廓线，判别可见性。

3.3.2.4 平面与组合体相交

由于组合体是由几个基本体组合而成，所以截交线也是由各基本体的截交线组合而成，在求作截交线时，分别作截平面与基本体的截交线，再把它们组合在一起，就是截平面与组合体的截交线。

例 3-9 求作顶针截交线的水平投影（见图 3-23）。

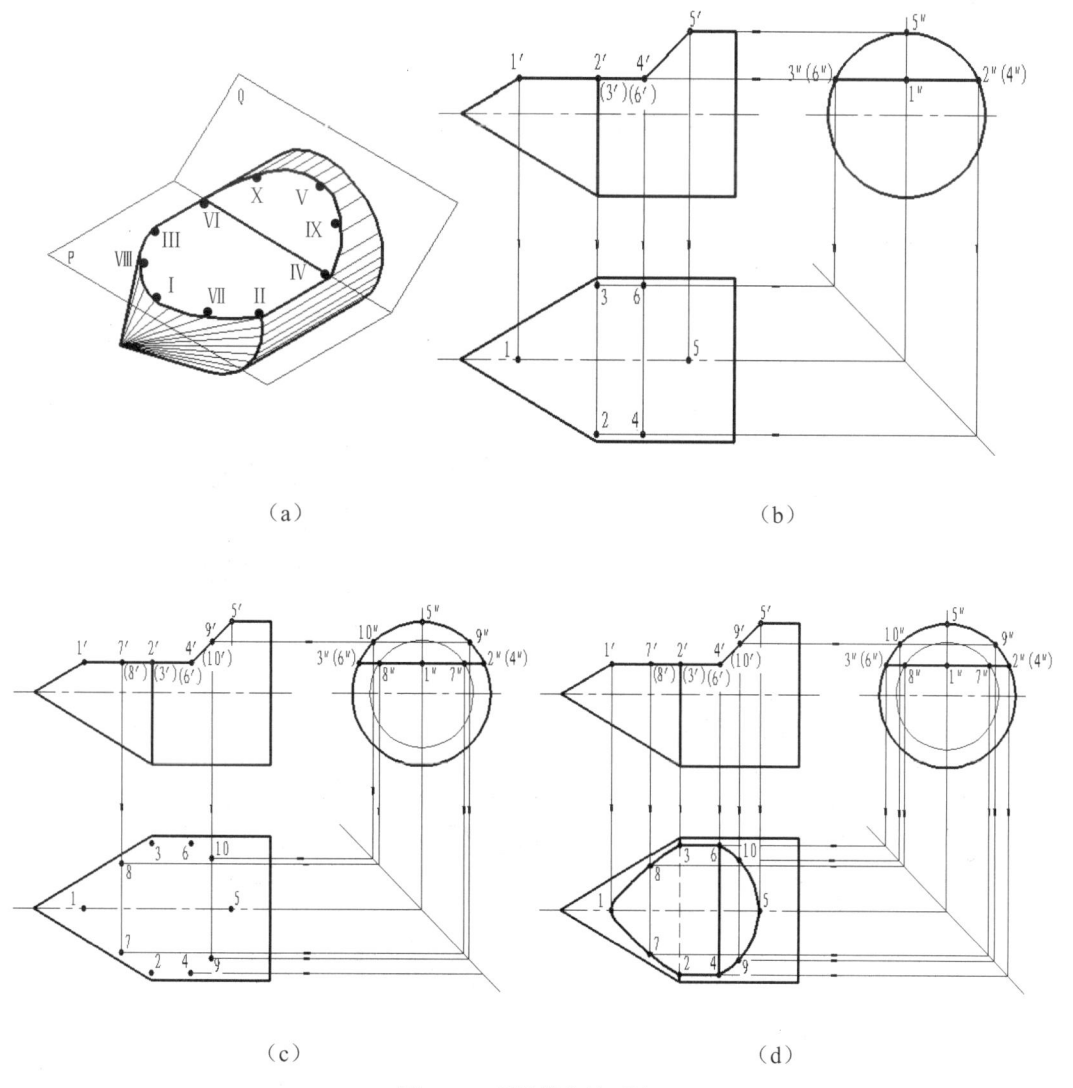

图 3-23 顶针截交线画法

解：如图 3-23（a）所示，顶针是由同轴的圆锥和圆柱组成，上部被一个水平截面 P 和一个正垂面 Q 所截切，截交线由三部分组成，由于平面 P 平行于轴线，所以它截切圆锥得双曲线，截切圆柱得平行两直线；而正垂面 Q 截切圆柱得一段椭圆曲线，截交线的正面和侧面投影均有积聚性，只需求水平投影。

作图过程如图 3-23（b）（c）（d）所示。

（1）求作特殊点。由正面投影可知，Ⅰ点是双曲线的顶点，它位于圆锥对正面的转向轮廓线上，由1′得1、1″。Ⅱ、Ⅲ是双曲线与平行两直线的结合点，它位于圆锥底圆上，由2′、3′和2″、3″可得2、3。Ⅳ、Ⅵ是椭圆曲线与平行两直线的结合点，且4″、6″分别与2″、3″重合，由4′、6′和（4″）、（6″）可得4、6。Ⅴ点是椭圆曲线的最右点，也是圆柱对正面转向轮廓线上的点，由5′可直接得5、5″。

（2）求作一般点。在圆锥面上取Ⅶ、Ⅷ两点，在圆柱面上取Ⅸ、Ⅹ点，可用辅助平面法求得其水平投影7、8、9、10。

（3）依次圆滑连接各点，并整理轮廓线，判别可见性。

3.4 两曲面立体表面交线

3.4.1 相贯线的概念

3.4.1.1 相贯线的概念

两曲面立体相交，其表面交线称为相贯线。两立体相交后组成的形体，称为相贯体（见图 3-24）。

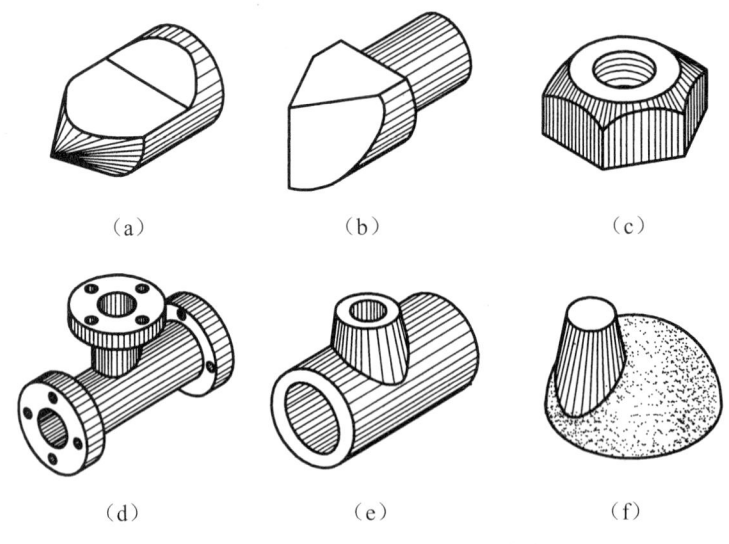

图 3-24 几种常见的零件表面交线

3.4.1.2 相贯线的性质

由于相交两立体的形状、大小和相对位置不同，其相贯线的形状也不一样，但不论任何形式的相贯线，都具有以下性质：

（1）相贯线是两曲面立体表面的共有线，也是两相交曲面立体的分界线，相贯线上的所有点都是两曲面立体表面的共有点。

（2）相贯线一般为封闭的空间曲线，特殊情况下可能是平面曲线或直线。

3.4.1.3　相贯线的求法

相贯线是由两立体表面一系列共有点组成的，因此求相贯线实际上就是求两立体表面上一系列共有点的问题。

求相贯线的常用方法有表面取点法、辅助平面法、辅助球面法等。下面介绍前两种方法。

1. 表面取点法

当曲面立体投影具有积聚性时，可利用积聚投影特性通过表面取点求相贯线的投影。

例 3-10　求垂直正交两圆柱的相贯线（见图 3-25）。

解：如图 3-25（a）所示，两圆柱垂直相交，其相贯线为左右、前后对称的封闭空间曲线，由于两圆柱的轴线分别为铅垂线和侧垂线，因此，相贯线的水平投影和侧面投影分别积聚在小圆柱和大圆柱的相应水平和侧面投影上，只需求相贯线的正面投影即可。

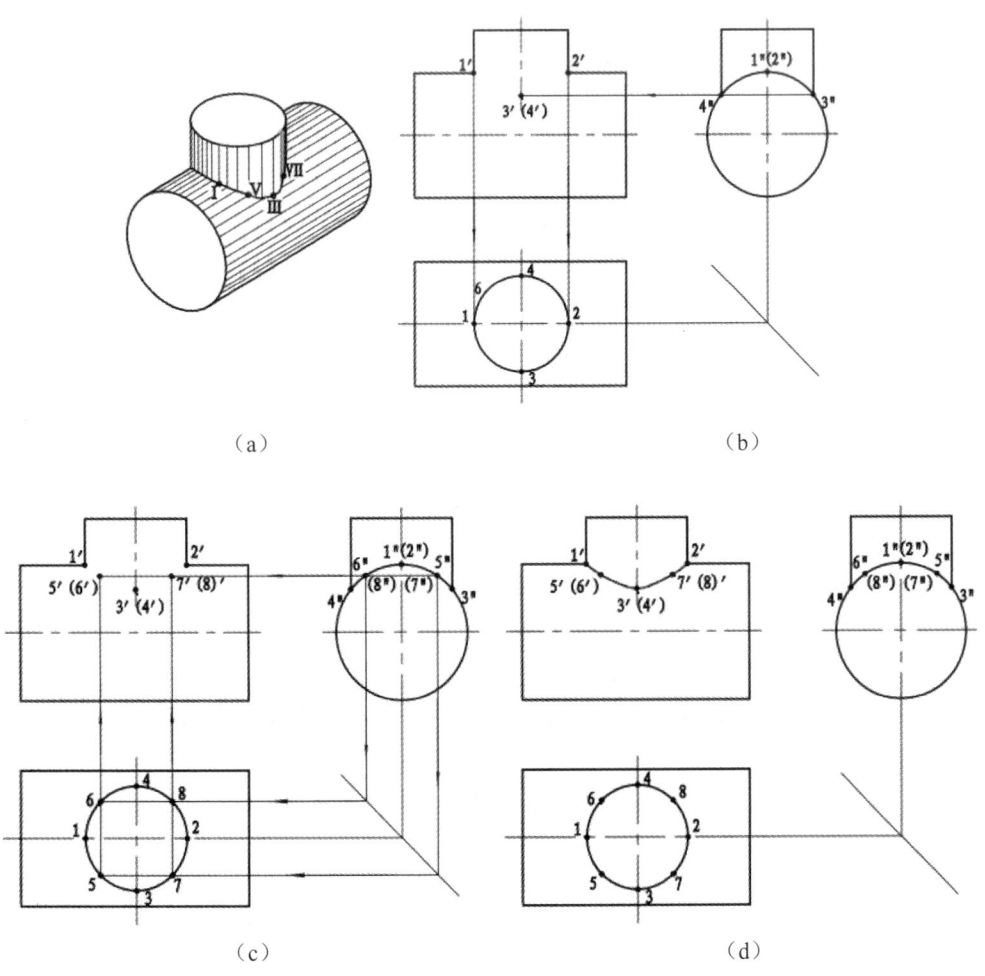

图 3-25　垂直正交两圆柱相贯线的画法

作图过程如图 3-25 所示。

（1）求特殊点。点Ⅰ、Ⅱ分别为相贯线的最左点和最右点，也是相贯线的最高点。Ⅲ、

Ⅳ是相贯线的最低点,也分别是相贯线的最前点和最后点,它们位于小圆柱对侧面的转向轮廓线上。根据水平投影和侧面投影可直接求出 1′、2′、3′、4′。

（2）求一般点。在相贯线适当位置取若干点,如取Ⅴ、Ⅵ、Ⅶ、Ⅷ四点,先在水平投影中取 5、6、7、8,再在侧面投影中得到 5″、6″、(7″)、(8″),最后求出 5′、(6′)、7′、(8′)。

（3）依次圆滑连接各点,1′、5′、3′、7′、2′为前半段相贯线的正面投影,后半段相贯线与之重合。

两轴线垂直相交的两圆柱体相贯,在零件结构上是常见的,一般有如图 3-26 所示的三种形式：①两外圆柱相交；②外圆柱与内圆柱相交；③两内圆柱相交。这三种相贯形式虽然不同,但相贯线的性质和形状一样,求法也相同。

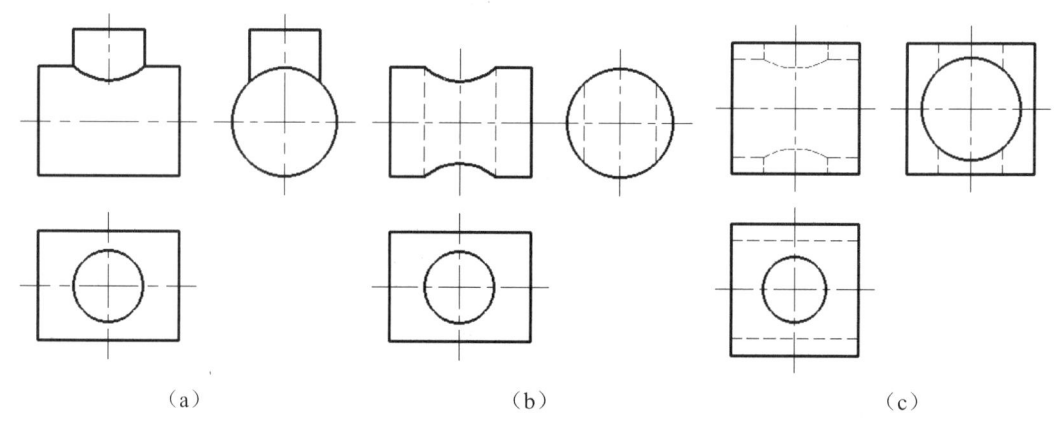

图 3-26 两轴线垂直相交的圆柱相贯线形式

2. 辅助平面法

假想用一个平面截切相交的两立体,所得截交线的交点即为两立体表面的共有点,也是截平面上的点,即"三面共点"。这个假想的截平面称为辅助平面,用辅助平面求相贯线的方法称为辅助平面法,辅助平面法是求相贯线的常用方法。

辅助平面的选取要遵循截平面与两立体截切后所产生的交线简单易画的原则,一般使截交线的投影为圆或直线。为此,常选投影面的平行面或垂直面为辅助平面。

例 3-11 求圆柱和圆锥正交的相贯线（见图 3-27）。

解：如图 3-27（a）所示,圆柱和圆锥的轴线垂直相交,圆柱完全贯穿圆锥,相贯线为两条空间曲线,并且左右对称。这里只求左侧相贯线,而右侧相贯线只要取对称点就可得出。

作图过程如图 3-27（b）（c）（d）（e）所示。

（1）求特殊点。Ⅰ、Ⅱ为圆柱与圆锥正面转向轮廓线的交点,也是相贯线的最高点和最低点,其三面投影可直接求出。点Ⅲ、Ⅲ$_1$ 为圆柱水平转向轮廓线上的点,是相贯线的最前点和最后点,也是相贯线水平投影的可见与不可见分界点,此两点的水平投影和正面投影可作辅助平面 P 求得。Ⅳ、Ⅳ$_1$ 是确定相贯线范围的特殊点,从侧面投影可知。左半个锥面上的相贯线位于过Ⅳ、Ⅳ$_1$ 点的两条素线之间,过锥顶分别作与圆柱相切的侧平面为辅助平面,即过 s″作 Q_W、Q_{1W} 求得侧面投影 4″、4$_1$″,水平投影 4、4$_1$,最后求得正面投影 4′、(4$_1$′)。

（2）求一般点。在适当位置作若干个水平辅助平面,求得一般点的投影,如 5′、5$_1$′、6′、6$_1$′、5、6。

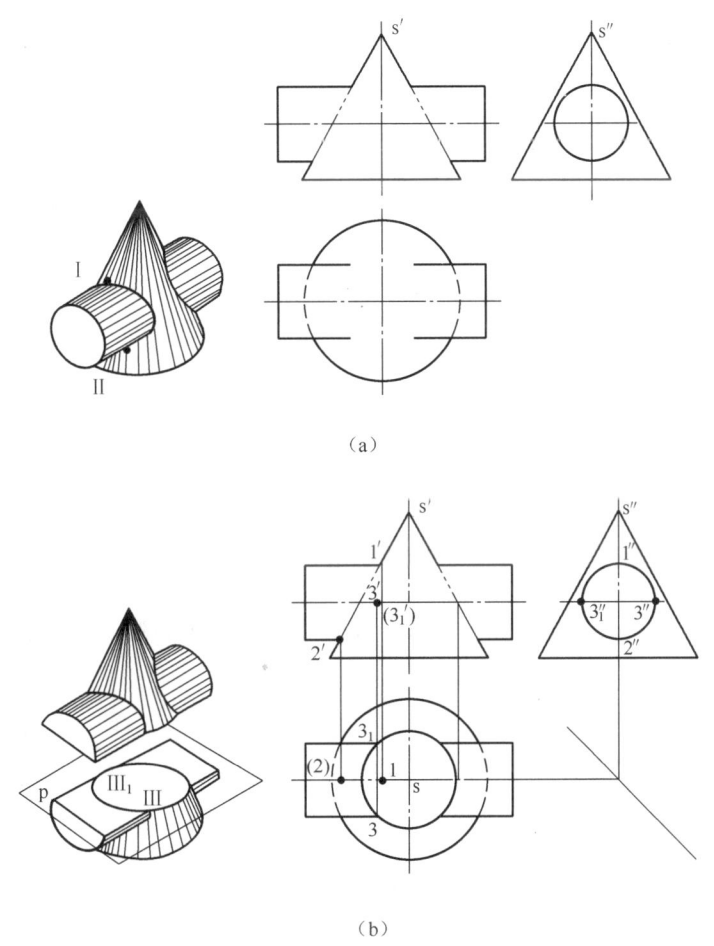
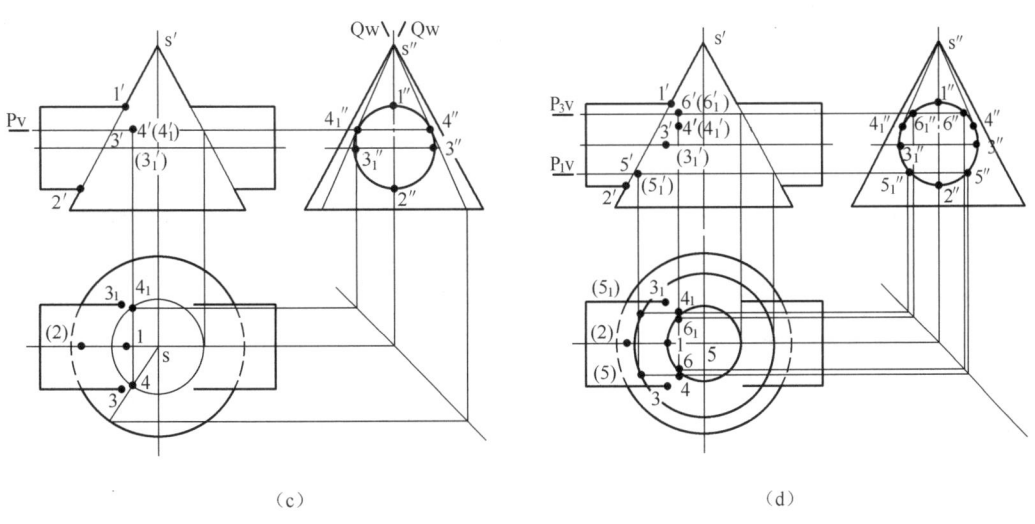

图 3-27 圆柱和圆锥正交的相贯线画法

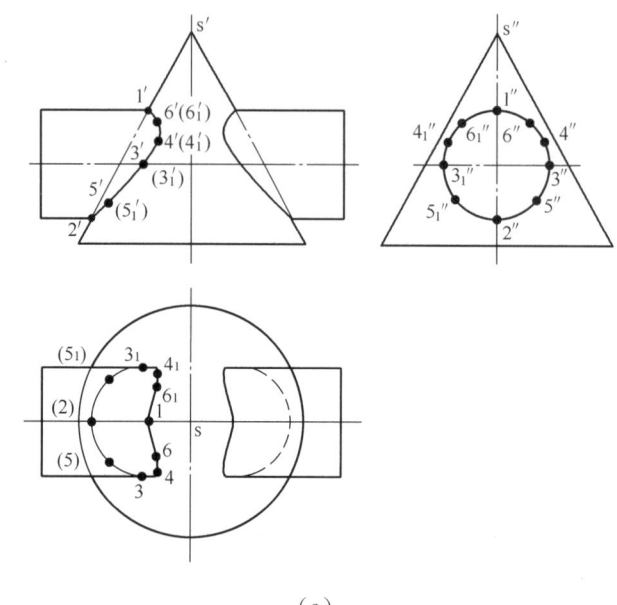

(e)

图 3-27 圆柱和圆锥正交的相贯线画法（续图）

（3）依次圆滑连接各点的同面投影，即为所求。

（4）判别可见性。正面投影 1′、6′、4′、3′、5′、2′等都在圆柱与圆锥前半个表面上，均为可见，故连成实线。因为前后对称，后半段相贯线与之重合。水平投影 3、3_1 左边各点在圆柱下半个表面上，为不可见，连成虚线，3、4、6、1、6_1、4_1、3_1 为可见，连成实线。

例 3-12　求圆锥台与半球的相贯线（见图 3-28）。

解：如图 3-28（a）所示，圆锥台轴线不通过球心，但圆锥台有公共前后对称面，相贯线是一条前后对称的封闭空间曲线，其各投影面上的投影均无积聚性。因此可用辅助平面法作图。

作图过程如图 3-28（b）（c）（d）所示。

（1）求特殊点。Ⅰ、Ⅱ两点是相贯线的最低和最高点，也是最左和最右点，是圆锥台和半球对正面转向轮廓线上的点，由 1′、2′直接求得 1、2 及 1″、2″。Ⅲ、Ⅳ位于圆锥台最前、最后素线上，可过圆锥台轴线作辅助侧平面 P，求出 3″、4″，由此再求出 3、4 及 3′、4′。

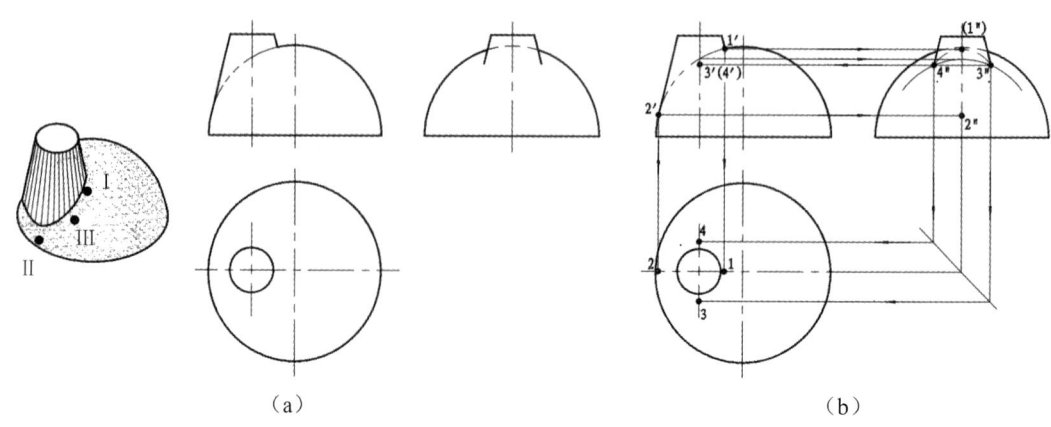

图 3-28　圆锥台与半球相贯线的画法

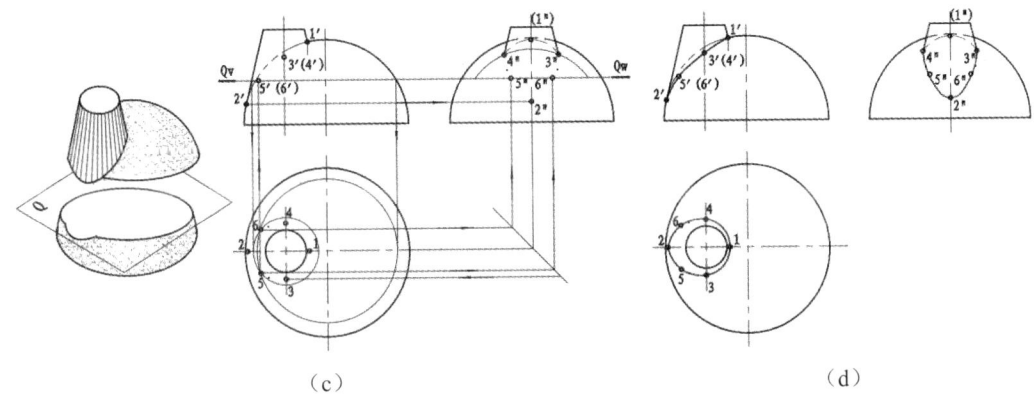

图 3-28 圆锥台与半球相贯线的画法（续图）

（2）求一般点。在相贯线适当位置上用辅助水平面求一般点，如用辅助水平面 Q 求得Ⅴ、Ⅵ的三面投影 5、6 和 5′、(6′)及 5″、6″。

（3）依次圆滑连接各点的同面投影即为所求。

（4）判别可见性，由于点Ⅲ、Ⅴ在圆锥台前半个锥面上，故相贯线的正面投影 1′、3′、5′、2′为可见，连成实线，其余部分与之重合。而点Ⅰ是右半部的点，故相贯线的侧面投影 3″、(1″)、4″为不可见，连成虚线，其余部分为实线。

球面与回转面相交时，当回转曲面的轴线不通过球心时，则交线为空间曲线，其投影须采用辅助平面法求出。如果回转曲面的轴线过球心，空间交线为圆。当圆平面与投影面垂直时，交线在该投影面上的投影为直线（如图 3-29 所示）。

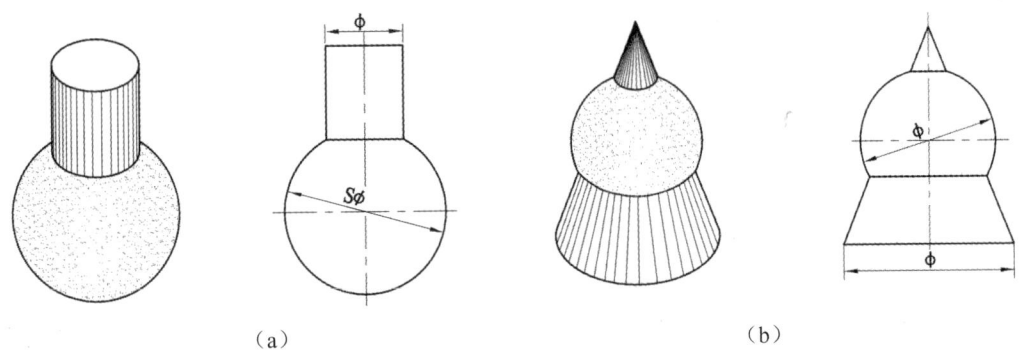

图 3-29 球面与回转曲面相交的特殊情况

3.4.2 相贯线的特殊情况

在一般情况下，两曲面立体的相贯线为空间曲线，但在特殊情况下为平面曲线。

（1）两同轴回转体相交，其相贯线为垂直轴线的圆，当回转体轴线平行于某一投影面时，则相贯线在该投影面上的投影为垂直于轴线的直线，如图 3-30 所示。

（2）两轴线平行的圆柱相交，其相贯线为平行于轴线的直线，如图 3-30（a）所示。

（3）当相交两回转体同时切于一个球面时，其相贯线为椭圆，如图 3-30（b）所示。如果两回转体轴线都平行于某一投影面时,则相贯线在该投影面上的投影为两条相交直线,如图 3-30(c)所示。

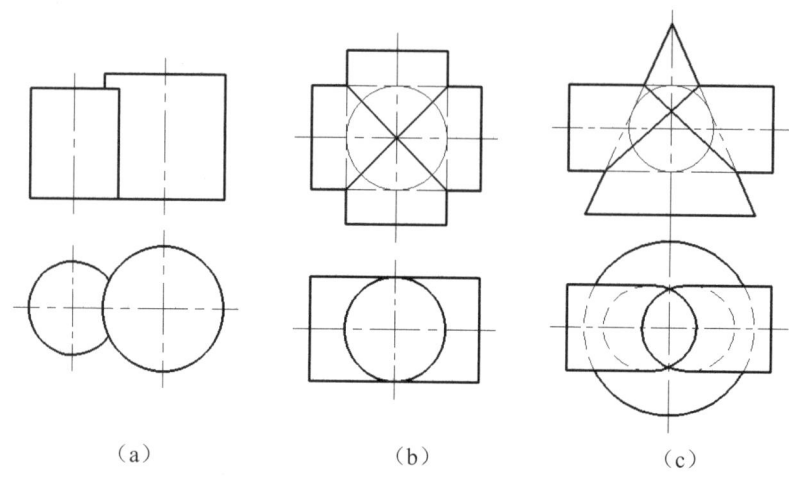

图 3-30 相贯线的特殊情况

3.5 综合实例

综合实例 3-1 如图 3-31(a)所示。一种圆柱体被切槽后的主视图和左视图,补画俯视图。

解:圆柱体被两个对称的平面 P(水平面)和一个平面 Q(侧平面)共同开出一个方槽,因其上下对称,只分析立体的上半部分。如图 3-31(b)所示,水平面 P 切割圆柱面的截交线是与圆柱轴线平行的直线,其正面投影 a′c′、b′d′重合在 p′上;侧面投影 a″c″、b″d″重合在 p″与圆的交点上。侧平面 Q 垂直于圆柱体轴线,截交线是两段圆弧 CE 和 DF,它们的正面投影 c′e′、d′f′重合在 q′上;侧面投影 c″e″、d″f″重合在圆上。

作图过程:

(1)求截交线的水平投影。如图 3-31(b)所示,在补画出完整的俯视图后,由截交线的正面投影 a′c′、b′d′和侧面投影 a″c″、b″d″,求出截交线的水平投影 ac 和 bd;求出两段截交线圆弧积聚为直线的水平投影 ce 和 df;cd 是两平面交线 CD 的水平投影,cd 重合在 q 上。

(2)完成轮廓线。从主视图可见,圆柱对水平投影面的两条转向轮廓线在 Q 平面的左边被切割,俯视图中对应左端的两段轮廓线不存在了。由于 P 平面的遮挡,在俯视图中,cd 中间的直线不可见,作图结果如图 3-31(c)所示。

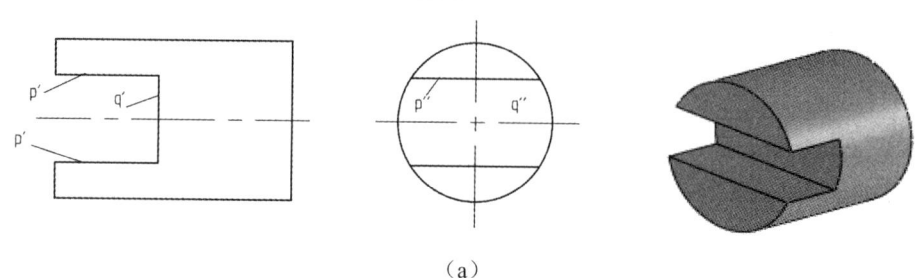

(a)

图 3-31 圆柱体被切槽后的俯视图

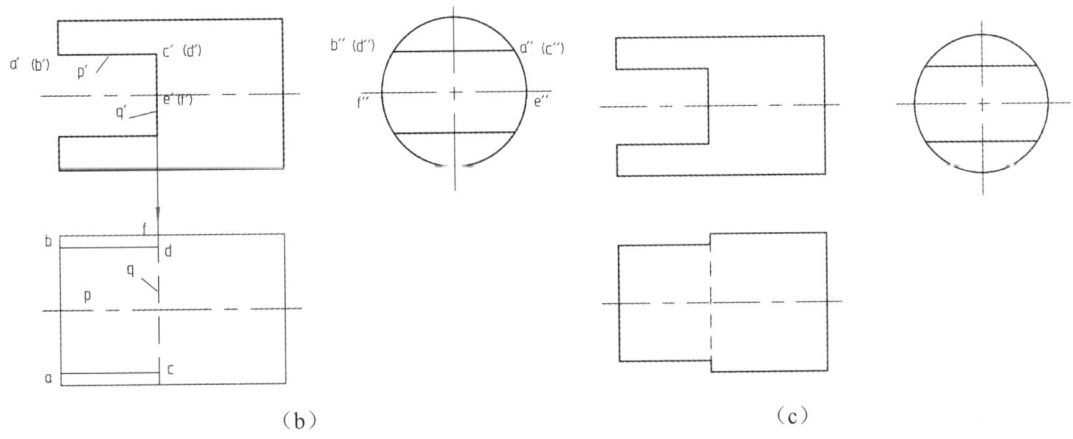

(b)　　　　　　　　　　　　　　　(c)

图 3-31　圆柱体被切槽后的俯视图（续图）

综合实例 3-2　如图 3-32（a）所示，圆柱体被两个截平面所截，已知其主视图和左视图，补画出俯视图。

解：截平面 P 为水平面，与圆柱的轴线平行，截交线为两条平行于轴线的侧垂线 AB 和 DC，AB 和 CD 的正面投影积聚在 p'上，侧面投影积聚在圆上；截平面 Q 为正垂面，与圆柱的轴线倾斜，截交线为一段椭圆弧，其正面投影积聚在 q'上，侧面投影积聚在圆上。截平面 P 和 Q 的交线为正垂线 BC。截交线的正面投影和侧面投影已知，待求的是水平投影。

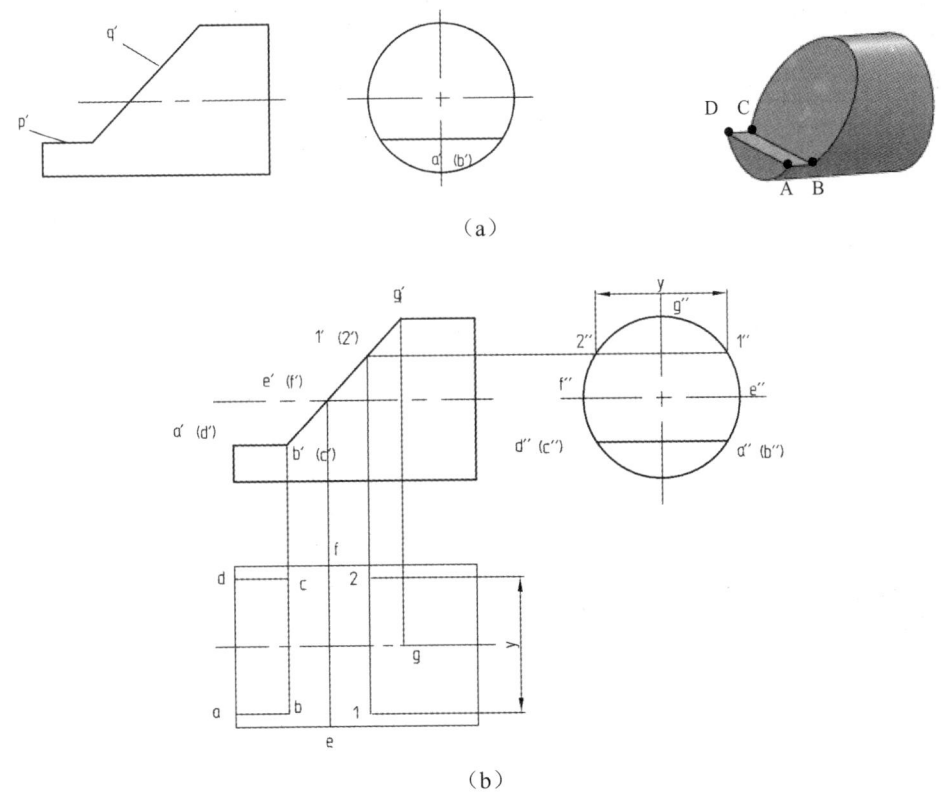

图 3-32　作出圆柱体被两个截平面所截后的俯视图

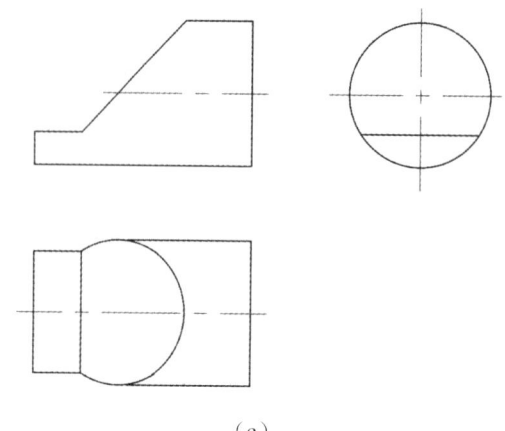

(c)

图 3-32　作出圆柱体被两个截平面所截后的俯视图（续图）

作图过程：

（1）补画完整的圆柱俯视图；求出圆柱被水平面 P 切割产生截交线的水平投影：由 a′b′、d′c′和 a″b″、d″c″根据"三等关系"求出 ab、dc。

（2）求圆柱被正平面 Q 切割产生的一段椭圆弧截交线的水平投影。求特殊点：由 f′、e′、g′和 f″、e″、g″，根据"三等关系"求出 f、e、g。椭圆弧的端点 B、C 的水平投影 b、c 已在上一步得到；求一般点：有 1′、2′和 1″、2″根据"三等关系"求出 1、2。

（3）在俯视图上，对水平投影的转向轮廓线只剩下 e、f 右边的部分（由主视图可看出）。作图结果如图 3-32（c）所示。

综合实例 3-3　如图 3-33，求水平面和侧平面与球相交后的截交线。

解：如图 3-33 所示，水平面 Q 和侧平面 P 与球面相交时，截交线为水平圆 Q（正面投影为 q′，水平投影为 q，侧面投影为 q″）和侧面投影 P（正面投影为 p′，水平投影为 p，侧面投影为 p″）。

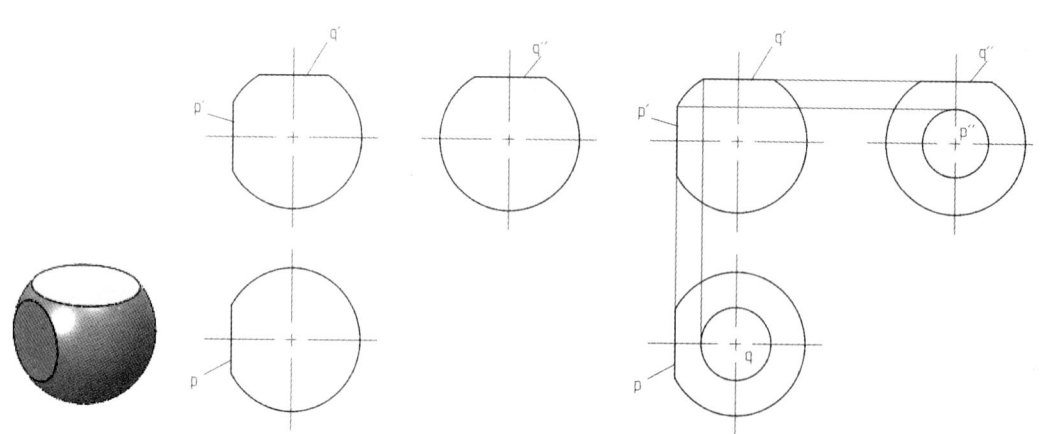

图 3-33　求水平面和侧平面与球相交后的截交线

第 4 章　组合体的三视图和轴测图

任何复杂的机器零件，以其几何形状来看，都是由若干个基本体通过叠加、切割等方式组合而成。这种由两个及两个以上的基本体经过叠加、切割等方式组合而成的物体，称为组合体。本章将在前面学习的基础上，进一步研究组合体的画图、看图及尺寸标注等问题。

4.1　三视图的形成及其投影特性

4.1.1　三视图的形成

在工程制图中，将物体向投影面投影所得的图形称为该物体的视图。

如图 4-1（a）所示。物体在 V、H、W 三投影面体系中的投影称为物体的三视图。正面投影称为主视图，水平投影称为俯视图，侧面投影称为左视图。

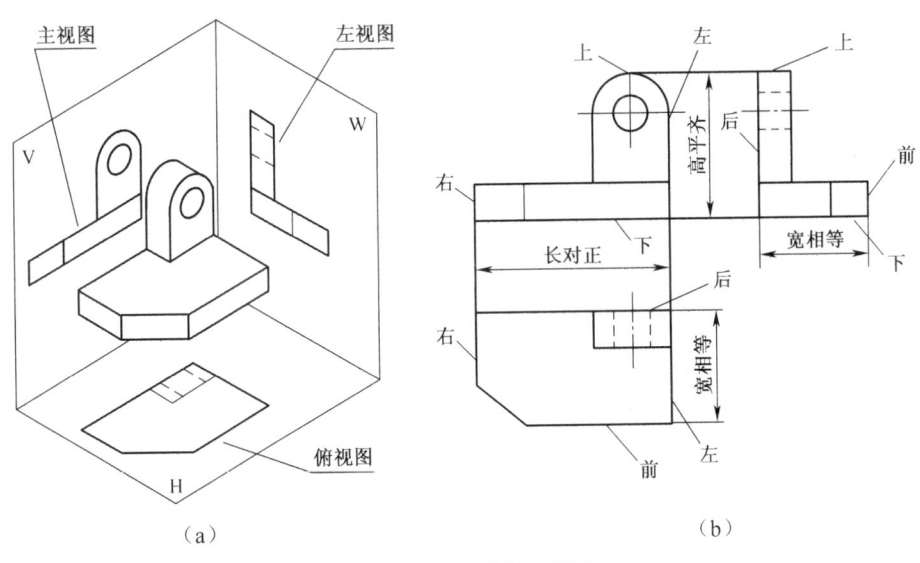

图 4-1　组合体的三视图

4.1.2　三视图的投影特性

如图 4-1（b）所示，根据三个投影面的相对位置及其展开图的规定，三视图的位置关系是：以主视图为准，俯视图在主视图的正下方，左视图在主视图的正右方。同时，主视图和俯视图都反映物体的长度，主视图和左视图都反映了物体的高度，俯视图和左视图都反映了物体的宽度，因而三视图之间存在下面的投影特性：

（1）主视图和俯视图——长对正。

(2) 主视图和左视图——高平齐。
(3) 俯视图和左视图——宽相等。

4.2 组合体的形体分析与视图的画法

4.2.1 组合体的形体分析

4.2.1.1 组合体的组合形式

组合体的组合形式可分为三种：叠加、切割、综合，如图 4-2 所示。

如图 4-2（a）所示组合体属于叠加式，由四棱柱Ⅰ与Ⅱ叠加而成。

如图 4-2（b）所示组合体属于切割式，由四棱柱Ⅰ挖去圆柱体Ⅱ而成。

如图 4-2（c）所示组合体属于综合式，它由挖去四棱柱Ⅲ的四棱柱Ⅰ，与挖去半圆柱Ⅳ的四棱柱Ⅱ叠加而成。

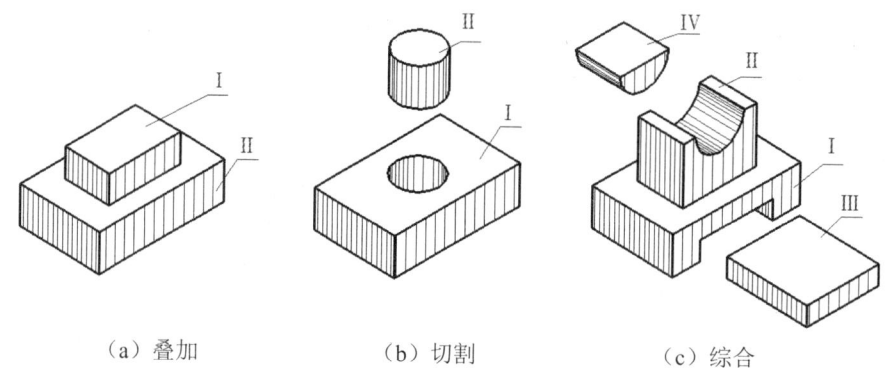

(a) 叠加　　　　　(b) 切割　　　　　(c) 综合

图 4-2　组合体的组合形式

4.2.1.2 组合体各基本体间表面的连接关系

组合体各基本体间表面的连接关系可分为平齐、相错、相切、相交四种情况。

（1）平齐　如图 4-3 所示，上下两形体的前表面平齐、共面，结合处没有界线，故在主视图所指处不应画线。

（2）相错　如图 4-4 所示，上下两形体的前表面相错，主视图应画出两表面之间的界线。

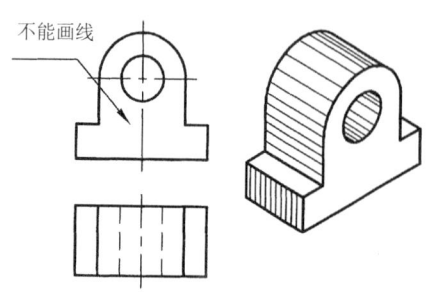

图 4-3　两形体表面平齐

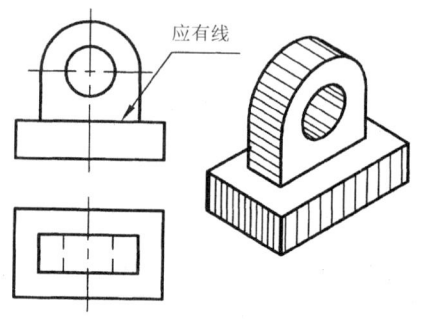

图 4-4　两形体表面相错

(3) 相切 如图 4-5 所示，底板的前后平面分别与圆柱面相切，在主、左视图的所指处不应画线。

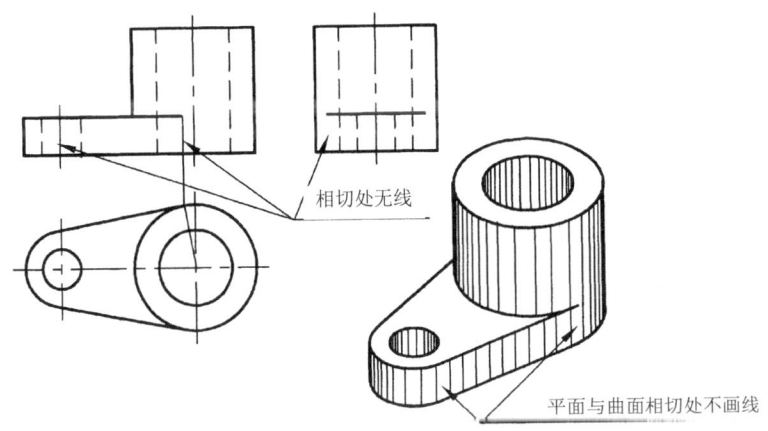

图 4-5　两形体表面相切

(4) 相交 如图 4-6 所示，底板的前后平面分别与圆柱面相交，在主视图中应画出交线的投影。

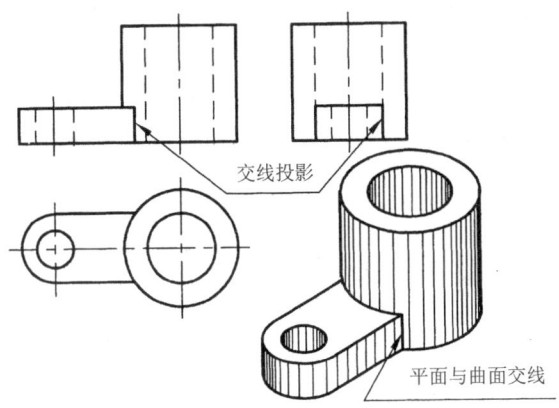

图 4-6　两形体表面相交

4.2.1.3　形体分析法

组合体是由基本体组合而成的。形体分析法是假想将组合体分解为各个基本形体，弄清各基本形体的组合形式、相对位置，以及关联表面的连接关系，以达到了解整体的目的。

如图 4-7 所示的组合体，可看成由底板Ⅰ、立板Ⅱ和圆柱体Ⅲ三个基本形体叠加而成，底板Ⅰ挖去一长方槽与一圆柱孔，立板Ⅱ与圆柱体Ⅲ各挖去一圆柱孔。它们的相对位置与组合形式如下：立板Ⅱ叠放在底板Ⅰ的右上部，前、后、右三表面平齐，圆柱体Ⅲ放在底板Ⅰ的上部，外圆柱面与底板上表面相交。

形体分析法是画图、看图、标注尺寸所依据的主要方法，它可以将复杂的组合体分解为较简单的基本体来处理。

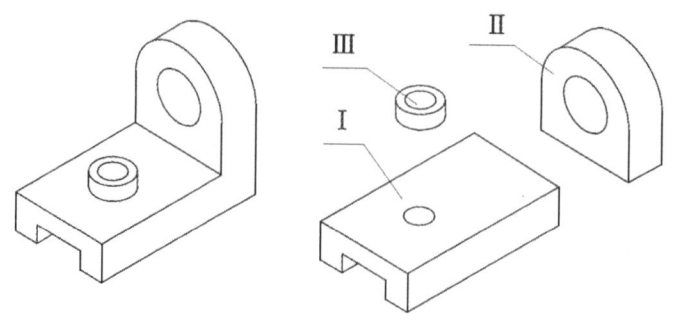

图 4-7　形体分析法

4.2.2　组合体视图的画法

下面以如图 4-8（a）所示的轴承座为例，说明画组合体视图的方法与步骤。

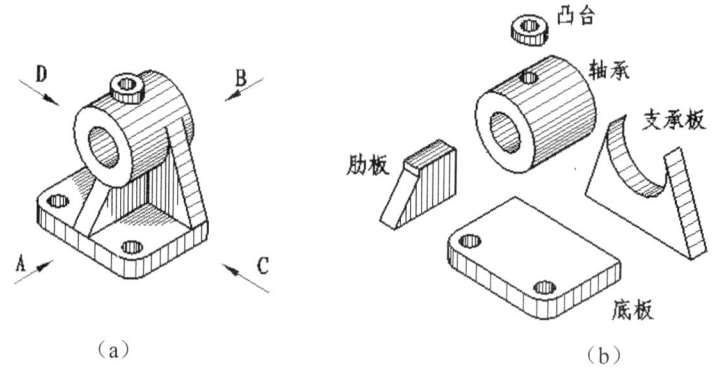

（a）　　　　　　　　　　　　（b）

图 4-8　形体分析

4.2.2.1　形体分析

该组合体可以分解为五个基本形体：底板、支承板、轴承、凸台和肋板，如图 4-8（b）所示。底板前面挖切了两个圆角及两个圆柱孔；底板上叠放着支承板与肋板，支承板与底板后面平齐，肋板是上边带有圆弧槽的多边形板，它们共同支承着上面的轴承；轴承是带有一小圆孔的空心圆柱，其外圆面与支承板的左、右两侧面相切，前、后面相交，而与肋板的前小平面及左、右侧面均相交，轴承与上面的凸台外表面相交。

4.2.2.2　选择主视图

主视图是三视图中最重要的视图。主视图的选择主要从以下三个方面考虑：

（1）组合体的安放位置。应将组合体放正，大多取自然位置，并尽可能使其主要表面或主要轴线平行或垂直于投影面。

（2）主视图的投影方向。应选择能较多反映组合体形状特征及各部分相对位置特征的方向作为主视图的投影方向。

（3）视图的清晰性。图中虚线要尽可能少。选择主视图要兼顾俯视图与左视图中的虚线尽可能少。如图 4-8（a）所示的组合体可按自然位置放置，即底板放成水平，这时有 A、B、

C、D 四个投影方向。对其所得的四个视图（见图 4-9）进行比较：对于 A 向与 B 向，B 向视图虚线多，不如 A 向视图清晰；对于 C 向与 D 向，若将 D 向作为主视图，左视图虚线较多，不如 C 向好；再比较 A 向与 C 向，两者对反映各部分的形状特征和相对位置特征各有特点，差别不大，均符合主视图选择的要求。这样选择 A 向作为主视图方向。

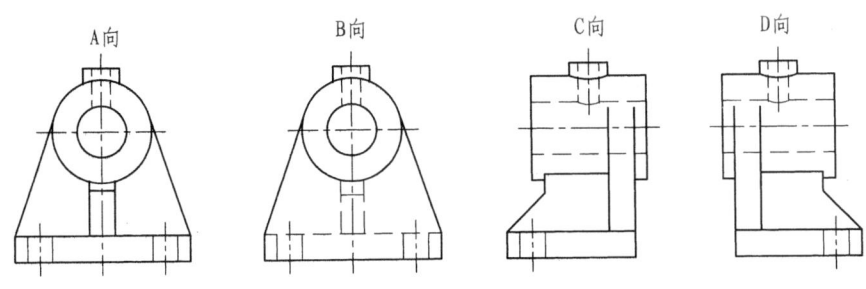

图 4-9　主视图的选择

4.2.2.3　画三视图

（1）选比例、定图幅。主视图确定后，根据实物大小及其形体复杂程度，按照制图标准规定选择适当的画图比例和图幅大小。一般情况下，尽量选用 1:1 比例。

（2）布图、画基准线。如图 4-10（a）所示，视图布置要匀称，要考虑在标注尺寸时留有位置和保持各视图间距。画视图时先画出基准线，基准线是指画图时测量尺寸的基准，一般常用对称中心线、轴线和较大的平面作基准线。

（3）画各基本形体的三视图。按形体分析法所分解的各基本体及其相对位置，逐个画出它们的视图。画图时，先画主要形体，后画次要形体；先画可见部分，后画不可见部分；先画反映形状特征的视图，后画其他视图。在画每个基本体时，三个视图应同时画出，这样能保持投影关系，提高绘图速度，防止漏线、少线。画组合体三视图的过程如图 4-10（b）（c）（d）（e）所示。

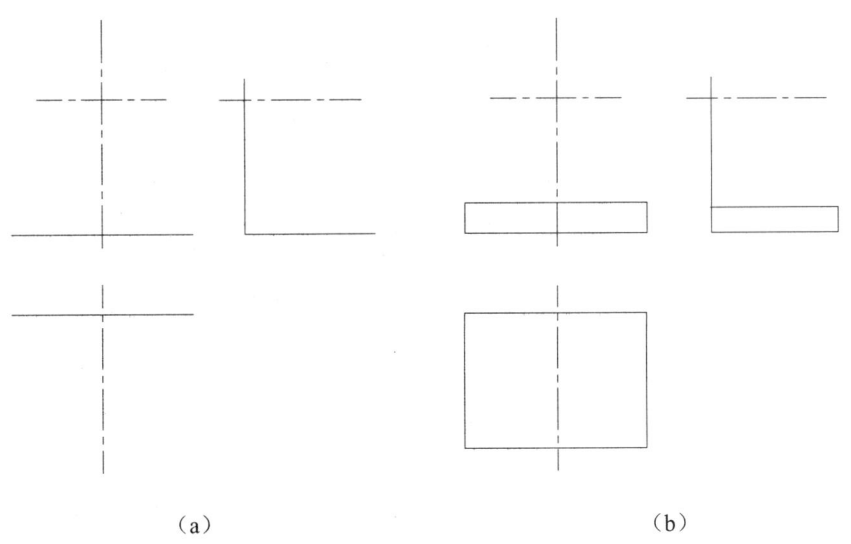

（a）　　　　　　　　　　　　　　（b）

图 4-10　画组合体三视图

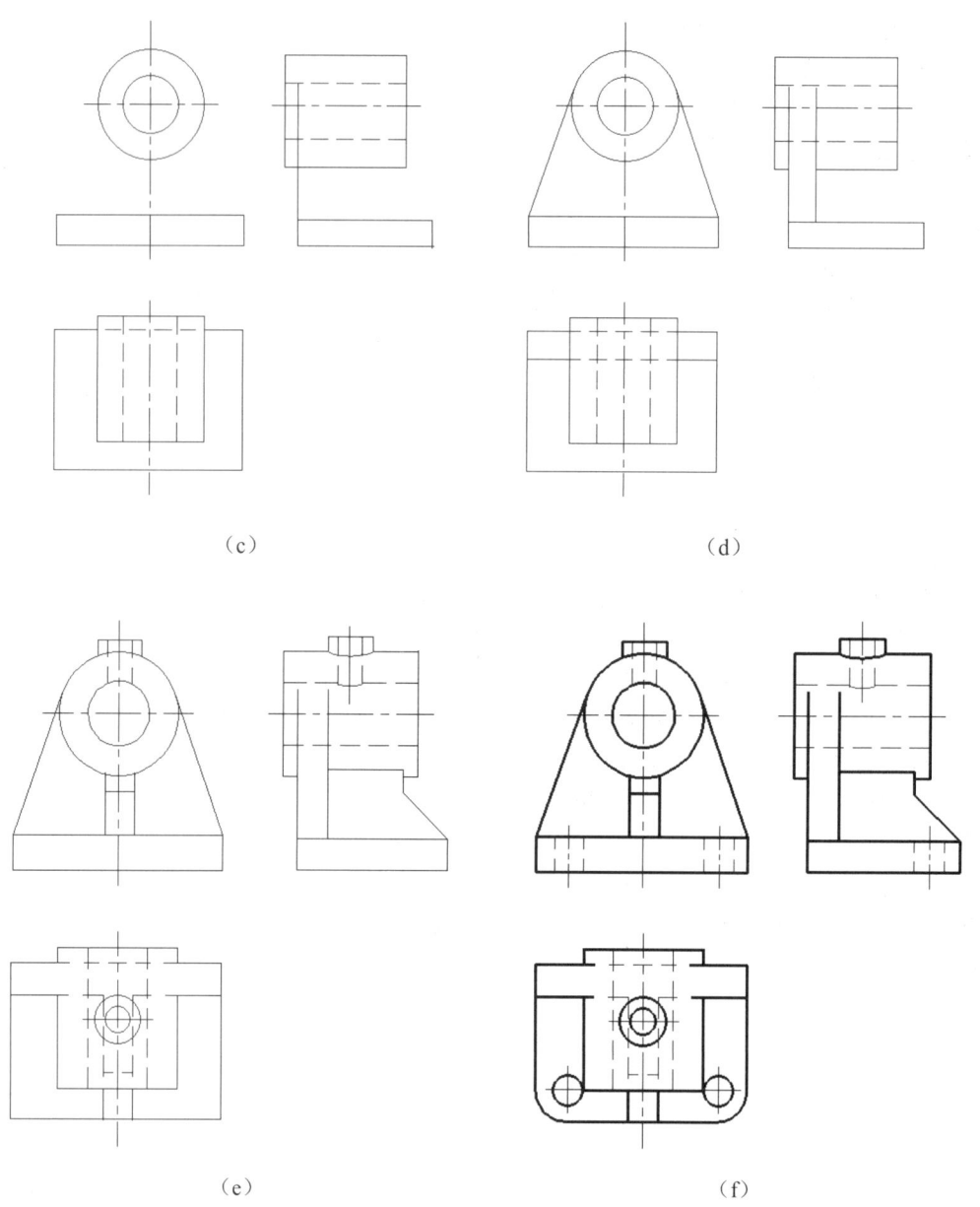

图 4-10 画组合体三视图（续图）

（4）检查、加深。检查底稿，擦去多余线，补画遗漏图线。确认无误，按照标准线型加深图线，如图 4-10（f）所示。

4.3 组合体的尺寸标注

视图只能表示组合体的形状，而其大小和相对位置还需标注尺寸来确定。组合体尺寸标注的基本要求是：

（1）正确。尺寸标注要符合国家标准《机械制图》中有关《尺寸注法》的规定。

（2）完整。尺寸标注必须齐全，不能遗漏尺寸，一般也不能有重复尺寸。

（3）清晰。尺寸标注的布局要整齐、清晰，便于看图。

4.3.1 基本体的尺寸标注

基本体应标注长、宽、高三个方向的尺寸，以确定其形状大小。图 4-11 列出了一些常见基本体的尺寸标注。

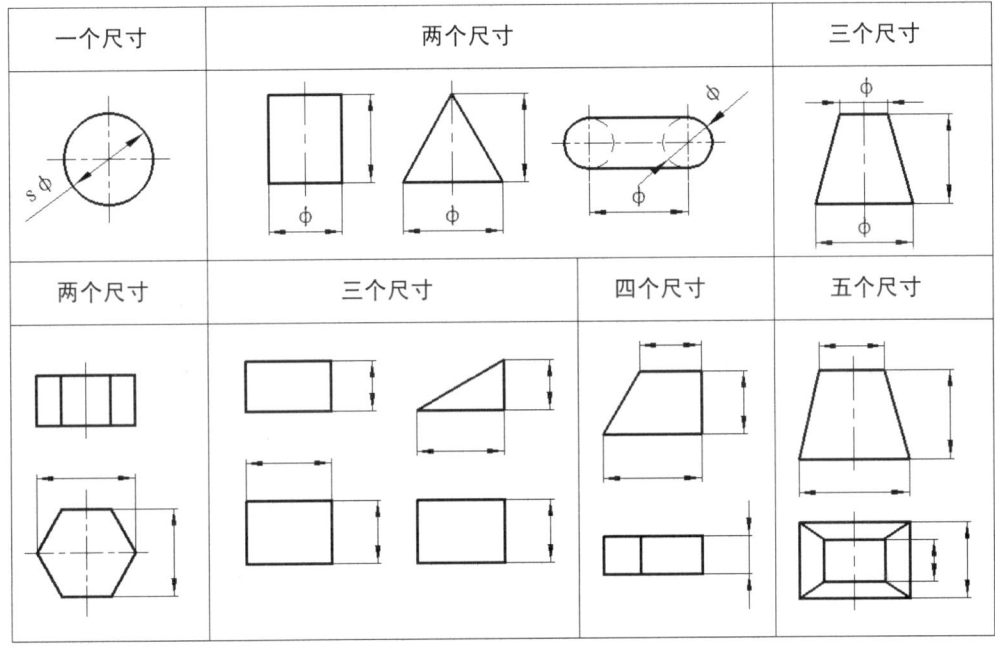

图 4-11 常见基本体的尺寸标注

4.3.2 切割体和相贯体的尺寸标注

对于具有斜截面或缺口的形体，除了注出基本体的尺寸外，还要注出截平面的位置尺寸，因为截平面的位置确定后，截交线随之确定，截交线的尺寸不应注出，如图 4-12 所示。对于相贯体，应该注出相交两基本体的大小和定位尺寸，而相贯线的尺寸不应注出，如图 4-13 所示。

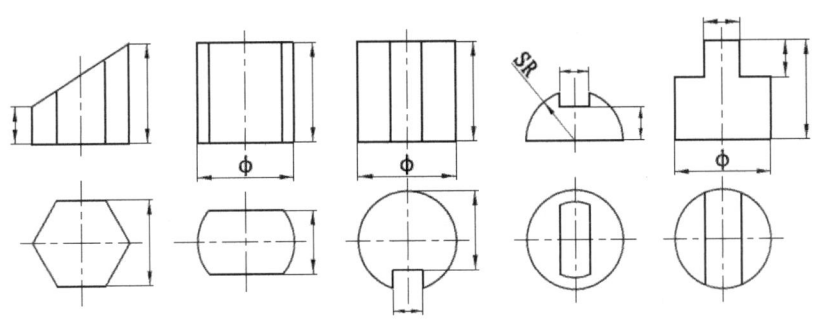

图 4-12 切割体的尺寸标注

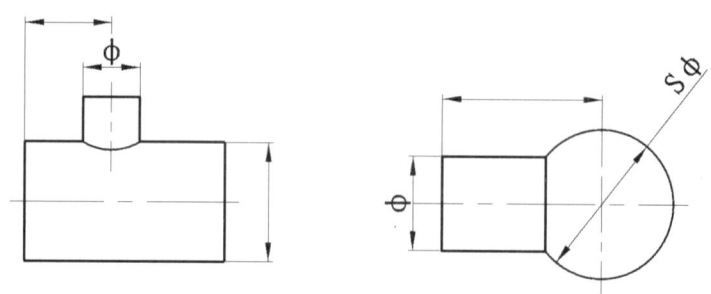

图 4-13 相贯体的尺寸标注

4.3.3 组合体的尺寸标注

组合体的尺寸标注的基本要求是：正确、完整、清晰，第 1 章曾介绍了如何正确地按国家标准的有关规定标注尺寸，下面讲解如何完整、清晰地标注组合体尺寸。

4.3.3.1 尺寸标注要完整

要完整地标注组合体尺寸，首先要用形体分析法将组合体分解为若干基本形体，分别注出各基本形体的定形尺寸，然后确定尺寸基准，标出各基本体的定位尺寸，最后注出总体尺寸。

（1）定形尺寸。指确定组合体中各基本形体的形状、大小的尺寸，如图 4-14 所示底板的尺寸：70、40、10、R10 等。

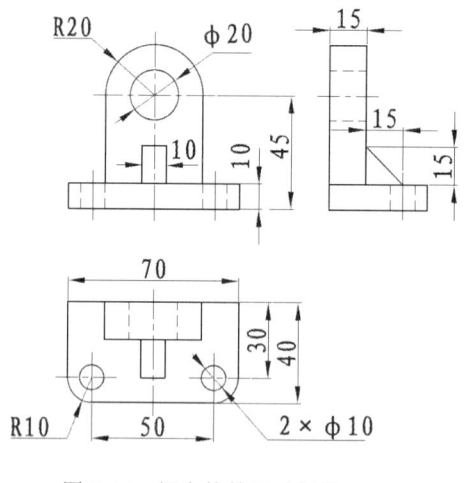

图 4-14 组合体的尺寸标注

（2）尺寸基准。指标注尺寸的起点。标注各基本体的定位尺寸以前，必须在长、宽、高三个方向分别选出尺寸基准。通常选择组合体的底面、重要端面、对称平面、回转体轴线等作为尺寸基准。在图 4-14 中，长度方向尺寸基准为左右的对称平面；宽度方向尺寸基准为立体的后表面；高度方向尺寸基准为底板的底面。

（3）定位尺寸。指确定组合体中各基本形体间相对位置的尺寸。如图 4-14 中底板两孔的定位尺寸 30、50 等，及立半圆柱及孔的定位尺寸 45。

(4) 总体尺寸。指组合体的总长、总宽、总高尺寸。如图 4-14 所示的 70、40,既是底板的长和宽,也是组合体的总长和总宽。

当组合体一端或两端为回转面时,一般不注该方向的总体尺寸,而只标注回转面的定位尺寸和定形尺寸,如图 4-14 所示,高度方向仅注出立板孔的定位尺寸 45 和半圆柱半径 R20,未注出总高。图 4-15 列出了常见底板、法兰盘的尺寸注法。

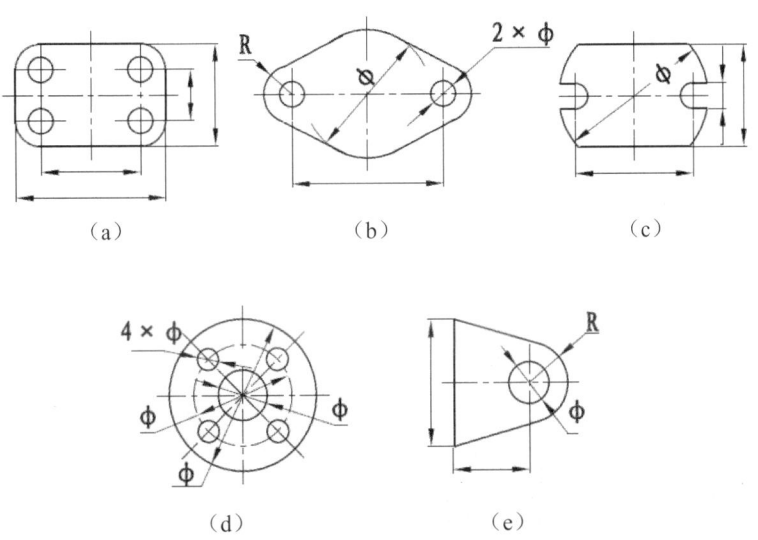

图 4-15 常见底板、法兰盘的尺寸注法

4.3.3.2 尺寸标注要清晰

(1) 尺寸应尽量注在表示形状特征最明显的视图上,同一形体的尺寸尽量集中标注。如图 4-14 中底板的两孔直径 2-Φ10 及其定位尺寸 50、30,圆角尺寸 R10 均集中注在俯视图上。

(2) 尺寸应尽量注在视图的外面,与两个视图有关的尺寸应注在两视图之间,如图 4-14 中长、宽、高方向的一些尺寸都注在有关两视图之间。

(3) 应尽量避免尺寸线与尺寸线或尺寸界线相交;相互平行的尺寸应按小尺寸在里,大尺寸在外的顺序排列。如图 4-14 中主视图、俯视图的一些标注方法。

(4) 尽量不在虚线上注尺寸。

(5) 同轴回转体的直径尺寸尽量注在非圆视图上,半径尺寸一定要注在投影为圆弧的视图上。如图 4-14 中立板半圆柱的半径尺寸 R20。

(6) 同一方向的尺寸线,在不互相重叠的情况下,最好画在一条线上,不要错开。

4.3.3.3 组合体尺寸标注举例

现以如图 4-16 所示的轴承座为例,说明标注组合体尺寸的方法。

首先应对轴承座进行形体分析(这一步在画组合体中已作分析,这里不再赘述)。然后标注各基本形体的定形尺寸,选择长、宽、高方向的尺寸基准,注出基本形体的定位尺寸,最后标注总体尺寸。具体步骤如图 4-16 所示。

机械制图

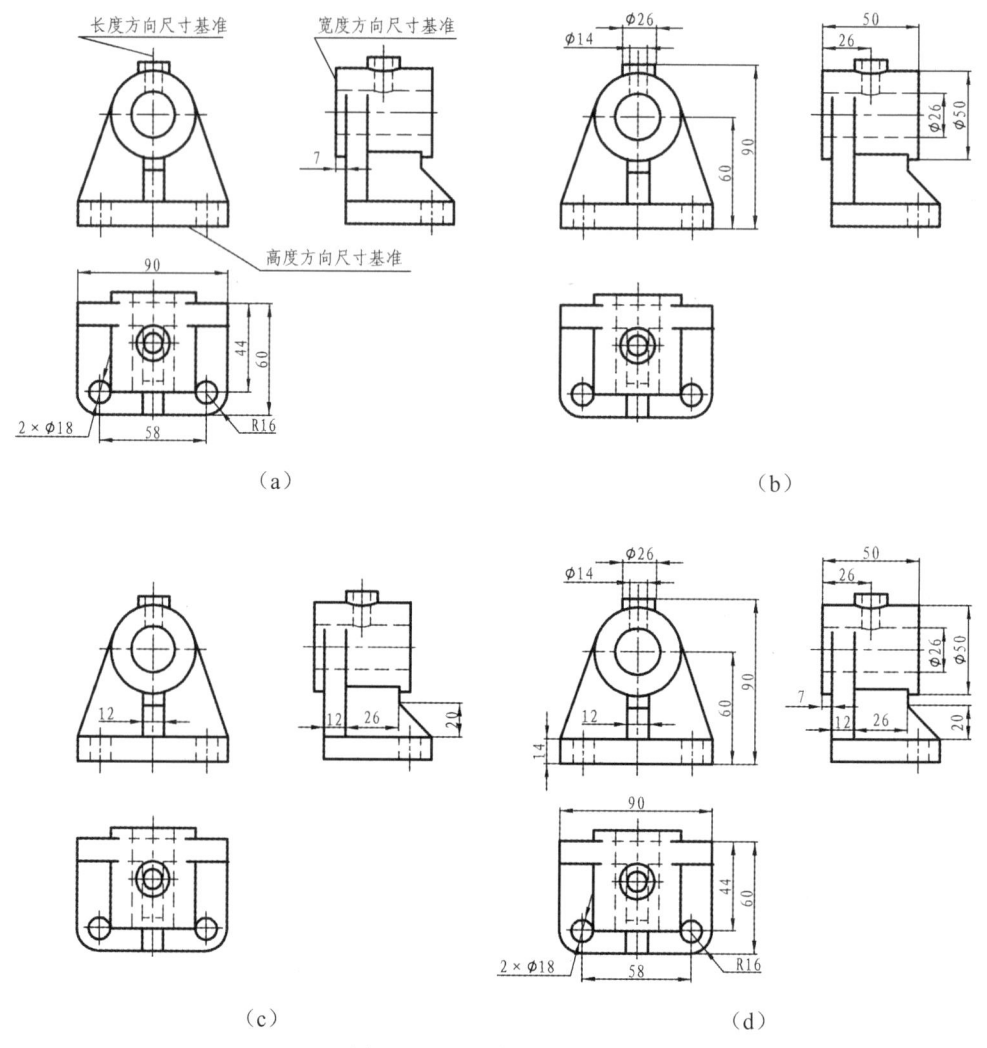

图 4-16 轴承座的尺寸标注

4.4 看组合体视图

画图和看图是学习机械制图的两个重要环节。画图是由"物"到"图"的过程，而看图则是由"图"到"物"，即根据视图想象出组合体空间形状的过程，这两方面的训练都是为了培养和提高空间想象能力和构思能力，它们相辅相成，不可分割。

4.4.1 看图的基本要领

4.4.1.1 几个视图联系起来看

一个视图只能反映物体两个方向的尺寸，一般不能确切地表达出物体三维空间的形状，如图 4-17（a）所示的主视图，可以是图 4-17（b）（c）（d）三个组合体的正面投影。

有时两个视图也不能确定物体的形状，如图 4-18（b）（c）（d）所示的组合体，主、俯视图均为图 4-18（a），这两个视图无法确定组合体的形状，只有联系左视图来对照、构思，才能确定各自的形状。因此看图应以主视图为主，运用投影规律，联系其他视图一起看，才能正确地想象出其立体形状。

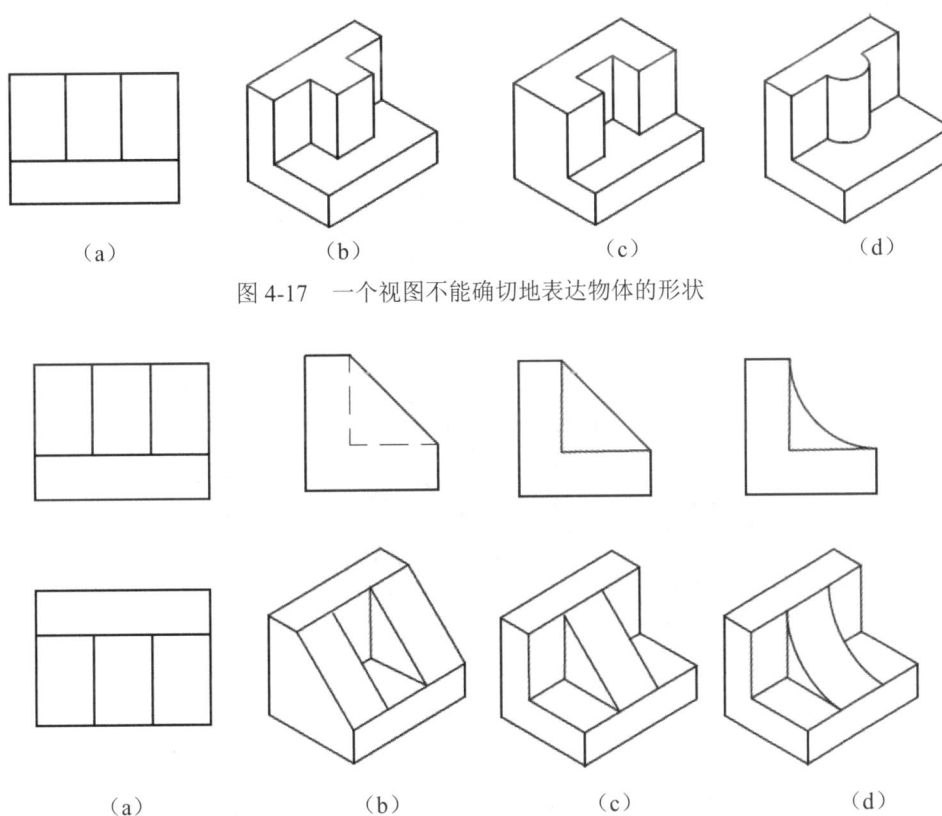

图 4-17 一个视图不能确切地表达物体的形状

图 4-18 两个视图不能确切地表达物体形状的例子

4.4.1.2 组合体中各基本体的形状与位置特征视图

主视图是反映组合体形状特征最明显的视图，而构成组合体的各基本体的形状与位置特征则可能表现在其他视图上。因此，在看这些基本体时，要善于找出能表现各自的形状与位置特征的视图来看图。如图 4-18 所示，它们相异部分的形状特征视图为左视图（事实上，由主、左两视图即可确定物体的形状）。再如图 4-19 所示，反映底板Ⅰ形状特征最明显的视图为俯视图，反映立板Ⅱ形状特征最明显的视图是左视图，而反映它们位置特征最明显的视图是主视图，联系三个视图一起看，即可知它们的整体形状如图中所示。

如图 4-20（a）所示，若只看主、俯两视图，组合体上Ⅰ、Ⅱ两部分的凹凸情况不明确，它可设想为图 4-20（b）（c）两种情况，而结合左视图，即可明确地看出图 4-20（c）是正确的。两部分形状特征较明显的是主视图，而位置特征明显的则是左视图。

4.4.1.3 明确视图中封闭线框和图线的含义

（1）视图中每一封闭线框，一般为一个表面的投影，也可能是一个孔的投影。下面以图 4-21 为例进行说明：①平面的投影，如图中的 B 面；②曲面的投影，如图中的 A 面；③孔的投影，如图中的 C 孔。

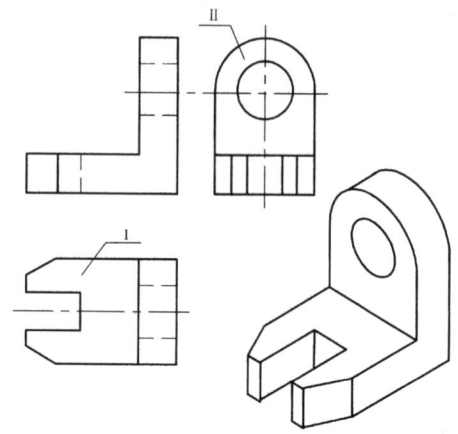

图 4-19　形状特征分析分析

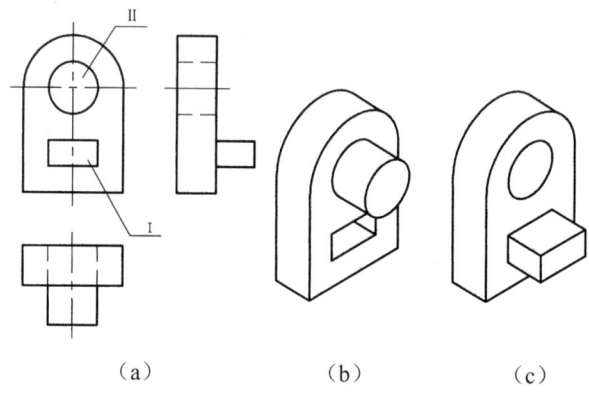

（a）　　　　　　（b）　　　　　　（c）

图 4-20　位置特征分析

（2）图中的每一条图线，可能有三种含义，下面以图 4-21 为例进行说明：①平面或曲面的积聚性投影，如图中的 a；②两表面交线的投影，如图中的 b；③曲面转向轮廓线的投影，如图中的 c。

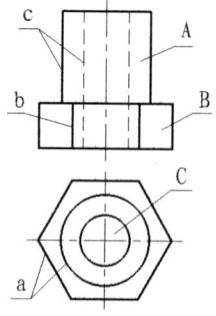

图 4-21　封闭线框和图线的含义

4.4.2　看图的基本方法

4.4.2.1　形体分析法

这是看视图的基本方法。通常是从最能反映零件形状特征的视图（一般为主视图）着手，按照线框将组合体划分成若干基本形体，然后对照其他视图，运用投影规律，想象出它们的空间形状、相对位置以及连接形式，最后综合想象出组合体的整体形状。

下面以如图 4-22 所示的轴承座三视图为例，说明看图的一般方法。

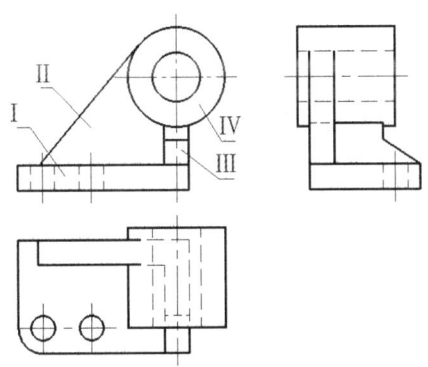

图 4-22　轴承座三视图

（1）按线框、划形体。主视图大致分成Ⅰ、Ⅱ、Ⅲ、Ⅳ四个线框，对照俯、左视图可知它们分别表示轴座的底板、支板、肋板、空心圆柱体四个基本形体。

（2）对投影、想形状。按投影关系，找出各形体在三视图上的对应投影，想象出它们的形状，如图 4-23（a）(b)(c)(d) 所示。

（3）定位置、想整体。在弄清楚各部分形状后，再分析它们之间的相对位置与表面间的连接关系，最后综合起来想象出轴承座的整体形状如图 4-23（e）所示。

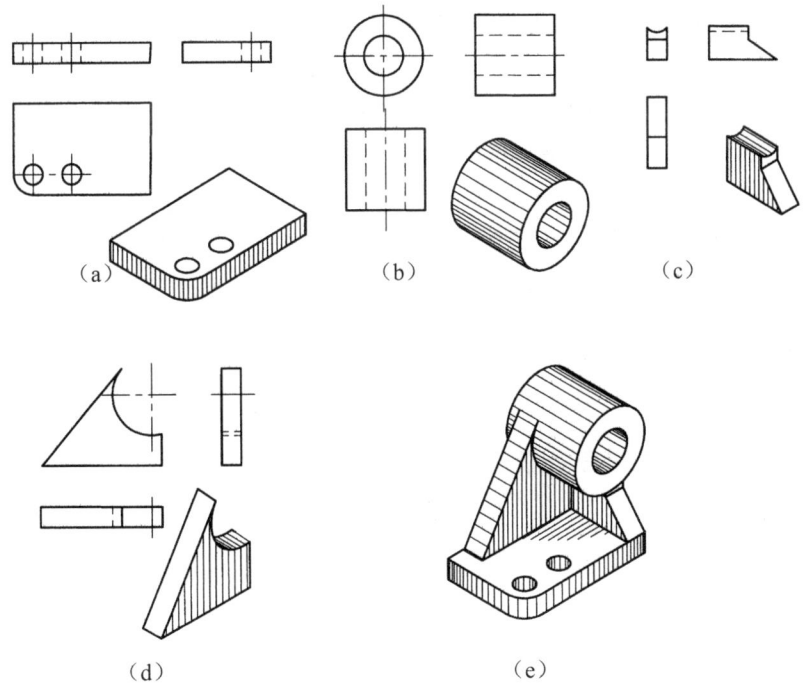

图 4-23　用形体分析法看轴承座视图

4.4.2.2 线面分析法

组合体也可以看成是由若干面（平面或曲面）、线（直线或曲线）围成。线面分析法就是把组合体分解成若干线和面，通过在视图上划线框、对投影，弄清它们的形状及相对位置，进而想象出组合体的空间形状的方法。

线面分析法常用于切割型组合体。对于形体比较复杂的组合体，可先用形体分析法看懂组合体的主要形状，再用线面分析法弄清某些面、线的含义。

现以图 4-24 所示组合体为例，说明线面分析法看图的步骤。

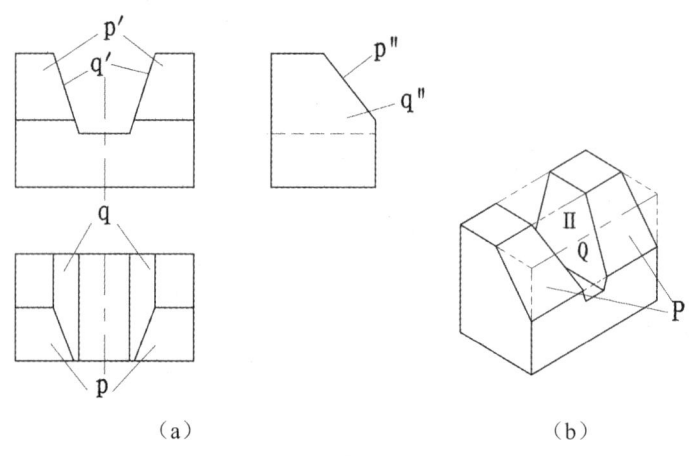

图 4-24　线面分析法看图

（1）形状分析。如图 4-24（a）所示组合体的原型是一个长方体，由左视图知它的前部切去一个三棱柱，由主视图知它的中部切掉一个前后方向的梯形四棱柱，如图 4-24（b）所示。

（2）线面分析。

1）主视图中两个左右对称的 p′封闭线框，对应左视图一条倾斜的直线段 p″，对应俯视图为两个类似的四边形 p。由此知该两平面为处于侧垂位置的四边形平面，见图 4-24（b）的 P 平面。

2）俯视图中两个左右对称的五边形封闭线框 q，对应主视图两条倾斜的直线段 q′，对应左视图五边形封闭线框 q″。由此知该两平面为处于正垂位置的五边形平面，见图 4-24（b）的 Q 平面。

其余面、线不再一一分析。通过对该组合体的线面分析，可以想象出它的空间形状如图 4-24（b）所示。

4.4.3　已知两视图补画第三视图

由已知两视图补画第三视图，既包含看图的过程，又包含画图的过程，同时也检验了看图的效果，是一个综合性的练习。

例 4-1　如图 4-25（a）所示，已知支座的主、俯两视图，补画左视图。

解：（1）形体分析。根据主、俯视图，可大致将支座分成底板Ⅰ、前立板Ⅱ、后立板Ⅲ三个形体。按照投影关系，若不考虑细节，可知三个形体的主要形状及位置如图 4-25（b）所示。

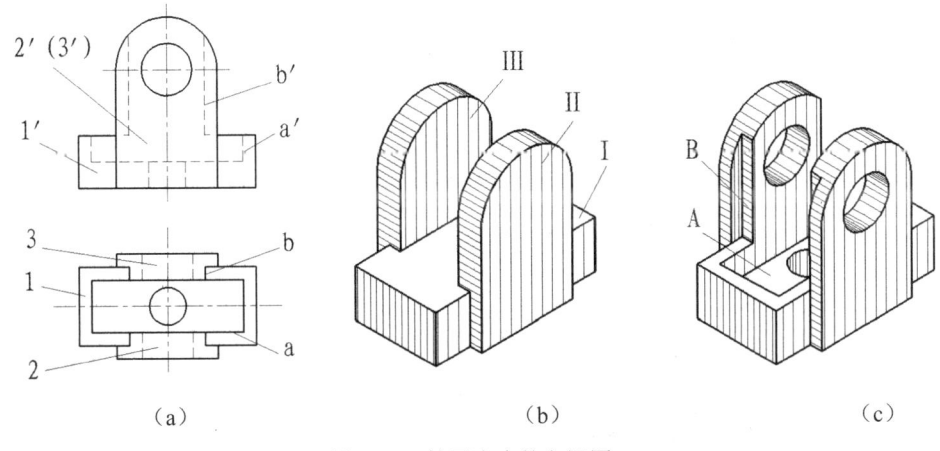

图 4-25　补画支座的左视图

（2）线面分析。在底板上的俯视图中有一矩形线框 a，对应主视图上的虚线框 a′，由此可知，底板上挖有矩形方槽，槽底上钻一小孔，槽的前后面与形体Ⅱ、Ⅲ共面。

立板Ⅱ、Ⅲ前后对称，由俯视图的直线 b 对应主视图的虚线 b′可知，两立板左右各切去一角，上部各钻一前后通孔。完整形状如图 4-25（c）所示。

（3）画左视图。先按图 4-25（b）画基本形体，然后再画矩形方槽、底板小孔，最后画立板切角及圆孔。完成的左视图如图 4-26 所示。

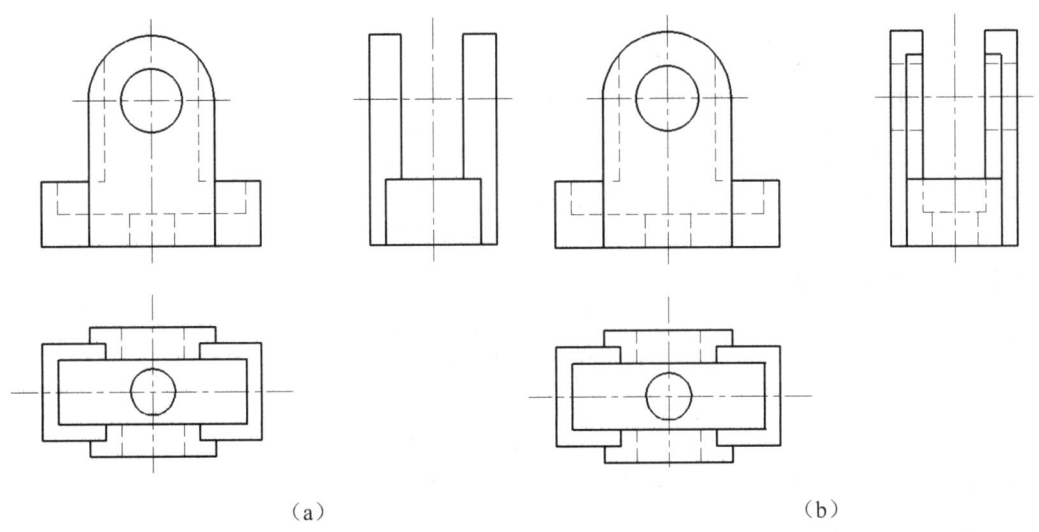

图 4-26　支座三视图

4.5　轴测图

用多面正投影视图表达物体的结构形状，度量性好，作图简便，是工程上主要采用的表达方式，但是这种表达方式立体感差，不便于看图，因此工程上还采用一种具有立体感的轴测图作为辅助图样，帮助人们看多面视图。

4.5.1 轴测图的基本知识

4.5.1.1 轴测投影的形成

空间有一物体及确定其位置的直角坐标系 $O_0X_0Y_0Z_0$（图 4-27），在适当位置设立一投影面 p，并选定不平行于任一坐标面的方向 S 为投射方向，将物体及坐标系一起平行投射到投影面 p 上，所得投影图能同时反映物体的长、宽、高三个尺度。该图称为轴测投影图，简称轴测图。

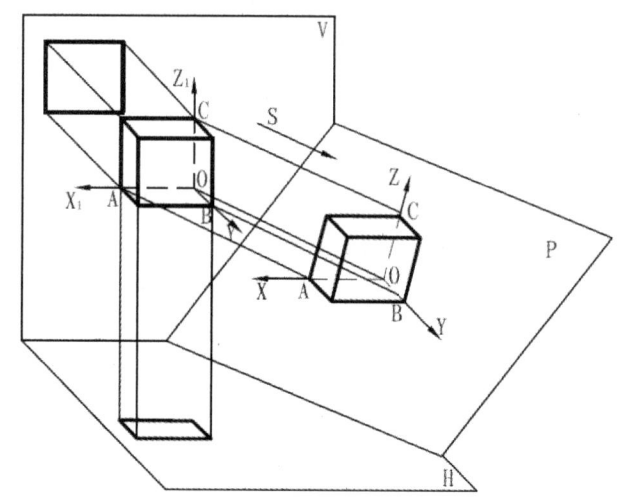

图 4-27 轴测投影的形成

投影中，p 称轴测投影面，投影方向 s 称为轴测投影方向。

4.5.1.2 轴测轴、轴间角与轴向变形系数

（1）轴测轴——直角坐标轴 O_0X_0、O_0Y_0、O_0Z_0 在轴测投影面上的投影 OX、OY、OZ 称轴测投影轴，简称轴测轴。

（2）轴间角——两轴测轴之间的夹角，即 $\angle XOY$、$\angle YOZ$、$\angle XOZ$。

（3）轴向变形系数——轴测轴上的线段与空间坐标轴上相应线段的长度之比，即：

$$p=\frac{OA}{O_0A_0},\ q=\frac{OB}{O_0B_0},\ r=\frac{OC}{O_0C_0}$$

p、q、r 分别称为 OX、OY、OZ 轴的轴向变形系数。

（4）轴测图的投影特性。

轴测投影属于平行投影，因此应具备平行投影的投影特性：

1）物体上相互平行的线段，其平行投影仍相互平行；物体上平行于坐标轴的直线段，其轴测投影与相应轴测轴保持平行。

2）平行于轴测投影面的直线和平面，其轴测投影反映实长和实形。

3）几何元素的轴测投影与原几何元素的从属性、比例性、相切性不变。

4.5.2 轴测图的分类

轴测图按投影方向与轴测投影面是否垂直，可分为两大类：正轴测图和斜轴测图。

4.5.2.1 正轴测图

投影方向与轴测投影面垂直，所得图形称为正轴测图。按轴向变形系数的不同可分为三种：

（1）当三个变形系数均相同，即 p=q=r 时，称正等轴测图。

（2）当仅有两个变形系数相同，即 p=r≠q 或 p≠r=q 或 p=q≠r 时，称正二轴测图。

（3）当三个变形系数均不等，即 p≠q≠r 时，称正三轴测图。

4.5.2.2 斜轴测图

投影方向与轴测投影面倾斜，所得图形称为斜轴测图。同样，按轴向变形系数三个相等、两个相等、三个都不等，可分为三种：斜等轴测图、斜二轴测图、斜三轴测图。

本章主要介绍工程上最常用的正等轴测图与斜二轴测图的画法。

4.5.3 正等轴测图

正等轴测图简称正等测，它是将三空间坐标轴放置成与轴测投影面倾角相等，则轴向变形系数相同，均为 p=q=r≈0.82，三轴测轴的轴间角均为 120°，如图 4-28 所示。在正等轴测图中，一般将 Z 轴铅垂放置，X、Y 轴与水平方向成 30°角，可用 30°三角板直接绘出。

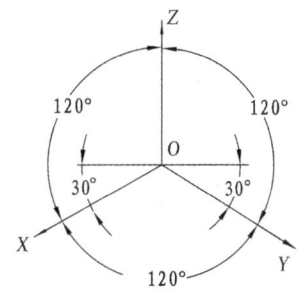

图 4-28　正等轴测图的轴间角

为了作图方便，常取 p=q=r=1 的简化轴向变形系数，即沿轴向的尺寸用实长度量。但这样所画出的轴测图比实际轴测图放大了 1/0.82≈1.22 倍。

4.5.3.1 平面立体的正等轴测图

绘物体的正等轴测图，一般采用坐标法，其具体步骤是：

（1）在物体上选定直角坐标系，并在物体视图上绘出。坐标系的选定主要以作图简便、便于测量为原则。

（2）画出轴测轴。

（3）按点的坐标作出点、直线的轴测图，可见棱线画成粗实线，不可见轮廓线一般不画。

例 4-2　作出如图 4-29（a）所示的正六棱柱的正等轴测图。

解：（1）由投影图知，六棱柱顶面与底面均为水平正六边形，确定原点与坐标如图 4-29（a）所示。

（2）画出轴测轴，并在 X 轴上量取 OA=oa，OD=od；在 y 轴上量取 OⅠ=o1，OⅡ=o2，见图 4-29（b）。

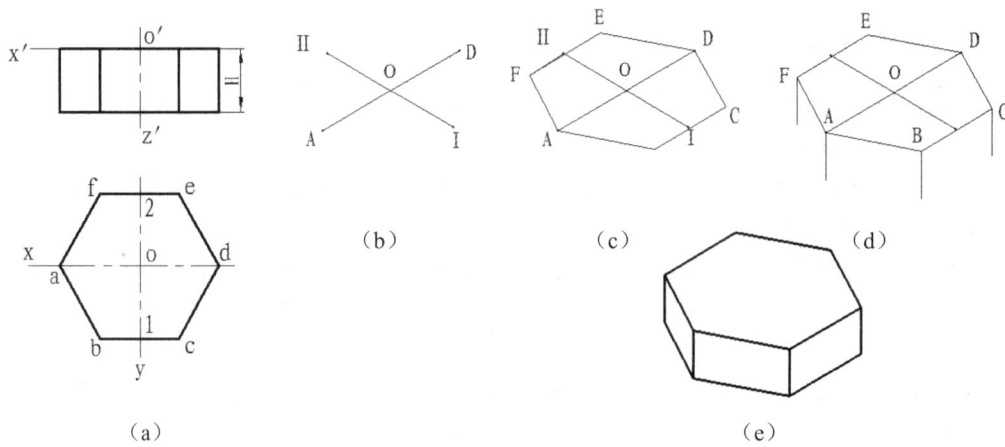

图 4-29 用坐标法作正六棱柱的正等轴测图

（3）过Ⅰ、Ⅱ点分别作 X 轴的平行线，并在其上量取 BC=bc，EF=ef，依次连接各点，得顶面轴测图，见图 4-29（c）。

（4）由顶面各点沿 z 轴向下引棱线，并截取尺寸 H，即得底面各点（仅画出可见点），见图 4-29（d）。

（5）连接底面各点，擦去作图线，加深各可见棱线，即完成作图，见图 4-29（e）。

例 4-3　画出如图 4-30（a）所示的切割体的正等轴测图。

解：由图 4-30（a）的三视图可知，该物体是由长方体切割而成，作图时宜采用切割画法。

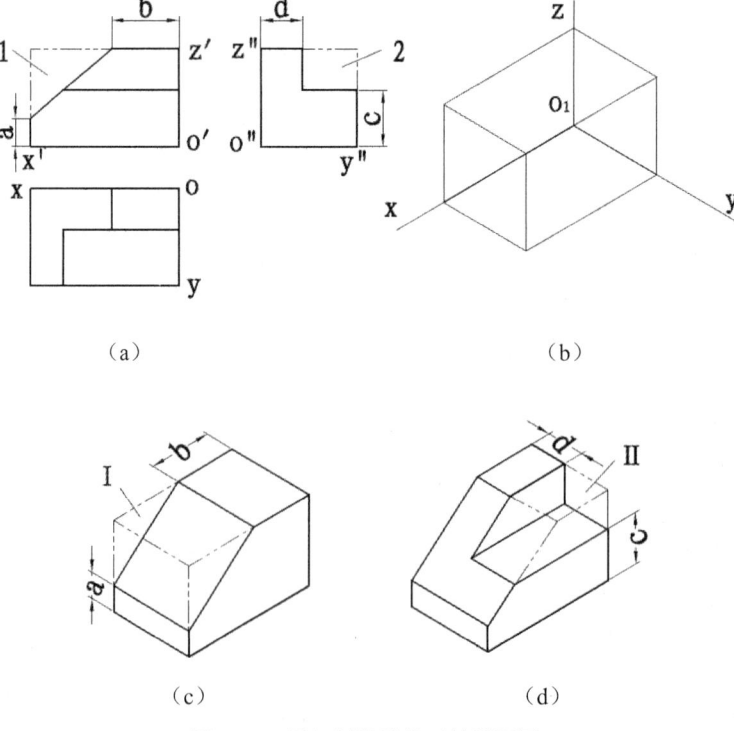

图 4-30 用切割法做的正等轴测图

即先画出完整长方体的轴测图，然后逐步进行切割。作法如下：

（1）画出完整长方体的正轴测图，如图 4-30（b）。

（2）量尺寸 a、b 切去左上角 I，如图 4-30（c）。

（3）量尺寸 d，平行 XOZ 面由上向下切；量尺寸 c，平行 XOY 面向后切，两面相交切去 II。

（4）擦去多余图线并加深，完成作图。

4.5.3.2 平行于坐标面圆的正等轴测图

平行于三个坐标面圆的正等轴测图均为椭圆，而且大小相等，其长轴方向与所在坐标面相垂直的轴测轴垂直，短轴垂直于长轴。下面将以平行于 $O_0X_0Y_0$ 坐标面圆的正等轴测图画法为例，说明用菱形法近似画椭圆的方法。

作法：

（1）过圆心作 OX、OY 轴，作圆的外切正方形，并与圆切于点 1、2、3、4，如图 4-31（a）。

（2）在轴测轴 X、Y 上，以圆半径 R 量取 1_1、2_1、3_1、4_1 点，并过 1_1、3_1 作 Y 轴平行线，过 2_1、4_1 作 X 轴的平行线，得外切正方形的正等轴测投影——菱形。菱形的对角线即为椭圆长、短轴方向，见图 4-31（b）。

（3）设 A、B 为菱形较短对角点，连接 4_1A、3_1A、1_1B、2_1B，得交点 C、D。A、B、C、D 为四段圆弧的圆心，见图 4-31（c）。

（4）分别以 A、B 为圆心，4_1A 为半径画大圆弧 $4_1 3_1$、$1_1 2_1$，然后分别以 C、D 为圆心，以 4_1C 为半径画小弧 $4_1 1_1$、$2_1 3_1$。得近似椭圆，见图 4-31（d）。

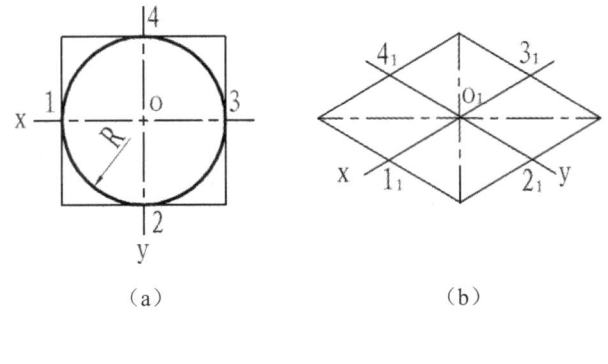

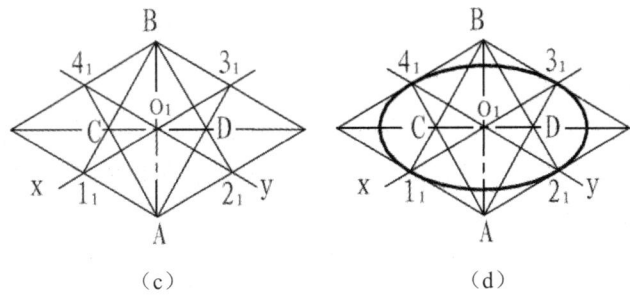

图 4-31 近似椭圆的作法图

其他两个坐标面上的圆的正等轴测图也均可用菱形法作出，如图 4-32 所示。

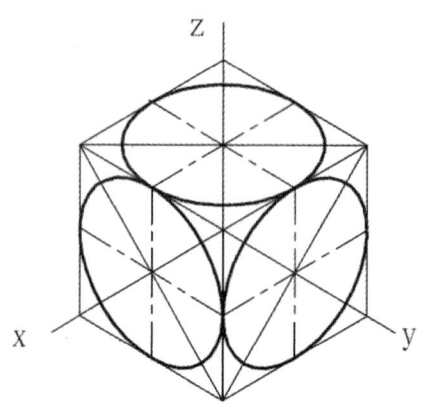

图 4-32　平行于坐标面的圆的正等测

例 4-4　画图 4-33（a）所示圆柱的正等轴测图。

解：（1）确定坐标轴，见图 4-33（a）。

（2）画出轴测轴，沿 Z 轴量取 H 定底圆中心，见图 4-33（b）。

（3）用菱形法画出上顶与下底椭圆，见图 4-32（c）。

（4）作两椭圆的外公切线，擦去作图线并加深，见图 4-33（d）。

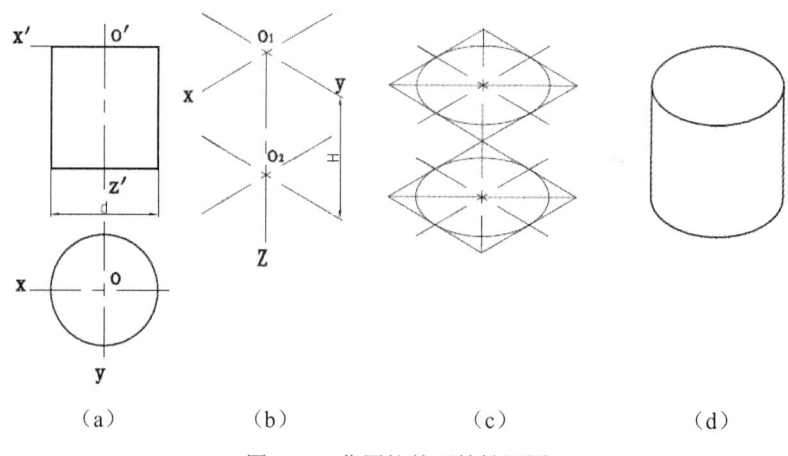

（a）　　　　　　（b）　　　　　　（c）　　　　　　（d）

图 4-33　作圆柱的正等轴测图

4.5.3.3　圆角正等轴测图

如图 4-34（a）所示，底板转角处的圆弧为 1/4 圆，其轴测投影为椭圆弧，作法如下：

在底板轴测图上，找到切点 A、B、C、D，过四点分别作所在边的垂线，得交点 O_1、O_2，此两点即为两弧圆心，见图 4-34（b）。

分别以 O_1、O_2 为圆心，以 O_1A、O_2C 为半径画弧，得顶面圆角正等轴测图。将 O_1、O_2 沿 Z 轴下移底板厚度 H，可得底面二圆角圆心 O_3、O_4，然后用顶面半径即可画出底面二圆角，见图 4-34（c）。

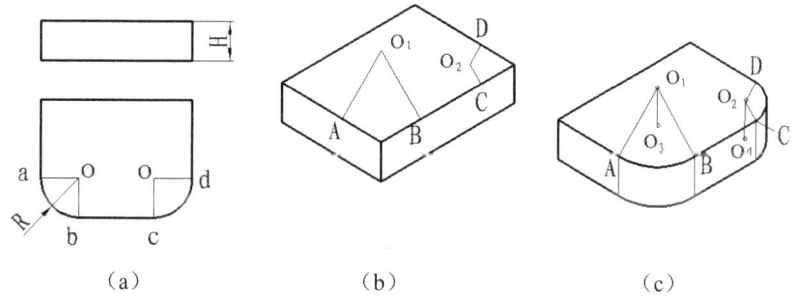

图 4-34　圆角正等测作法

例 4-5　画出图 4-35（a）所示支架的正等轴测图。

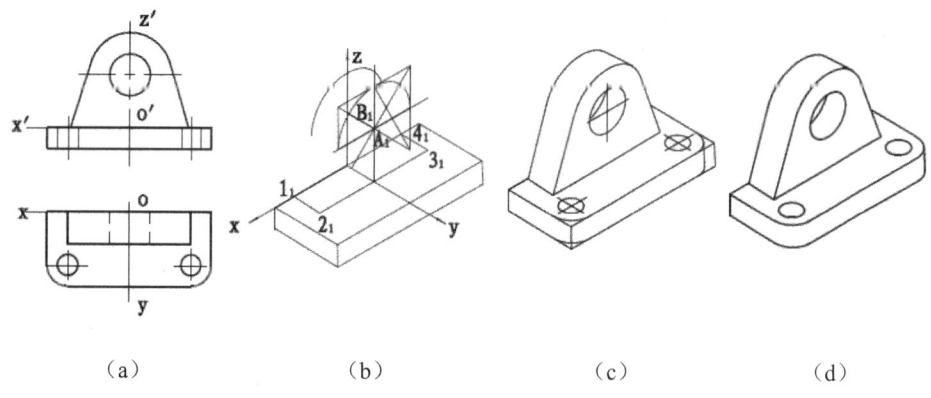

图 4-35　支架的正等轴测图

解：该支架由上、下两块板叠加而成，可用叠加法画其轴测图。作法如下：

（1）在视图中首先确定坐标轴，见图 4-35（a）。

（2）作轴测轴。画出底板，然后画竖板与它的交线 $1_1 2_1 3_1 4_1$，定出竖板后面孔口的圆心 B_1，由 B_1 定出前孔口的圆心 A_1，画出竖板圆柱面顶部的正等测近似椭圆，见图 4-35（b）。

（3）由 1_1、2_1、3_1 点向椭圆作切线，画出竖板的圆柱孔，完成竖板的正等轴测图。然后画出底板两个圆柱孔及圆角的正等轴测图，见图 4-35（c）。

（4）擦去作图线，加深后完成全图，见图 4-35（d）。

4.5.4　斜二轴测图

斜二轴测图简称斜二测，它是将物体的 $X_0 O_0 Z_0$ 坐标面放置成平行于轴测投影面，然后进行斜投影所得到的轴测图。由于斜二测的 X、Z 轴与轴测投影面平行，所以轴向变形系数 p=r=1，轴间角 ∠XOZ=90°。Y 轴的轴向变形系数取 q=0.5，轴间角 ∠XOY=∠YOZ=135°，如图 4-36 所示。

在斜二测中，凡平行于 $X_0 O_0 Z_0$ 坐标面的几何图形，其轴测投影均反映实形。因此，当物体在一个方向的图形比较复杂、圆与圆弧比较多时，可采用斜二测进行表达，并使该方向平行于轴测投影面，这样可使作图非常简便。需要指出的是，其他两个坐标面的轴测投影要产生变形，圆变为椭圆。图 4-37 是三个坐标面上的圆的斜二测投影。

画图时，平行于 X、Z 轴的直线量取实长，平行于 Y 轴的直线要取实长的一半（q=0.5）。

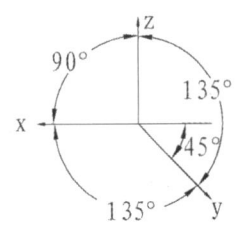

图 4-36　斜二轴测图的轴间角

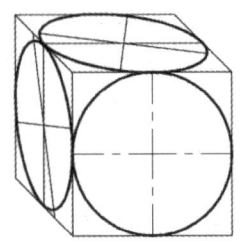

图 4-37　斜二测三坐标面圆的投影

例 4-6　画图 4-38（a）所示的圆盘的斜二测图。

解：（1）在视图上确定坐标轴，见图 4-38（a）。

（2）画轴测轴，定出各圆圆心，见图 4-38（b）。

（3）由前向后画出各圆，并画出两圆柱轮廓线，见图 4-38（c）。

（4）画小圆孔，见图 4-38（d）。

（5）擦去多余图线，加深完成作图，见图 4-38（e）。

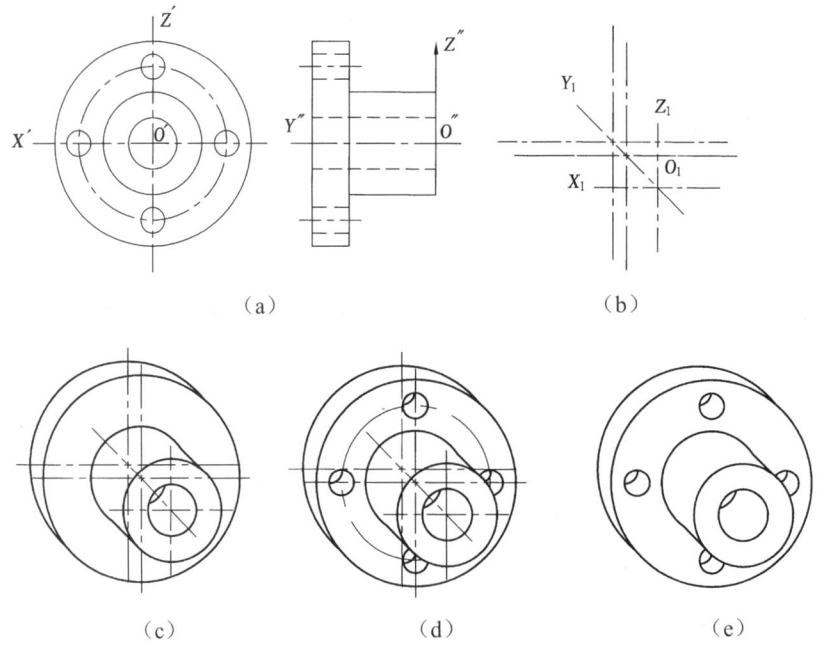

图 4-38　作圆盘的斜二测图

4.6　综合实例

综合实例 4-1　如图 4-39（a）所示，求其三视图。

绘制切割体的三视图时，通常先画出未被切割前完整的基本形体（如长方体、圆柱体等）的投影，再一步步画出切割后的形体。

解：（1）画出长方体原形（见图 4-39（b））。

（2）画出左侧 U 型槽的三视图（先画俯视图，见图 4-39（c））。

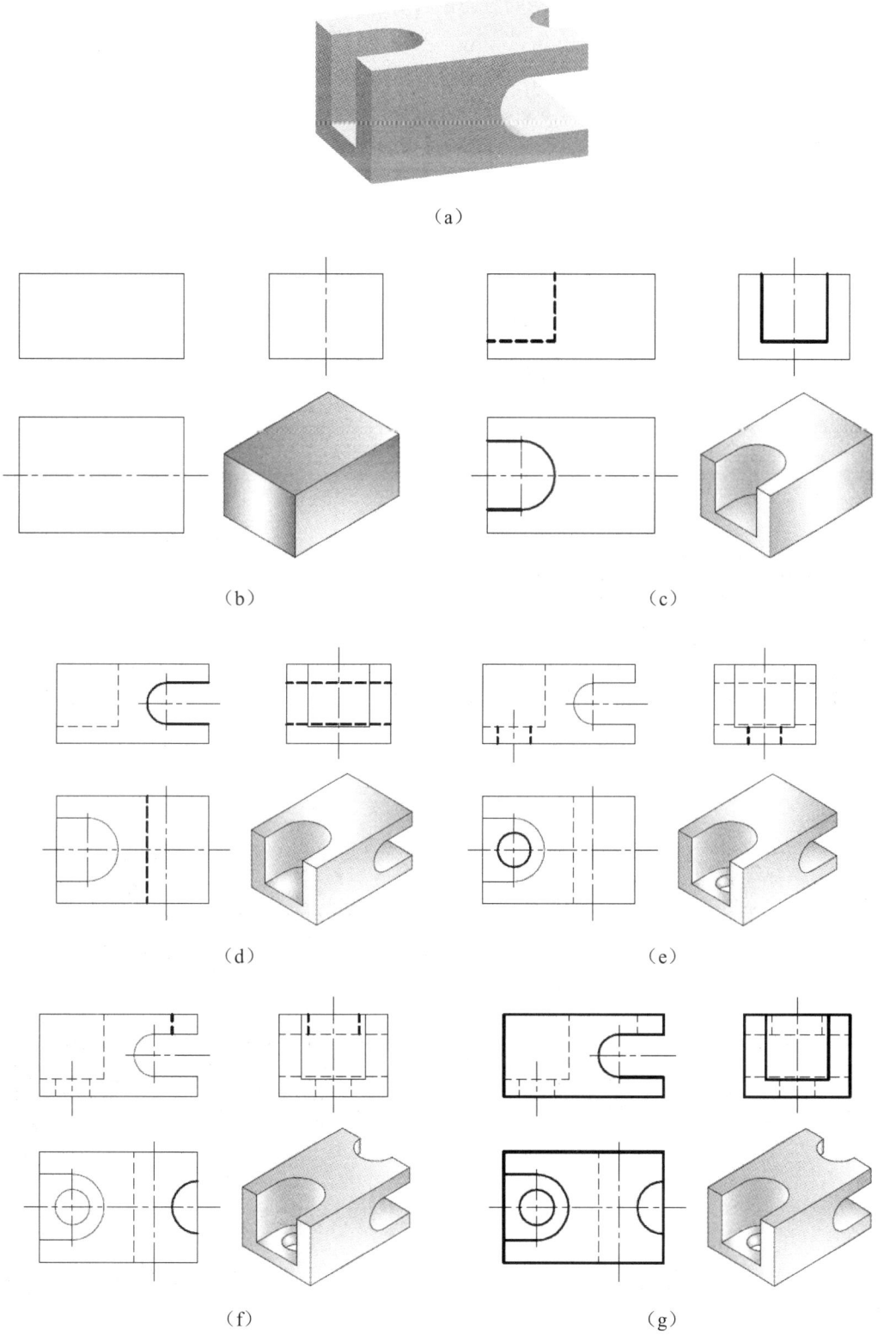

图 4-39 切割体的三视图

（3）画出右端前后通透的 U 型槽的三视图（先画主视图，见图 4-39（d））。

（4）画出左端的圆孔（先画俯视图，见图 4-39（e））。

（5）画出右端上方的半圆孔（先画俯视图，见图 4-39（f））。

（6）检查、描深，作图结果（见图 4-39（g））。

综合实例 4-2 如图 4-40（a）所示，求组合体的三视图。

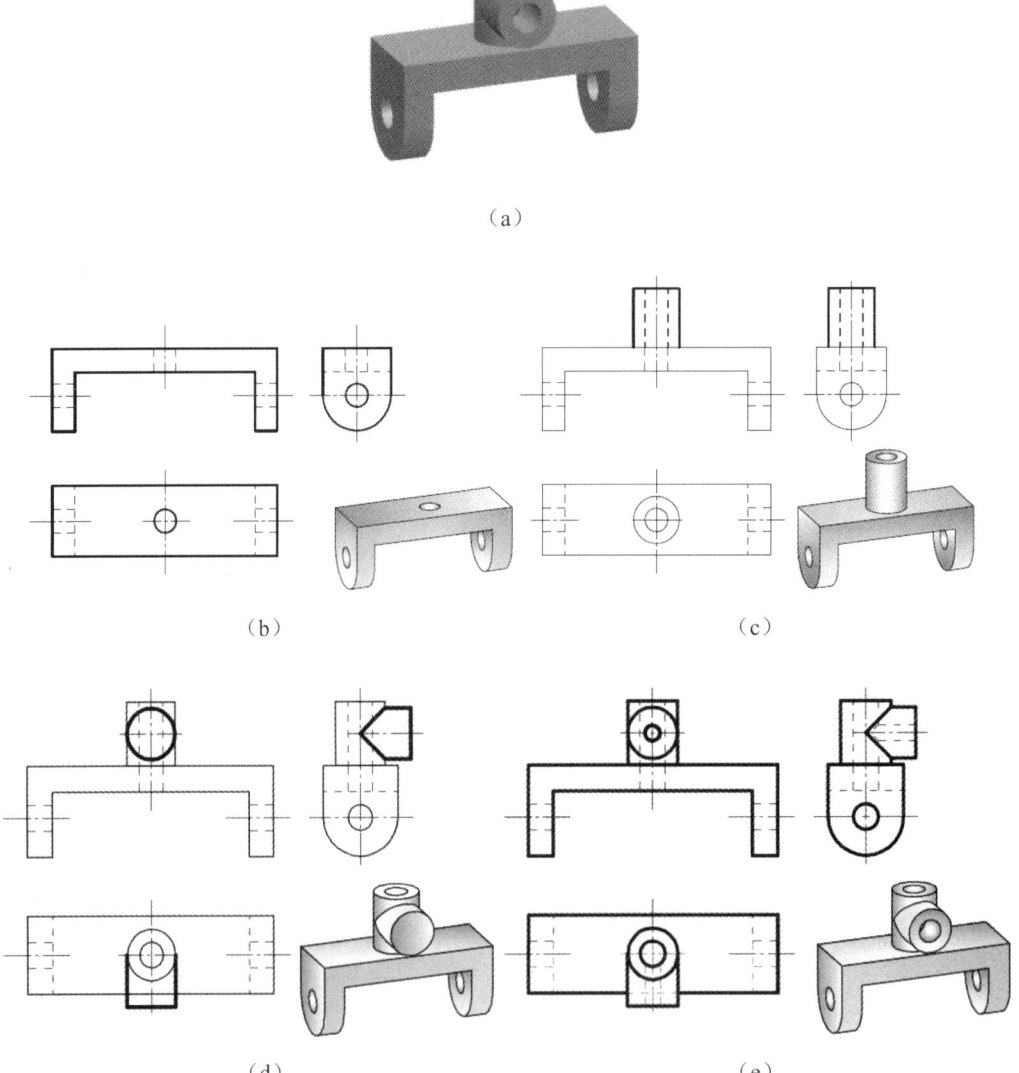

图 4-40 组合体的三视图

解：（1）画底座。这是一个倒凹字形状的底座，上方是一个带圆柱通孔的矩形板，两侧耳板上各有一圆柱通孔。

（2）画竖放的圆柱筒。该圆柱筒位于底座的上方正中位置，圆柱筒的内孔与底座的圆柱孔为同一个孔；圆柱筒外圆柱面的直径与底座的宽度相同。

（3）画横放的圆柱筒。对照立体图可知，它是一个中间有圆柱孔的轴线垂直于正面的圆柱筒，它的直径与圆柱筒的直径相等，且轴线垂直相交，左视图中竖放的圆柱孔和横放的圆柱孔正贯。

（4）检查、描深。

第 5 章　机件的常用表达方法

5.1　视图

根据有关标准和规定，用正投影法绘制出的物体的图形，称为视图。视图一般只画机件的可见部分，必要时才画其不可见部分。所以，视图主要表达机件的外部结构形状。视图分为基本视图、向视图、斜视图和局部视图。

5.1.1　基本视图

对于形状复杂的机件，仅用前面介绍的三视图是不能完整、清晰地表达它的外部形状和内部结构的。这时，可在原有三个投影面的基础上，再增设三个投影面组成一个正六面体，如图 5-1 所示。正六面体的六个投影面称为基本投影面。从机件的前、后、上、下、左、右六个方向分别向基本投影面投影，得到六个基本视图。在基本视图中，除前面介绍过的主视图、俯视图和左视图外，还有从右向左投影得到的右视图，从下向上投影得到的仰视图，从后向前投影得到的后视图。六个投影面在展开时仍保持 V 面不动，其他投影面按图 5-2 所示方向展开。

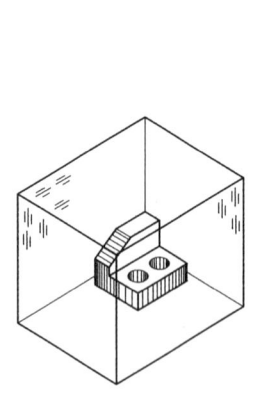
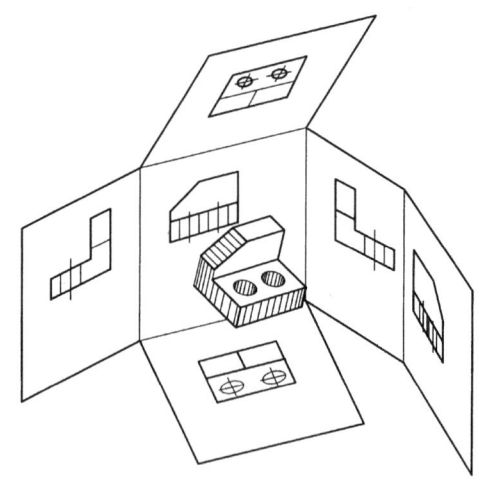

图 5-1　基本投影面　　　　图 5-2　基本投影面的展开

5.1.2　向视图

在同一张图纸内，按图 5-3 配置视图时，一律不标注视图的名称。有时为了合理利用图纸，不按图 5-3 配置时，应在视图的上方标注出视图的名称大写字母"×"，在相应视图附近用箭头指明投影方向，并注上同样的字母，如图 5-4 所示，称为×向视图。实际画图时，应根据机件的结构特点和复杂程度，选用×向视图。

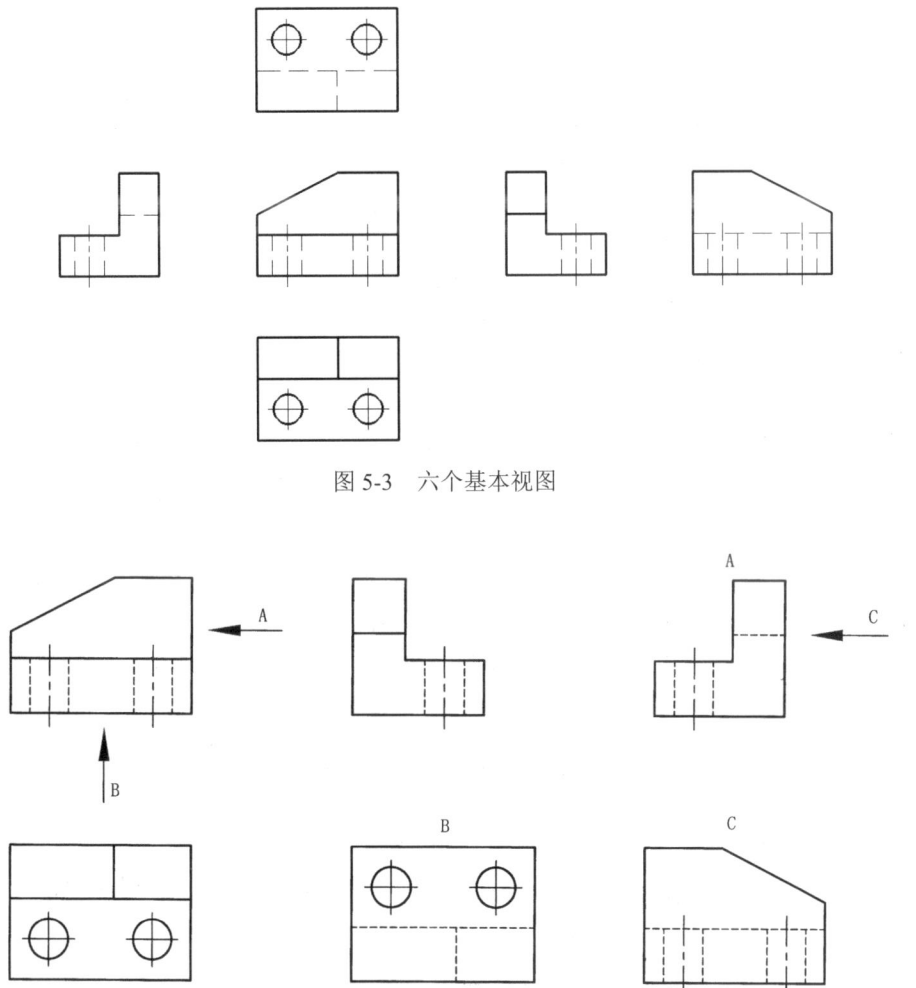

图 5-3　六个基本视图

图 5-4　基本视图的标注

5.1.3　斜视图

当机件的某一部分结构形状是倾斜的，且不平行于任何基本投影面时，在基本投影面上无法表达该部分的实形和标注真实尺寸,这时可假想用一个与倾斜部分相平行并垂直于某一基本投影面的新投影面，将倾斜结构向该面投影，而得到倾斜表面的实形，如图 5-5（a）所示。这种将机件向不平行于任何基本投影面的平面投影所得到的视图称为斜视图。

画斜视图时应注意以下几点：

（1）画斜视图时，必须用带大写字母的箭头指明其投影方向和部位，并在斜视图上方标注大写字母"×"，如图 5-5（b）所示。

（2）斜视图一般按投影关系配置。必要时也可配置在其他适当位置。在不致引起误解时，允许将图形小角度旋转，标注形式为"×⌒"，如图 5-5（c）中的"A⌒"。

（3）斜视图通常要求表达机件倾斜部分的局部形状，其余部分可用波浪线断开，不必画出，如图 5-5（b）中 A 向。

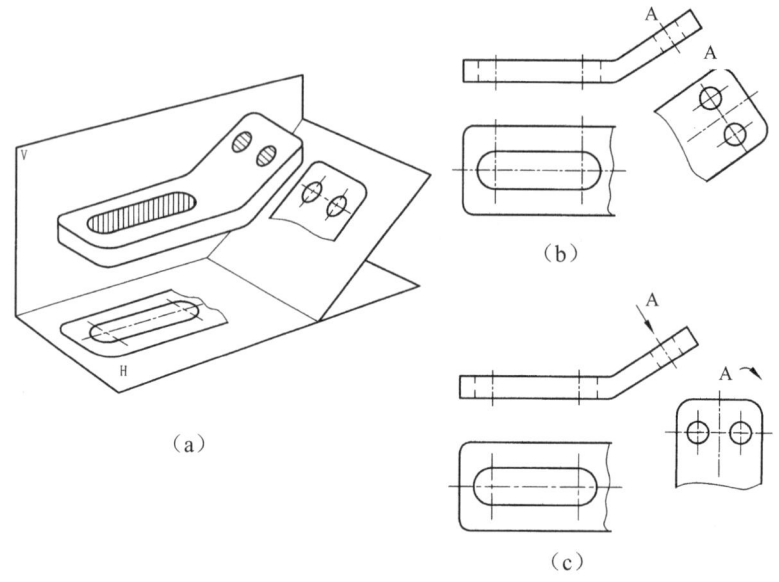

图 5-5 斜视图

5.1.4 局部视图

将机件的某一局部结构向基本投影面投影所得到的视图,称为局部视图,如图 5-6 中的 A 向。

画局部视图时应注意以下几点:

(1) 一般在局部视图的上方标出视图的名称大写字母"×",并在相应的视图附近用箭头指明投影方向,且注上同样的字母,如图 5-6 所示。

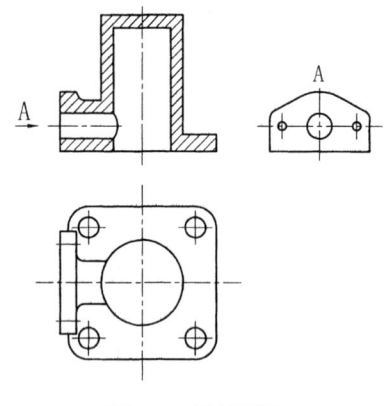

图 5-6 局部视图

(2) 当局部视图按投影关系配置,中间又无其他图形隔开时,可省略标注,如图 5-5(b) 中的俯视图。

(3) 局部视图的断裂处以波浪线表示。如图 5-5(b)(c) 的俯视图。当所表示的局部结构是完整的且外轮廓线又自成封闭时,波浪线可省略不画,如图 5-6 中的 A 向。

5.2 剖视图

5.2.1 剖视的基本概念

如图 5-7 所示，当机件的内部结构比较复杂时，视图上就会出现许多虚线，影响视图的清晰，也不便于标注尺寸。为了清楚地表达机件的内部结构，在机械制图中常采用剖视的方法。假想用剖切面（平面或柱面）把机件剖开，移去观察者和剖切面之间的部分，将其余部分向投影面投影，这种方法称为剖视，所得的图形称为剖视图（简称剖视），如图 5-8（a）所示。

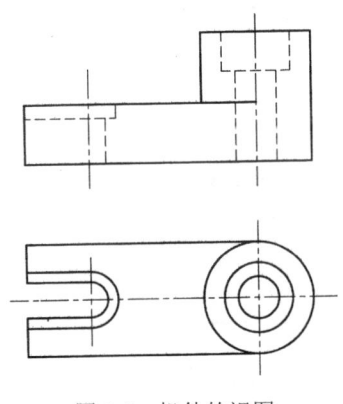

图 5-7 机件的视图

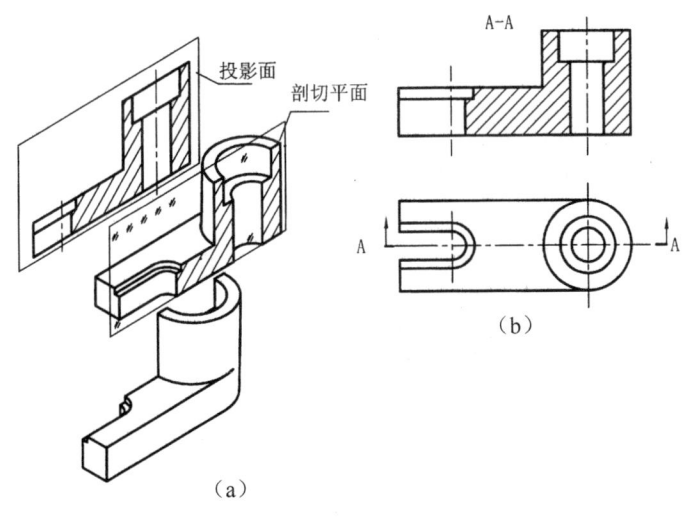

图 5-8 机件的剖视图

5.2.2 剖视图的画法

5.2.2.1 画剖视图的方法

如图 5-8（b）所示机件，当主视图采用剖视图时，首先取平行于正面并通过该机件上孔的轴线的剖切平面将其剖开，移去前半部分，并将剖切平面与机件的截交线及剖切平面后的机件剩余部分，一并向该投影面投影，并将剖切平面与机件相接触的实体部分画上剖面符号。不同材料用不同的剖面符号表示，各种材料的剖面符号见表5-1。金属材料的剖面符号称为剖面线，通常画成与水平成45°角，间隔均匀的细实线。同一机件在各剖视图中所有的剖面线方向和间隔必须一致。当图形中的主要轮廓与水平成45°角时，该图的剖面线应画成与水平成30°或60°角的平行线，其倾斜方向仍与其他图形的剖面线一致。

表 5-1　剖切符号

材料	符号	材料	符号
金属材料（已有规定剖面符号者除外）	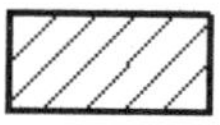	木质胶合板	
线圈绕组元件	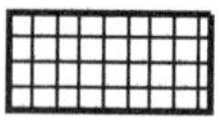	基础周围的泥土	
转子、电枢、变压器和电抗器等的迭钢片	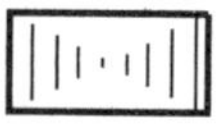	混凝土	
非金属材料（已有规定剖面符号者除外）		钢筋混凝土	
型砂、填砂、粉末冶金、砂轮、陶瓷刀片、硬质合金刀片等		砖	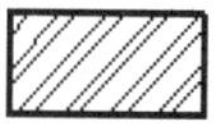
玻璃及供观察用的其他透明材料	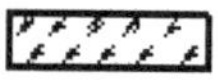	格网（筛网、过滤网等）	
木材　纵剖面	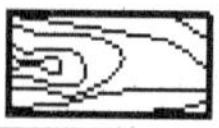	液体	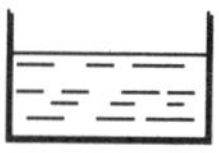
木材　横剖面			

5.2.2.2　剖视的标注

标注的目的是为了使看图时了解剖切位置和投影方向，便于找出投影的对应关系。

（1）剖切位置线。在与剖视图相对应的视图上，用剖切符号（线宽 1～1.5b、长度约为 5mm 的断开粗实线）标出剖切位置，并尽可能不与图形轮廓线相交。

（2）投影方向。在剖切符号的起讫处，用箭头画出投影方向，箭头应与剖切符号垂直。

（3）剖视名称。在剖切符号的起讫和转折处，用相同的大写字母标出，但当转折处位置有限又不至于引起误解时，允许省略标注。在相应的剖视图上方标出剖视图的名称"×-×"，如图5-8（a）中A-A剖视。

（4）省略标注。当剖视图按投影关系配置，中间又没有其他图形隔开时，可以省略箭头。当单一剖切平面通过机件的对称面或基本对称的平面，且剖视图按投影关系配置，中间又没有其他图形隔开时，可以省略标注。图5-8（b）中的A-A剖视，其剖切符号、剖视图名称和箭头均可以省略。

5.2.2.3　画剖视图时应注意的问题

（1）由于剖视图是假想把机件剖开，所以当一个视图画成剖视时，其他视图的投影不受影响，仍按完整的机件画出，如图5-9（a）所示。

（2）剖切平面一般应通过机件的对称面或轴线，并要平行或垂直于某一投影面。

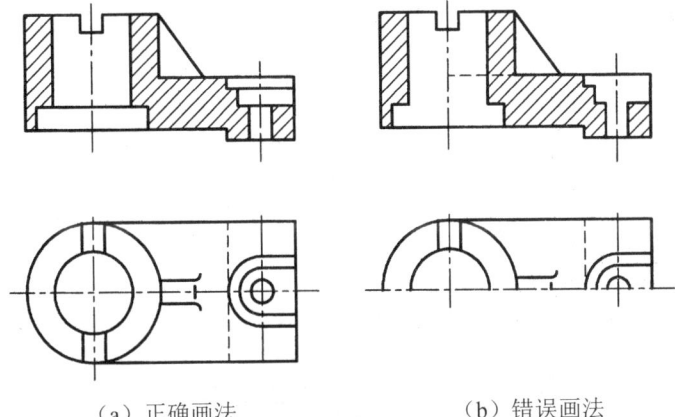

（a）正确画法　　　　　　　　（b）错误画法

图 5-9　剖视图画法

（3）剖切平面后方的可见部分应全部画出，不能遗漏。图 5-9（b）的画法是错误的。

（4）在剖视图中，对于已经表示清楚的结构，其虚线可以省略不画。在没有剖开的视图上，虚线的问题也按同样原则处理。

5.2.3　剖视图的种类

按剖切面剖开机件范围的大小不同，剖视图分为全剖视图、半剖视图和局部剖视图。

5.2.3.1　全剖视图

用剖切平面完全地剖开机件所得的剖视图，称为全剖视图，如图 5-8（b）、图 5-10 所示。

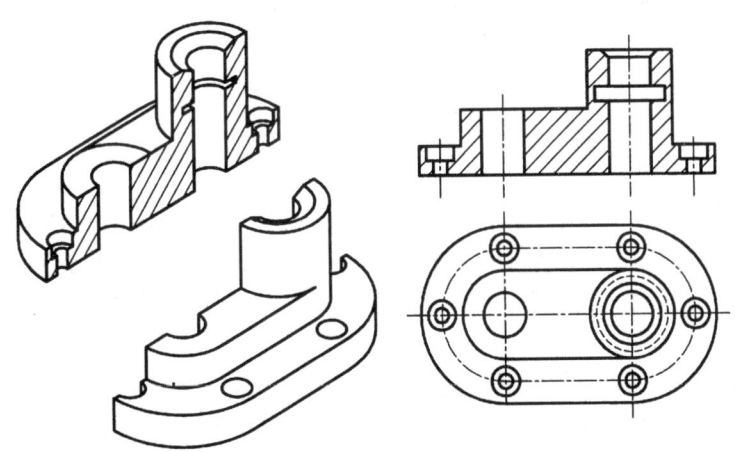

图 5-10　全剖视图

全剖视图主要用于内部结构比较复杂、外形比较简单的不对称零件，或者用于外形简单的对称零件。其标注规则同前面所述。

全剖视图也可用两个或两个以上的剖切平面完全地剖开机件，这部分内容将在后面叙述。

5.2.3.2　半剖视图

当机件具有对称平面时，在垂直于对称平面的投影面上投影所得的图形，可以对称中心线为界，一半画成剖视，另一半画成视图。这种剖视图称为半剖视图，如图 5-11 所示。半剖视图主要用于内、外结构形状都需要表达的对称机件。当机件的形状接近于对称,且不对称部分已另有图形表达清楚时,也可以画成半剖视图,如图 5-12 所示。

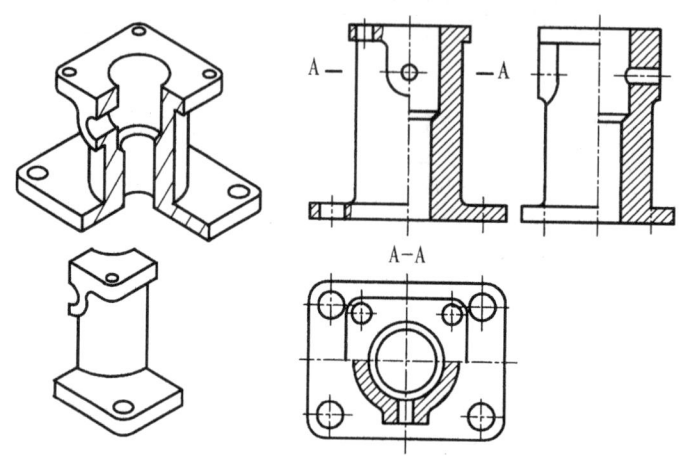

图 5-11　半剖视图

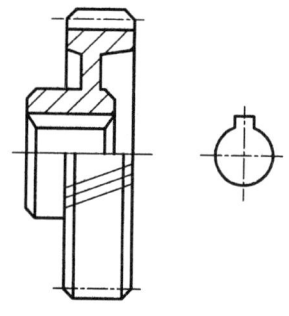

图 5-12　用半剖表达的机件

画图时必须注意,在半剖视图中,半个外形视图和半个剖视图的分界线应画成点划线,不能画成实线。由于图形对称,机件的内部形状已在半个剖视图中表示清楚,所以在表达外部形状的半个视图中,虚线一般省略不画。半剖视图的标注规则与全剖视图相同。

5.2.3.3　局部剖视图

用剖切平面局部地剖开机件所得的剖视图,称为局部剖视图,如图 5-13 所示。在局部剖视图中,视图部分与剖视图部分以波浪线为分界线。波浪线不应与图样上其他图线重合,也不得超出视图的轮廓线或通过中空部分,图 5-14(a)是错误的画法。局部剖视不受图形是否对称的限制,剖切位置及剖切范围的大小可根据需要决定。因此,它是一种比较灵活的表达方法,可以单独使用,如图 5-14(b),也可以配合其他剖视使用,如图 5-11 中的主视图。局部剖视图运用得好,可使图形简明清晰。但在一个视图中,局部剖切的数量不宜过多,否则会使图形过于破碎。对于剖切位置明显的局部剖视,一般可省略标注。若剖切位置不够明显时,则应进行标注。

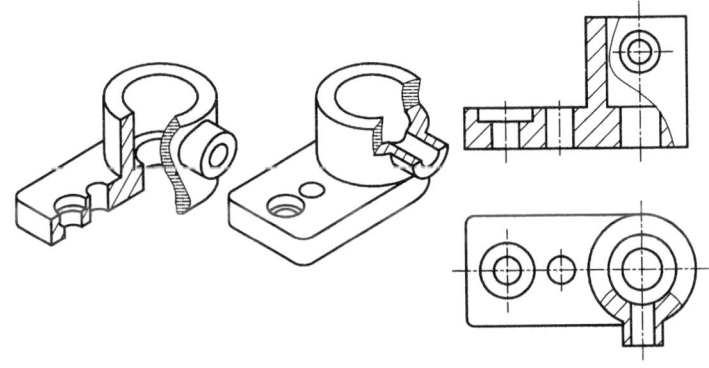

图 5-13 局部剖视图

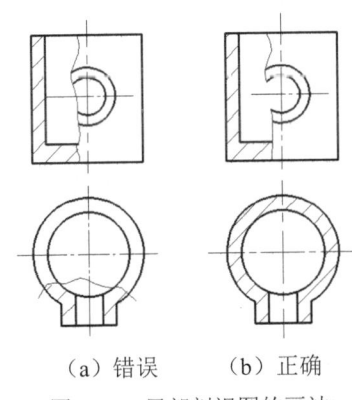

（a）错误　　（b）正确

图 5-14 局部剖视图的画法

5.2.4 剖切平面的种类及剖切方法

根据剖切平面的位置和数量的不同，可以得到各种剖切方法。

5.2.4.1 单一剖切平面（平行于基本投影面）

（1）用平行于某一基本投影面的剖切平面剖切。用一个平行于某一基本投影面的剖切平面将机件剖开，称为单一剖切平面。前面所讲述的全剖视图、半剖视图和局部剖视图，都是用这种剖切方法画出的。这些是最常用的剖视图。

（2）用不平行于任何基本投影面的剖切平面。用不平行于任何基本投影面的剖切平面剖开机件的方法称为斜剖。如图 5-15（一）的 A-A 全剖视图就是用斜剖画出的。采用这种方法画剖视图，所画的图形一般应按投影关系配置在与剖切符号相对应的位置，如图 5-15（一）（a）所示，必要时也可以将剖视图配置在其他适当位置，如图 5-15（一）（b）所示，在不致引起误解时，允许将图形旋转，但旋转后的标注形式应为"×-×⤴"或"×-×⤵"，如图 5-15（一）（c）所示。采用斜剖视图必须按规定标注。这种方法多用于表达与基本投影面倾斜的内部结构的形状。

（3）用柱面剖切。按 CB/T4458.6—2002 规定：采用柱面剖切机件时，剖视图应按展开绘制。如图 5-15（二）中的 B-B 剖视图所示，将采用柱面剖切后的机件展开成平行于投影面后，再画其剖视图，并在图名后加注"展开"两字。图 5-15（二）中的 A-A 剖视图的剖切符号，因图形按投影关系配置，中间又没有图形隔开，所以省略不画表示投射方向的箭头。

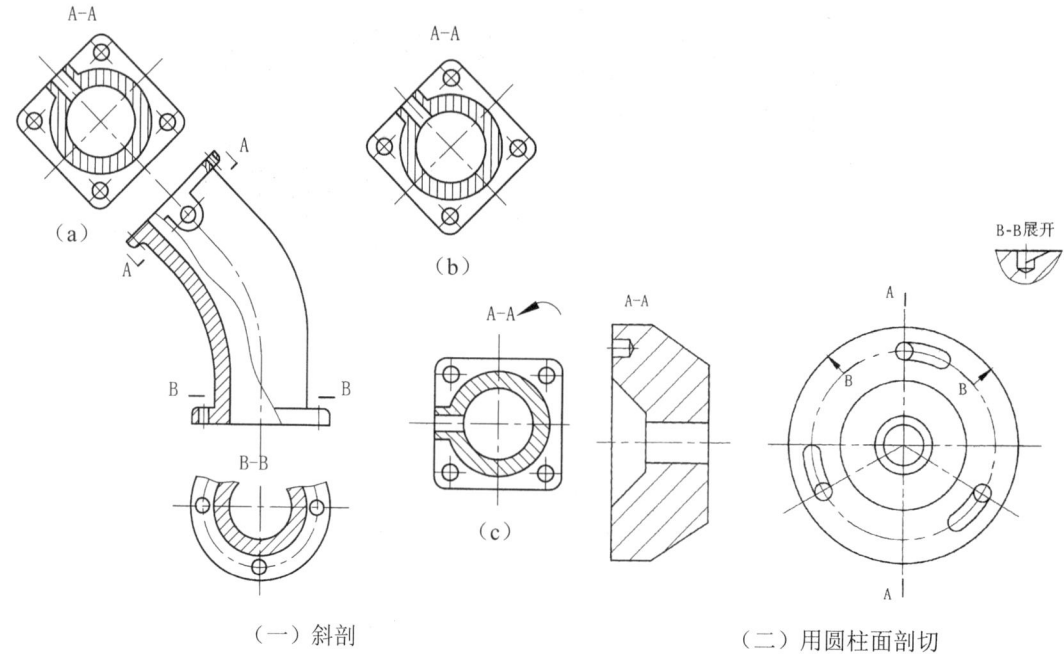

（一）斜剖　　　　　　　　　　　　（二）用圆柱面剖切

图 5-15　剖视图

5.2.4.2　两相交的剖切平面

用两相交的剖切平面（交线垂直于某一基本投影面）剖开机件的方法称为旋转剖。采用这种方法画剖视图时，先假想按剖切位置剖开机件，然后将被倾斜的剖切平面剖开的结构及其有关部分旋转到与选定的基本投影面平行后再进行投影，如图 5-16 所示。

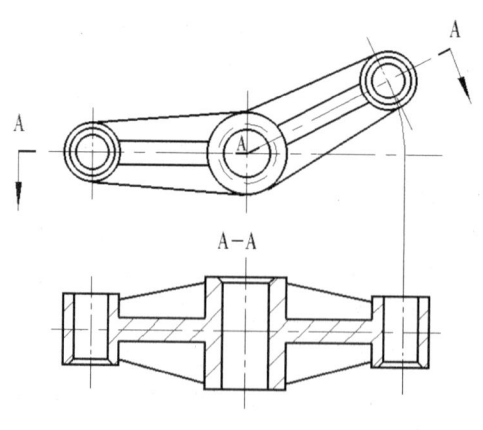

图 5-16　旋转剖视图

5.2.4.3　几个平行的剖切平面

用几个平行的剖切平面剖开机件的方法称为阶梯剖。如图 5-17 所示的机件上有三种不同结构的孔，用三个相互平行的平面分别通过大圆柱孔、长圆孔和小圆柱孔的轴线剖开机件。

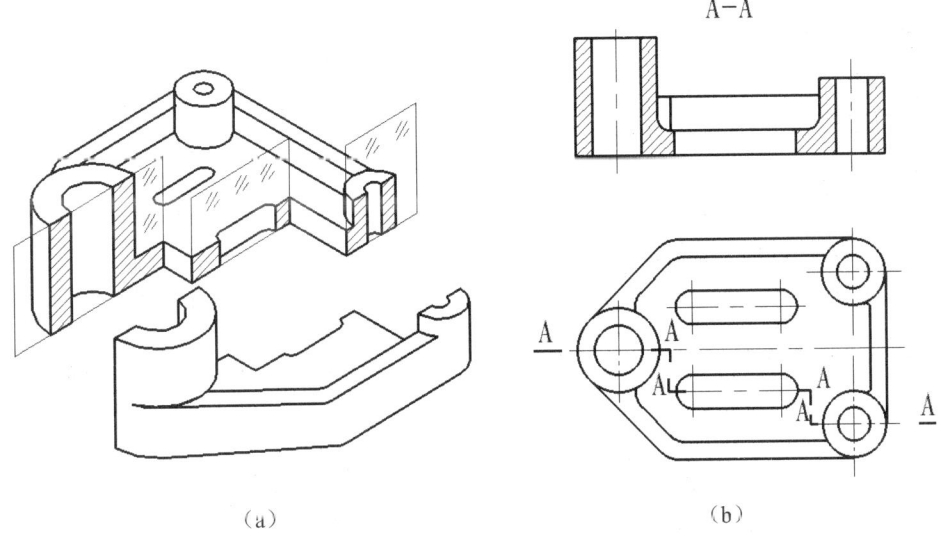

图 5-17　阶梯剖视图

这样画出的剖视图，就能把机件的多层次的内部结构完全表达清楚。用阶梯剖的方法画剖视图时，必须注意以下几点：

（1）不应画出各剖切平面转折处的界限，如图 5-18 中的主视图。

（2）剖切平面的转折处不应与视图中的轮廓线重合，如图 5-19 所示。

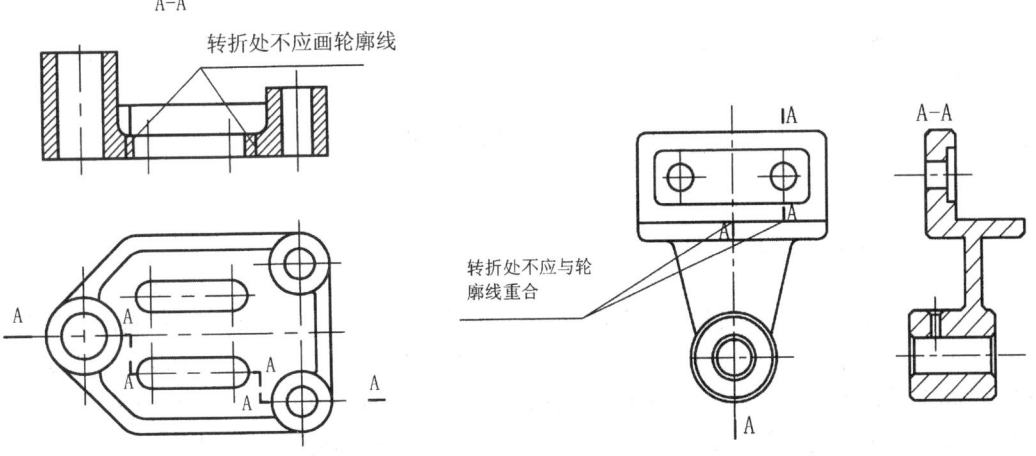

图 5-18　阶梯剖视图的画法注意（一）　　　　图 5-19　阶梯剖视图的画法注意（二）

（3）在图形内不应出现不完整的要素，如图 5-20 所示。当两个要素在图形上具有公共对称中心线或轴线时，可以各画一半，此时应以对称中心线或轴线为界，如图 5-21 所示。

（4）画阶梯剖视图时必须标注，其标注方法与旋转剖相同。

5.2.4.4　组合的剖切平面

当机件的内部结构较多，用旋转剖或阶梯剖仍不能表达清楚时，可用组合的剖切平面剖切，这种剖切方法称为复合剖，如图 5-22 所示。

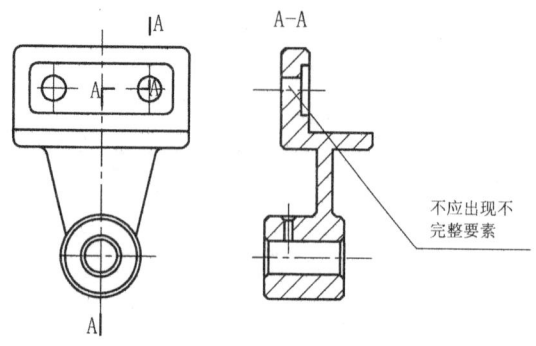

图 5-20 阶梯剖视图的画法注意（三）

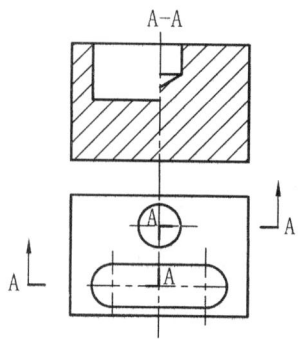

图 5-21 阶梯剖视图的画法注意（四）

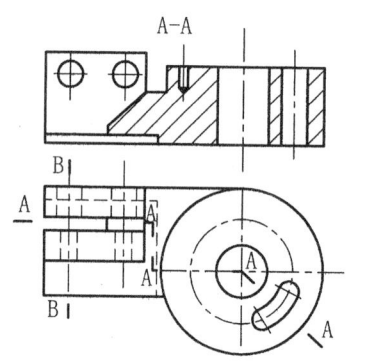

图 5-22 复合剖视图

复合剖必须标注，其标注方法与上述标注方法相同。

5.3 断面图

5.3.1 断面图的概念

假想用剖切平面把机件的某处切断，仅画出断面的图形称为断面图（简称断面），如图 5-23（a）所示。断面图与剖视图的区别是：断面图只画出机件剖切处的断面形状，而剖视图除了画出断面的形状外，还要画出剖切平面后面部分的机件轮廓投影，如图 5-23（b）所示。断面图常用来表达机件某一部分的断面形状。如机件上的肋板、轮辐、孔、键槽、杆件和型材的断面等。

5.3.2 断面的种类

断面分为移出断面和重合断面两种。

5.3.2.1 移出断面

1. 移出断面的画法

画在视图外的断面，称为移出断面，如图 5-23 所示。移出断面的轮廓线用粗实线绘制。为了便于看图，移出断面应尽量配置在剖切平面的延长线上，如图 5-23（a）所示。必要时可以将移出断面配置在其他适当的位置,在不致引起误解时,允许将图形旋转,其标注形式如图 5-24 所示。

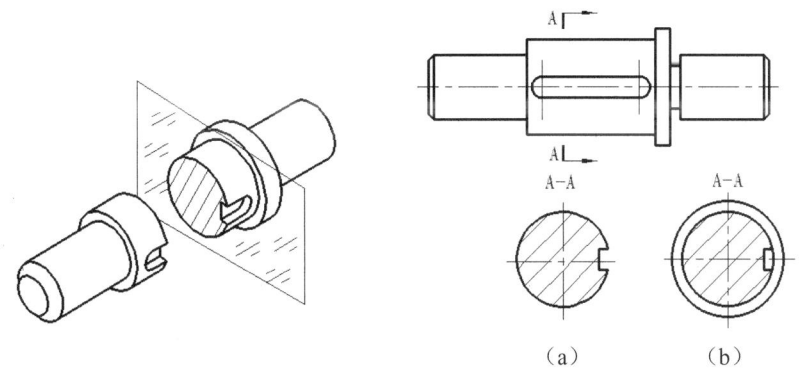

图 5-23　剖视图与断面图的比较

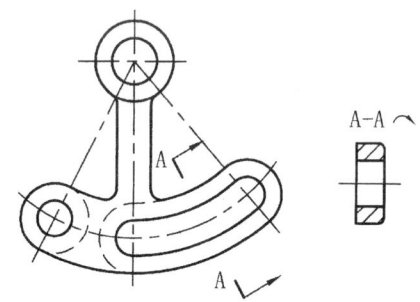

图 5-24　断面图的规定画法(一)

当断面图形对称时,也可画在视图的中断处,如图 5-25 所示。由两个或多个相交的剖切平面剖切得出的移出断面,中间一般应断开,如图 5-26 所示。

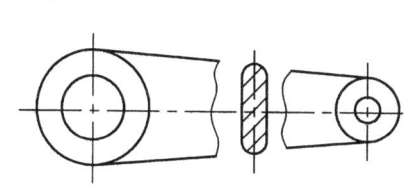

图 5-25　对称移出断面

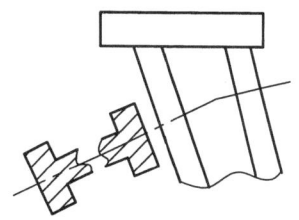

图 5-26　两剖切平面剖切的移出断面

当剖切平面通过回转面形成的孔或凹坑的轴线时,这些结构按剖视绘制,如图 5-27(a)和(b)所示。

当剖切平面通过非圆孔会导致出现完全分离的两个断面时,这些结构应按剖视绘制,如图 5-24 所示。

2. 移出断面的标注

(1)移出断面一般应用剖切符号表示剖切位置,用箭头表示投影方向,并注上字母,在剖面图的上方应用同样的字母标出相应的名称"×-×",如图 5-23(a)所示。

（2）配置在剖切平面延长线上的不对称移出断面，可省略字母，如图5-23（a）所示。

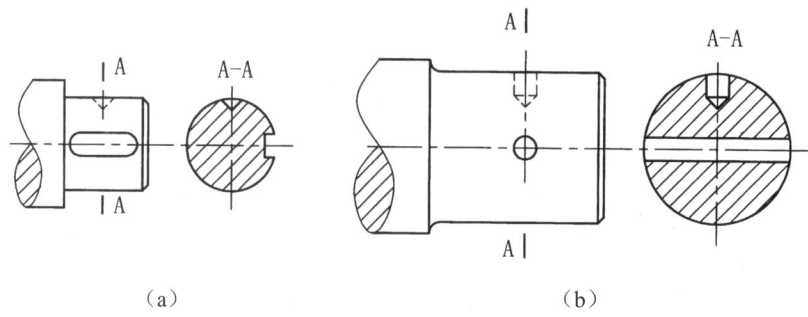

(a)　　　　　　　　　　　　　(b)

图5-27　断面图的规定画法（二）

不配置在剖切平面延长线上的对称移出断面，如图5-25所示，以及按投影关系配置的不对称移出断面，如图5-27（a），均可省略箭头。

（3）在剖切平面迹线延长线上的对称移出断面，如图5-23（a），以及配置在视图中断处的对称移出断面，如图5-25，均不必标注。

5.3.2.2　重合断面

1. 重合断面的画法

在不影响图形清晰的条件下，断面也可以按投影关系画在视图之内，称为重合断面。重合断面的轮廓线用细实线绘制。当视图中的轮廓线与重合断面的图形重叠时，视图中的轮廓线应连续画出，不可间断，如图5-28所示。

2. 重合断面的标注

对称的重合断面可以不加任何标注，如图5-28（b）所示。配置在剖切符号上的不对称重合断面，不必标注字母，但仍要在剖切符号处画上箭头，如图5-28（a）所示。

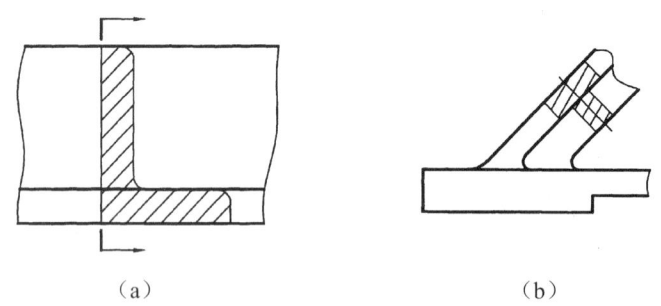

(a)　　　　　　　　　　(b)

图5-28　重合断面

5.4　其他表达方法

5.4.1　局部放大图

机件上某些细小结构，在视图上常由于图形过小而表达不清，并给标注尺寸带来困难。

为此，常用局部放大图来表达。将机件的部分结构，用大于原图形所采用的比例画出的图形称为局部放大图，如图 5-29 所示。局部放大图可画成视图、剖视、剖面，它与被放部分的表达方式无关。局部放大图应尽量配置在被放大部位的附近。画局部放大图时，应用细实线圈出被放大的部位。

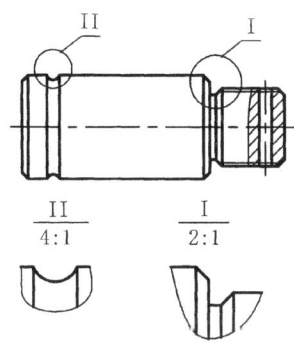

图 5-29　局部放大图

当同一机件上有几处需放大时，必须用罗马数字依次标明被放大的部位，并在局部放大图的上方标注出相应的罗马数字和所采用的比例，如图 5-29 所示。当机件上仅有一处需放大时，放大图的上方只需标明所采用的比例。

5.4.2　简化画法

（1）在不致引起误解时，零件图中的移出断面允许省略剖面符号，但剖切位置与断面图的标注不能省略，如图 5-30 所示。

（2）当机件具有若干相同的结构（如齿、槽等），并按一定规律分布时，只需画出几个完整的结构，其余用细实线连接，并注明该结构的总数，如图 5-31 所示。

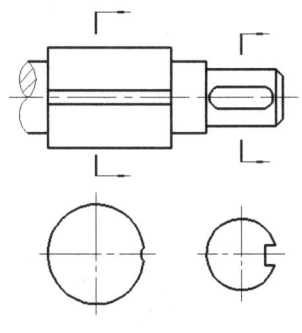

图 5-30　简化画法（一）

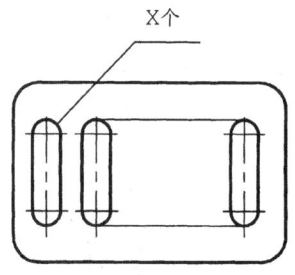

图 5-31　简化画法（二）

（3）若干直径相同但成规律分布的孔（圆孔、螺孔、沉孔等），可以仅画出一个或几个，其余只需表示其中心位置，并在零件图中注明孔的总数，如图 5-32 所示。

（4）网状物、编织物或机件上的滚花部分，可在轮廓线附近用细实线示意画出，如图 5-33 所示。

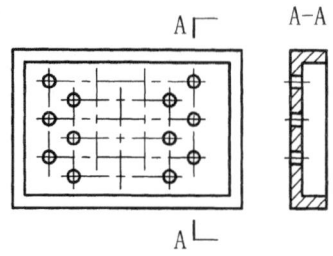
图 5-32　简化画法（三）

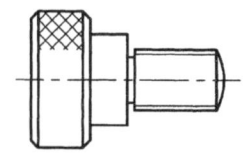
图 5-33　简化画法（四）

（5）对机件上的肋、轮辐及薄壁等，如按纵向剖切，这些结构不画剖面符号，而用粗实线将它与其邻接部分分开，如图 5-34（a）(b)（c）所示。当需要表达零件回转体结构上均匀分布的肋、轮辐、孔等，而这些结构又不处于剖切平面上时，可以把这些结构旋转到剖切平面位置上画出，如图 5-34（b）所示。

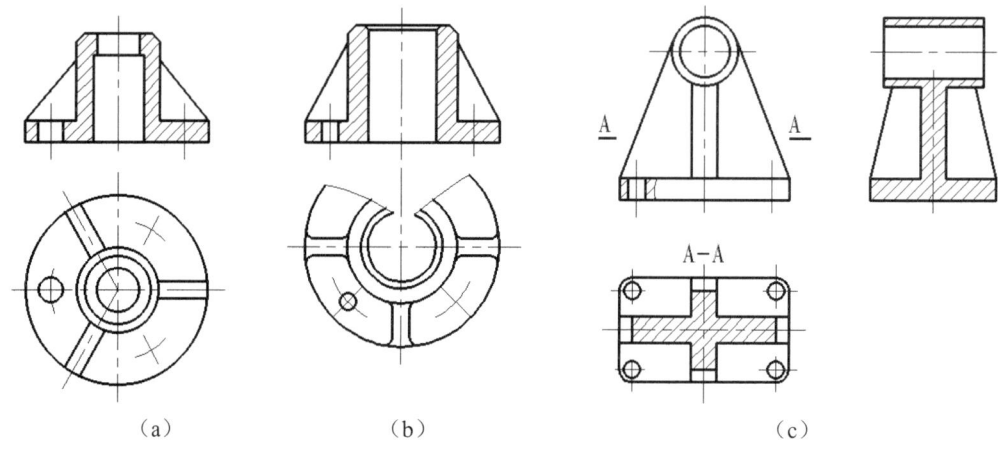

（a）　　　　　　　　（b）　　　　　　　　（c）

图 5-34　简化画法（五）

（6）对称机件允许只画出整体的一半或四分之一，并在对称中心线的两端画出两条与其垂直的平行细实线，如图 5-35 所示。

（7）较长的机件（轴、杆、型材、连杆等）沿长度方向的形状一致或按一定规律变化时，可断开后缩短绘制，但必须标注实际长度尺寸，如图 5-36 所示。

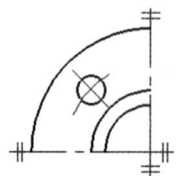

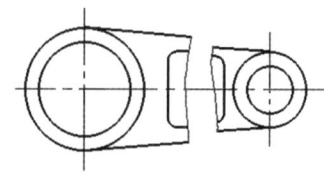

图 5-35　简化画法（六）　　　　　图 5-36　简化画法（七）

（8）图形中的平面可用平面符号相交的两细实线表示，如图 5-37 所示。零件上对称结构的局部视图可按图 5-38 绘制。

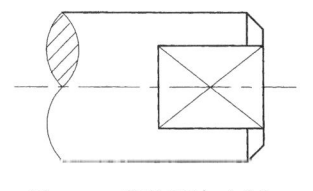
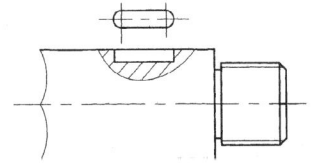

图 5-37　简化画法（八）　　　　　　　图 5-38　简化画法（九）

5.5　综合实例

前面介绍了机件的各种表达方法，当表达零件时，应根据零件的具体结构形状，正确、灵活地综合运用视图、剖视、断面及各种简化画法等表达方法。确定表达方法的原则是：所绘制图形能准确、完整、清晰地把零件内外的结构形状表达清楚，同时力求作到画图简单和读图方便。下面举例说明。

综合实例 5-1　支架（见图 5-39）。

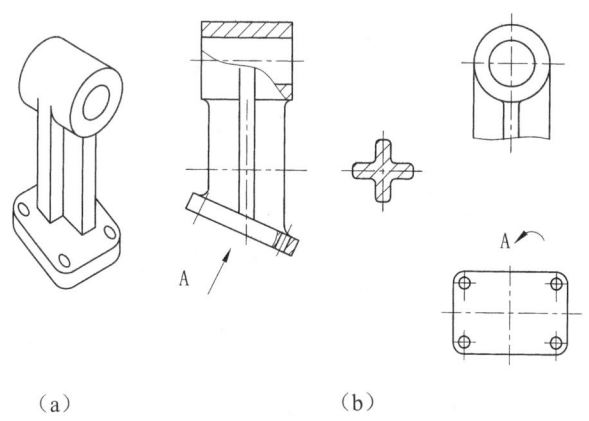

　　　　（a）　　　　　　　　　（b）

图 5-39　支架的表达方法

解：（1）分析零件形体。支架是由下面的倾斜底板，上面的空心圆柱和中间的十字型肋板三部分组成，支架前后对称，倾斜板上有四个安装孔。

（2）选择主视图。画图时，通常选择最能反映零件形状特征的投影方向作为主视图的投影方向。同时，应将零件的主要轴线或主要平面平行于基本投影面。因此，把支架的主要轴线——空心圆柱的轴线水平放置（即把支架的前后对称面放成正平面）。主视图采用局部剖，既表达了圆柱的内部结构，又保留了肋板的外形。

（3）选择其他视图。由于支架下部的倾斜板与水平投影面和侧立投影面都不平行，若用俯、左视图来表达这个零件，倾斜底板的投影都不能反映实形，作图很不方便，也不利于标注尺寸。所以，此零件不宜用俯、左视图来表达。

根据形体分析，倾斜板部分采用 A 向视图来表达实形；十字肋板部分用主、左视图和移出断面来表达；空心圆柱部分用主、左视图来表达。由于倾斜板部分已表达清楚，所以左视图可用局部视图来表达，把倾斜部分省略。倾斜板上的四个安装孔，在主视图上用局部剖视来表达。

综合实例 5-2　泵体（见图 5-40）。

解：（1）形体分析。泵体的上部（主体部分）是由同一轴线、不同直径的三个圆柱体组成的。主体内部有圆柱形内腔，两侧有圆柱形凸台，凸台内有圆柱孔。泵体的底部是一个长方形底板，上面有两个安装孔，中间部分有连接板和肋板，把上、下两部分连接起来。

（2）选择主视图。如图 5-40 箭头所示方向，为主视图投影方向，此方向能明显地反映泵体的外形特征。为了表示出泵体两侧凸台内的孔和安装孔的结构，需要把主视图画成局部剖视图。

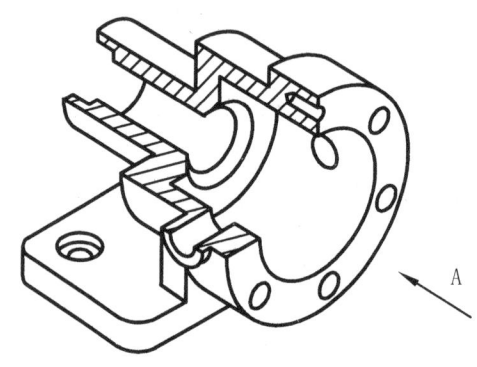

图 5-40　泵体的结构图

（3）选择其他视图。主视图确定之后，应根据机件特点全面考虑所需要的其他视图，此时应注意：

1）应优先选用基本视图或在基本视图上作剖视。

2）所选择的每一视图都应有自己的表达重点，具有别的视图所不能取代的作用。这样，可以避免不必要的重复，达到制图简便的目的。

根据以上两点，泵体的其他视图选择如下：左视图采用全剖视图，重点表达泵体的内部结构（空腔、通孔、前后端面的小孔）和泵体各组成部分的相对位置关系。俯视图从连接板和肋板处作 A-A 剖切，画成全剖视图，主要表达底板实形和连接部分的断面形状。再用 B 向局部视图，表达后端面的形状及上面三个小孔的分布情况，如图 5-41 所示。

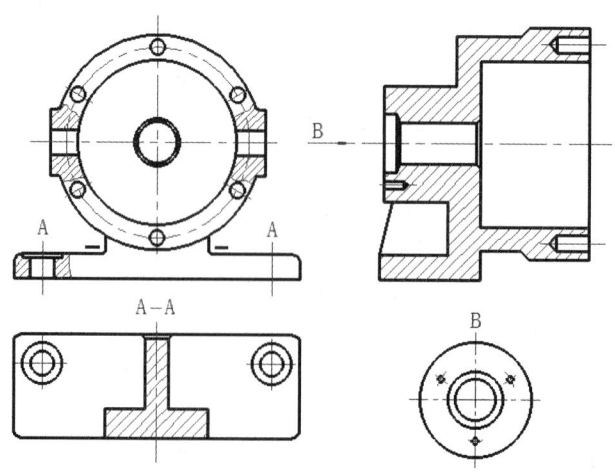

图 5-41　泵体的结构表达方法（一）

讨论：从泵体的结构来看，它具有左右对称的特点，这很容易使我们想到采用半剖视图来表达，即把主视图或俯视图画成半剖视图。图 5-42 是把俯视图改画成半剖视图后的另一个表达方案。与图 5-41 比较，俯视图除了能反映侧面孔（φ10）和外形外，在反映泵体各部分相对位置方面又不如左视图清晰。同时，由于投影重叠，底板形状也不够清楚，A-A 断面图也必须画成移出断面。因此图 5-42 的表达方案欠佳。如果把图 5-42 中的主视图画成半剖视图，它的作用仅仅是表达左右两侧的小孔，对表达外形没什么作用。因此，主视图没有必要画成半剖视图。

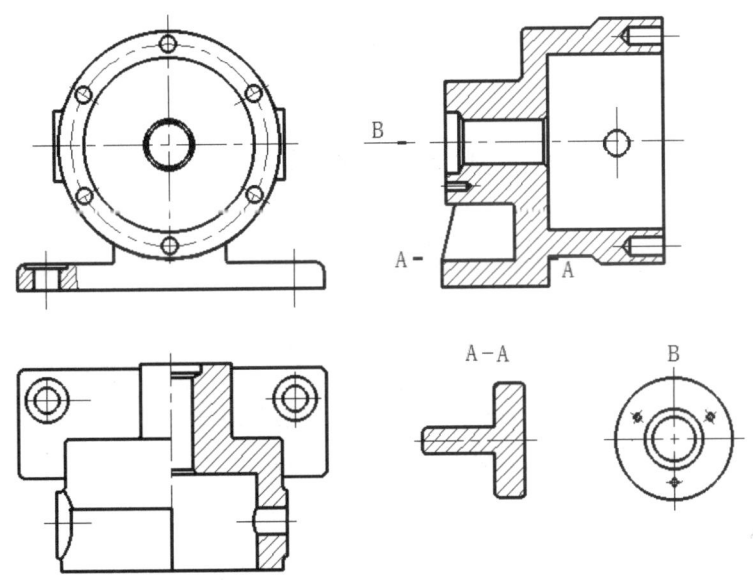

图 5-42　泵体的结构表达方法（二）

通过以上分析可知，泵体虽然对称，但从表达整体内外形状的需要来全面考虑，不适合采用半剖视图的表达方法。比较以上三种表达方案，方案一（见图 5-41）具有表达简明、清晰，看图方便、制图简便的优点，是一个比较好的表达方案。

第 6 章　标准件和常用件

在构成机器或设备的众多零件中，有些零件应用十分广泛，如螺栓、螺钉、螺母、垫圈、键、销、滚动轴承等，为了适应专业化、大批量生产，使其成本比单件生产大大降低，国家标准对它们的结构和尺寸都已全部或部分地标准化，同时也规定了它们的简化画法，以便于设计和制图。结构和尺寸全部标准化的零件称为标准件；部分标准化的零件称为常用件。本章主要介绍这些标准件、常用件的结构、画法、标记以及有关标准表格的查用。

6.1　螺纹及螺纹紧固件

螺纹是零件上常用的一种结构，如各种螺钉、螺母、丝杠等都具有这种结构。

6.1.1　螺纹

各种螺纹都是根据螺旋线形成的原理加工而成。在车床上车削螺纹，是常见的形成螺纹的一种方法。如图 6-1 所示，将工件装卡在与车床主轴相连的卡盘上，使它与主轴作等速旋转，同时使车刀沿轴线方向作等速移动，则当刀尖切入工件达一定深度时，就在工件表面上车制出螺纹。

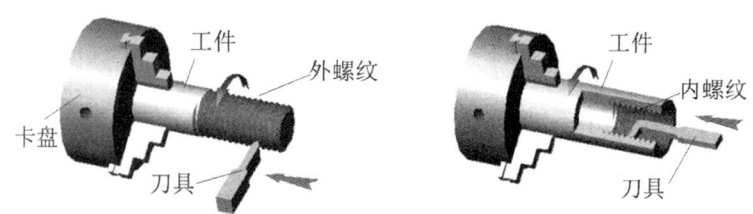

图 6-1　车削螺纹

在外表面上形成的螺纹称为外螺纹；在内表面上形成的螺纹称为内螺纹，如图 6-2 所示。在箱体、底座等零件上制出的内螺纹（螺孔），一般是先用钻头钻孔，再用丝锥攻出螺纹，如图 6-3 所示。图中加工的为不穿通螺孔。钻孔时钻头顶部形成一个 120°锥坑。另外，大批量生产内螺纹时，则是用搓绞机搓制而成。

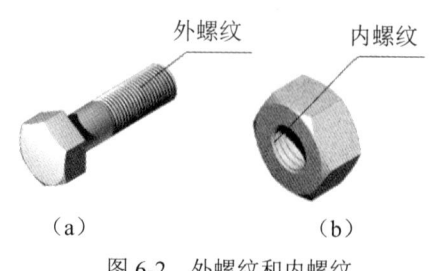

图 6-2　外螺纹和内螺纹

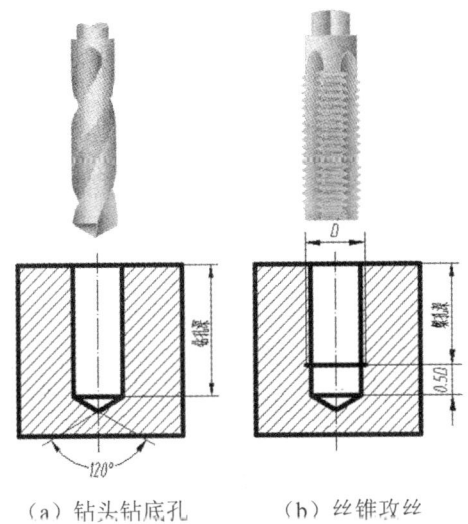

(a) 钻头钻底孔　　　(b) 丝锥攻丝

图 6-3　用丝锥攻制内螺纹

螺纹的表面可分为凸起和沟槽两部分。凸起部分的顶端称为牙顶，沟槽部分的底部称为牙底。

当车削螺纹的刀具快到达螺纹终止处时，要逐渐离开工件，因而螺纹终止处附近的牙形将逐渐变浅，形成不完整的螺纹牙形，这一段螺纹称为螺尾，如图 6-4 所示。为了避免出现螺尾，可以在螺纹终止处先车削出一个槽，以便于刀具退出，这个槽称为螺纹退刀槽，如图 6-5 所示，其结构尺寸按 GB/T 3—1997 查出。

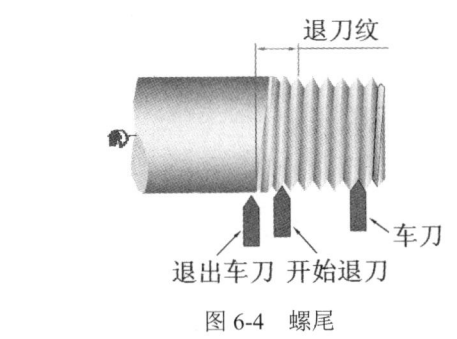

图 6-4　螺尾

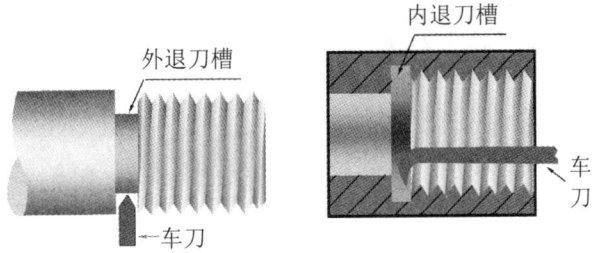

图 6-5　螺纹退刀槽

为了防止螺纹端部损坏和便于安装,通常在螺纹的起始处做出圆锥形的倒角或球面形的倒圆,如图 6-6 所示。

图 6-6　倒角和倒圆

6.1.2　螺纹的基本要素和分类

6.1.2.1　螺纹的基本要素

螺纹的结构是由牙型、大径和小径、螺距和导程、线数、旋向等要素确定的。

1. 螺纹牙型

在通过螺纹轴线的剖面上,螺纹的轮廓形状称为螺纹牙型。它由牙顶、牙底和两牙侧构成,并成一定的牙型角。常见的螺纹牙型有三角形、梯形、锯齿形和矩形等多种,它们的牙型角、牙型符号见表 6-1。

表 6-1　常用标准螺纹

种类		牙型符号	牙型放大图	说明
联接螺纹	普通螺纹 粗牙 细牙	M	60°	最常用的联接螺纹,一般联接多用粗牙。在相同的大径下,细牙螺纹的螺距较粗牙小,切深较浅,多用于薄壁或紧密联接的零件
	管螺纹 用螺纹密封的管螺纹	R Rc Rp	55°	包括圆锥内螺纹与圆锥外螺纹、圆柱内螺纹与圆柱外螺纹两种联接形式。必要时,允许在螺纹副内添加密封物,以保证联接的紧密性。适用于管子、管接头、旋塞、阀门等
联接螺纹	管螺纹 非用螺纹密封的管螺纹	G	55°	螺纹本身不具有密封性,若要求联接后具有密封性,可压紧被联接件螺纹副外的密封面,也可在密封面间添加密封物。适用于管接头、旋塞、阀门等
传动螺纹	梯形螺纹	Tr	30°	用于传递运动和动力,如机床丝杠、尾架丝杠等

续表

种类	牙型符号	牙型放大图	说明
锯齿形螺纹	B	30° 3°	用于传递单项压力,如千斤顶螺杆等

2. 螺纹的直径

大径 d 或 D:与外螺纹牙顶或内螺纹牙底相重合的假想圆柱面直径,称为大径。内、外螺纹的大径分别以 D 和 d 表示。

小径 d_1 或 D_1:与外螺纹牙底或内螺纹牙顶相重合的假想圆柱面直径,称为小径。内、外螺纹的小径分别以 D_1 和 d_1 表示。

中径 d_2 或 D_2:在大径和小径之间有一假想圆柱面,在其母线上牙型的沟槽宽度和凸起宽度相等,此假想圆柱面的直径称为中径,内、外螺纹的中径分别以 D_2 和 d_2 表示。

公称直径:代表螺纹尺寸的直径是螺纹大径,又称为公称直径,如图 6-7 所示。

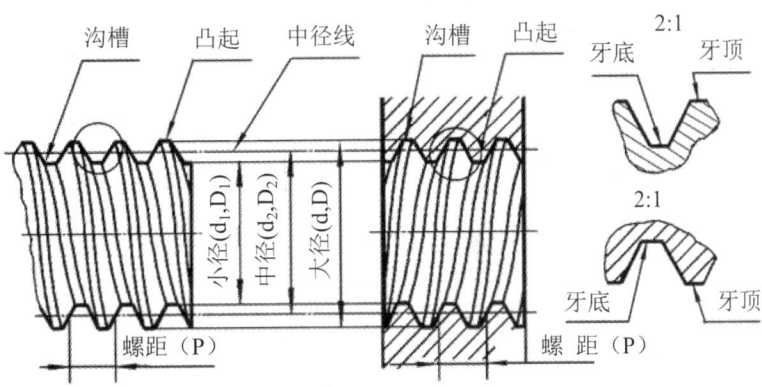

图 6-7 螺纹的牙型和直径图

3. 线数 n

螺纹有单线和多线之分:沿一条螺旋线所形成的螺纹称为单线螺纹;沿两条或两条以上,且在轴向等距分布的螺旋线所形成的螺纹称为多线螺纹,如图 6-8 所示。

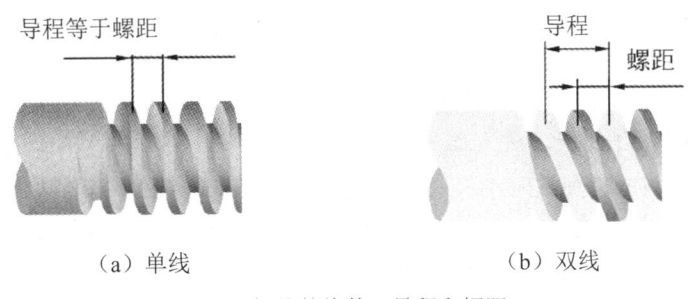

(a) 单线　　　　　　(b) 双线

图 6-8 螺纹的线数、导程和螺距

4. 导程 S 与螺距 P

同一条螺旋线上的相邻两牙在中径线上对应两点间的轴向距离称为导程,以 S 表示。相邻两牙在中径线上对应两点间的轴向距离称为螺距。以 P 表示,螺距与导程的关系为:

$$螺距 = 导程 / 线数$$

因此,单线螺纹的螺距 P=S;双线螺纹的螺距 P=S/2。

5. 旋向

螺纹旋向分右旋和左旋,如图 6-9 所示。顺时针方向旋入的螺纹称为右旋螺纹,右旋螺纹为常用螺纹;逆时针方向旋入的螺纹称为左旋螺纹。

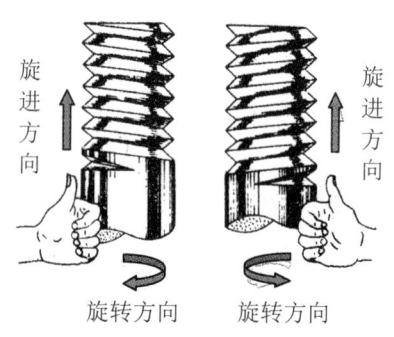

图 6-9　螺纹的旋向

螺纹由牙型、公称直径(大径)、螺距、线数和旋向五个要素确定,通常称为螺纹五要素。只有这五要素都相同的外螺纹和内螺纹才能相互旋合。

6.1.2.2　螺纹的分类

国家标准对上述五项要素中的牙型、公称直径(大径)和螺距作了规定,按其三要素是否符合标准,可分为下列三类螺纹:

(1)标准螺纹。牙型、公称直径、螺距三要素均符合标准的螺纹。

(2)特殊螺纹。牙型符合标准,公称直径或螺距不符合标准的螺纹。

(3)非标准螺纹。牙型不符合标准的螺纹。

螺纹按用途不同,又可分为联接螺纹和传动螺纹两类。表 6-1 列举了常用标准螺纹的牙型、牙型符号及有关说明。

6.1.3　螺纹的规定画法

绘制螺纹的真实投影是十分繁琐的事情,并且在实际生产中也没有必要。为了简化作图,国家标准《机械制图》(GB/T 4459.1－1995)规定了螺纹的画法。

6.1.3.1　外螺纹的规定画法(见图 6-10)

(1)外螺纹不论其牙型如何,螺纹的牙顶用粗实线表示;牙底用细实线表示;螺杆的倒角或倒圆部分也应画出。画图时小径尺寸可近似地取 $d_1 \approx 0.65d$。

(2)完整螺纹的终止线在视图中用粗实线表示;在剖视图中则按图 6-10(b)主视图的画法绘制(即终止线只画螺纹牙型高度的一小段),剖面线必须画到表示牙顶的粗实线为止。

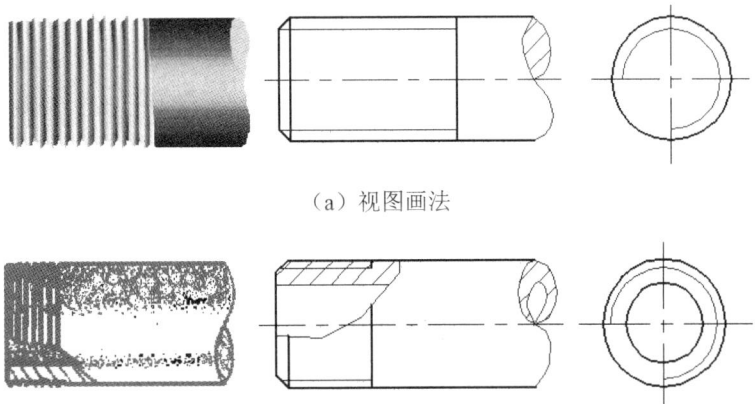

（a）视图画法

（b）剖视图画法

图 6-10 外螺纹的规定画法

（3）在投影为圆的视图中，牙顶画粗实线圆（大径圆）；表示牙底的细实线圆（小径圆）只画约 3/4 圈；此时表示倒角的圆省略不画。

6.1.3.2 内螺纹的规定画法（见图 6-11 和图 6-12）

（1）内螺纹不论其牙型如何，在剖视图中，螺纹的牙顶用粗实线表示，牙底用细实线表示。螺纹终止线用粗实线表示，剖面线应画到表示牙顶的粗实线为止。

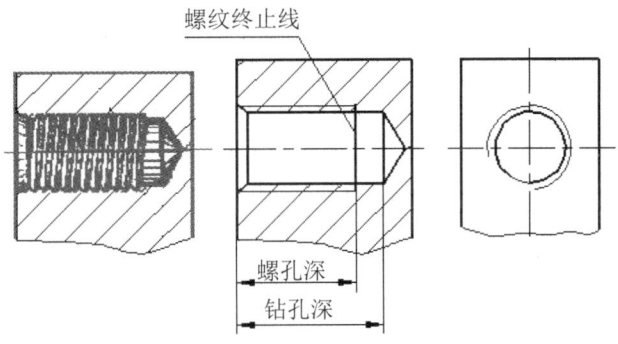

图 6-11 内螺纹的规定画法

（2）在投影为圆的视图中，牙顶画粗实线圆（小径圆），表示牙底的细实线圆（大径圆）只画约 3/4 圈，此时表示倒角的圆省略不画。

（3）绘制不穿通的螺孔时，一般应将钻孔深度与螺纹部分的深度分别画出。

（4）当螺纹为不可见时，其所有图线按虚线绘制，如图 6-12 所示。

6.1.3.3 内、外螺纹联接的画法（见图 6-13）

在剖视图中，内、外螺纹的旋合部分应按外螺纹画法绘制，其余部分仍按各自的画法表示。画图时必须注意，表示外螺纹牙顶的粗实线、牙底的细实线，必须分别与表示内螺纹牙底的细实线、牙顶的粗实线对齐。这与倒角大小无关，它表明内、外螺纹具有相同的大径和相同的小径，按规定，当实心螺杆通过轴线剖切时按不剖处理，如图 6-13 所示。

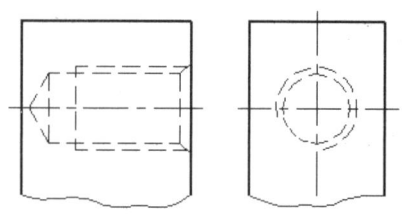

图 6-12 不可见螺纹的画法

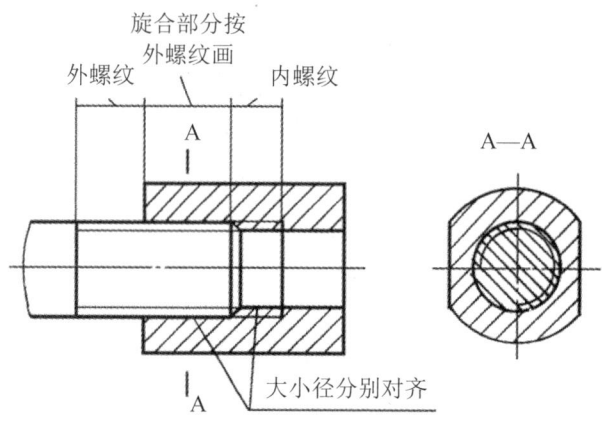

图 6-13 内、外螺纹的联接画法

6.1.3.4 螺纹牙型表示法

螺纹牙型一般在图形中不表示，当需要表示特殊螺纹或表示非标准螺纹（如方牙螺纹）时，可按图 6-14 的形式绘制，既可在剖视图中表示几个牙型，也可用局部放大图表示。

6.1.3.5 螺纹画法的其他规定

1. 部分螺孔的画法

零件上有时会遇到如图 6-15 所示的部分螺孔。在垂直于螺纹轴线的投影面的视图（如图 6-15 左视图）中，这种螺纹的牙底线也应适当地空出一段距离。

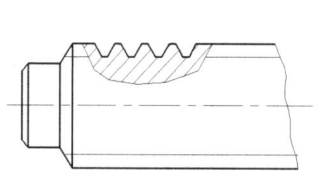

图 6-14 螺纹的 U 牙型表示法

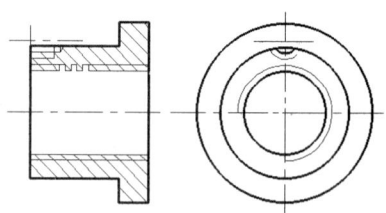

图 6-15 部分螺纹的画法

2. 螺纹收尾的画法

加工部分长度的内、外螺纹，由于刀具临近螺纹加工终止时要退离工件，出现吃刀深度渐浅的部分，称为螺纹收尾（简称螺尾）。画螺纹一般不表示螺尾。当需要表示时，螺纹尾部的牙底用与轴线成 30°角的细实线表示，如图 6-16 所示。

从图 6-16 中可以看出，螺纹终止线并不画在螺尾末端而是画在完整螺纹终止处，图样中所标注的螺纹长度 L，均指不包括螺尾在内的完整螺纹长度。

3. 螺孔相贯线的画法

螺孔与螺孔、螺孔与光孔相交时，只在牙顶处画一条相贯线，如图 6-17 所示。

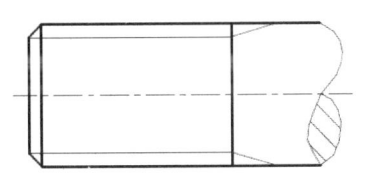

图 6-16 螺尾的画法

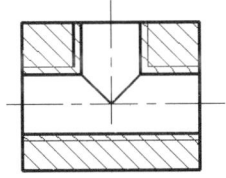 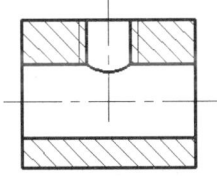

图 6-17 螺孔相贯线的画法

4. 锥形螺纹的画法

圆锥形螺纹的画法如图 6-18 所示，在垂直于轴线的投影面的视图中，左视图上按螺纹的大端绘制；右视图上按螺纹的小端绘制。

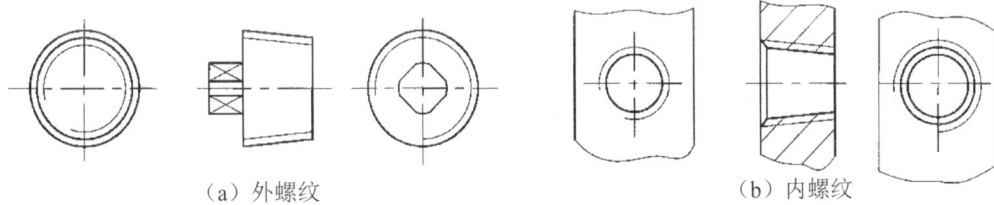

（a）外螺纹　　　　　　　　　　　（b）内螺纹

图 6-18 锥形螺纹的画法

6.1.4 常用螺纹的标注

国家标准规定螺纹的画法后，螺纹的种类、牙型、螺距、旋向和线数都无须在图中表示出来，可通过标注螺纹代号或标记来解决。各种螺纹的标注方法分述如下：

6.1.4.1 普通螺纹的标注

普通螺纹的完整标记，由螺纹代号、螺纹公差带代号和螺纹旋合长度代号三部分组成。具体的标记格式是：

牙型符号　公称直径×螺距　旋向－中径公差带代号　顶径公差带代号－旋合长度代号

1. 螺纹代号

普通螺纹的牙型符号用"M"表示。粗牙普通螺纹的螺纹代号用牙型符号 M 和公称直径（大径）表示（不标注螺距），例如 M16；细牙普通螺纹用牙型符号 M 和"公称直径×螺距"表示，例如 M16×1.5；右旋螺纹为常用螺纹，不标注旋向；左旋螺纹需在尺寸规格之后加注"左"字，例如 M16×1 左。

2. 螺纹公差带代号

螺纹公差带代号包括中径公差带代号和顶径公差带代号。它由表示其大小的公差等级数字和表示其位置的基本偏差的字母（内螺纹用大写字母，外螺纹用小写字母）组成，例如 6H、6g（可参阅有关标准）。如果中径公差带代号和顶径公差带代号不同，则分别注出代号，其中径公差带代号在前，顶径公差带代号在后，如 M6-5g6g；如果中径和顶径公差带相同，则只注一个代号，如 M10×1-6H。内、外螺纹旋合时，其配合公差带代号用斜线分开，左边表示内螺纹公差带代号,右边表示外螺纹公差带代号,例如 M6-6H/6g。

3. 旋合长度代号

国标对普通螺纹的旋合长度,规定为短(S)、中(N)、长(L)三组。螺纹的旋合长度不同,公差等级也不同。螺纹的精度分为精密、中等和粗糙三级。

在一般情况下不标注螺纹的旋合长度,其螺纹公差带按中等旋合长度(N)确定;必要时在螺纹公差带代号之后加注旋合长度代号 S 或 L,如 M6-5g6g-S;特殊需要时,可注明旋合长度的数值,如 M20×2 左-7g6g- 40。

6.1.4.2　梯形螺纹的标注

梯形螺纹的完整标记,由螺纹代号、公差带代号及旋合长度代号组成。其具体的标记格式,分下列两种情况:

(1) 单线梯形螺纹。

牙型符号：公称直径×螺距　旋向代号－中径公差带代号－旋合长度代号

(2) 多线梯形螺纹：

牙型符号：公称直径×导程(螺距代号 P 和数值)旋向代号－中径公差带代号－旋合长度代号

1) 梯形螺纹的牙型符号为"Tr"。左旋螺纹的旋向代号为 LH,需标注;右旋不标。例如 Tr32×6LH；Tr32×6。

2) 梯形螺纹的公差带为中径公差带。

3) 梯形螺纹的旋合长度分为中(N)和长(L)两组,精度规定中等、粗糙两种。用中(N)时,不标注代号"N"。例如 Tr32×12(P6)LH-7e-L 为梯形螺纹的完整标记。内、外螺纹旋合时,标记如 Tr40×7-7H/7e。

6.1.4.3　锯齿形螺纹的标注

锯齿形螺纹标注的具体格式完全与梯形螺纹相同,分下列两种情况:

(1) 单线锯齿形螺纹。

牙型符号：公称直径×螺距　旋向代号－中径公差带代号－旋合长度代号

(2) 多线锯齿形螺纹。

牙型符号：公称直径×导程(螺距代号 P 和数值)旋向代号－中径公差带代号－旋合长度代号

符合 GB/T 4459.1－1995 标准的锯齿形(3°、30°)螺纹,其牙型符号用"B"表示。除此项与梯形螺纹不同外,其余各项的含义与标注方法均同梯形螺纹。标记示例如下:

B40×7-7A　表示公称直径为 40、螺距为 7、中径公差带代号为 7A、中等旋合长度的右旋锯齿形内螺纹。

B40×7LH-7c　表示公称直径为 40、螺距为 7、中径公差带代号为 7c、中等旋合长度的左旋锯齿形外螺纹。

B40×14(P7)-6c-L　表示公称直径为 40、导程为 14、螺距为 7、中径公差带代号为 6c、长旋合长度的右旋双线锯齿形外螺纹。

内外螺纹旋合时,其标记示例如:B40×7-7A/7c。

普通螺纹、梯形螺纹和锯齿形螺纹在图上的标注示例如表 6-2 所示。

表 6-2　普通螺纹、梯形螺纹和锯齿形螺纹的标注示例

螺纹种类	标注示例	说明
普通螺纹	M16×1.5-6e	表示公称直径为 16mm、螺距为 1.5mm 的右旋细牙普通螺纹（外螺纹），中径和顶径公差带代号均为 6e，中等旋合长度
普通螺纹	M10左-5g6g-S	表示公称直径为 10mm 的左旋粗牙普通螺纹（外螺纹），中径公差带代号为 5g，顶径公差带代号为 6g，短旋合长度
普通螺纹	M10 6H	表示公称直径为 10mm 的右旋粗牙普通螺纹（内螺纹），中径和顶径公差带代号均为 6H，中等旋合长度
梯形螺纹	Tr40×7-7e	表示公称直径为 40mm、螺距为 7mm 的单线右旋梯形外螺纹，中径公差带代号为 7e，中等旋合长度
梯形螺纹	Tr40×14(P7)LH-8e-L	表示公称直径为 40mm、导程为 14mm、螺距为 7mm 的双线左旋梯形外螺纹，中径公差带代号为 6e，长旋合长度
锯齿形螺纹	B90×12LH-7c	表示公称直径为 90mm、螺距为 12mm 的单线左旋锯齿形外螺纹，中径公差带代号为 7c，中等旋合长度

6.1.4.4　管螺纹的标注

管螺纹分为用螺纹密封的管螺纹和非螺纹密封的管螺纹。螺纹标记的内容和格式是：
- 用螺纹密封的管螺纹：　螺纹特征代号　尺寸代号 - 旋向代号
- 非螺纹密封的管螺纹：　螺纹特征代号　尺寸代号　公差等级代号 - 旋向代号

（1）上述螺纹标记中的螺纹特征代号分两类。①用螺纹密封的管螺纹特征代号：Rc 表示圆锥内螺纹；Rp 表示圆柱内螺纹（圆柱内螺纹或圆柱外螺纹）；R 表示圆锥外螺纹。②非螺纹密封圆柱管螺纹特征代号：G。

（2）两类螺纹中的尺寸代号，标注在螺纹特征代号之后，例如 Rp3/6，Rc$1\frac{1}{2}$，G1/2 等。

（3）公差等级代号只对非螺纹密封的外管螺纹分为 A、B 两个精度等级，在尺寸代号后

注明；对内螺纹不标注公差等级代号。例如 G1$\frac{1}{2}$A，G1$\frac{1}{2}$B，G1$\frac{1}{2}$。

（4）螺纹为右旋时，不标注旋向代号；为左旋时应标注"LH"。例如 R1$\frac{1}{2}$-LH。

（5）内、外螺纹装配在一起时，内、外螺纹的标记用斜线分开，左边表示内螺纹，右边表示外螺纹。例如 G1/G1B，Rc1$\frac{1}{2}$，R1$\frac{1}{2}$-LH。

管螺纹的标注示例，如表 6-3 所示。应注意管螺纹的尺寸代号并不是螺纹的大径，因而这类螺纹需用指引线自大径圆柱（或圆锥）母线上引出标注，而不能像标注一般线性尺寸那样引用箭头注写在大径尺寸线上。作图时，可根据尺寸代号查出螺纹的大径。例如尺寸代号为"1"时，螺纹的大径为 33.249mm。

表 6-3 管螺纹的标注示例

螺纹种类	标注示例	说明
用螺纹密封的管螺纹	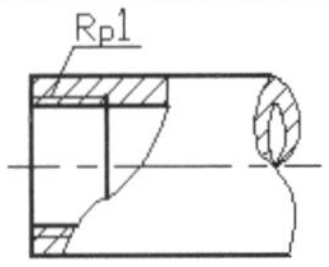 Rp1	表示尺寸代号为1、用螺纹密封的圆柱内螺纹
用螺纹密封的管螺纹	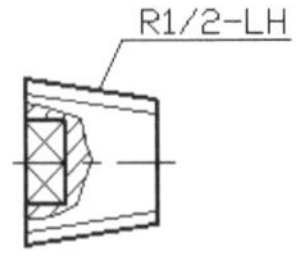 R1/2-LH	表示尺寸代号为1/2、用螺纹密封的圆锥外螺纹，左旋
用螺纹密封的管螺纹	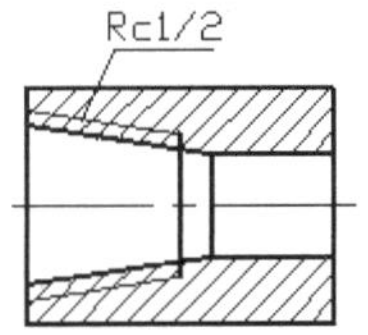 Rc1/2	表示尺寸代号为1/2、用螺纹密封的圆锥内螺纹
非螺纹密封的管螺纹	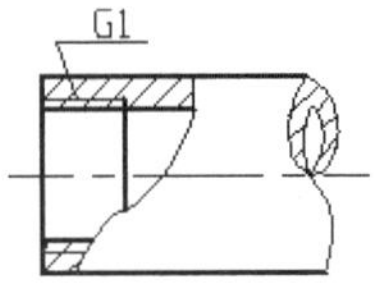 G1	表示尺寸代号为1、非螺纹密封的圆柱内螺纹
非螺纹密封的管螺纹	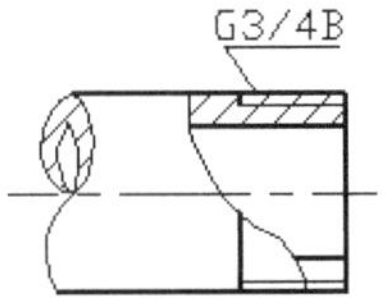 G3/4B	表示尺寸代号为3/4、非螺纹密封的B级圆柱外螺纹

6.2 螺纹紧固件及其联接

将螺纹（内螺纹或外螺纹）结构加工在一些零件上，用来联接和紧固其他零件的，称为螺纹紧固件。常用的螺纹紧固件有螺栓、双头螺柱、螺钉、螺母、垫圈等，如图 6-19 所示。它们的结构形式和尺寸都已标准化，并由专业化工厂进行大批量生产和供应，需要时可按它们的规定标记直接向市场采购而不必自行生产，也不必画出它们的零件图。设计机器时，只要在装配图上画出这些标准零件并注出它们的规定标记即可。

图 6-19 螺纹联接件

6.2.1 螺纹紧固件及其标记

国家标准规定了常用螺纹紧固件的标记，其一般形式为：名称　国标代号　规格－性能等级，见表 6-4。

表 6-4 常用螺纹紧固件及其标记示例

序号	名称（标准号）	图例及规格尺寸	标记示例
1	六角头螺栓—A 和 B 级 （GB/T 5782－2016）		螺纹规格 d=M8、公称长度 l=40mm、性能等级为 8.8 级、表面氧化、A 级的六角头螺栓： 　螺栓　GB/T 5782－2016　M8×40
2	双头螺柱 $b_m=1d$ （GB/T 897－1988）		两端均为粗牙普通螺纹，d=8mm、l=35mm、性能等级为 4.8 级、不经表面处理、B 型、$b_m=1d$ 的双头螺柱： 　螺柱　GB/T 897－1988　M8×35
3	1 型六角螺母—A 和 B 级 （GB/T 6170－2015）		螺纹规格 D=M8、性能等级为 10 级、不经表面处理、A 级的 1 型六角螺母： 　螺母　GB/T 6170－2015　M8
4	平垫圈—A 级 （GB/T 97.1－2002）		标准系列、公称尺寸 d=8mm、性能等级为 140HV 级、不经表面处理的平垫圈： 　垫圈　GB/T 97.1－2002　8-140HV
5	标准型弹簧垫圈 （GB/93－1987）		规格 8mm、材料为 65Mn、表面氧化的标准型弹簧垫圈： 　垫圈　GB/93－1987　6

续表

序号	名称（标准号）	图例及规格尺寸	标记示例
6	开槽盘头螺钉 （GB/T 67－2016）	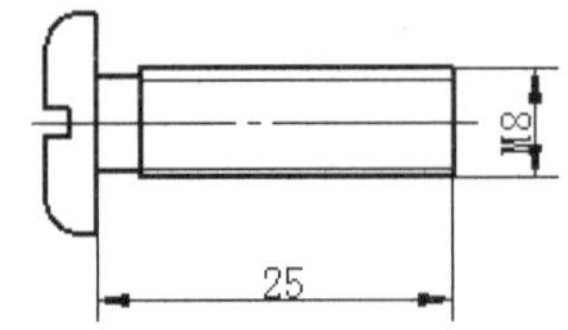 25, M8	螺纹规格 d=M8、公称长度 l=25mm、性能等级为 4.8 级、不经表面处理的开槽盘头螺钉： 　　螺钉　GB/T 67－2016　M8×25
7	开槽沉头螺钉 （GB/T 68－2016）	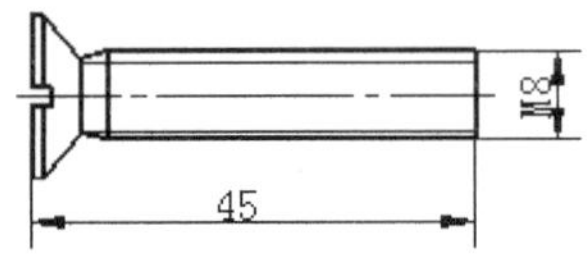 45, M8	螺纹规格 d=M8、公称长度 l=45mm、性能等级为 4.8 级、不经表面处理的开槽沉头螺钉： 　　螺钉　GB/T 68－2016　M8×45
8	内六角圆柱头螺钉 （GB/T 70.1－2008）	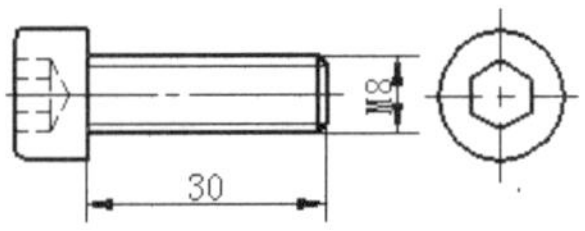 30, M8	螺纹规格 d=M8、公称长度 l=30mm、性能等级为 8.8 级、表面氧化的内六角圆柱头螺钉： 　　螺钉　GB/T 70.1－2008　M8×30
9	开槽锥端紧定螺钉 （GB/T 71－1985）	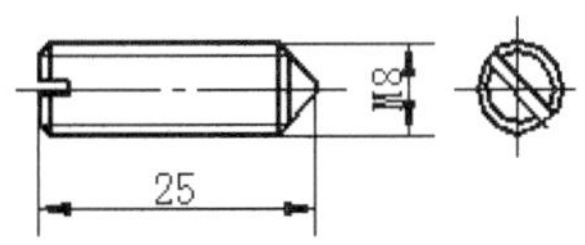 25, M8	螺纹规格 d=M8、公称长度 l=25mm、性能等级为 14H 级、表面氧化的开槽锥端紧定螺钉： 　　螺钉　GB/T 71－1985　M8×25

6.2.2　螺纹紧固件的画法

螺纹紧固件在零件联接中广泛应用，在装配图中画它的机会很多，因此，必须熟练掌握其画法。绘制紧固件的方法按尺寸来源不同，分为查表画法和比例画法两种。

（1）查表画法。根据紧固件标记，在相应的标准中（见附表）查得各有关尺寸后作图。

（2）比例画法。根据螺纹公称直径（d、D），按与其近似的比例关系计算出各部分尺寸后作图。但紧固件的有效长度 L 根据需要计算后，查表取标准长度。

图 6-20 为常用的螺栓、双头螺柱、螺母和垫圈的比例画法，图中注明了近似比例关系。螺栓头部和螺母因 30°倒角而产生截交线，此截交线为双曲线，作图时，常用圆弧近似代替双曲线的投影。

6.2.3　螺纹紧固件装配图的画法

6.2.3.1　螺栓装配图的画法

螺栓联接由螺栓、螺母、垫圈组成，如图 6-21（a）所示。螺栓联接用于当被联接的两零件厚度不大，可以钻成通孔的情况，螺栓装配图一般根据公称直径 d 按比例关系画出，如图 6-21（b）（c）（d）所示。在画图时应注意下列几点：

（1）当剖切平面通过螺杆的轴线时，螺栓、螺柱、螺钉及螺母、垫圈等均按未剖切绘制。

在剖视图上，相邻的两个零件的剖面线的方向或间隔应不同；同一零件在各视图上的剖面线的方向和间隔必须一致。

（2）螺栓的有效长度 L 应按下式估算：

$$L=\delta_1+\delta_2+0.15d（垫圈厚）+0.8d（螺母厚）+0.3d$$

其中 0.3d 是螺栓末端的伸出高度。

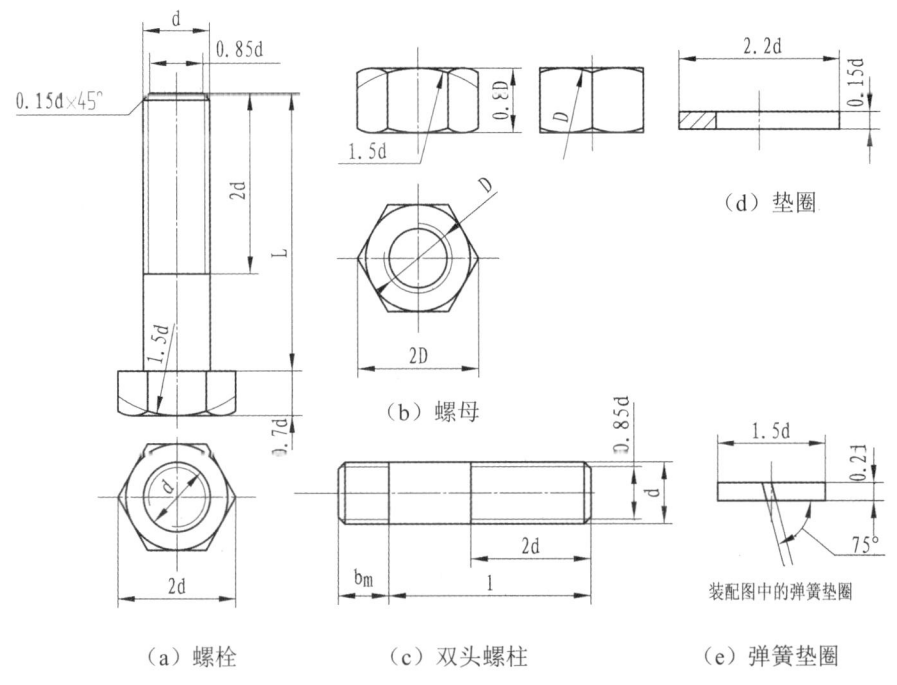

图 6-20　螺纹联接件的比例画法

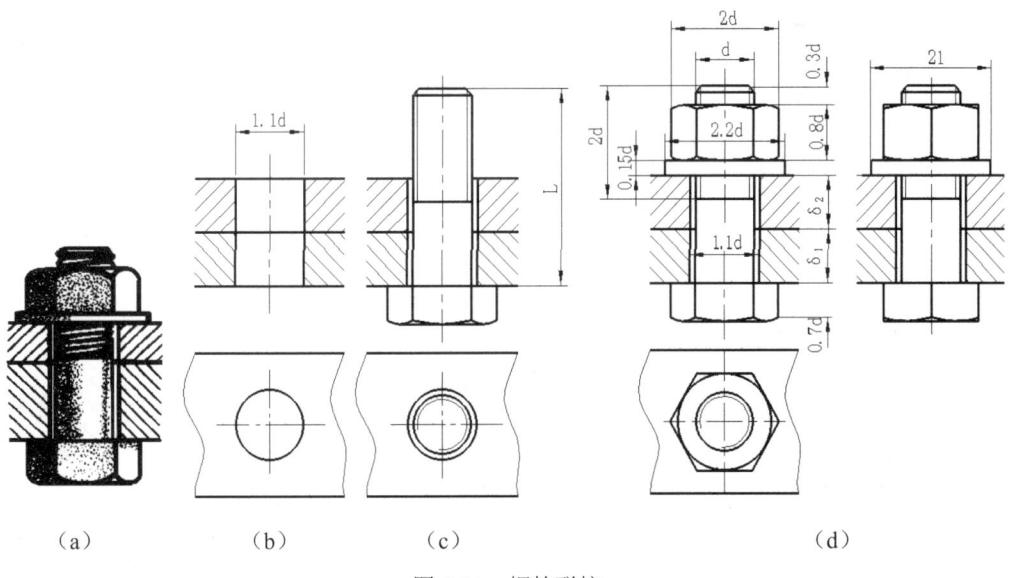

图 6-21　螺栓联接

然后根据估算出的数值查附表中螺栓的有效长度 L 的系列值，选取一个与它相近的标准数值。

（3）为了保证装配方便，被联接零件上的孔径应比螺纹大径略大些，按 1.1d 画出。同时，螺栓上的螺纹终止线应低于通孔的顶面，以便拧紧螺母时有足够的螺纹长度。

6.2.3.2 双头螺柱装配图的画法

双头螺柱联接由双头螺柱、螺母、垫圈组成。在连接时,一端直接拧入被联接零件的螺孔中,而另一端用螺母拧紧(见图 6-22)。

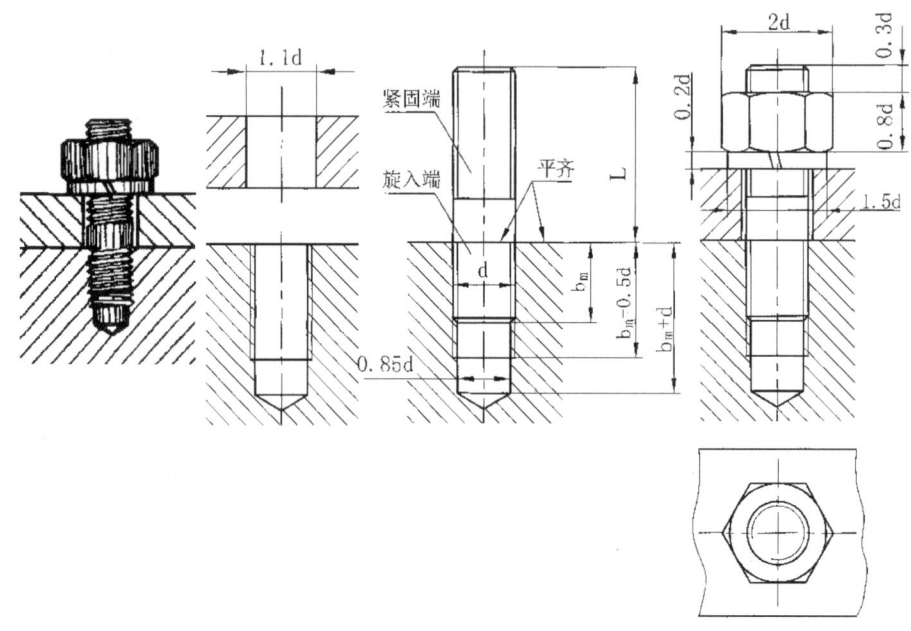

图 6-22 螺柱联接

双头螺柱联接多用于被联接件之一太厚,不适于钻成通孔或不能钻成通孔时。在拆卸时只需要拧出螺母、取下垫圈,而不必拧出螺柱,因此采用这种联接不会损坏被联接件上的螺孔。

双头螺柱装配图的比例画法,如图 6-22 所示。在画图时应注意下列几点:

(1)双头螺柱的有效长度 L 应按下式估算:

$$L = \delta + 0.15d(垫圈厚) + 0.8d(螺母厚) + 0.3d$$

然后根据估算出的数值查附表中双头螺柱的有效长度 L 的系列值,选取一个相近的标准数值。

(2)双头螺柱旋入机件的一端的长度 b_m 的值与机件的材料有关。对于钢和青铜用 $b_m=d$,对于铸铁用 $b_m=1.5d$,对于铝用 $b_m=2d$。

旋入端应全部拧入机件的螺孔内,所以螺纹终止线与机件端面应平齐。

(3)机件上的螺孔的螺纹深度应大于旋入端的螺纹长度 b_m。在画图时,螺孔的螺纹深度可按 $b_m+0.5d$ 画出;钻孔深度可按 b_m+d 画出。

(4)螺母和垫圈等各部分尺寸与大径 d 的比例关系和画法与前述相同。

(5)在装配图中,对于不穿通的螺孔,也可以不画出钻孔深度,而仅按螺纹的深度画出;六角螺母及螺杆头部的倒角也可省略不画,如图 6-22 所示。

6.2.3.3 螺钉装配图的画法

螺钉联接不用螺母,而是将螺钉直接拧入机件的螺孔里,如图 6-22 所示。螺钉联接多用于受力不大,而被联接件之一较厚的情况下。

螺钉根据头部形状不同有许多型式。图 6-23 是几种常用螺钉装配图的比例画法。

画螺钉装配图时应注意下列几点:

（1）螺钉的有效长度 L 应按下式估算：

$$L=\delta+b_m$$

b_m 根据被旋入零件的材料而定，见双头螺柱。然后根据估算出的数值查附表中相应螺钉的有效长度 L 的系列值，选取相近的标准数值。

（2）为了使螺钉头能压紧被联接零件，螺钉的螺纹终止线应高出螺孔的端面，如图6-23（a）和（b），或在螺杆的全长上都有螺纹，如图6-23（b）和（c）。

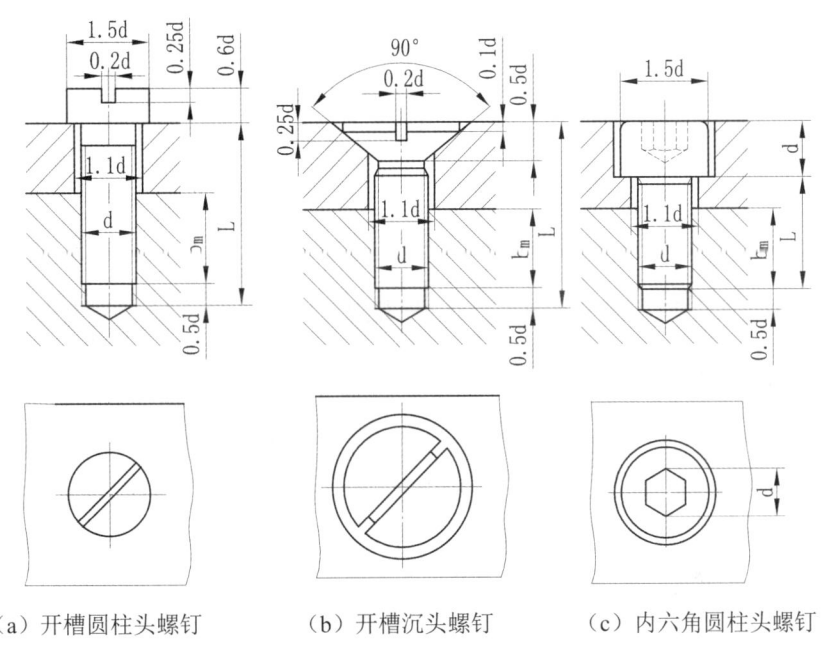

（a）开槽圆柱头螺钉　　（b）开槽沉头螺钉　　（c）内六角圆柱头螺钉

图 6-23　螺钉装配图的画法

（3）螺钉头部的一字槽和十字槽的投影可以涂黑表示。在俯视图上，这些槽按习惯应画成与中心线成45°，如图6-23（a）和（b）所示。

紧定螺钉用来固定两零件的相对位置，使它们不产生相对运动。如图6-24所示，欲将轴、轮固定在一起，可先在轮毂的适当部位加工出螺孔，然后将轮、轴装配在一起，以螺孔导向，在轴上钻出锥坑，最后拧入紧定螺钉，即可限定轮、轴的相对位置，使其不能产生轴向相对移动。

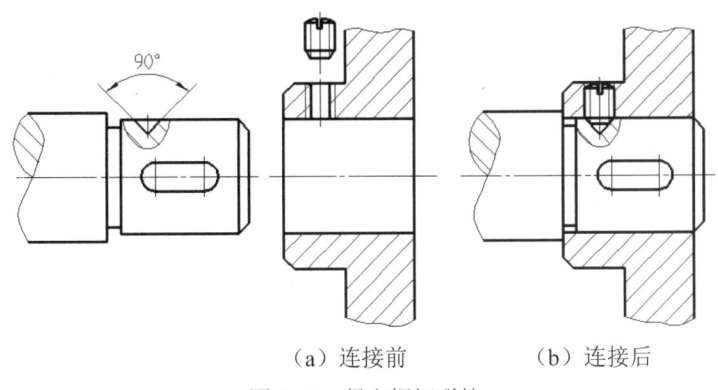

（a）连接前　　（b）连接后

图 6-24　紧定螺钉联接

6.3 齿轮

齿轮是广泛用于机械或部件中的传动零件，由于其参数部分标准化，所以将其归为常用件。一组啮合齿轮不仅可以用来传递动力，并且还能改变转速和回转的方向。依据两啮合齿轮轴线在空间的相对位置不同，常见的齿轮传动可分为下列三种形式，如图 6-25 所示。

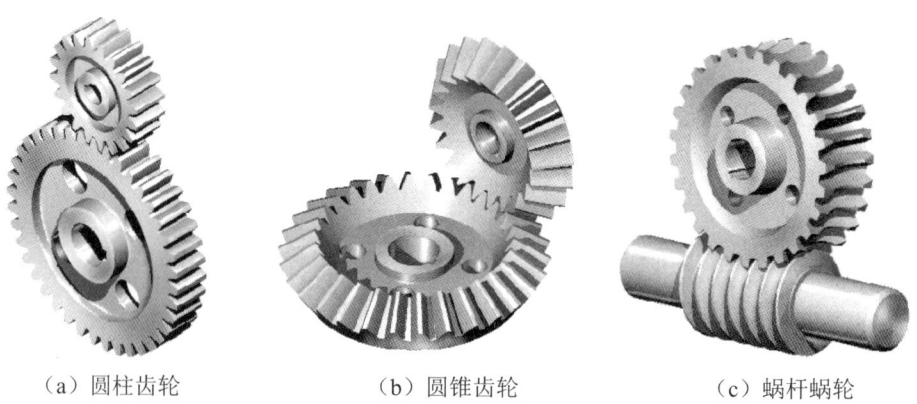

（a）圆柱齿轮　　　　　　（b）圆锥齿轮　　　　　　（c）蜗杆蜗轮

图 6-25　常见的齿轮传动形式

（1）圆柱齿轮传动，用于两平行轴之间的传动。
（2）圆锥齿轮传动，用于两相交轴之间的传动。
（3）蜗杆蜗轮传动，用于两交叉轴之间的传动。
在此主要介绍直齿圆柱齿轮和直齿圆锥齿轮的基础知识和规定画法。

6.3.1　圆柱齿轮

常见的圆柱齿轮按其齿的方向分成直齿轮和斜齿轮两种。

6.3.1.1　直齿圆柱齿轮各部分的名称和尺寸关系（见图 6-26）

现以标准直齿圆柱齿轮为例来说明。

（1）齿顶圆（直径 d_a）。通过轮齿顶部的圆称为齿顶圆。
（2）齿根圆（直径 d_f）。通过轮齿根部的圆称为齿根圆。
（3）分度圆（直径 d）。用来分度（分齿）的圆，该圆位于齿厚和槽宽相等的位置，称为分度圆。
（4）齿高 h。齿顶圆与齿根圆之间的径向距离称为齿高。分度圆将轮齿的高度分为两个不等的部分——齿顶高和齿根高。
1）齿顶高 h_a。齿顶圆与分度圆之间的径向距离称为齿顶高。
2）齿根高 h_f。分度圆与齿根圆之间的径向距离称为齿根高。
（5）齿距 p。分度圆上相邻两齿的对应点之间的弧长称为齿距。
（6）齿数 z。轮齿的个数称为齿数。
（7）模数 m。在计算齿轮各部分尺寸和制造齿轮时，都要用到模数 m。

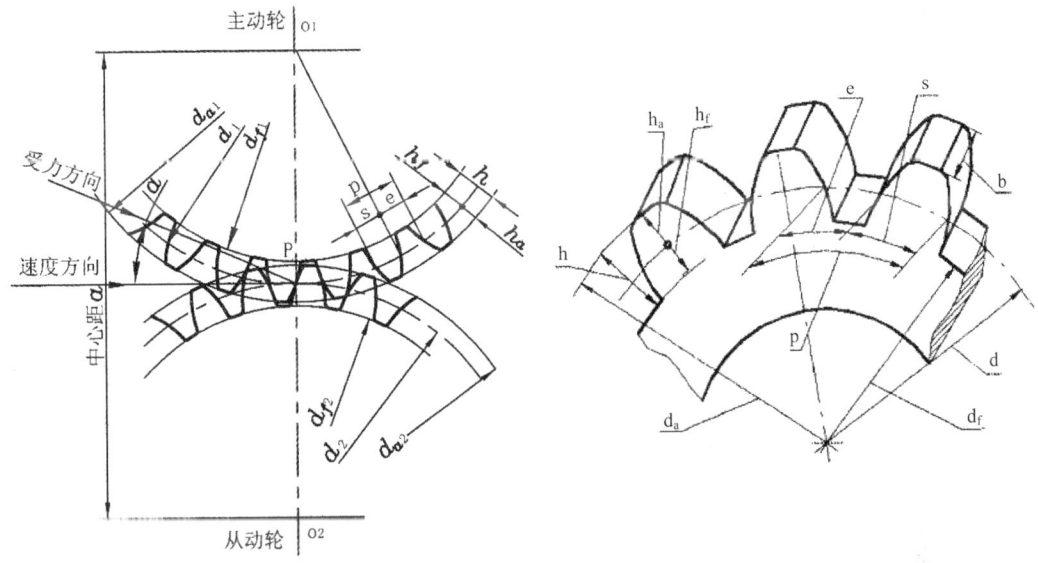

图 6-26 两啮合的标准直齿圆柱齿轮各部分的名称

模数的具体意义是什么呢？根据上面所说的齿距 p 的定义，分度圆的周长=zp=πd，即：

$$d = \frac{p}{\pi} z$$

由于式中出现了无理数 π，不便计算和标准化，令 $m = \frac{p}{\pi}$，则 $d = mz$。我们把 m 称为模数。由于模数是齿距 p 和 π 的比值，因此若齿轮的模数大，其齿距就大，齿轮的轮齿就大。若齿数一定，则模数大的齿轮，其分度圆直径就大，轮齿也大，齿轮能承受的力量也就大。相互啮合的两个齿轮，其模数必须相等。加工齿轮也需选用与齿轮模数相同的刀具，因而模数又是选择刀具的依据。

模数是设计和制造齿轮的基本参数。为了设计和制造方便，已将模数的数值标准化。模数的标准值见表 6-5。

表 6-5　标准模数（GB/T 1357－2008）　　　　　　　　　　　　（mm）

第一系列	1，1.25，1.5，2，2.5，3，4，5，6，6，10，12，16，20，25，32，40，50
第二系列	1.75，2.25，2.75，(3.25)，3.5，(3.75)，4.5，5.5，(6.5)，7，9，(11)，14，16，22，26，36，45

注：选用模数时，应优先采用第一系列，括号内的模数尽可能不用。

（8）压力角 α。两个相互啮合的齿轮在分度圆上啮合点 P 的受力方向（即渐开线齿廓曲线的法线方向）与该点的瞬时速度方向（分度圆的切线方向）所夹的锐角 α 称为压力角。我国规定的标准压力角 α=20°。

（9）中心距 a。两圆柱齿轮轴线之间的最短距离称为中心距。装配准确的标准齿轮，其中心距：

$$a = \frac{d_1}{2} + \frac{d_2}{2} = \frac{1}{2} m(z_1 + z_2)$$

只有模数和压力角都相同的齿轮才能相互啮合。

在设计齿轮时要先确定模数和齿数，其他各部分的尺寸都可由模数和齿数计算出来。标准直齿圆柱齿轮的计算公式见表 6-6。

表 6-6　标准直齿圆柱齿轮的尺寸计算公式

基本参数：	模数 m	齿数 z
各部分名称	代号	公式
分度圆直径	d	$d = mz$
齿顶高	h_a	$h_a = m$
齿根高	h_f	$h_f = 1.25m$
齿顶圆直径	d_a	$d_a = m(z+2)$
齿根圆直径	d_f	$d_f = m(z-2.5)$
齿距	p	$p = \pi m$
齿厚	s	$s = \dfrac{1}{2}\pi m$
中心距	a	$a = \dfrac{d_1}{2} + \dfrac{d_2}{2} = \dfrac{1}{2}m(z_1 + z_2)$

6.3.1.2　直齿圆柱齿轮的画法

1. 单个齿轮的画法

齿轮的轮齿部分，按 GB/T 3374.1－2010 规定绘制（见图 6-27）。

（1）如图 6-27 所示，齿轮的轮齿部分按下列规定绘制：齿顶圆和齿顶线用粗实线表示；分度圆和分度线用点划线表示；齿根圆和齿根线用细实线表示，也可省略不画，如图 6-27（a）所示。

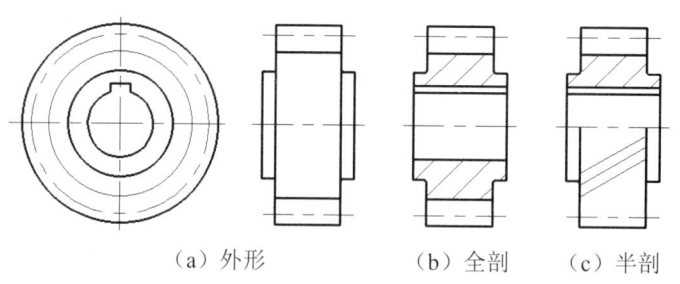

（a）外形　　　（b）全剖　　　（c）半剖

图 6-27　单个圆柱齿轮的画法

（2）在剖视图中，当剖切平面通过齿轮的轴线时，轮齿一律按不剖处理。这时，齿根线用粗实线绘制，如图 6-27（b）所示。

（3）对于斜齿轮，可在非圆的外形图上用三条平行的细实线表示轮齿的方向，如图 6-27（c）所示。

2. 圆柱齿轮啮合的画法

两标准齿轮相互啮合时，它们的分度圆处于相切位置，此时分度圆又称节圆。啮合部分的规定画法如下：

（1）在垂直于圆柱齿轮轴线的投影面的视图上，两齿轮的节圆应该相切。啮合区内的齿顶圆仍用粗实线画出（见图6-28（a）），也可省略不画（见图6-28（b））。

（2）在平行于圆柱齿轮轴线的投影面的视图上，啮合区内的齿顶线不需画出，节线用粗实线绘制（见图6-28（c）及（d））。

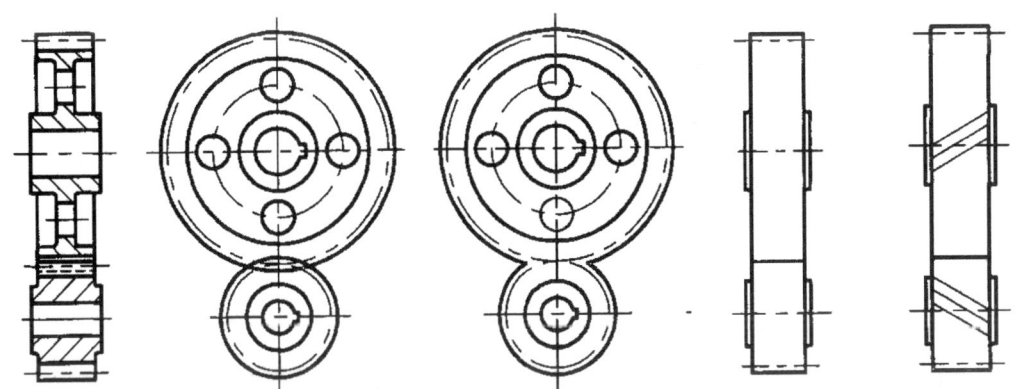

（a）全剖和端面视图　（b）端面视图的另一种画法　（c）未剖（直齿）　（d）未剖（斜齿）

图6-28　圆柱齿轮啮合的画法

（3）在剖视图中，一个齿轮的轮齿用粗实线绘制；另一个齿轮的轮齿被遮挡的部分用虚线绘制（见图6-29），也可以省略不画。

（4）在剖视图中，当剖切平面不通过啮合轴线时，齿轮一律按不剖绘制。

3．齿轮和齿条啮合的画法

当齿轮的直径无限大时，其齿顶圆、齿根圆、分度圆和齿廓曲线都成为直线。这时，齿轮就变成了齿条。

齿轮和齿条啮合时，齿轮旋转，齿条作直线运动。齿轮和齿条啮合的画法与两圆柱齿轮啮合的画法基本相同，这时齿轮的节圆应与齿条的节线相切，如图6-30所示。在俯视图中，齿条上齿形的终止线用粗实线表示。

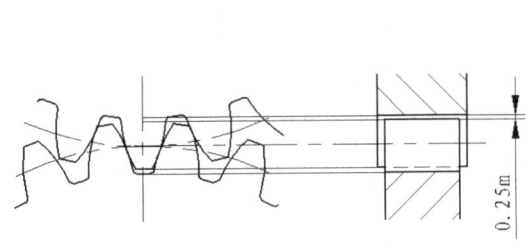

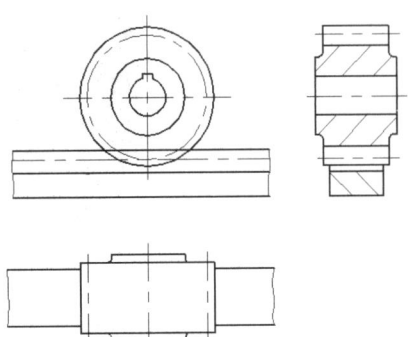

图6-29　齿轮啮合投影的表示方法　　　图6-30　齿轮与齿条啮合的画法

如图6-31所示为直齿圆柱齿轮的零件图。在齿轮零件图上不仅要表示出齿轮的形状、尺寸和技术要求，而且要列出制造齿轮所需要的参数和公差值。

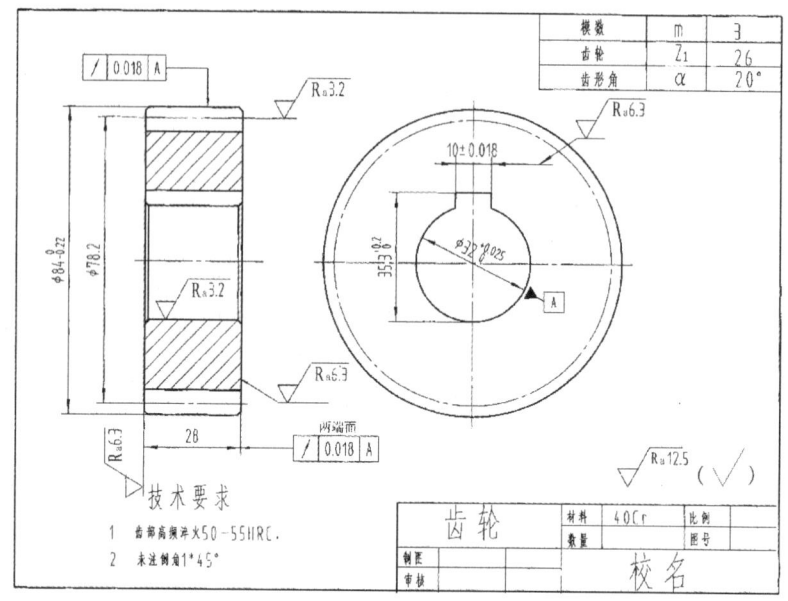

图 6-31 直齿圆柱齿轮零件图

6.3.2 直齿圆锥齿轮

圆锥齿轮的轮齿位于圆锥面上,因此它的轮齿一端大而另一端小,齿厚由大端到小端逐渐变小,模数和分度圆也随之变化。为了设计和制造方便,规定以大端模数为标准模数来计算大端轮齿各部分的尺寸。圆锥齿轮各部分名称和符号见图 6-32。

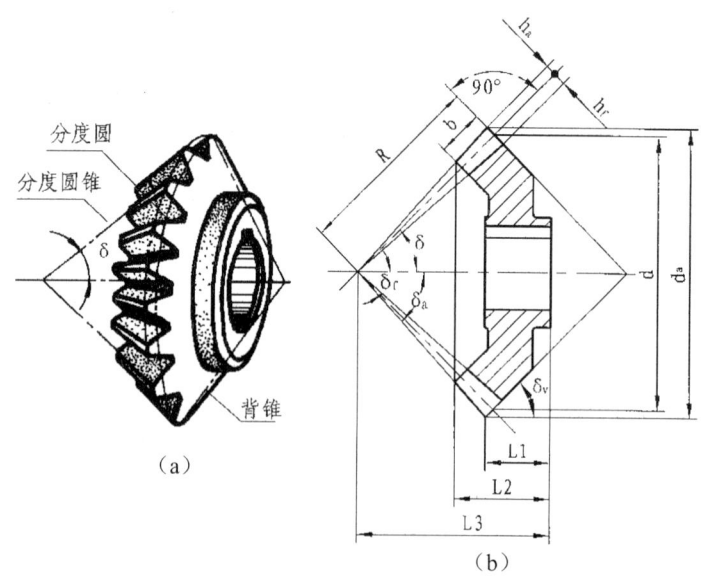

图 6-32 直齿圆锥齿轮各部分名称

6.3.2.1 直齿圆锥齿轮各部分名称和尺寸计算

直齿圆锥齿轮各部分尺寸都与大端模数和齿数有关。轴线相交成 90°的直齿圆锥齿轮各部分尺寸的计算公式见表 6-7。

表 6-7 标准直齿圆锥齿轮各基本尺寸计算公式

基本参数： 模数 m　　齿数 z　　分度圆锥角 δ

序号	名称	符号	计算公式	序号	名称	符号	计算公式
1	齿顶高	h_a	$h_a=m$	9	齿根角	θ_f	$\tan\theta_f = \dfrac{2.4\sin\delta}{z}$
2	齿根高	h_f	$h_f=1.2m$	10	分度圆锥角	δ	当 $\delta_1+\delta_2=90°$ 时 $\tan\theta_1 = \dfrac{z_1}{z_2}$，$\delta_2 = 90°-\delta_1$
3	齿高	H	$h=2.2m$				
4	分度圆直径	D	$d=mz$				
5	齿顶圆直径	d_a	$d_a=m(z+2\cos\delta)$	11	顶锥角	δ_a	$\delta_a=\delta+\theta_a$
6	齿根圆直径	d_f	$d_f=m(z-2.4\cos\delta)$	12	根锥角	δ_f	$\delta_f=\delta-\theta_f$
7	锥距	R	$R=\dfrac{mz}{2\sin\delta}$	13	背锥角	δ_v	$\delta_v=90°-\delta$
8	齿顶角	θ_a	$\tan\theta_a = \dfrac{2\sin\delta}{z}$	14	齿宽	B	$b\leq\dfrac{R}{3}$

6.3.2.2 圆锥齿轮的画法

锥齿轮的画法基本上与圆柱齿轮相同，只是由于圆锥的特点，在表达和作图方法上较圆柱齿轮复杂。

1. 单个圆锥齿轮的画法（见图 6-33）

在投影为非圆的视图中，画法与圆柱齿轮类似，即常采用剖视，其轮齿按不剖处理，用粗实线画出齿顶线和齿根线，用点划线画出分度线。

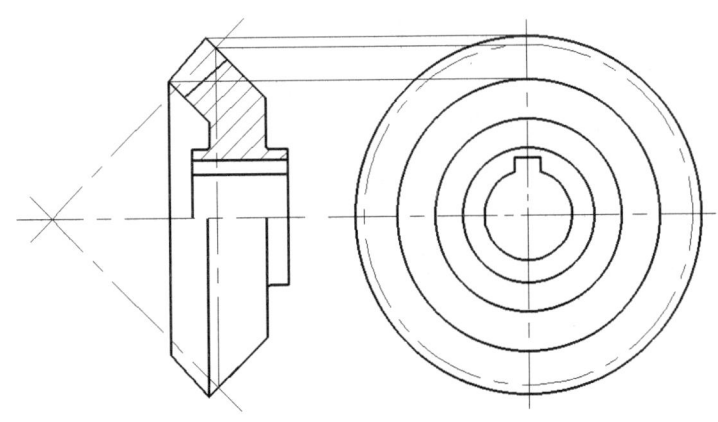

图 6-33 圆锥齿轮的画法

在投影为圆的视图中，轮齿部分只需用粗实线画出齿轮大端和小端的齿顶圆；用点划线画出大端的分度圆；齿根圆不画。画图步骤如图 6-34 所示。

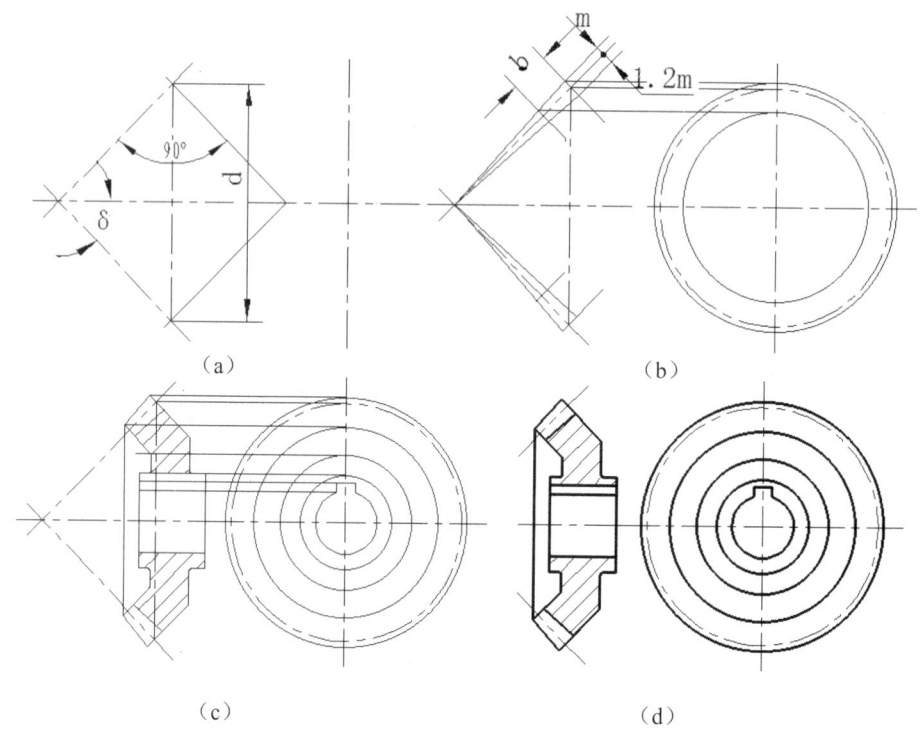

图 6-34　圆锥齿轮的画图步骤

2．圆锥齿轮啮合的画法（见图 6-35）

圆锥齿轮啮合时，两分度圆锥相切，它们的锥顶交于一点。画图时主视图多用剖视表示，并将一齿轮的齿顶线画成粗实线，另一齿轮的齿顶线画成虚线或省略，如图 6-35（a）所示。

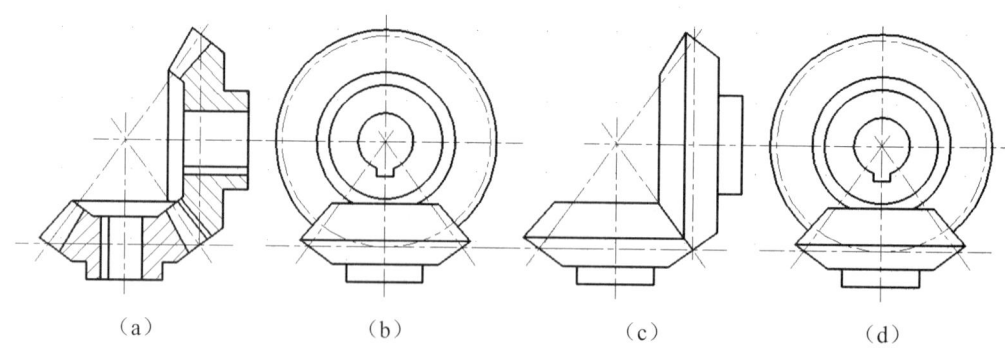

图 6-35　圆锥齿轮啮合的画法

在外形视图中，一齿轮的节线与另一齿轮的节圆相切，如图 6-35（b）所示。啮合画法的作图步骤如图 6-36 所示。

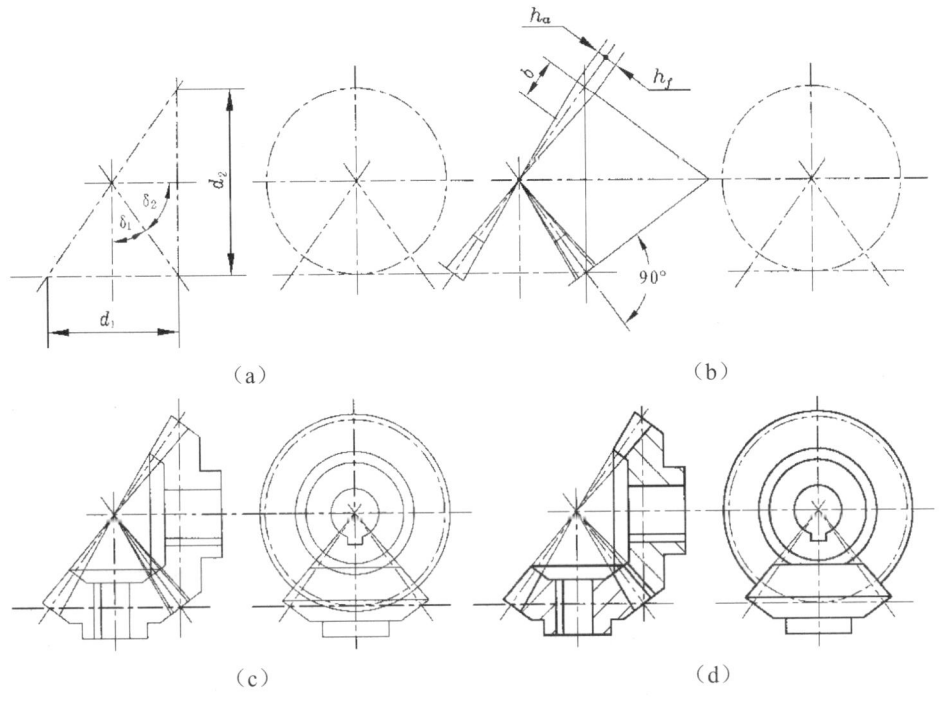

图 6-36 圆锥齿轮啮合的画法步骤

6.4 键、销、滚动轴承与弹簧

6.4.1 键联接

键是标准件，它通常用来联接轴和装在轴上的转动零件，如齿轮、皮带轮等，起传递扭矩的作用。常用键示意图如图 6-37 所示。

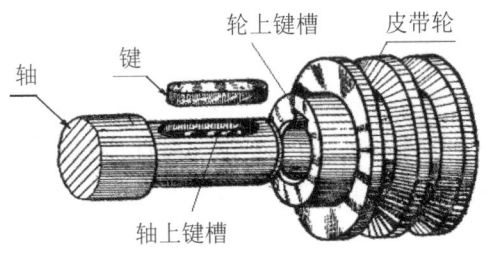

图 6-37 键联接

6.4.1.1 常用键及其标记

常用的键有普通平键、半圆键和钩头楔键三种，它们的型式和规定标记如表 6-8 所示。键的结构尺寸设计可根据轴的直径查键的标准（见附表 14），得出它的尺寸，同时也可查得键槽的宽度和深度。键的长度 L 则应根据轮毂长度及受力大小选取相应的系列值。

表 6-8 键及其标记示例

序号	名称（标准号）	图例	标记示例
1	普通平键（GB/T 1096-2003）		$b=8$、$h=7$、$L=25$ 的普通平键（A型）： 键 8×25 GB/T 1096－2003
2	半圆键（GB/T 1099.1-2003）		$b=6$、$h=10$、$d_1=25$、$L=24.5$ 的半圆键： 键 6×25 GB/T 1099.1－2003
3	钩头楔键（GB/T 1565-2003）		$b=18$、$h=11$、$L=100$ 的钩头楔键： 键 18×100 GB/T 1565－2003

6.4.1.2 键槽的画法及尺寸标注

因为键是标准件，所以一般不必画出它的零件图，但要画出零件上与键相配合的键槽。轴上的键槽和轮毂上的键槽的画法和尺寸注法，如图6-38所示。

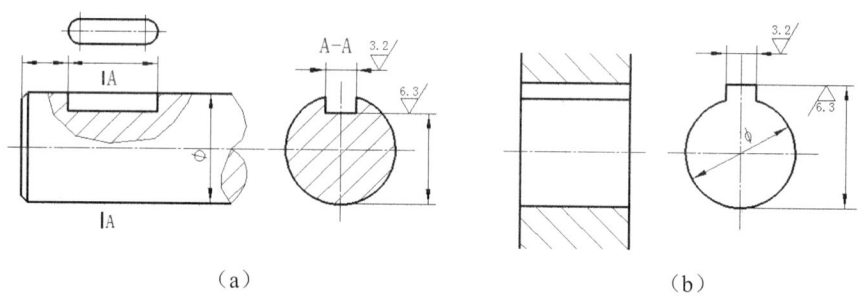

（a） （b）

图 6-38 键槽的画法和尺寸的注法

6.4.1.3 键联接的画法

1. 普通平键联接和半圆键联接的画法

普通平键和半圆键的两个侧面是工作面，在装配图中，键与键槽侧面之间应不留间隙；而键的顶面是非工作面，它与轮毂的键槽顶面之间应留有间隙，如图6-39和图6-40所示。

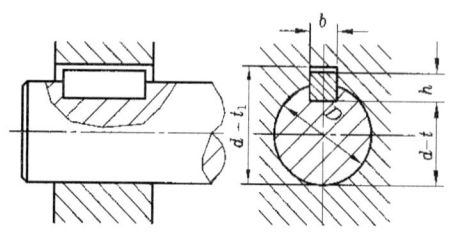 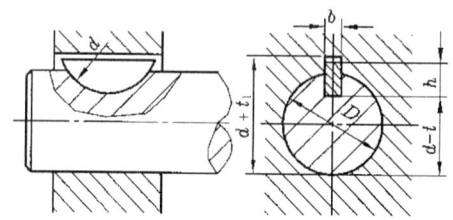

图 6-39 普通平键联接　　　　　图 6-40 半圆键联接

2. 钩头楔键联接的画法

钩头楔键的顶面有 1:100 的斜度，联接时将键打入键槽。因此，键的顶面和底面同为工作面，槽底和槽顶都没有间隙；而键的两侧为非工作面，与键槽的两侧面应留有间隙，如图 6-41 所示。钩头楔键供拆卸用。轴上的键槽常制在轴端，拆装方便。

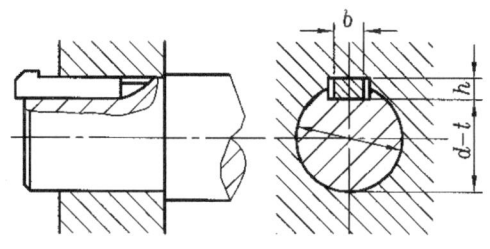

图 6-41 钩头楔键联接

3. 花键与花键联接的画法

花键联接适用于载荷较大、定心精度较高或导向性较好的联接上，其结构和尺寸均已标准化。以矩形花键应用较广。

（1）矩形花键的画法。

在平行于花键轴线的投影面的视图中，大径用粗实线绘制，小径用细实线绘制，并要画入倒角内。花键工作长度的终止线和尾部长度的末端用细实线绘制，尾部用细实线画成与轴线成 45°的斜线。采用局部剖视时，齿按不剖处理，小径用粗实线绘制，如图 6-42（a）所示。在垂直于花键轴线的投影面的视图中，可画出部分和全部齿形，也可按图 6-42（b）绘制。

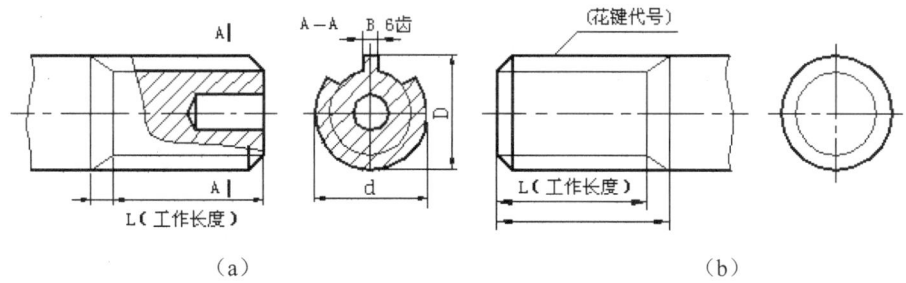

图 6-42 外花键的画法

对于内花键，在剖视图中，大、小径均用粗实线绘制，齿按不剖绘制。

（2）矩形花键的尺寸标注。

矩形花键采用一般尺寸注法时，应标注出大径 D、小径 d、键宽 B（及齿数）、工作长度等数据，有时还加注全长，如图 6-42（a）所示。

矩形花键也可采用代号标注。代号指引线用细实线自大径处引出，如图 6-42（b）和图 6-43 所示。

花键代号包含的项目需按序排列。例如：

外花键代号：6×23f7×26a11×6d11。

内花键代号：6×23H7×26H10×6H11。

式中第一项表示齿数，第二、三、四项分别表示小径、大径、齿宽及其公差带代号。

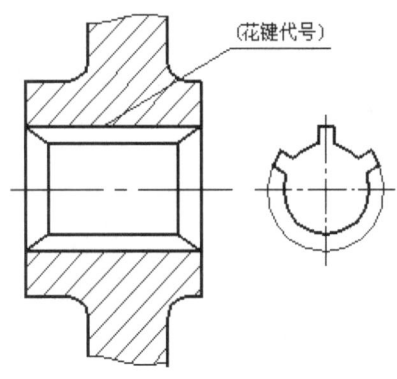

图 6-43 内花键的画法

（3）矩形花键的联接画法（见图 6-44）。

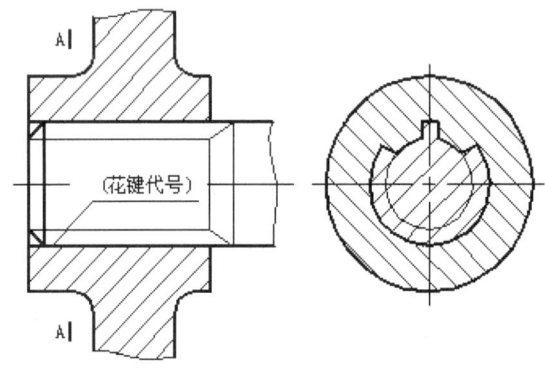

图 6-44 花键联接的画法

矩形花键的联接如用剖视表示，其联接部分按外花键绘制。需要时可在联接图中标注相应的联接花键代号，如：6×23H7/f7×26H10/a11×6H11/d11。

6.4.2 销

销常用来联接和固定零件，或在装配时起定位作用。常用的销有圆柱销和圆锥销，它们的型式和尺寸都已经标准化（见表 6-9），所以应属于标准件。

表 6-9 销的型式及其规定标记

名称	型式	规定标记示例	说明
圆柱销		销 GB/T 119.1－2000 A6×30（A 型，公称直径 d=8，长度 l=30）	共有四种型式，具有不同的直径公差，可与销孔形成不同的配合。可根据工作条件来选用
圆锥销		销 GB/T 117－2000 A10×60（A 型，公称直径 d=10，长度 l=60）	A 型为磨削加工；B 型为车削加工 锥度 1:50 有自锁作用，打入后不会自动松脱

续表

名称	型式	规定标记示例	说明
开口销		销 GB/T 91－2000 5×40（公称直径 d=5，长度 l=40）	公称直径指与之相配的销孔直径，故开口销公称直径都大于其实际直径

圆柱销和圆锥销的装配图画法如图 6-45 和图 6-46 所示。

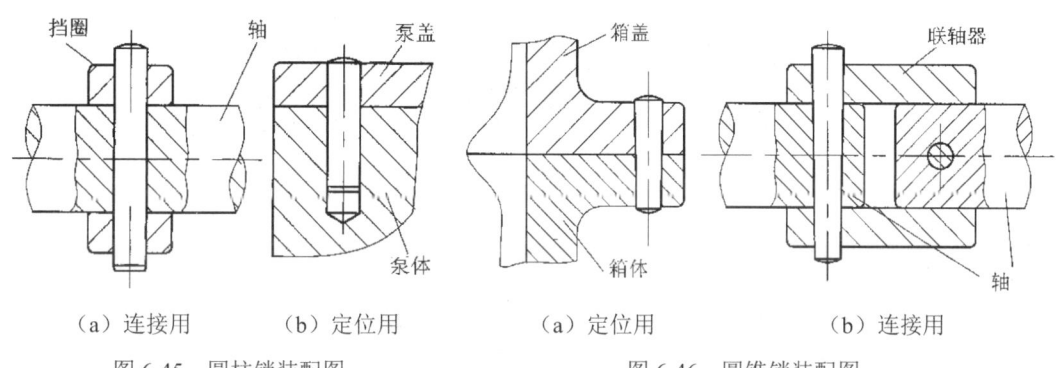

图 6-45　圆柱销装配图　　　　图 6-46　圆锥销装配图

用销联接或定位的两个零件上的销孔是在装配时一起加工的，在零件图上应当注明，如图 6-47 所示。圆锥销孔的尺寸应引出标注，其中 $\phi 4$ 是所配圆锥销的公称直径（即它的小端直径）。锥销孔加工时按公称直径先钻孔，再选用定值铰刀扩铰成锥孔，如图 6-48 所示。

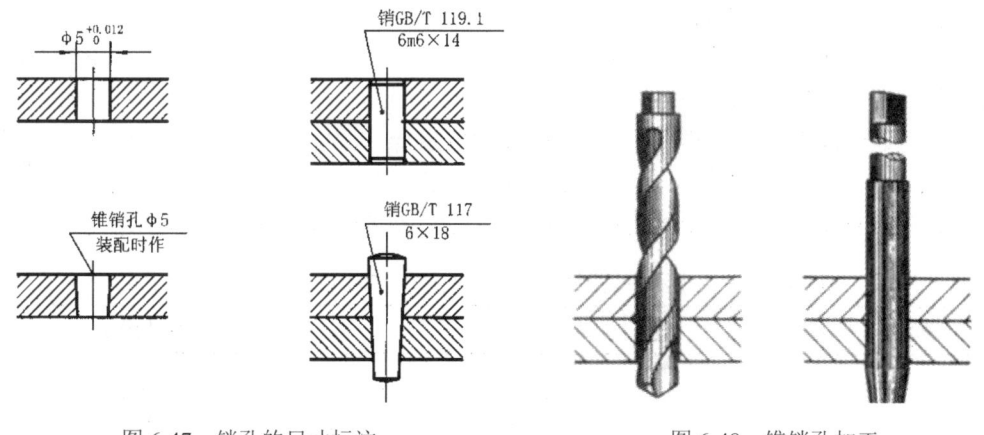

图 6-47　销孔的尺寸标注　　　　图 6-48　锥销孔加工

6.4.3　滚动轴承

在机器设备中，用来支承轴的零件称为轴承。轴承分为滑动轴承和滚动轴承两种，其作用是支持轴旋转及承受轴上的载荷。由于滚动轴承具有摩擦力小、结构紧凑的优点，所以被广泛用于机器中。

6.4.3.1 滚动轴承的结构及其规定画法

滚动轴承种类很多，但其结构大致相同。一般由外圈、内圈、滚动体及保持架组成，见图6-49，在一般情况下，外圈装在机座的孔内，固定不动；而内圈套在转动的轴上，随轴转动。

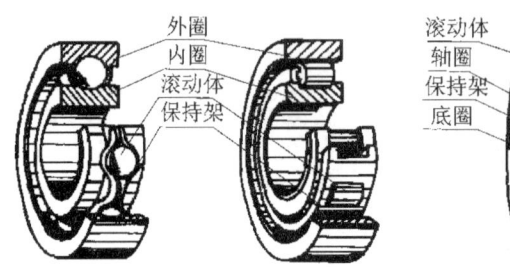

（a）深沟球轴承　　　（b）圆柱滚子轴承　　　（c）推力轴承

图 6-49　滚动轴承

滚动轴承按其受力方向可分为三类。

（1）向心轴承——主要承受径向力，如图6-49（a）所示。

（2）推力轴承——只承受轴向力，如图6-49（b）所示。

（3）向心推力轴承——同时承受径向和轴向力，如图6-49（c）所示。

滚动轴承是标准件，国家标准对滚动轴承的型式、结构特点和内径都规定了代号表示。使用时可根据要求确定型号，选购即可。

滚动轴承不需要画零件图，在装配图中可采用规定画法或特征画法。在画图时，根据轴承代号由国家标准中查出数据，然后按表6-10中的比例关系画出。

（1）滚动轴承剖视图轮廓应按外径D、内径d、宽度B等实际尺寸绘制。轮廓内可用规定画法或特征画法绘制，见表6-10。

（2）当在装配图中需较详细地表达滚动轴承的主要结构时，可采用规定画法。当在装配中只需简单地表达滚动轴承的主要结构时，可采用特征画法。

（3）在垂直于轴线的投影面的视图中，滚动轴承的规定画法和特征画法，见表6-10。

表6-10　滚动轴承的规定画法和特征画法（ GB/T 4459.7－1998）

轴承类型	规定画法	特征画法
深沟球轴承 60000型		

续表

轴承类型	规定画法	特征画法
圆锥滚子轴承 30000 型	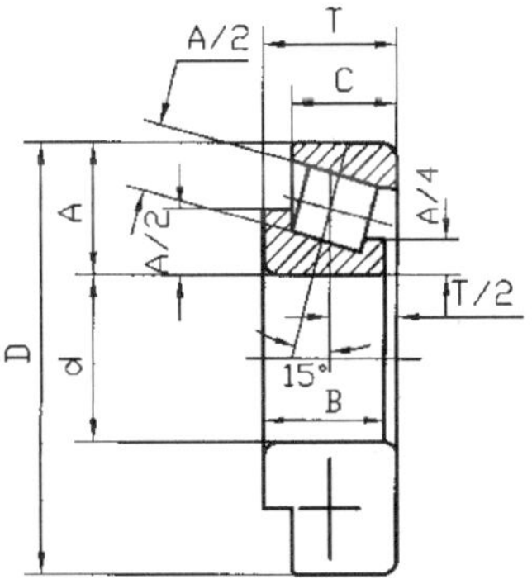	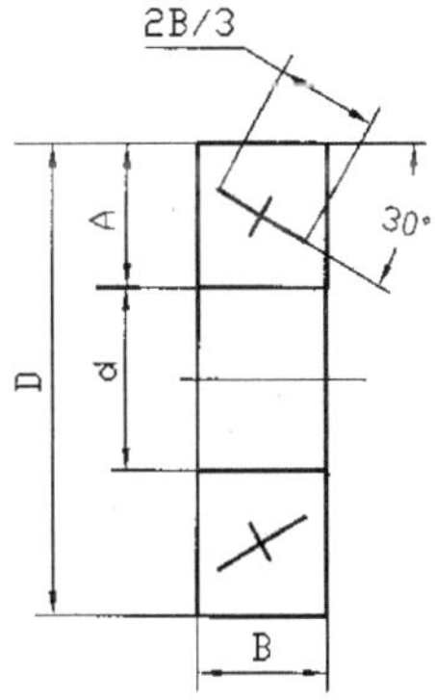
推力球轴承 50000 型	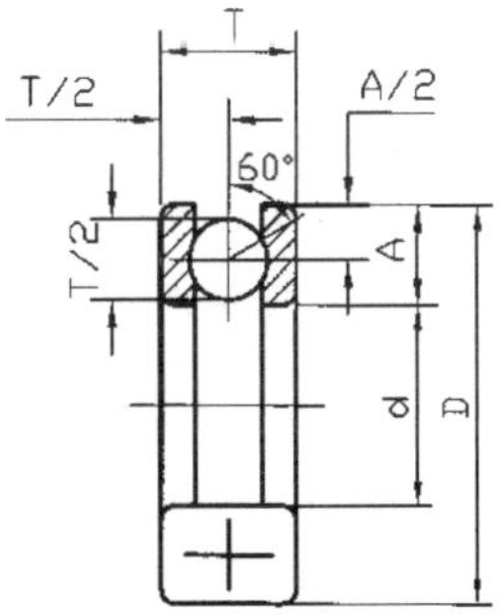	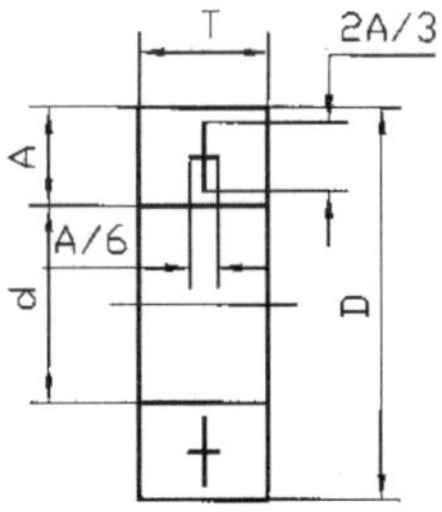

表格中的尺寸除 A 可计算得出外，其余尺寸可从附表 16 至 18 中查出。

6.4.3.2 滚动轴承的代号

滚动轴承的代号可查阅国家标准 GB/T 272－1993，由前置代号、基本代号和后置代号构成；当轴承零件材料、结构、设计、技术条件改变时，则增加补充代号。前置代号由轴承游隙代号和轴承公差等级代号组成，当游隙为基本组和公差等级为 G 级时，可省略前置代号。基本代号一般用 7 位数字表示，但在标注时，最左面的"0"规定不写。因此，最常见的为 4 位数字。从右边数起，它们的含义是：当 10mm≤d≤495mm 时，第一、二位数表示轴承的内径（代号数字<04 时，即 00、01、02、03 分别表示内径 d=10、12、15、17mm；代号数字≥04 时，代号数字乘以 5，即为轴承内径）；第三位数表示轴承直径系列，即在内径相同时，有各种不同的外径，可查阅有关标准；第四位数表示轴承的类型，例如："6"表示深沟球轴承，"5"表示推力球轴承，"3"表示圆锥滚子轴承。

例如轴承代号 6208 的含义为：6——类型代号，表示深沟球轴承；2——尺寸系列（02），表示窄系列；08——内径代号，表示轴承内径 40。

例如轴承代号 61708 的含义为：6——类型代号，表示深沟球轴承；17——尺寸系列；08——内径代号，表示轴承内径 40。

6.4.4 弹簧

弹簧是机械中常用的零件，它主要用于减震、夹紧、储能和测力等方面。其特点是当外力去除后能立即恢复原状。

弹簧的种类很多，常见的有螺旋弹簧和涡卷弹簧等（见图 6-50）。根据受力情况不同，螺旋弹簧又分为压缩弹簧、拉伸弹簧和扭转弹簧三种。

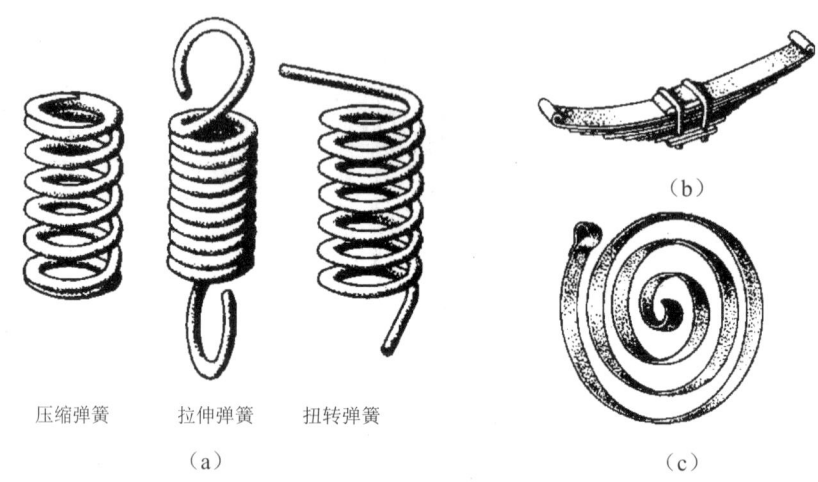

图 6-50　常见弹簧种类

下面着重介绍螺旋压缩弹簧的画法。

6.4.4.1　螺旋压缩弹簧的各部分名称

为了使压力弹簧在工作时受力均匀，要求在制造时将两端并紧并磨平，使弹簧的端面与轴线垂直（见图 6-51）。在使用时，弹簧两端并紧并磨平的部分基本上不起弹力作用，称为支承圈。支承圈有 1.5 圈、2 圈及 2.5 圈三种，其中较常见的是 2.5 圈。除了支承圈外，保持相等螺距的圈数称为有效圈数，它是计算弹簧受力的主要依据。有效圈数与支承圈数之和称为总圈数。

（1）簧丝直径 d——制造弹簧的钢丝直径。

（2）弹簧外径 D——弹簧的最大直径。

　　　弹簧内径 D_1——弹簧的最小直径，$D_1=D-2d$。

　　　弹簧中径 D_2——弹簧的平均直径，$D_2=D-d$。

（3）有效圈数 n、支承圈数 n_0 和总圈数 n_1——$n_1=n+n_0$。

（4）节距 t——除支承圈外，相邻两圈的轴向距离。

（5）自由高度 H_0——弹簧在不受外力时的高度，$H_0=nt+(n_0-0.5)d$。

（6）弹簧的展开长度 L——制造时坯料的长度。

$$L \approx n_1\sqrt{(\pi D_2)^2 + t^2}$$

6.4.4.2　螺旋弹簧的规定画法（GB/T4459.4－2003）

（1）螺旋弹簧在平行于轴线的投影面上，其各圈的轮廓线应画成直线（见图 6-52）。

（2）右旋弹簧在图上一定画成右旋。左旋弹簧也允许画成右旋，但不论画成右旋或左旋，一律要加注"左"字。

（3）有效圈数在四圈以上的螺旋弹簧，中间各圈可以省略不画（见图 6-52）。当中间各圈省略后，图形的长度可适当缩短。

（4）因为弹簧画法实际上只起一个符号作用，所以压力弹簧要求两端并紧并磨平时，不论支承圈数多少，均可按图 6-51 的形式绘制，而在技术条件中另加说明。

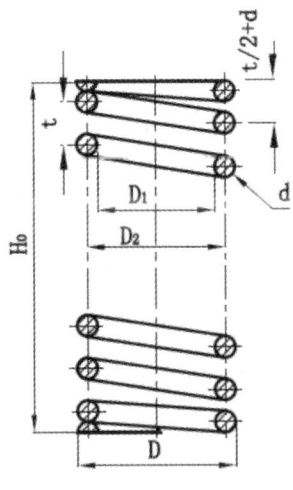 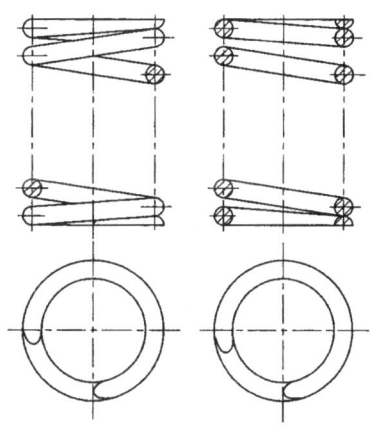

图 6-51 弹簧各部分尺寸　　　　　图 6-52 弹簧的规定画法（视图与剖视图）

（5）在装配图中，弹簧后面的机件按不可见处理，可见轮廓线只画到弹簧钢丝的剖面轮廓或中心线上（见图 6-53（a））。

（6）在装配图中，螺旋弹簧被剖切时，簧丝直径小于 2mm 的剖面可以涂黑表示（见图 6-53（b）），小于 1mm 时，可采用示意画法（见图 6-53（c））。

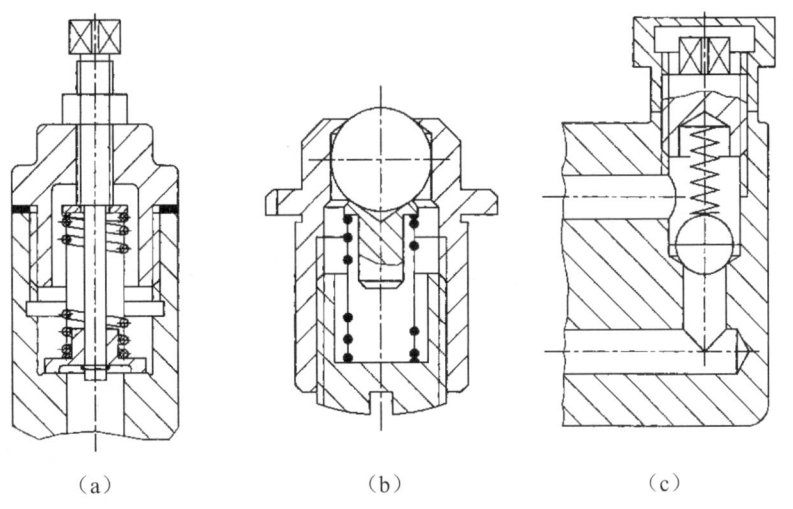

图 6-53 装配图中的弹簧画法

6.4.4.3 螺旋弹簧的画图步骤

已知圆柱螺旋压力弹簧的簧丝直径 $d=6$，弹簧外径 $D=42$，节距 $t=12$，有效圈数 $n=6$，支承圈数 $n_0=2.5$，右旋，其作图步骤如图 6-54 所示。

（1）算出弹簧中径 D_2 及自由高度 H_0。用 D_2 及 H_0 画出长方形 ABCD（见图 6-53（a））。

（2）画出支承圈部分直径与簧丝直径相等的圆和半圆（见图 6-54（b））。

（3）画出有效圈数部分直径与簧丝直径相等的圆（见图 6-54（c））。

（4）按右旋方向作相应圆的公切线及剖面线，即完成作图（见图 6-54（d））。

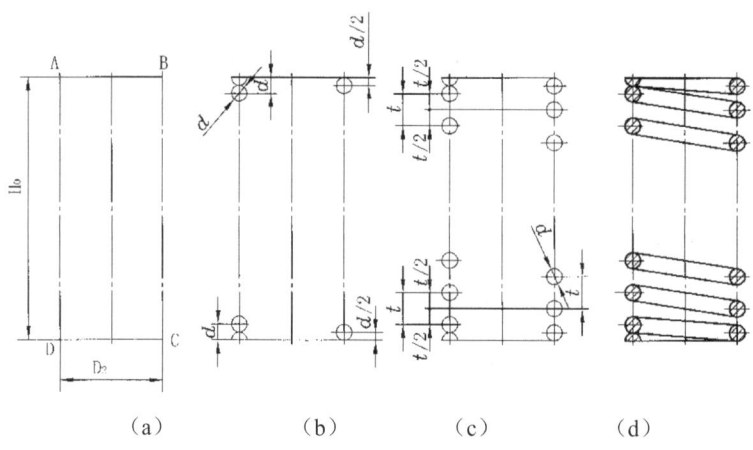

图 6-54 圆柱螺旋压缩弹簧的画图步骤

6.4.4.4 螺旋弹簧的零件图

图 6-55 是螺旋压缩弹簧的零件图。从图中可以看出，在绘制零件时应注意以下几点：

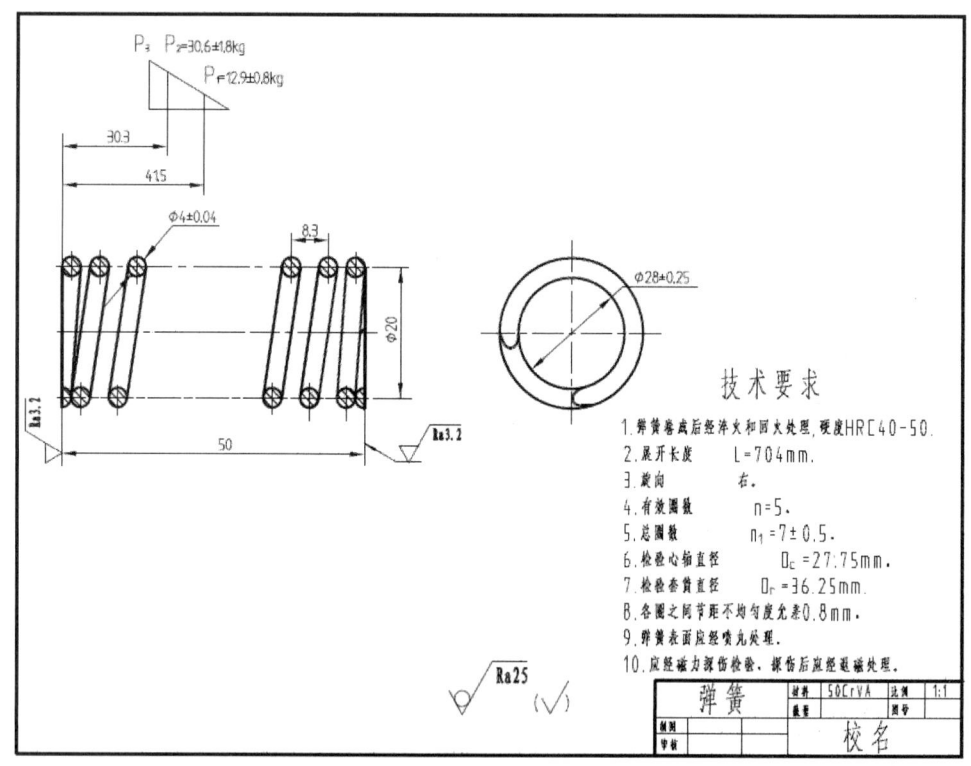

图 6-55 螺旋压缩弹簧的零件图

（1）弹簧的参数应直接标注在图形上，若直接标注有困难时，可在技术要求中说明。

（2）当需要表明弹簧的负荷与高度之间的变化关系时，必须用图解表示。螺旋压缩弹簧的机械性能曲线均画成直线，其中：P_1——弹簧的预加负荷，P_2——弹簧的最大负荷，P_3——弹簧的允许极限负荷。

第 7 章 零件图

机器都是由若干个相关的部件、零件，按不同的装配类别和连接方式，根据设计要求装配而成的。部件是由一组协同工作的零件组成的。因此零件是构成机器和部件的不可拆分的最小单元。表示零件结构、大小和技术要求的图样称为零件工作图（简称零件图）。它是制造和检验零件的主要技术依据，在实际生产中，工人根据技术人员提供的零件图制造出经检验后合格的各个零件，然后再装配成机器或部件。图 7-1 是一张实际生产用的轴承座零件图。

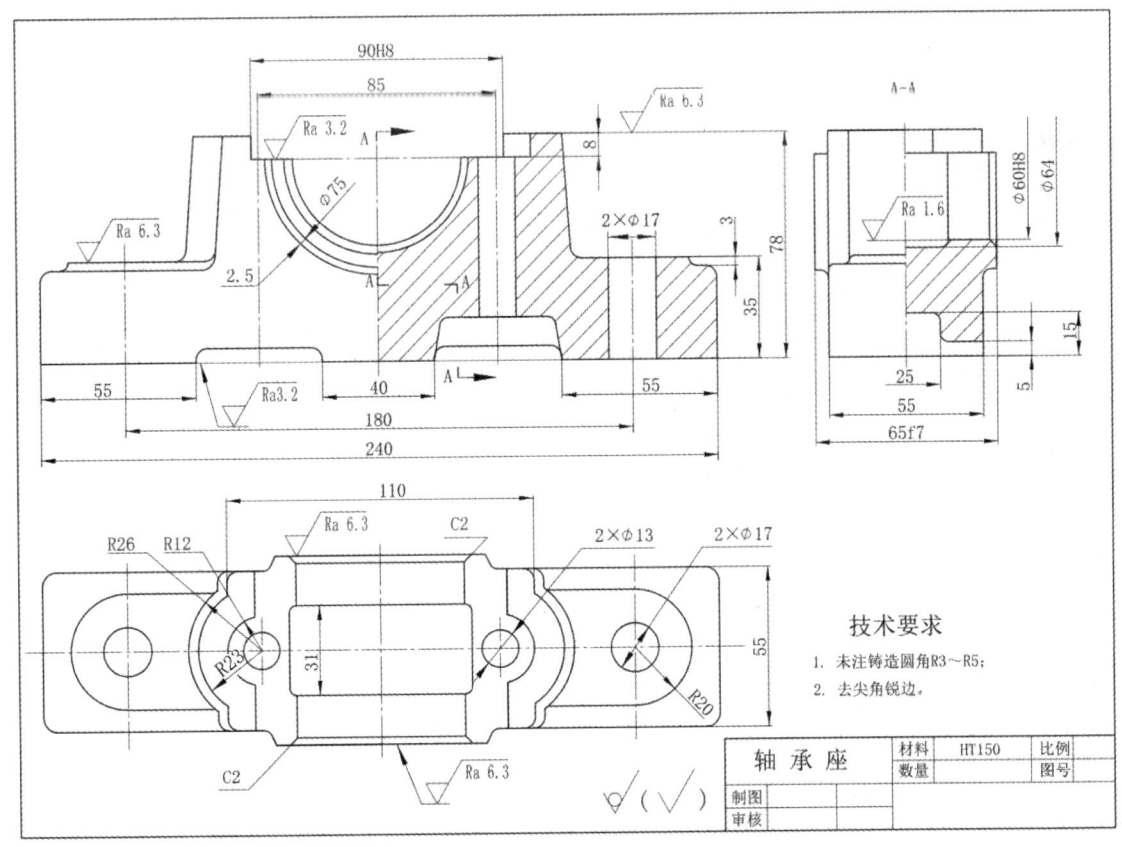

图 7-1 轴承座零件图

7.1 零件图的内容

零件图是制造和检验该零件的主要技术文件，在绘制时不仅要表达出该零件的内、外结构形状及尺寸大小，还要对零件的材料、加工、检验、测量等提出必要的技术要求。从图 7-1 中可以看出，一张完整的零件图应包括以下内容：

（1）一组视图。用于完整、清楚和简便地表达零件内、外结构形状的一组视图。其中包括根据机件结构、性能特点选用的各种表达方法及各种规定方法画出的图形。

（2）完整尺寸。完整、正确、清晰、合理地标注零件制造、检验时所需的全部尺寸。

（3）技术要求。用规定的代号或文字说明零件在制造和检验时应达到的技术指标。如表面结构、尺寸公差、几何公差、热处理、表面处理等要求。

（4）标题栏。标题栏在图框的右下角，需填写零件的名称、材料、数量、比例，以及设计、审核、批准者的姓名、日期等内容。

7.2 零件图的视图选择

零件图首先要能够完整、准确、清晰地表达零件的全部结构形状，并根据零件的形状、功用和加工方法，合理地选用主视图和各种视图、剖视、剖面等，力求表达简便。

7.2.1 主视图的选择

主视图是表达零件结构形状的最主要的视图，在画图和看图时，通常先从主视图开始。主视图的选择是否合理将直接影响到其他视图的选择和配置。因此在全面分析零件形状的基础上，选择主视图时要考虑以下几个方面的问题。

1. 形状特征原则

选择主视图时，应将最能反映零件各部分形状和相对位置的方向作为主视图方向。如图7-2（a）所示的支座，主视图较清楚地反映了各组成部分的形状和相对位置。又如图7-2（b）所示的传动轴，考虑到该轴基本上是圆柱体，因此轴的主视图应选用垂直于圆柱轴线方向作为投影方向，这样既能反映出轴肩、退刀槽、倒角、平键槽等形状和结构，又能反映各圆柱的形状大小和各部分的相对位置关系。

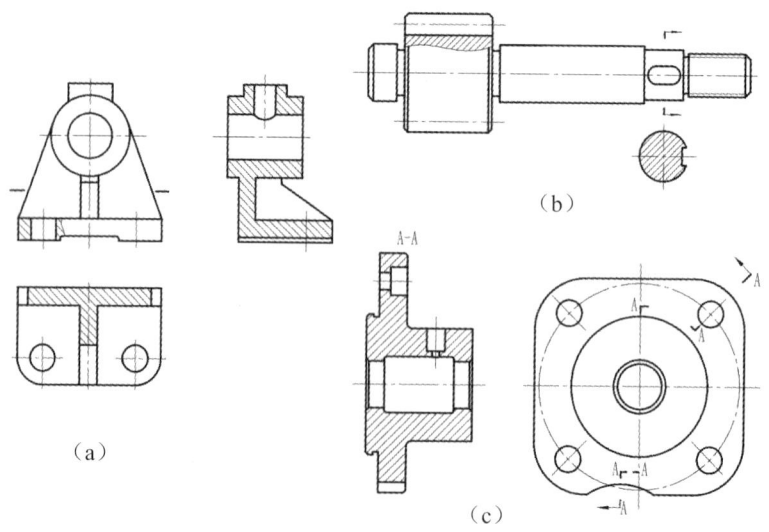

图 7-2 零件的视图选择

2. 加工位置原则

主视图选择应符合零件的主要加工位置。如图 7-2（b）所示的传动轴，由于该轴主要在车床和磨床上加工，一般按轴线水平放置来布置主视图的安放位置，并把直径较小的一端放在右边，这样便于加工和安装。通常对轴套类、轮盘盖类等回转体零件，采用加工位置原则。

3. 工作位置原则

主视图选择应与零件在机器中的工作位置一致。如图 7-2（a）（c）所示，既反映零件各部分形体特征，又符合零件在机器中的工作位置。箱体类零件一般选择其工作位置。

总之，零件的主视图选择，既要反映零件各部分形体特征，又要符合零件在机器中的工作位置和主要加工位置；但对有些不规则的零件很难满足以上要求，对这些零件则主要根据其形状结构特点来选择主视图。

7.2.2 其他视图的选择

主视图确定后，应根据零件的形体结构，考虑需要哪些视图与主视图配合，以反映出零件的内、外结构形状。对所需其他视图的数量，选择原则是：保证完整、清晰地表达零件内、外结构形状的前提下，尽量减少视图的个数，以便于画图和看图。因此，在确定其他视图数量及表达时，应考虑以下几点：

（1）选择视图的目的要明确，每个视图都要有表达的重点内容。

（2）优先考虑采用基本视图以及在基本视图上做剖视。采用局部视图、局部剖视图、斜视图或斜剖视图时应尽可能按投影关系配置在相关视图的附近。

（3）合理地布置视图位置，做到既使图样清晰美观，又便于读图。

7.3 零件图的尺寸标注

零件图尺寸标注的要求是：正确、完整、清晰、合理。"正确"是指尺寸标注要符合国家标准的有关规定（参见 1.1.5 尺寸标注）；"完整"是指图中所注尺寸，可以唯一确定地制造出图示零件。标注尺寸时按形体分析的方法，逐个将零件的各组成部分的定形尺寸、相互间的定位尺寸，既不重复，也不遗漏地注出（参见 4.3 组合体的尺寸标注）；"清晰"是指尽量避免尺寸线、尺寸界限、尺寸数字与其他图线交叠，并尽量将尺寸标注在视图外边，且坐标式尺寸线之间间隔应大小一致，较短的尺寸线较靠近视图，链式应在一条直线上，并合理地配置；"合理"是指既要符合设计要求，又要符合工艺要求。设计人员要对零件的作用、加工制造工艺及检验方法有所了解，才能合理地标注尺寸。要做到合理地标注尺寸，要注意以下几个要点。

7.3.1 尺寸基准的选择

标注和测量尺寸的起点称为尺寸基准。一般情况下，零件有长、宽、高三个方向的尺寸，每个方向至少要有一个主要尺寸基准，有时还要附加一些辅助基准。在标注时通常选择零件上的线和面作为尺寸基准，如零件上的重要端面、主要加工面、大平面（如底面）、配合表面、对称平面和回转面轴线等作为尺寸基准。如图 7-3（a）所示，底平面是高度方向尺寸基准，阶梯沉孔的上表面是高度方向的辅助尺寸基准。

一般地，轴套类、轮盘盖类零件等以切削加工为主的回转体零件，尺寸基准分径向和轴向。径向基准为轴线，轴向主要基准取定位轴肩或者端面。如图 7-3（b）所示。

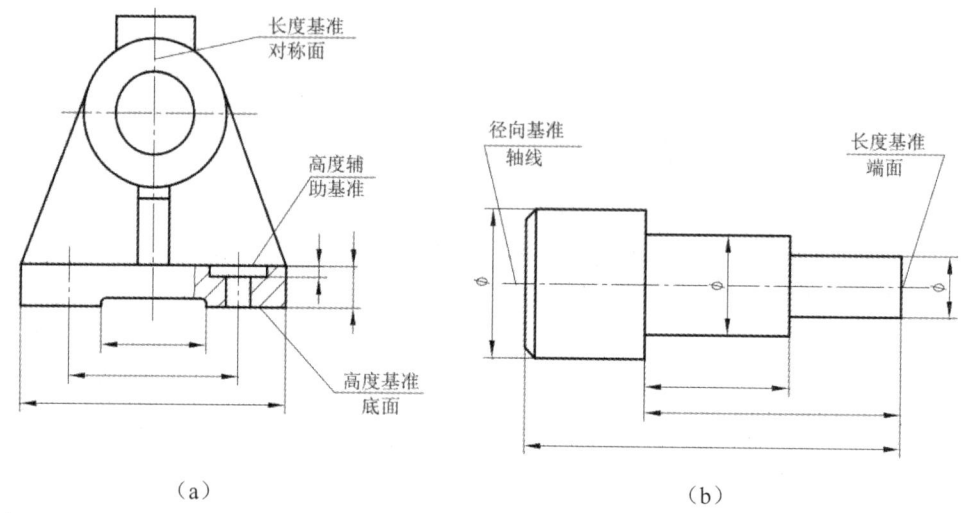

图 7-3 尺寸基准的选择

对于加工位置多样的叉架类、箱壳类零件，要选择长、宽、高三个方向的尺寸基准。一般以其安装面基面、对称面或端面为尺寸基准。

7.3.2 尺寸的标注形式

零件图上的尺寸因基准选择的不同，其标注形式有如下三种：

1. 链状式

链状式是把同一方向的一组尺寸依次首尾相接，如图 7-4（a）所示，前一尺寸的终止是后一尺寸的基准。此种标注的优点是能保证每一段尺寸的精度要求，前一段尺寸的加工误差不影响后一段。其缺点是各段的尺寸误差累计在总尺寸上，使总体尺寸的精度得不到保证。这种标注方法常用于要求保证一系列孔的中心距的尺寸注法。

2. 坐标式

坐标式是把同一方向的一组尺寸从同一基准出发进行标注，如图 7-4（b）所示。此种标注的优点是各段尺寸的加工精度只取决于本段的加工误差，不会产生累计误差。因此，当零件上需要从一个基准定出一组精确尺寸时，常采用这种注法。

3. 综合式

综合式是零件上同一方向的尺寸标注既有链状式又有坐标式，是这两种形式的综合，如图 7-4（c）和（d）所示。综合式具有链状式和坐标式的优点，能适应零件的设计和工艺要求，是常用的一种标注形式。

7.3.3 合理标注尺寸应注意的事项

1. 零件上的重要尺寸必须直接注出

为了使零件的主要尺寸不受其他尺寸误差的影响，在零件图中主要尺寸应从设计基准出发直接标注，如图 7-3（a）所示。

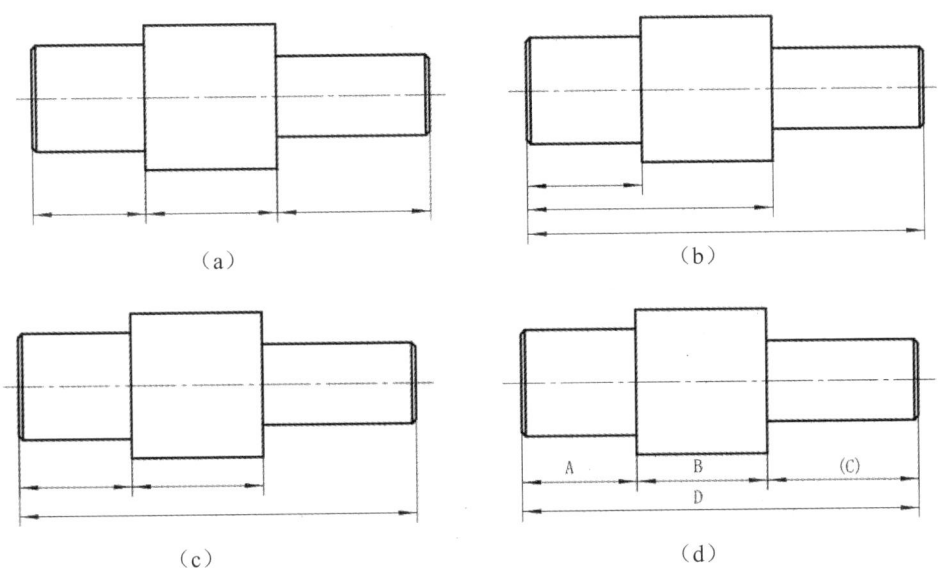

图 7-4　尺寸标注的形式

2. 避免注成封闭的尺寸链

封闭的尺寸链就是在同向尺寸中首尾相接的一组尺寸，每个尺寸称为尺寸链中的一环。尺寸一般都应注有开口环，所谓开口环即对精度要求较低的一环不注尺寸。如图 7-4（d）所示轴的尺寸就构成一个封闭的尺寸链。因此，C 尺寸要加上括号作为参考尺寸。

3. 标注尺寸要考虑工艺要求

尺寸标注要便于零件的加工和测量，如图 7-5 所示。

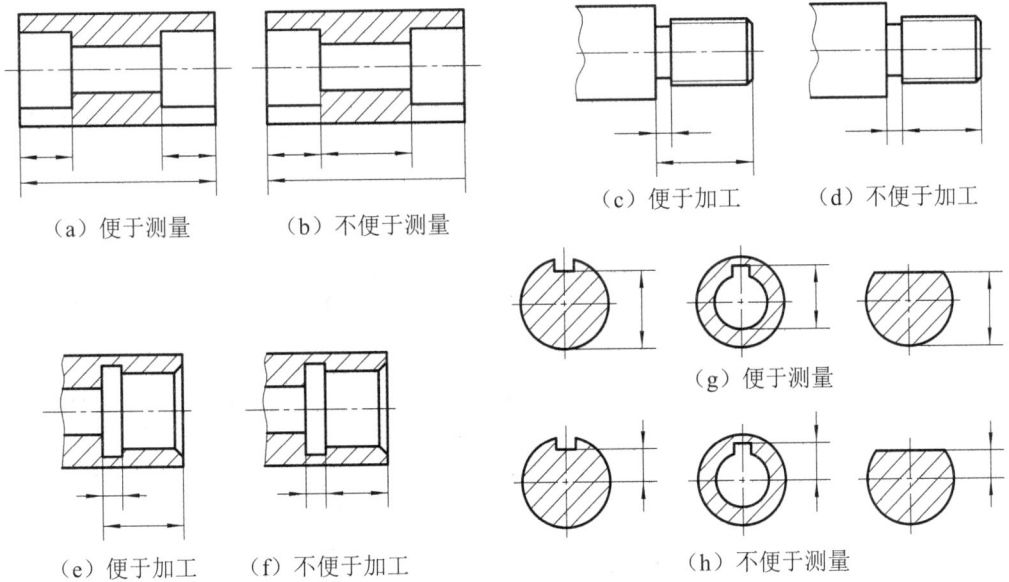

图 7-5　尺寸标注要便于加工和测量

为了使零件的主要尺寸不受其他尺寸误差的影响，在零件图中主要尺寸应从基准出发直接标注，如图 7-3（b）所示。

7.3.4 零件上常见孔的尺寸标注

零件上常见孔的尺寸注法如表 7-1 所示。如果是标准的结构要素，其尺寸应查阅有关标准手册来标注。

表 7-1 零件上常见孔的尺寸注法

类型		标注方法	简化注法		说明
螺孔	通孔	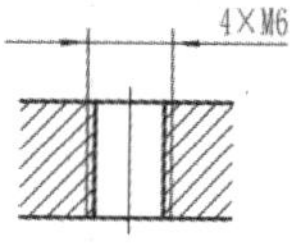 4×M6	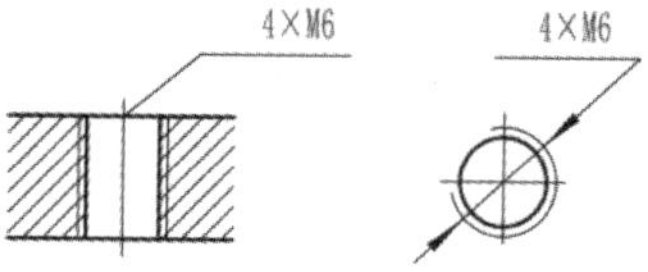 4×M6	4×M6	4×M6 表示直径为 6mm，有规律分布的四个螺孔。可以旁注，也可直接注出
	不通孔	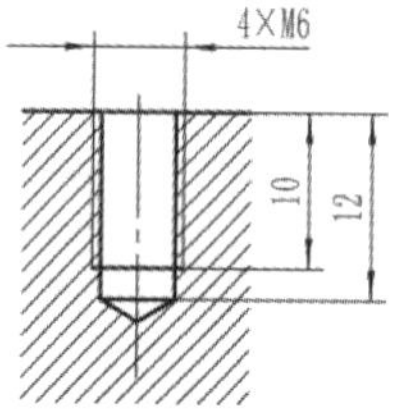 4×M6，10，12	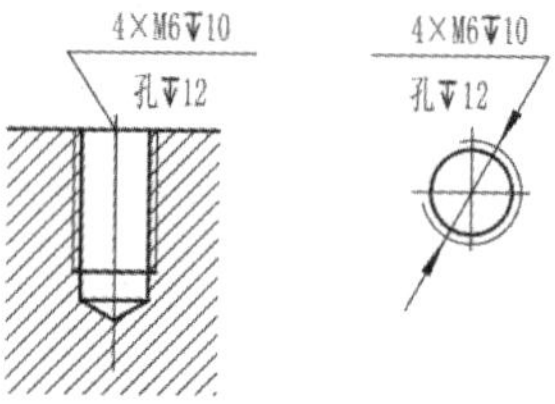 4×M6▼10，孔▼12	4×M6▼10，孔▼12	需要注出孔深时，应明确标注孔深尺寸
光孔	一般孔	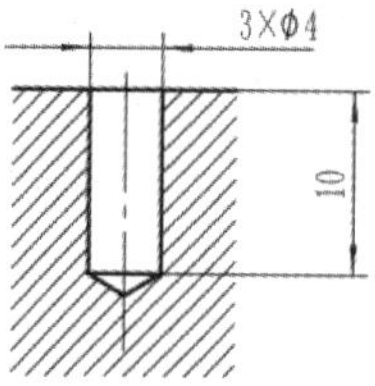 3×φ4，10	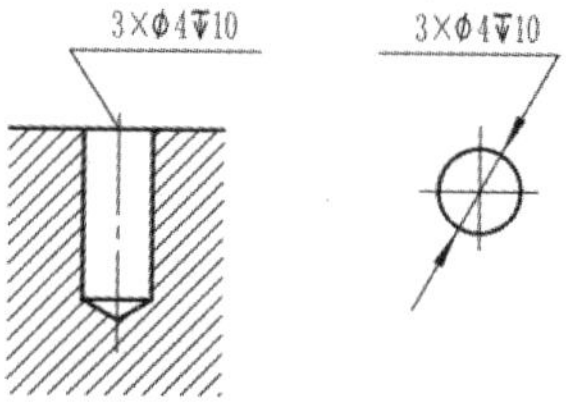 3×φ4▼10	3×φ4▼10	3×φ4 表示直径为 5mm，有规律分布的三个光孔。孔深可与孔径连注。也可分开注出
	锥销孔	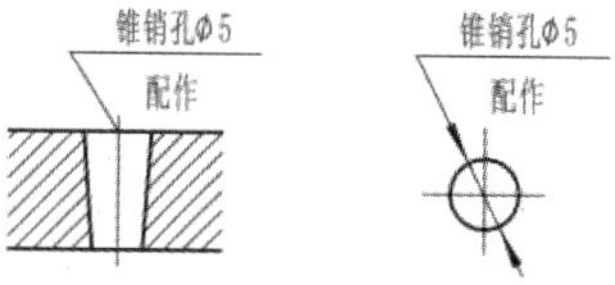 锥销孔φ5 配作	锥销孔φ5 配作		φ5 为与锥销孔相配的圆锥销小头直径。锥销孔通常是相邻两零件装配后一起加工的
沉孔	锥形沉孔	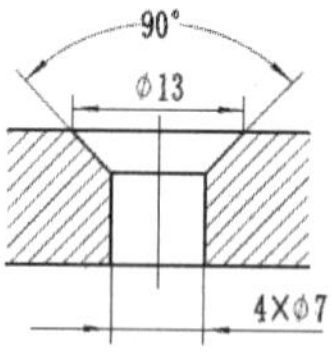 90°，φ13，4×φ7	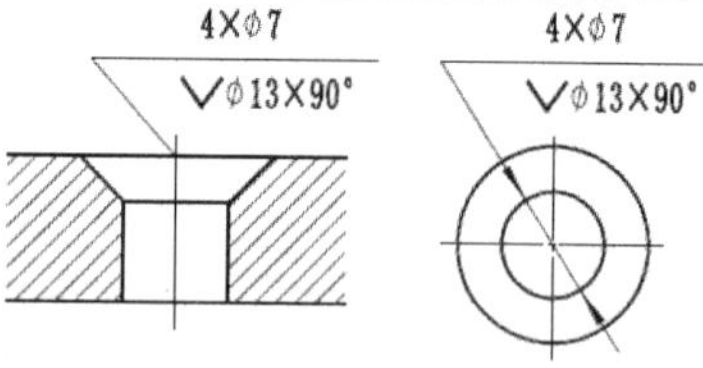 4×φ7，∨φ13×90°	4×φ7，∨φ13×90°	4×φ7 表示直径为 7mm、有规律分布的四个孔。锥形部分尺寸可以旁注。也可直接注出
	柱形沉孔	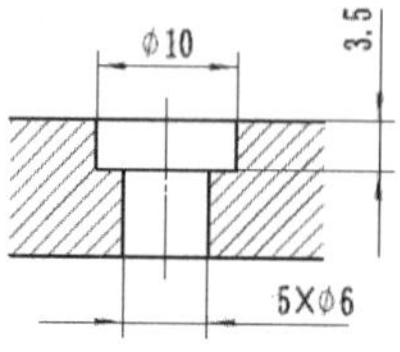 φ10，3.5，5×φ6	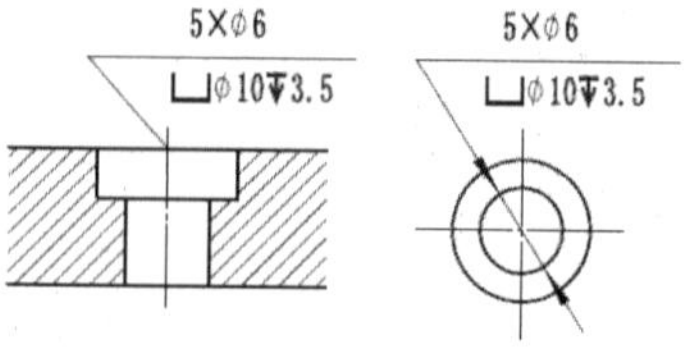 5×φ6，⊔φ10▼3.5	5×φ6，⊔φ10▼3.5	5×φ6 的意义同上。柱形沉孔的直径为 10mm，深度为 3.5mm，均需注出
	锪平孔	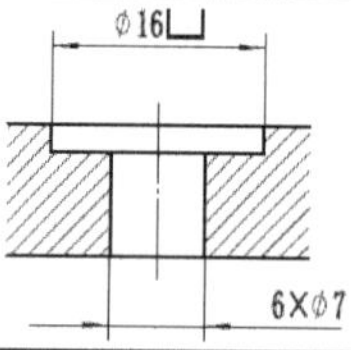 φ16⊔，6×φ7	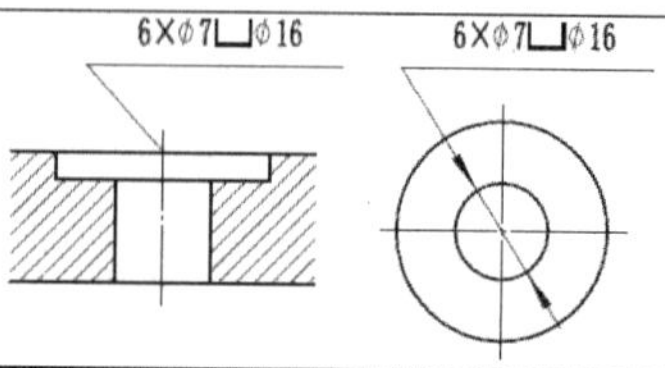 6×φ7⊔φ16	6×φ7⊔φ16	锪平面φ16的深度不需要标注，一般锪平到不出现毛面为止

7.4 零件上常见的工艺结构

零件在机器中所起的作用，决定了它的形状结构。设计零件时，首先必须满足零件的工作性能要求，同时还应考虑在加工、测量、装配等制造过程中的一系列特点，以满足制造的工艺要求，使零件结构更具合理性。下面介绍几种常见的工艺结构。

7.4.1 铸造工艺结构

1. 拔模斜度

在铸件造型时，为了方便取模，在铸件的内、外壁沿起模方向应有 1∶20 的斜度，称为拔模斜度。铸造零件的拔模斜度在图中可不画、不标注，必要时可在技术要求或图形中注明，如图 7-6（a）所示。

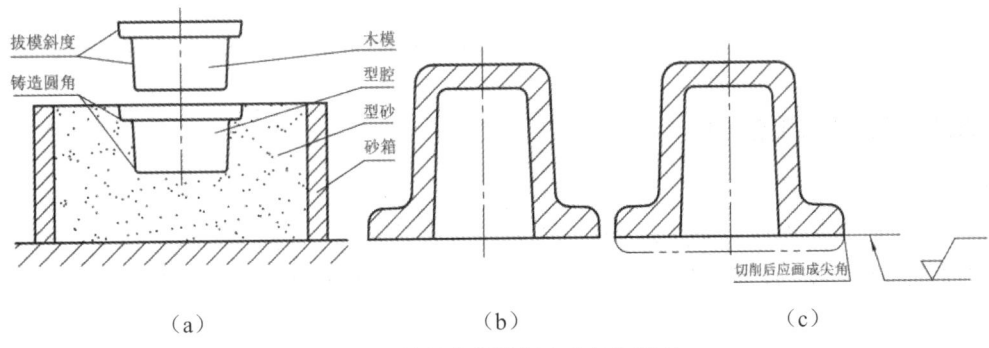

图 7-6 铸件的拔模斜度和铸造圆角

2. 铸造圆角

为了便于取模，避免铸件冷却时产生裂纹和缩孔，在铸件表面转折处应制成圆角，这种圆角称为铸造圆角，如图 7-6（b）所示。但经过切削加工后的转折处，由于圆角已被切削掉，则应画成尖角，如图 7-6（c）所示。

3. 铸件壁厚

铸件壁厚若不均匀，液态金属的冷却速度就不一样，容易形成缩孔或产生裂纹，如图 7-7（a）所示，在设计铸件时，壁厚应尽量均匀或逐渐过渡，如图 7-7（b）和（c）所示，为保证铸件液态金属的流动性，铸件的壁厚不应小于 3～8mm。

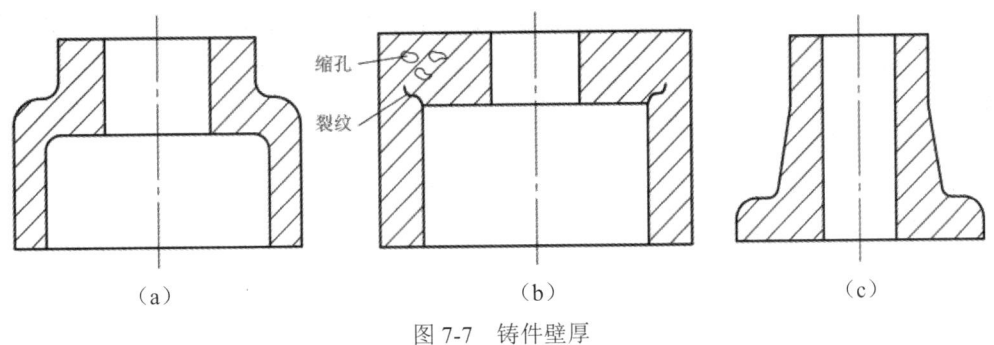

图 7-7 铸件壁厚

4. 过渡线

零件的铸造、锻造表面的相交处，由于有铸造圆角使交线变得不明显，在零件图上，仍用细实线画出表面的理论交线，且不宜与轮廓线相连，称为过渡线（GB/T 4458.1—2002），如图 7-8 所示。

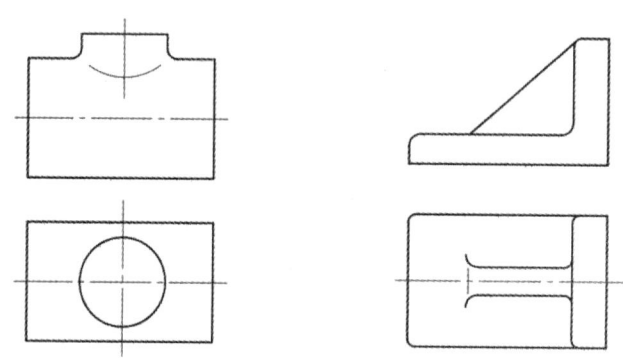

图 7-8　过渡线的画法

7.4.2　机械加工工艺结构

1. 倒角和圆角

为了便于安装和操作安全，常将轴、孔的端面加工成一个小锥面，称为倒角；为了避免阶梯轴轴肩的根部应力集中而容易断裂，故将轴肩的根部加工成圆角，如图 7-9 所示。

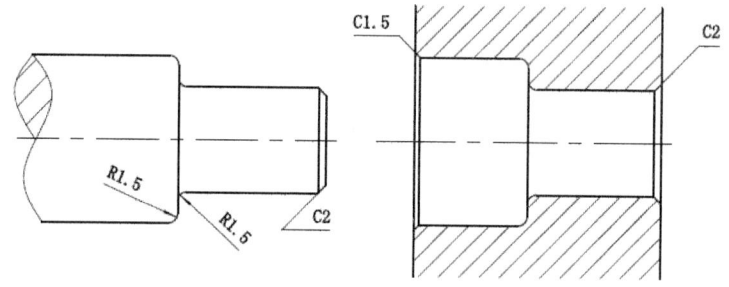

图 7-9　倒角和圆角的画法

2. 退刀槽和砂轮越程槽

在车削或磨削加工时，为了便于退出刀具或使砂轮可以稍微越过加工面，常在被加工面的末端预先车出一个槽，称为退刀槽或砂轮越程槽，如图 7-10 所示。尺寸以"槽宽×直径"或"槽宽×槽深"形式标注。

3. 凸台、凹坑和凹腔

为了保证两零件表面接触良好，以及尽可能减少加工面和接触面，一般将零件的表面制成凸台、凹坑和凹腔等结构，如图 7-11 所示。

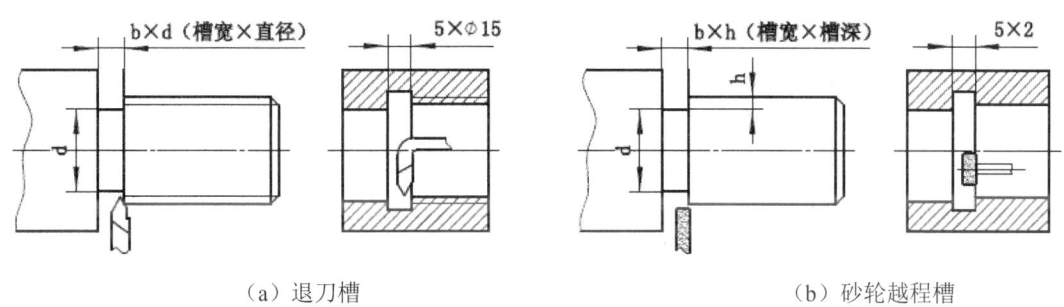

(a) 退刀槽　　　　　　　　　　　(b) 砂轮越程槽

图 7-10　退刀槽和砂轮越程槽

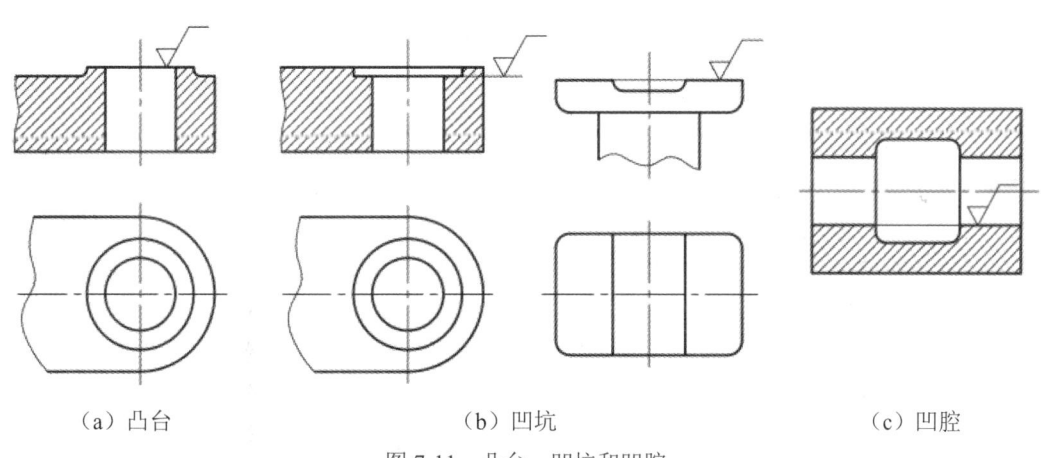

(a) 凸台　　　　　　(b) 凹坑　　　　　　(c) 凹腔

图 7-11　凸台、凹坑和凹腔

4. 钻孔结构

在钻孔时，为了钻头与钻孔端面垂直，对斜孔、曲面上的孔，应制成与钻头垂直的凸台或凹坑，如图 7-12 所示。

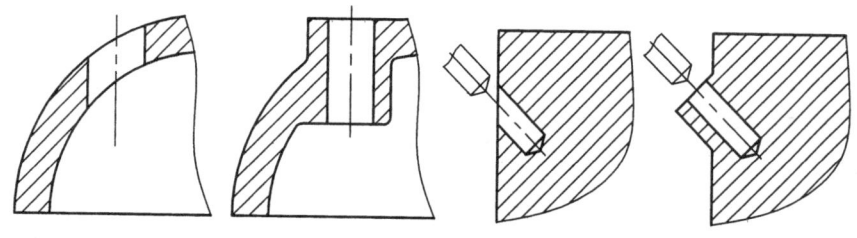

图 7-12　钻孔结构

7.5　零件图上的技术要求

零件图上除了有表示零件结构形状的视图，表示零件大小的尺寸外，还应使用一些符号或文字来注明该零件在设计、制造、检验、修饰和使用等方面的技术要求。零件图的技术要求包括以下几个方面：

（1）表面结构。
（2）极限与配合。
（3）几何公差。

7.5.1 表面结构

7.5.1.1 表面结构的概念

零件在加工时，由于刀具在零件表面上留下的刀痕、切削时表面金属的塑性变形和机床的震动等因素的影响，使零件表面具有各种类型的不规则状态，形成工件的几何特性。几何特性包括尺寸误差、形状误差、粗糙度和波纹度等。粗糙度和波纹度都属于微观几何形状误差，粗糙度可表达零件表面的细微形貌特征，波纹度可表达零件表面的粗大形貌特征。

粗糙度轮廓、波纹度轮廓和原始轮廓构成零件的表面特征，称为表面结构。国家标准以这三种轮廓为基础，建立了一系列参数，定量地描述对表面结构的要求，并能用仪器检测有关参数值，以评定实际表面是否合格。

国家标准把这三种轮廓分别称为 R 轮廓、W 轮廓和 P 轮廓，从这三种轮廓上计算所得的参数称为 R 参数、W 参数和 P 参数。

R 参数（粗糙度参数）——从粗糙度轮廓上计算所得的参数。
W 参数（波纹度参数）——从波纹度轮廓上计算所得的参数。
P 参数（原始轮廓参数）——从原始轮廓上计算所得的参数。

表面粗糙度是评定零件表面质量的一项重要指标，它对零件的配合性质、耐磨性、抗腐蚀性、抗疲劳强度、密封性等都有影响。因此，图样上根据零件表面工作情况不同，对零件表面粗糙度的要求也各有不同。

评定表面粗糙度的主要高度参数有：轮廓算术平均偏差（Ra）；轮廓最大高度（Rz）。在零件图中多采用轮廓算术平均偏差 Ra 值，其定义为：在一个取样长度内纵坐标值 Z（x）绝对值的算术平均值。Rz 为表面粗糙度轮廓的最大高度，其定义为：在一个取样长度内，最大轮廓峰高和最大轮廓谷深之间的高度。

根据 GB/T 1031—2009 的规定，常用的轮廓算术平均偏差 Ra 值见表 7-2。

表 7-2 轮廓算术平均偏差 Ra 值

0.012	0.025	0.05	0.10	0.20	0.40	0.80
1.6	3.2	6.3	12.5	25	50	100

7.5.1.2 表面粗糙度的选用

零件表面粗糙度参数值的选用，既要满足零件表面的功能要求，又要考虑经济合理性。也就是在满足零件功能要求的前提下，应尽量选用较大的表面粗糙度参数值，以降低加工成本。表 7-3 列出了 Ra 值与其对应的主要加工方法和应用。

7.5.1.3 表面结构的标注

1. 表面结构图形符号的含义及其画法

表面结构图形符号的含义及其画法见表 7-4 所列。

表 7-3　表面粗糙度参数 Ra 值应用

Ra（μm）	表面特征	主要加工方法	应用举例
>40～80	明显可见刀痕	粗车、粗铣、粗刨、钻孔及粗纹锉刀和粗砂轮加工	光洁程度最低的加工面，一般很少应用
>20～40	可见刀痕		
>10～20	微见刀痕	粗车、粗刨、立铣、平铣、钻等	不接触表面、不重要的接触表面，如螺钉孔、倒角、机座底面等
>5～10	可见加工痕迹	精车、精铣、精刨、镗孔及粗磨等	没有相对运动的零件接触面，如箱、盖、套筒要求紧贴的表面、键和键槽工作的表面；相对运动不高的接触面，如支架孔、衬套、带轮轴孔的工作表面
>2.5～5	微见加工痕迹		
>1.25～2.5	看不见加工痕迹		
>0.63～1.25	可辨加工痕迹方向	精车、精铰、精拉精镗、精磨等	要求很好密合的接触面，如滚动轴承配合的表面、销孔等相对运动速度较高的接触面，如滑动轴承的配合面、轮齿工作表面
>0.32～0.63	微辨加工痕迹方向		
>0.16～0.32	不辨加工痕迹方向		
>0.08～0.16	暗光泽面	研磨、抛光、超级精细研磨等	精密量具表面、极重要零件的摩擦面，如汽缸的内表面，精密机床的主轴轴颈等
>0.04～0.08	亮光泽面		
>0.02～0.04	镜状光泽面		
>0.01～0.02	雾状镜面		
≯0.01	镜面		

表 7-4　表面结构图形符号的含义及其画法（摘自 GB/T 131－2006）

名称	符号	含义及说明
基本图形符号	∨	表示对表面结构有要求的图形符号。表示未指定工艺方法的表面，仅用于简化代号的标注，没有补充说明时不能单独使用
扩展图形符号	▽	基本符号加一短画，表示表面是用去除材料的方法获得。如车、铣、刨、磨、钻、剪切、抛光、腐蚀、电火花加工、气割等
	∨○	基本符合加一小圆，表示表面是用不去除材料的方法获得。如铸、锻、冲压变形、热轧、冷轧粉末冶金等，或者是用于保持原供应状况的表面（包括保持上道工序的状况）
完整图形符号	√ √ ▽	在上述三个符号的长边上加一横线，用于标注参数代号和说明。这三个符号分别对应注释文本 APA（允许任何工艺）、MRR(去除材料)和 NMR（不去除材料）
	√○ √○ ▽○	在上述三个完整图形符号上加一小圆，表示构成封闭轮廓的一组表面具有相同的表面结构要求

续表

名称	符号	含义及说明
符号画法	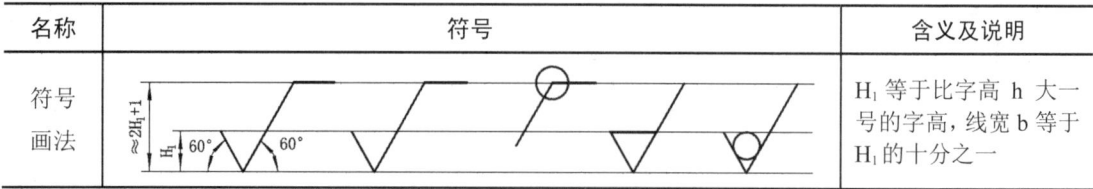	H_1 等于比字高 h 大一号的字高,线宽 b 等于 H_1 的十分之一

表面粗糙度代号是在表面结构图形符号的基础上,标注表面特征规定后组成的。各特征规定的标注位置如图 7-13 所示。

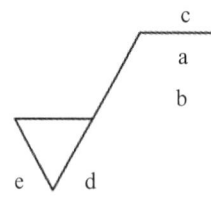

a—为表面结构参数代号及其数值;
b—为同一表面的第二个或多个表面结构要求,格式同 a;
c—为加工方法,如车、磨、镀等工艺要求;
d—为表面纹理和方向;
e—为加工余量(mm)

图 7-13 表面结构标注内容与格式

2. 表面结构代号的注写

表面结构代号的注写见表 7-5 所列。

表 7-5 表面结构代号标注示例

代号	意义	代号	意义
∇ Ra 3.2	用不去除材料方法获得的表面,Ra 的上限值为 3.2μm	∇ URz 0.8 LRa 0.2	去除材料,双向极限值,上限值(代号 U)为轮廓最大高度 0.8μm,下限值(代号 L)为算术平均偏差 0.2μm
∇ Ra 3.2	用去除材料方法获得的表面,Ra 的上限值为 3.2μm	∇ Rz max 3.2	用去除材料方法获得的表面,Rz 的最大值为 3.2μm,"最大规则"
∇ Ra 1.6 Rz 6.3	用任何方法获得的表面,表面粗糙度有两种要求,Ra 的上限值 1.6μm,Rz 上限值 6.3μm	∇ -0.8/Ra3.2	用去除材料方法获得的表面,非默认的取样长度 0.8μm,Ra 的上限值为 3.2μm

注:在表面的不同位置可测得多个参数值,"16%规则"是指在全部实测值中,大于(或小于)图样或技术文件中标注的上限值(或下限值)的个数不超过总数的 16%,则认为该表面是合格的;"最大规则"是指全部实测值一个也不应该超过图样或技术文件中的标注值,该表面才合格。"16%规则"是默认规则。

3. 表面结构(粗糙度)代号在图样上的标注

在零件图中,零件的每个表面一般只标注一次表面粗糙度的代号,其符号应注在可见轮廓线、尺寸线、尺寸界线或引出线上,代号中的数字及符号方向应与标注尺寸数字的方向相同,表 7-6 列举了表面粗糙度的标注示例(GB/T 131—2006)。

表 7-6　表面结构要求在图样中的标注示例

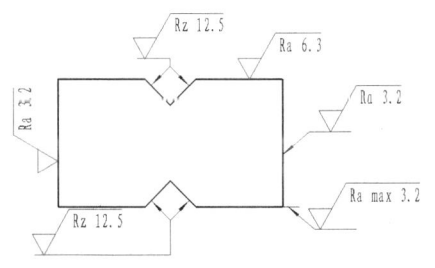

表面结构要求的注写和读取方向应与尺寸的注写和读取方向一致

表面结构要求可标注在轮廓线上，其符号应从材料外指向并接触表面

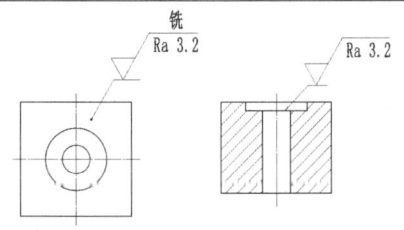

必要时，表面结构符号也可用带箭头或黑点的指引线引出标注

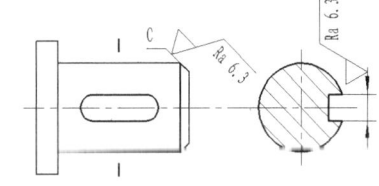

表面结构要求和尺寸可以标注在同一尺寸，倒角表面结构要求如图

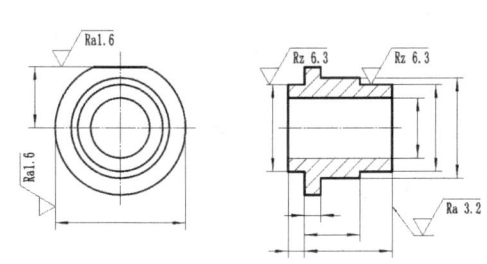

表面结构要求可以直接标注在轮廓线的延长线上或尺寸界限上

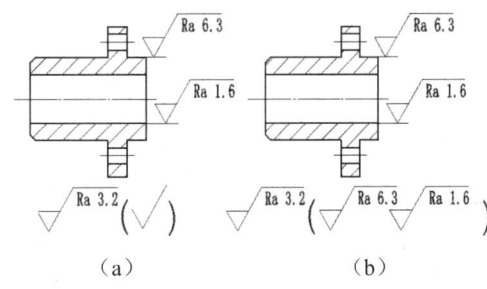

如果工件的多数（包括全部）表面有相同的表面结构要求，则其表面结构要求可统一标注在图样的标题栏附近。此时（除全部表面有相同要求的情况外）表面结构要求的符号后面应有：在圆括号内给出无任何其他标注的基本符号见图（a），在圆括号内给出不同的表面结构要求见图（b）

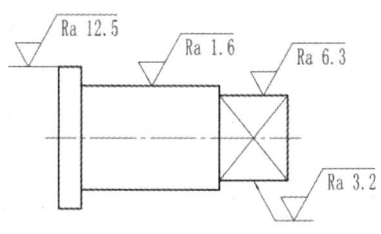

圆柱和棱柱表面的表面结构要求只标注一次。如果每个棱柱表面有不同的表面结构要求，则应分别单独标注

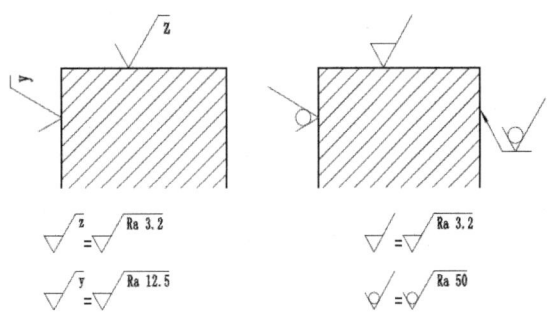

当多个表面具有相同的表面结构要求或图纸空间有限时，可以用带字母的完整符号，以等式的形式在图形或标题栏进行简化标注

7.5.2 极限与配合

7.5.2.1 互换性的意义

在现代化的成批或大量生产中,互换性是工业产品必备的基本性质。所谓"互换性",就是指在同一批规格大小相同的零件中,任意取其中一个零件,不经选择和任何其他加工及修配,就能装配成完全符合规定要求的产品。零件具有互换性,不仅便于采用先进设备和加工的流水线作业,而且大大简化了零件的设计和制造过程,有利于各企业间的相互协作,缩短生产周期,提高劳动生产率,降低生产成本,便于装配和维修,保证产品质量。为了保证和满足互换性要求,图样上必须正确标注公差与配合等技术要求。

7.5.2.2 公差的基本术语和定义

在零件的加工过程中,由于受到机床、刀具、测量和操作者技术水平等方面的影响,加工出来的零件尺寸不可能绝对准确,必然存在着一定的误差。因此,在设计时为了保证零件的互换性,应根据零件的使用和加工要求,将零件尺寸的加工误差限制在一定的范围内,规定出尺寸的允许变动量,因而形成了极限与配合的一系列概念。下面以图7-14为例说明公差的基本术语和定义。

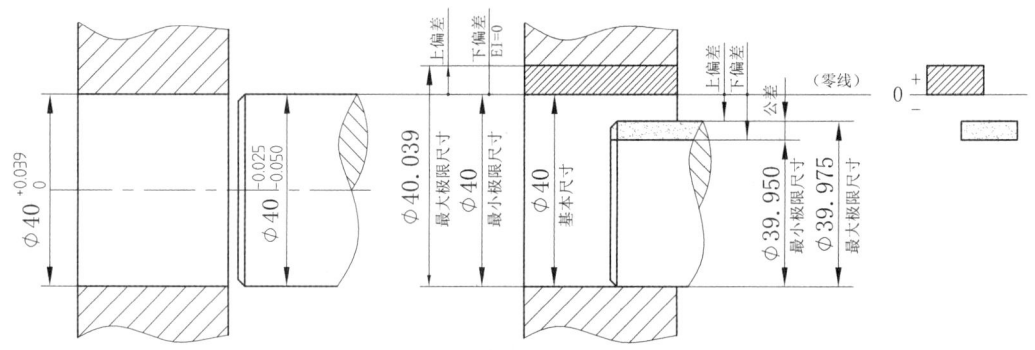

图 7-14 尺寸公差名词解释及公差带图

(1)公称尺寸:设计人员根据实际使用要求而确定的尺寸。

(2)极限尺寸:尺寸要素允许的尺寸的两个极端。极限尺寸包括上极限尺寸和下极限尺寸。

1)上极限尺寸:尺寸要素允许的最大尺寸。

2)下极限尺寸:尺寸要素允许的最小尺寸。

(3)实际尺寸:通过测量方法获得的零件完工后的尺寸,又称为测量尺寸。零件的实际尺寸应位于上、下极限尺寸之间,零件才合格。

(4)偏差:某一尺寸减去其公称尺寸所得的代数差。极限尺寸减去其公称尺寸所得的代数差称为极限偏差。极限偏差分为上极限偏差和下极限偏差。

1)上极限偏差:上极限尺寸减去其公称尺寸所得到的代数差。孔的上极限偏差用大写字母 ES 表示,轴的上极限偏差用小写字母 es 表示。

2)下极限偏差:下极限尺寸减去其公称尺寸所得到的代数差。孔的下极限偏差用大写字母 EI 表示,轴的下极限偏差用小写字母 ei 表示。

(5)尺寸公差(简称公差):允许尺寸的变动量。尺寸公差等于上极限尺寸与下极限尺寸之代数差或上极限偏差与下极限偏差之差。这里注意,公差仅表示尺寸允许变动的范围,所

以是绝对值而不是代数值,即

$$公差=上极限尺寸-下极限尺寸=上极限偏差-下极限偏差$$

(6) 尺寸公差带(简称公差带):公差带是由代表上极限偏差和下极限偏差的两条直线所限定的一个带状范围,其左右长度可根据需要任意变化。

(7) 零线:表示公称尺寸的一条直线,以其为基准确定偏差和公差。零线可认为是零件的设计表面(理想形状要素)的轮廓线,而实际要素应在零线附近范围内变动。

(8) 公差带图:以零线为横轴,以偏差为纵轴,按比例画出表示尺寸公差与公称尺寸之间关系的简图,称为公差带图,零线以上为正偏差值,零线一下为负偏差值。

7.5.2.3 标准公差和基本偏差(GB/T 1800.1—2009)

国家标准 GB/T 1800.1—2009 中规定:公差带是由标准公差和基本偏差组成。标准公差确定公差带大小;基本偏差确定公差带的位置。

(1) 标准公差:国家标准 GB/T 1800.1—2009 将标准公差等级分为 20 级,即 IT01、IT0、IT1、IT2、……、IT18 级。IT 表示标准公差,数字表示公差等级,IT01 公差值最小,IT18 公差值最大。标准公差值可从附表 22 中查出。

(2) 基本偏差:在上、下极限偏差中,靠零线最近的极限偏差称为基本偏差,用基本偏差代号来表示,它确定了公差带相对于零线的位置。

为了满足各种配合要求,国家标准分别对孔和轴各规定了 28 种基本偏差系列,基本偏差代号用拉丁字母表示,大写表示孔,小写表示轴,28 个基本偏差代号,如图 7-15 所示。

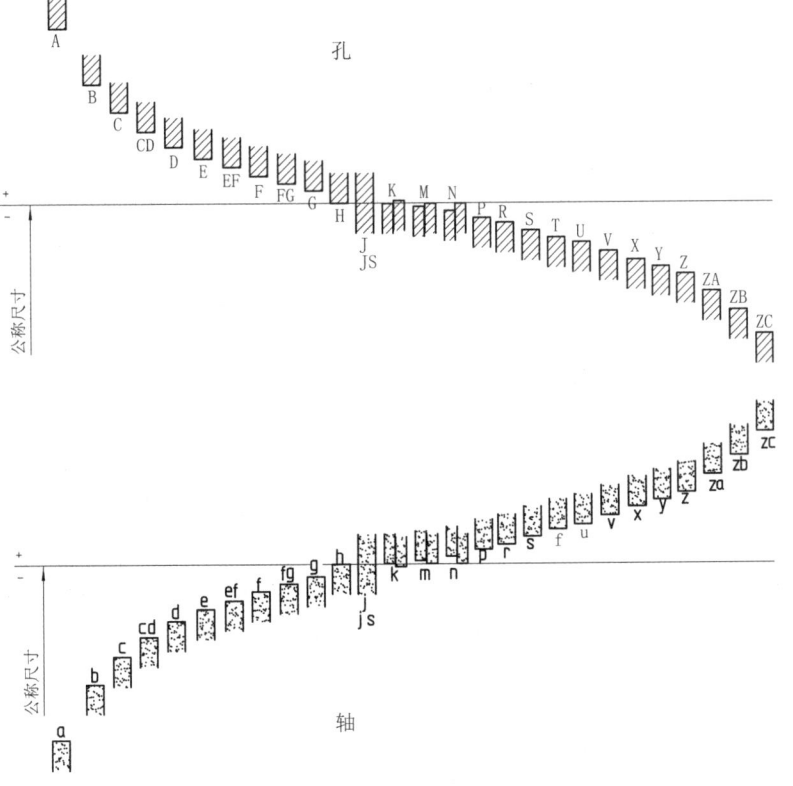

图 7-15 孔和轴的基本偏差系列

由图 7-14 可知，孔的基本偏差，从 A～H 为下偏差，从 J～ZC 为上偏差；轴的基本偏差，从 a～h 为上偏差，从 j～zc 为下偏差。

基本偏差数值由公称尺寸和基本偏差代号确定，部分基本偏差数值还与标准公差等级有关。附表 23 和附表 24 分别是轴和孔的基本偏差数值表，从中可根据公称尺寸查出基本偏差代号所代表的基本偏差数值。

图样中，尺寸公差可以用公差带代号的形式来表示，公差带代号由基本偏差代号和标准公差等级代号两部分组成：基本偏差代号用字母表示，孔为大写，轴为小写；标准公差等级代号用数字表示。例如，H7、F8、J12 为孔的公差带代号，h9、p10、f7 为轴的公差带代号。

7.5.2.4 配合与配合制

1. 三种配合

公称尺寸相同的并且相互结合的孔和轴公差带之间的关系，称为配合。配合的松紧程度有三种形式，如图 7-16 所示。

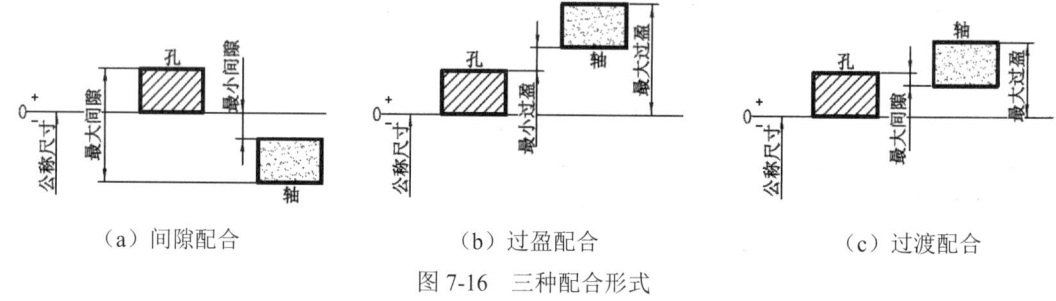

（a）间隙配合　　　　　（b）过盈配合　　　　　（c）过渡配合

图 7-16　三种配合形式

（1）间隙配合：具有间隙（包括最小间隙等于零）的配合。此时孔的公差带位于轴的公差带之上。当有配合关系的两零件需相对运动或要求拆卸方便时，采用间隙配合。

（2）过盈配合：具有过盈（包括最小过盈等于零）的配合。此时孔的公差带位于轴的公差带之下。当有配合关系的两零件需牢固连接、保证相对静止或传递动力时，采用过盈配合。

（3）过渡配合：可能具有间隙或过盈的配合。此时，孔的公差带与轴的公差带相互交叠。过渡配合常用于不允许有相对运动、轴孔对中要求高，但又需拆卸的两零件间的配合。

2. 两类配合制

为了规范上述三种配合，国家标准制定了同一极限制的孔和轴组成配合的制度，称为配合制。配合制分为基孔制和基轴制两类。

（1）基孔制：基本偏差一定的孔的公差带，与不同基本偏差的轴的公差带形成各种配合的一种制度。基孔制配合中的孔称为基准孔，基准孔的基本偏差代号为 H，即基准孔的下偏差为零。如图 7-17 所示。

（2）基轴制：基本偏差一定的轴的公差带，与不同基本偏差的孔的公差带形成各种配合的一种制度。基轴制配合中的轴称为基准轴，基准轴的基本偏差代号为 h，即基准轴的上偏差为零。如图 7-18 所示。

（3）基准制的选择。国家标准中规定优先选用基孔制，因为一般来说加工孔比加工轴困难，采用基孔制可以限制和减少加工孔所用刀具、量具的数量，而获得较好的经济效益。但在结构设计要求不适宜采用基孔制或者采用基轴制具有明显经济效益的场合，最好采用基轴制。

例如在同一个轴与几个具有不同公差带的孔配合或当使用不需加工的冷拉传动轴时,应采用基轴制。

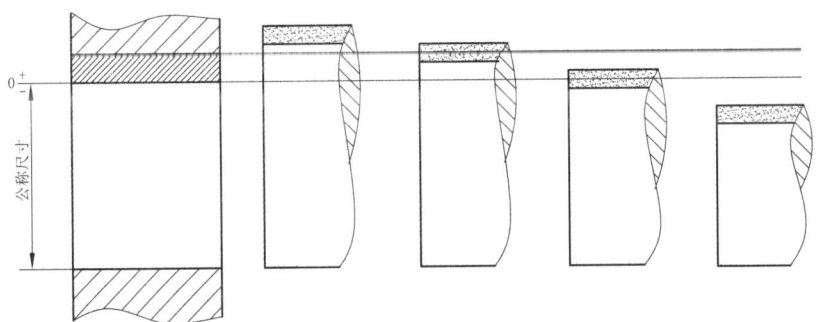

图 7-17　基孔制配合

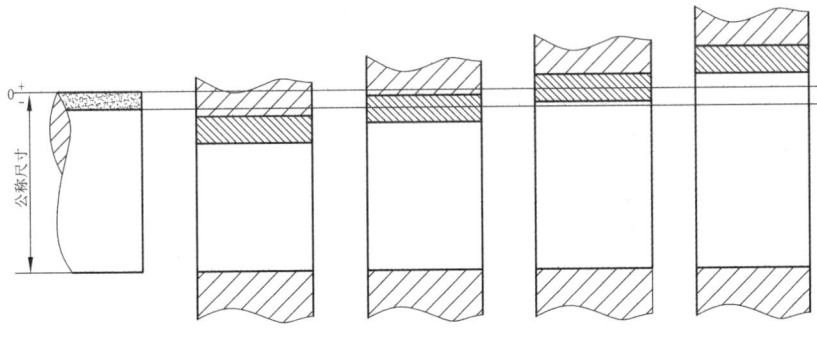

图 7-18　基轴制配合

7.5.2.5　公差与配合的标注

1. 公差在零件图中的标注

零件图中公差带代号作为尺寸数字的后缀与公称尺寸一起标注,有三种形式的注法,如图 7-19 所示,其中,上、下极限偏差要用小一号的字书写,且小数点要对齐。

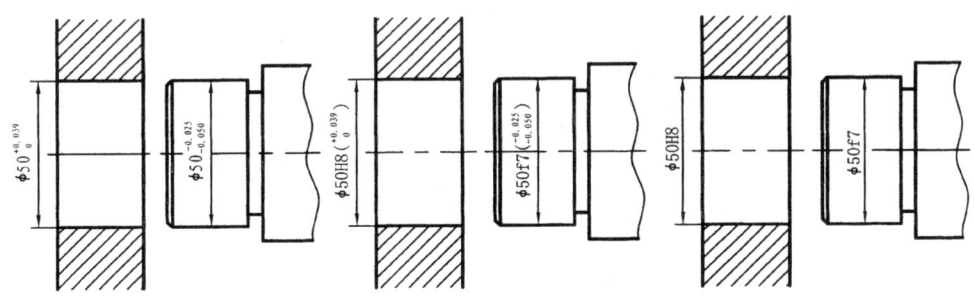

图 7-19　公差在零件图中的标注

2. 配合在装配图中的标注

配合代号由相配的孔和轴的公差带代号组成,用分数的形式写在公称尺寸的右边,分子为孔的公差带代号,分母为轴的公差带代号,如 $\phi 40H8/r7$。

配合在装配图中标注有以下三种形式（如图 7-20 所示）：一是标注孔和轴的配合代号，这种注法应用最多；二是零件与标准件或外购件配合时，可仅标注该零件的公差带代号，如轴颈与滚动轴承内圈的配合，机座孔与滚动轴承外圈的配合；三是标注孔、轴的偏差值，这种标注主要用于非标准配合。

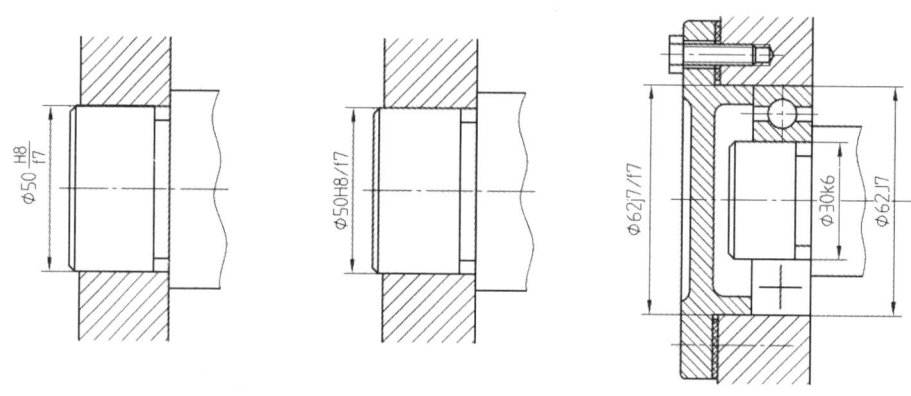

图 7-20　配合在装配图中的标注

7.5.2.6　配合代号的识别与查表

1. 配合代号的识别

$\phi 40H8/f7$　公称尺寸为 40，基孔制的间隙配合，基准孔的公差带代号为 H8（基本偏差为 H，公差等级为 8 级），轴的公差带代号 f7（基本偏差为 f，公差等级为 7 级）。

$\phi 30H7/n6$　公称尺寸为 30，基孔制的过渡配合，基准孔的公差带代号为 H7（基本偏差为 H，公差等级为 7 级），轴的公差带代号 n6（基本偏差为 n，公差等级为 6 级）。

$\phi 20P8/h7$　公称尺寸为 20，基轴制的过盈配合，基准轴的公差带代号为 h7（基本偏差为 h，公差等级为 7 级），孔的公差带代号 P8（基本偏差为 P，公差等级为 8 级）。

2. 配合代号的查表

如果已知公称尺寸和公差带代号，则可从极限偏差表中查得尺寸的上、下极限偏差值。

如 $\phi 40H8/f7$ 的极限偏差值，由附表 26 查得 $\phi 40H8$ 的极限偏差值：由尺寸段大于 30～40 横行和孔的公差带代号 H8 的纵列相交处查得，上极限偏差是+0.039，下极限偏差是 0，并写成 $\phi 40^{+0.039}_{0}$；由附表 25 查得 $\phi 40f7$ 的极限偏差值：由尺寸段大于 30～40 横行和轴的公差带代号 f7 的纵列相交处查得，上极限偏差是-0.025，下极限偏差是-0.050，并写成 $\phi 40^{-0.025}_{-0.050}$。

7.5.2.7　公差与配合术语图解

表 7-7 以轴承座装配体（有两处轴孔配合关系）中的配合尺寸 $\phi 80H7/p6$ 为例，给出了尺寸公差相关术语的图解及对应数值。

表 7-7 尺寸公差术语图解及对应数值

项目	孔和轴的公差术语图解	术语名称		示例	
				孔φ80H7	轴φ80p6
基本概念	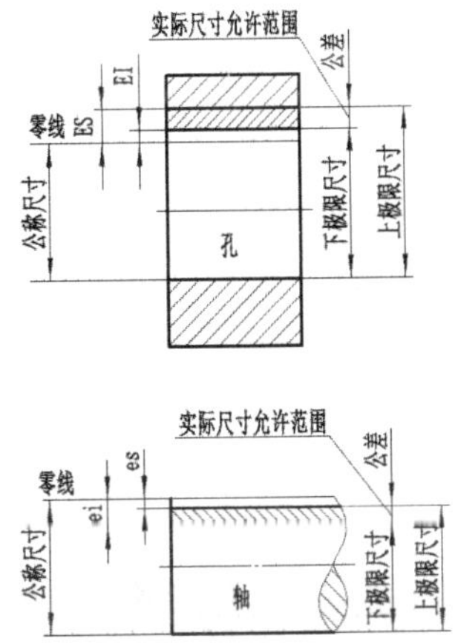	公称尺寸		φ80	φ80
		极限尺寸	上极限尺寸	φ80.030	φ80.051
			下极限尺寸	φ80	φ80.032
		实际尺寸		（测量值）	（测量值）
		极限偏差	上极限偏差	+0.030	+0.051
			下极限偏差	0	+0.032
		尺寸公差		0.030	0.019
		公差带代号		H7	p6
		基本偏差代号		H	p
		标注公差等级		IT7	IT6
		基本偏差		0	+0.032
尺寸公差和配合示例	（a）轴承座装配体示例			（b）轴和孔的配合关系	
公差带和公差带图示例	公差带图			孔φ80H7和轴φ80p6的公差带图示例	

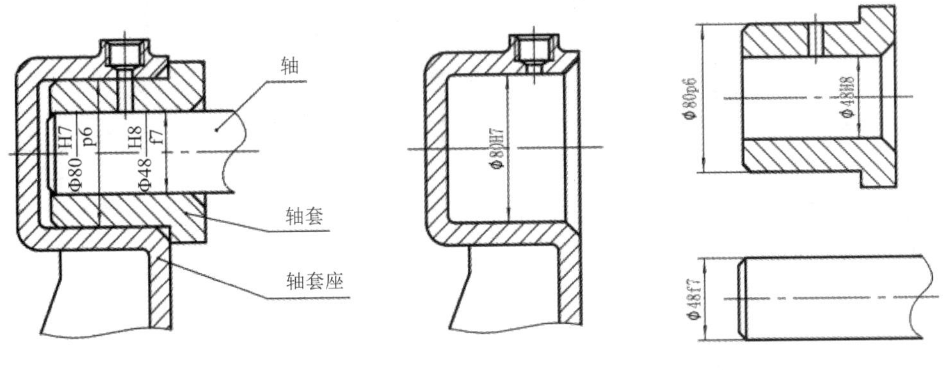

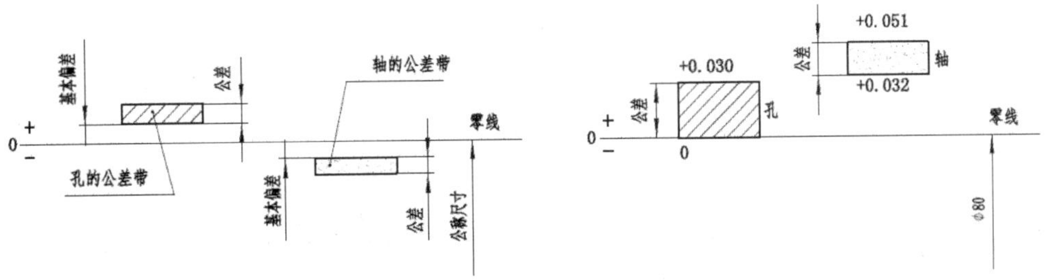

7.5.3 几何公差简介

零件在加工过程中，不可避免地会出现各种误差，其中，除了微观几何误差（用表面结构要求来控制）和尺寸误差（用尺寸公差来控制），还会出现实际要素相对于理想要素的形状和相对位置的偏离所产生的几何误差。

几何误差包括形状误差、方向误差、位置误差和跳动误差四大类。如图 7-21（a）(b)（c）所示的圆柱体，加工后呈现中间粗、两头细或轴线弯曲的情况。这种在形状上出现的误差称为形状误差。在加工阶梯轴时，可能会出现各段圆柱的轴线不在一条直线上的现象，如图 7-21（d）所示，这种在相互位置上出现的误差称为位置误差。如果零件在加工时所产生的几何误差过大，将会影响机器的质量。因此，对加工的零件要根据实际需要，在图纸上注出相应的几何公差。

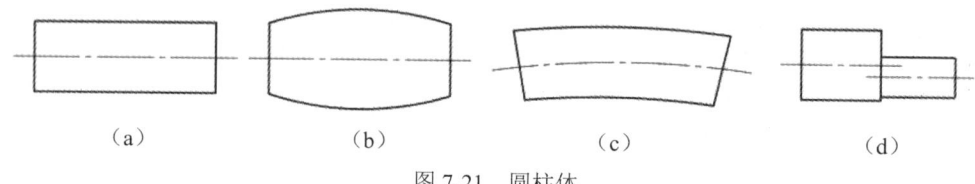

图 7-21　圆柱体

7.5.3.1　几何公差的类型及符号

国家标准中规定了几何公差的类型、几何特征与符号，如表 7-8 所示。

表 7-8　几何公差的类型、几何特征和符号（摘自 GB/T 1182—2008）

公差类型	几何特征	符号	有无基准
形状公差	直线度	—	无
	平面度	▱	
	圆度	○	
	圆柱度	⌭	
	线轮廓度	⌒	
	面轮廓度	⌓	
方向公差	平行度	∥	有
	垂直度	⊥	
	倾斜度	∠	
	线轮廓度	⌒	
	面轮廓度	⌓	
位置公差	位置度	⊕	有或无
	同心度（用于中心线）	◎	有
	同轴度（用于轴线）	◎	
	对称度	═	
	线轮廓度	⌒	
	面轮廓度	⌓	
跳动公差	圆跳动	↗	有
	全跳动	↗↗	

注：线、面轮廓度视其与基准有无关系分属于形状公差（与基准要素无关）或方向公差（平行、垂直或倾斜于基准要素）、位置公差（对基准要素有准确位置要求）。

7.5.3.2 几何公差的标注

1. 几何公差框格和基准符号

几何公差要求在矩形方框中给出,用带箭头的指引线将框格与被测要素相连。方框由两格或多格组成,框格中的内容从左到右按以下次序填写(见图 7-22):

(1)几何公差符号。

(2)公差值,要求用线性值,如公差带是圆形或圆柱形的则在公差值前加注"φ";如是球形的则加注"Sφ"。

(3)基准,用一个字母表示单个基准,用多个字母表示基准体系或公共基准。

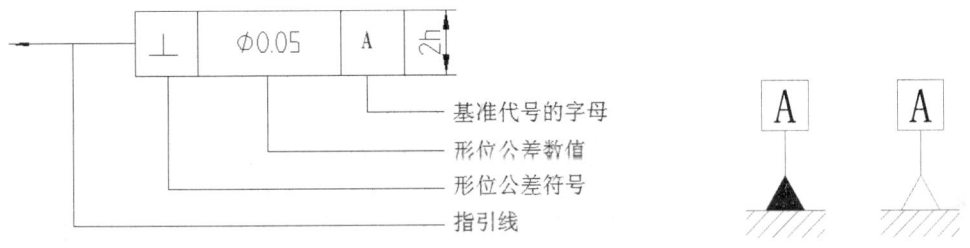

图 7-22 形位公差代号和基准符号

2. 几何公差标注示例

标注几何公差时,指引线的箭头要指向被测要素的轮廓线或其延长线上;当被测要素是轴线时,指引线的箭头应与要素尺寸线的箭头对齐。指引线的箭头所指方向是公差的宽度方向或直径方向。基准要素是轴线时,基准符号应与该要素的尺寸线对齐。

如图 7-23(a)所示的标注,表示 φ20 圆柱体轴线的直线度公差为 φ0.05。

如图 7-23(b)所示的标注,表示 φ20 圆柱面的任意素线的直线度公差为 0.05 和任意截面上的圆度公差为 0.05。

如图 7-23(c)所示的标注,表示 φ32 圆柱体轴线对 φ20 圆柱体轴线的同轴度公差为 φ0.05。

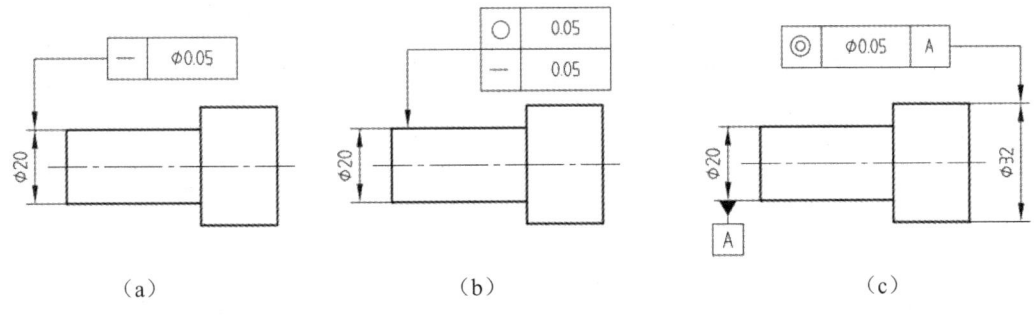

图 7-23 几何公差的标注示例一

如图 7-24 所示的标注,表示 φ12 圆柱孔轴线对 φ15 圆柱孔轴线的平行度公差为 φ0.05。

零件上几何公差标注综合示例如图 7-25 所示。

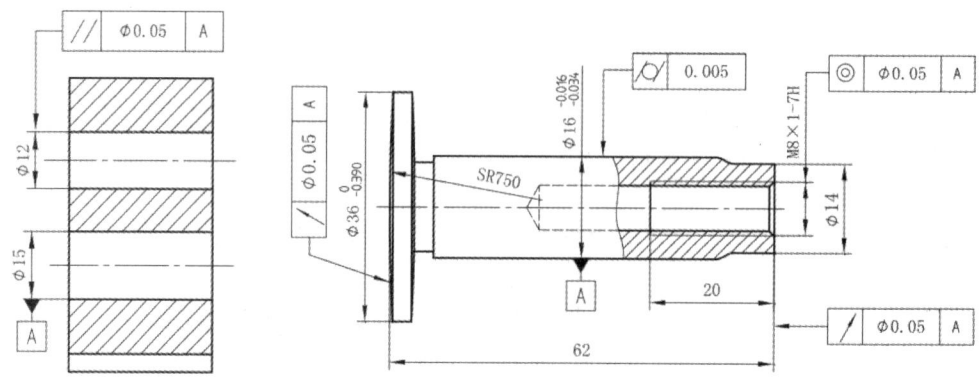

图 7-24 几何公差的标注示例二　　　　图 7-25 零件上几何公差标注综合示例

7.6 典型零件图的分析与实例测绘

零件的种类很多,为了便于了解、分析和研究零件,通常根据零件的结构形状和用途的特点及加工制造方面的特点,大致可以分成四类,即轴套类零件、轮盘盖类零件、叉架类零件、箱壳类零件。

7.6.1 轴套类零件

在各种机器上都会遇到轴套类零件,它的主要作用是支承传动零件,并通过传动件(如齿轮、带轮等)来实现旋转及传递扭矩。图 7-26 是一铣刀头传动轴零件图。

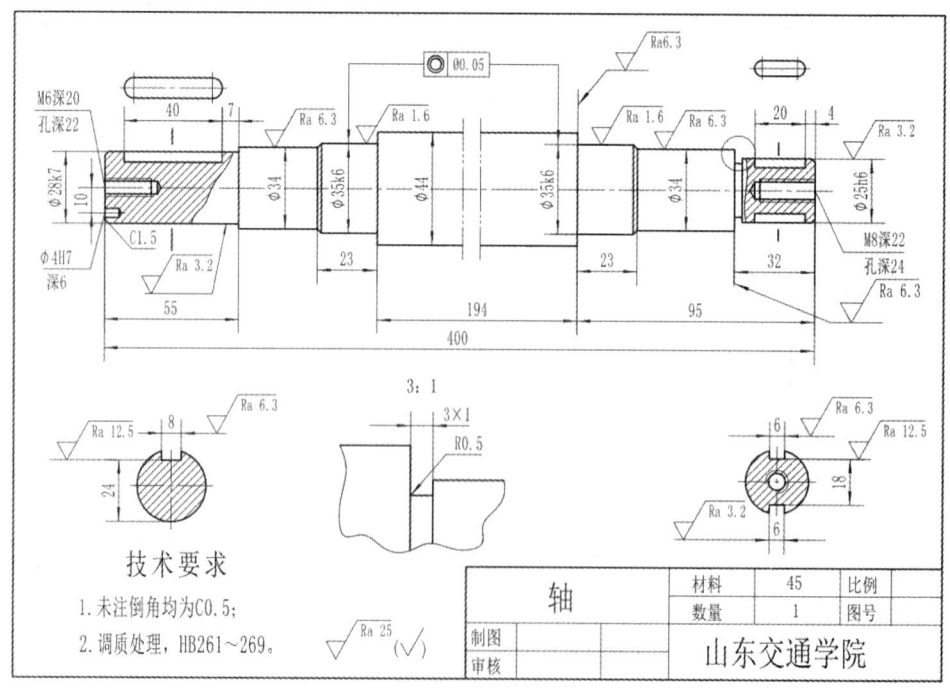

图 7-26 轴套类零件举例

7.6.1.1 轴套类零件图的分析

1. 结构特点

轴套类零件结构通常比较简单，一般由大小不同的同轴回转体（圆柱、圆锥）组成，具有轴向尺寸大于径向尺寸的特点。轴有直轴和曲轴、光轴和阶梯轴、实心轴和空心轴之分。轴类零件上常见的结构有：

（1）轴肩。阶梯轴上各部分不同的直径形成的台阶称为轴肩。为了零件的轴向定位和便于装配、加工，轴一般都设计成阶梯状。

（2）螺纹、退刀槽。为了锁紧轴上零件，常在轴上设计出螺纹结构。在车削螺纹或阶梯轴台阶时，在其根部均有退刀槽，以便于加工和装配。

（3）键槽。轴通过键与传动件的连接来传递运动和动力。在轴上常开有键槽，它们的形状和尺寸都已标准化，键槽的表达常用局部视图和断面图，如图 7-26 所示。

（4）倒角。为了便于装配和操作安全，在轴上各段的端部需加工出倒角，如图 7-26 所示。

（5）圆角。在轴肩的根部设计成圆角，目的是减小应力集中，增大轴肩根部的强度。

（6）中心孔。为了在车床和磨床上加工轴，在轴的两端都有中心孔。中心孔的形式和尺寸见 GB/T 4459.5－1999。

轴上结构根据需要，有时还会遇到砂轮越程槽、销孔、轴端螺孔等结构。

2. 视图选择

轴套类零件的视图通常采用一个基本视图（主视图）和其他视图，如剖面图、局部放大图和剖视图等。

（1）主视图。一般将主视图画成水平位置，使它符合车削和磨削的加工位置，以便于工人加工时看图。主视图表达了轴的主要结构，如图 7-26 所示。

（2）断面图。为了表示键槽或花键的断面形状，便于标注尺寸，常在键槽或花键处采用断面表示法，如图 7-26 所示。

（3）其他视图。常用局部剖视、局部视图、局部放大图等表示退刀槽和孔等结构。

3. 尺寸标注

轴套类零件尺寸分径向尺寸和轴向尺寸两类。径向尺寸表示各段轴的直径，标注时要特别注意加"φ"。轴向尺寸表示各段轴的长度及对端面的相对位置。

由于要求各段轴均要在同一轴线上，因此轴的径向尺寸基准就是轴线，径向尺寸在标注时应以轴线为基准标注一系列直径尺寸。

轴向尺寸在标注时有两条原则，一是要符合装配要求，合理地选择设计基准；二是要便于测量各段的长度，恰当地选择工艺基准。因此，轴向尺寸多以综合式的形式进行标注。

4. 技术要求

（1）公差配合及表面粗糙度。轴类零件尺寸中，标注的公差主要有三种：各轴段直径的公差、轴向尺寸公差及特殊结构（平键槽、花键等）的尺寸公差。如图 7-26 所示，与其他零件的孔相配合的尺寸，都应标注尺寸公差，如φ35 两轴段，应与滚动轴承的内孔相配合，一般选用 k6 的公差以保证配合紧密。由于这两段的精度等级同为 6 级，表面粗糙度 Ra 选用 0.8～1.6。对于其他的表面应根据其重要程度进行标注。

（2）几何公差。为了保证装在轴上的零件能够平稳地工作，对于重要的不同轴段要规定同轴度或径向圆跳动公差，如图 7-26 所示。对于各垂直定位面，为了保证轴上零件不至于倾斜，要规定垂直度和端面圆跳动。对于重要的配合表面，有时需标注出形状公差（如圆度、圆柱度等）。

从以上分析可以看出，设计和绘制轴套类零件时，视图的选择相对较为简单，但尺寸标注和技术要求的制定较为复杂，因此在绘制轴类零件图时，应重点掌握好尺寸标注和技术要求这两个方面。

7.6.1.2 零件的测绘

1. 测绘概述

测绘是指对现有的零件或机器，通过测量和分析，绘制出其用于制造所需的全部零件图和装配图的过程。用于设计、改进、仿制或维修机器或部件。

在测绘时，因受时间及工作场地的限制（一般在车间现场进行），工程技术人员不可能将绘图仪器搬到现场，而是凭目测或用简单测量工具（钢直尺、卡钳、游标卡尺等）得出零件各部分比例关系和形状大小，徒手在白纸或方格纸上画出零件草图，为绘制正式的、用以指导制造时的零件图做好充分有效的前期准备。

由于正式的绘图工作并不在现场，所以零件草图不能潦草，它是正式绘制零件图的第一手资料和依据，必须包括零件图上所要求的全部内容。还要有图框、标题栏和必要的签署等。

当然，在有条件的情况下，现代测绘技术可以帮助工程技术人员摆脱手工测绘。如在仿制和改进工作中，可以用三维照相机获取现有零件的初始条件和数据，然后直接输入计算机进行图像-图形处理，以获得零件图，甚至直接进行无图化生产。人们把这一过程称为"逆向工程"。尽管这样，目前在一般中、小型企业，手工测绘方法由于其简单便捷，仍不失为一种主流方法。显然，手工测绘方法对工程技术人员本身的技能要求更高，也是工程师应具备的基本技能之一。

2. 零件的测绘方法和步骤

（1）了解和分析零件。为了做好零件测绘工作，首先要分析了解零件在机器或部件中的位置，与其他零件的关系、作用，然后分析其结构形状和特点以及零件的名称、用途、材料等，并初步确定技术要求。

（2）确定零件表达方案。首先要根据零件的结构形状特征、工作位置及加工位置等情况选择主视图；然后选择其他视图、剖视、断面等。要以完整、清晰地表达零件结构形状为准则。

（3）绘制零件草图。绘制草图步骤：

1) 布置视图。画各主要视图的作图基准线。布置视图时要考虑标注尺寸的位置。

2) 目测比例。徒手或部分使用绘图仪器画图。从主视图入手，按投影关系完成各个视图、剖视图。

3) 画剖面线，选择尺寸基准，画出尺寸界限、尺寸线和箭头。

4) 量注尺寸。

5) 注写技术要求。根据零件各表面的工作情况，注写表面结构要求、确定尺寸公差；注写技术要求和标题栏。

6) 检查完成全图。

测量尺寸时应注意以下几点：

1) 相配合的两零件的配合尺寸，一般只在一个零件上测量，如有配合要求的孔与轴的直径，相互旋合的内、外螺纹的大经等。

2）对一些重要尺寸，仅靠测量还不行，尚需通过计算来校验，如一对啮合齿轮的中心距等。有的尺寸应取标准上规定的数值。对于不重要的尺寸可取整数。

3）零件上已标准化的结构尺寸，如倒角、圆角、键槽、退刀槽等结构和螺纹的大经等尺寸，需查阅有关标准来确定。

（4）根据零件草图绘制零件图。

7.6.1.3　实例测绘轴套类零件——被动轴

1. 了解和分析零件

图 7-27 是某被动轴，应用于某齿轮减速器中，用来支撑并带动轴上零件旋转。被动轴是典型的轴套类零件，由七段圆柱体组合而成。其上有 2 处键槽、4 处退刀槽、4 处倒角。减速器主动轴的高转速，通过装在大键槽（左边）处的大齿轮的啮合，传动到被动轴时已实现降速，这个低转速又通过安装在小键槽（右边）处的齿轮（或其他轮）传递出去。

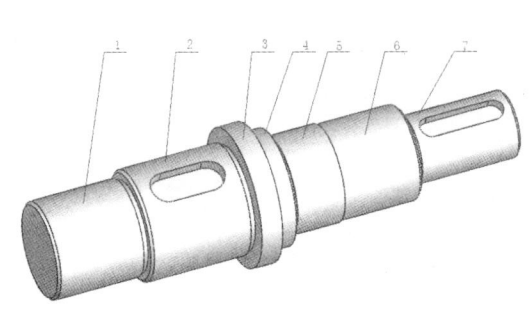

轴段	直径	长度	表面粗糙度（Ra）
1	φ35	35	1.6
2	φ40	40	1.6
3	φ50	7	12.5
4	φ42	8	12.5
5	φ35	20	1.6
6	φ34	30	3.2
7	φ24	40	1.6
退刀槽为 2×1		倒角均为 C1.5	

图 7-27　被动轴零件及尺寸和技术要求

轴套类零件一般都用优质碳素结构钢来制造。被动轴选用的材料是 45 钢，每个表面都需要加工。

2. 确定零件表达方案

（1）主视图的选择。取被动轴的加工位置作为主视图的安放位置，即将主视图画成水平位置，小头放右端。键槽向前，这样键槽的形状一目了然。主视图采取外形图即可。

（2）其他视图的选择。主视图没有表达清楚的两处键槽可以采用两个移除断面图来表示。4 处退刀槽由于是直退刀槽，结构简单，可不必用局部放大视图来表达。

3. 绘制零件草图

草图的绘制工作是零件测绘中的一个必不可少的重要环节，也是一个工程师的基本功的真实表现。

绘制草图大致过程如下：

（1）画出边框、标题栏。根据上述讨论结果和该零件上下对称的特点，确定并画出作图基准，如图 7-28（a）所示。目测并绘出主视图的轮廓线，如图 7-28（b）所示。

（2）根据实际零件加入局部工艺结构：如图 7-28（c）所示加入退刀槽、倒角；如图 7-28（d）所示加入键槽，并画出两个移出断面图。

（3）确定尺寸基准，径向尺寸基准是轴线，轴向尺寸的主要尺寸基准选择第三段最粗轴的左端面。然后，标出所有的尺寸线与尺寸界线。如图7-28（c）所示。

（4）对零件各部分尺寸进行逐一测量，填入图中，并标注技术要求。注意，键槽的尺寸不是测量出来的，是根据所在轴的轴径，查国标得出的。完成的零件草图如图7-28（d）所示。

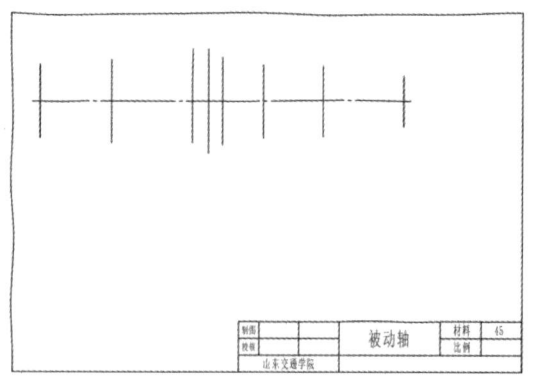

（a）画边框、标题栏及基准线　　　　　　　（b）画出主视图轮廓线

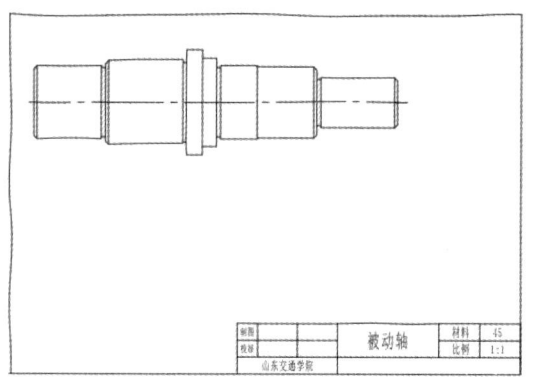

（c）加入局部结构退刀槽、倒角　　　　　　（d）加入局部结构键槽

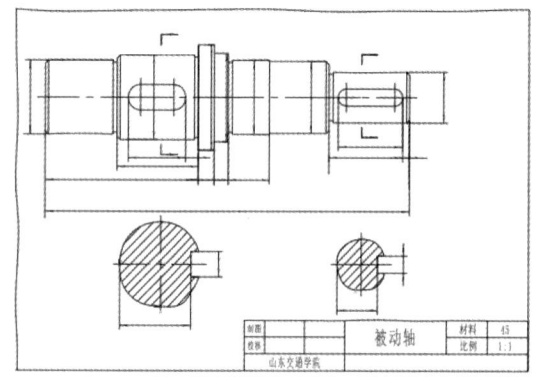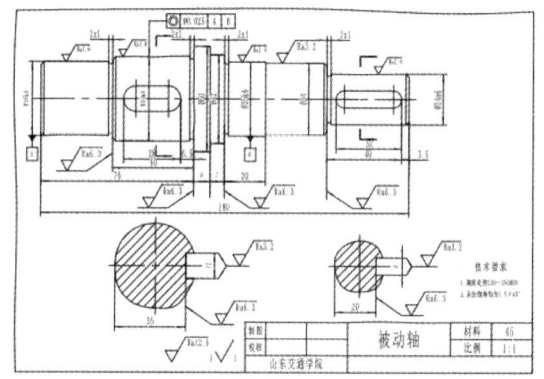

（e）标出所有尺寸线和尺寸界限　　　　　（f）逐一测量填入尺寸数字及标注技术要求

图7-28　被动轴草图绘制过程

4. 根据零件草图绘制零件图

检查零件草图，看零件图的四大组成是否齐全；零件结构各处是否表达清楚；尺寸标注是否完整、合理；选用的表面结构、尺寸公差、几何公差等技术要求是否合理。检查无误后，画出其正规的零件图，如图 7-29 所示。

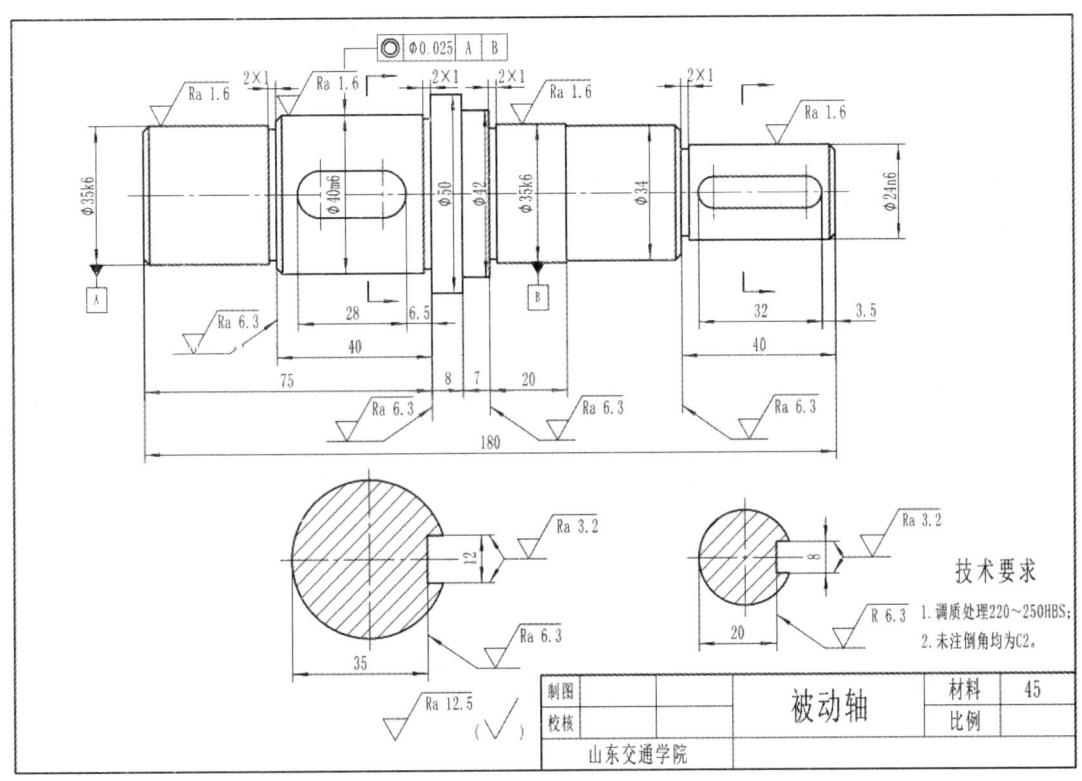

图 7-29　被动轴零件图

7.6.2　轮、盘、盖类零件

在机器及设备上常用到轮、盘、盖类零件，如齿轮、带轮、链轮、手轮及端盖、盘盖、法兰盘等。根据这类零件的作用，有时又分为轮和盘盖两类。图 7-30 是盘盖类零件图。

7.6.2.1　轮、盘、盖类零件图的分析

1. 结构特点

轮、盘、盖类零件的主体一般由同一轴线的回转体组成，其径向尺寸大于轴向尺寸。毛坯一般为铸件或锻件，加工方法以车削为主。在轮、盘、盖类零件上常有均匀分布的孔、肋、槽和耳板等结构。轮一般由轮毂、轮辐和轮缘三部分组成。盘盖类零件的法兰结构是零件上最大直径尺寸的凸缘，其上常有均布的螺栓（钉）通孔，法兰的形状多为圆形或长圆形。

2. 视图选择

（1）主视图选择

根据轮盘盖类零件的结构特点，其加工方法主要以车削为主，其主视图按加工位置将轴线水平放置，如图 7-30 所示的端盖其主视图是以加工位置和表达轴向结构形状特征为原则选

取的,并采用了 A-A 复合全剖视图。同时表达了端盖的轴向结构层次、板厚及钻孔深度,两端有轴孔 $\phi 25^{+0.021}_{0}$,中间空刀处有油杯孔。对有些不以车削为主的某些轮盘盖类零件,可按其工作位置选择主视图。

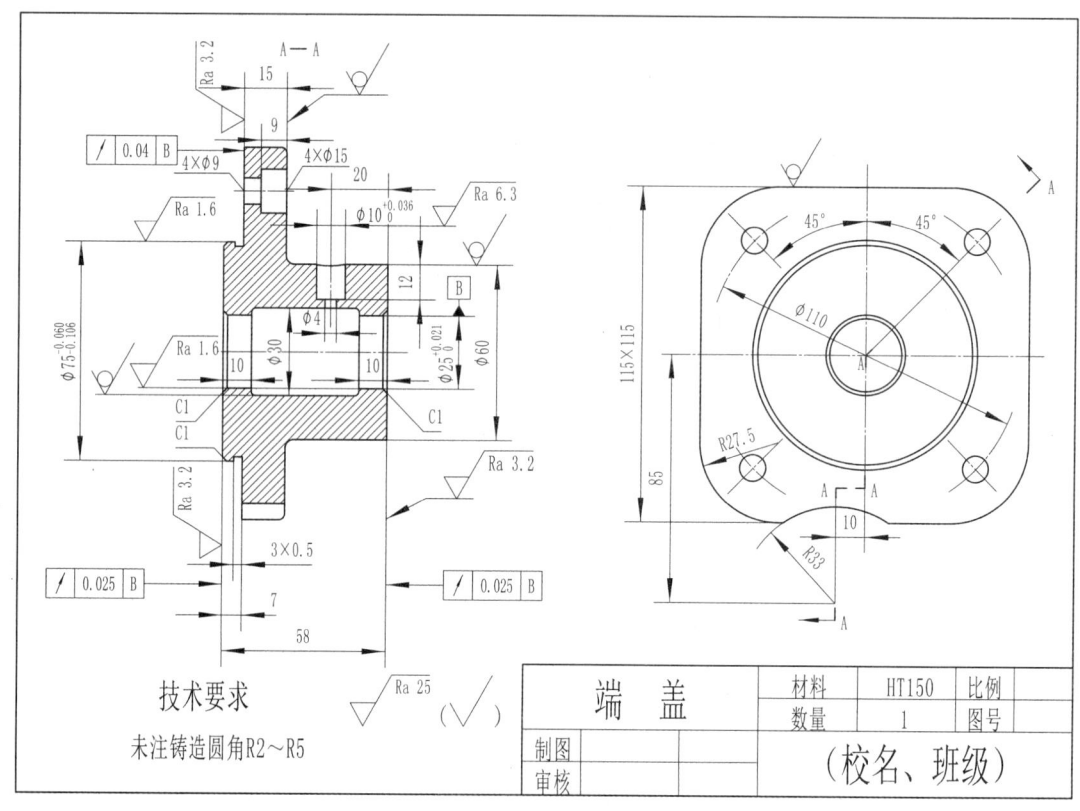

图 7-30　轮、盘、盖类零件举例

（2）其他视图的选择

轮盘盖类零件一般采用两个基本视图,主视图采用剖视图表达内部结构,另一个视图表达外部结构形状。如图 7-30 所示,左视图表达了端盖径向结构特征,在方形大圆角上均匀分布四个沉头孔,其下方偏后处有 R33 的圆弧缺口。

3. 尺寸标注

轮盘盖类零件根据结构特点,尺寸也分为径向尺寸和轴向尺寸。其标注方法与轴套类零件标注类似。径向尺寸以轴线为基准标注内外直径和在同一直径上均布的小孔,如图 7-30 所示,轴孔的直径尺寸都是以轴线为基准注出的。轴向尺寸则以某一重要端面为基准标注。如图 7-30 所示,端盖左端面为零件的长度方向尺寸基准,从基准出发注出尺寸 7、58、10,油杯的定位尺寸 20、端盖板厚尺寸 15、沉头孔深度尺寸 9 等从辅助基准标注。在左视图以中心线为基准分别注出端盖的外形尺寸 115×115、R33、R27.5,定位尺寸 85、$\phi 110$、10、45°。

4. 技术要求

轮盘盖类零件的技术要求要根据每个零件的功能和工作要求来确定,如图 7-30 所示。

（1）公差配合与表面结构

由于端盖左端$\phi75_{-0.106}^{-0.060}$和座的孔配合，所以标注了公差。同样$\phi25_{0}^{+0.021}$要与轴配合，因此也标注了公差。$\phi75_{-0.106}^{-0.060}$和$\phi25_{0}^{+0.021}$根据工作要求表面粗糙度值 Ra 为 1.6，$\phi75_{-0.106}^{-0.060}$和 115×115 板的左端面、$\phi60$ 的右端面表面粗糙度值 Ra 为 3.2，由于该零件不去除材料表面数量少，应单独标注出，而其余去除材料表面粗糙度值 Ra 均为 6.3，注在图纸的右上角。

（2）几何公差

为了保证$\phi75_{-0.106}^{-0.060}$和 115×115 板的左端面、$\phi60$ 的右端面与其他零件安装后接触良好，对这些端面提出了跳动的位置公差要求。

7.6.2.2 实例测绘轮盘盖类零件——大齿轮

1. 了解和分析零件

图 7-31 是某大齿轮，应用于某单级齿轮减速器中，与前面实例测绘轴套类零件中被动轴的第二段相配合，带动被动轴转动。

大齿轮属于轮盘盖类零件里的轮，轮一般由轮缘、轮毂和轮辐组成。轮缘做成了齿状，轮毂有轴孔和通透的键槽，轮辐挖出环形沟槽还有减轻重量的 4 个小孔。齿轮的工作环境决定了它有多处倒角结构。

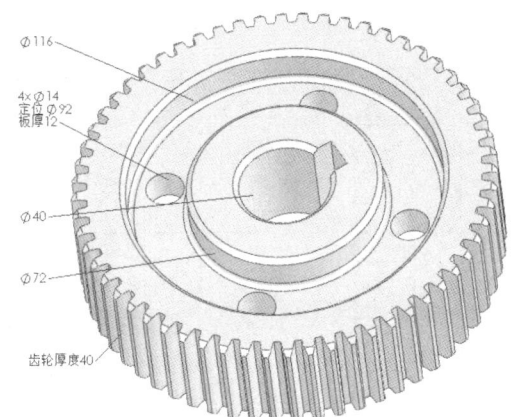

名称		大齿轮
材料		40Cr
齿数		60
齿形角		20°
倒角		C2
表面粗糙度（Ra）	齿轮两端面	6.3
	$\phi40$ 孔	3.2
	齿部	3.2
	键槽工作面	6.3
	键槽非工作面	12.5

图 7-31 大齿轮零件及尺寸和技术要求

齿轮一般都用优质碳素结构钢来制造，此处选用的材料是 40Cr 钢，毛坯是锻件，零件上应该有锻造工艺结构里的拔模斜度和圆角，也应该有不需机加工的表面存在。

2. 确定零件表达方案

（1）主视图的选择。大齿轮也是回转体，取大齿轮的加工位置作为主视图的安放位置，即将大齿轮的轴线水平放置作为主视图，键槽向上或者向下，全剖。这样轴孔、键槽、环形沟槽和减重孔（按简化画法规定，当回转体上均匀分布的孔不处于剖切平面上时，可以把孔旋转到剖切平面位置上画出）这些内部结构都可见了。

（2）其他视图的选择。用左视图来表达大齿轮的径向结构特征：键槽形状、均匀分布的 4 个减重孔等。

3. 绘制零件草图

齿轮是一种常用件,它的一些参数都已标准化,绘制齿轮零件图时,要在零件图的右上角用表格标上齿轮的一些重要参数,如模数 m、齿数 z、齿形角 α 等。标准齿轮的齿形角都是 α=20°,齿数可以数出,本大齿轮的齿数是 z=60。模数要通过公式 da=(z+2)m 来计算,齿顶圆直径可测量出,模数 m 即可计算得出,计算出的结果还要在 GB/T 1357－2008 里选最接近的数值。

绘制草图大致过程如图 7-32 所示。

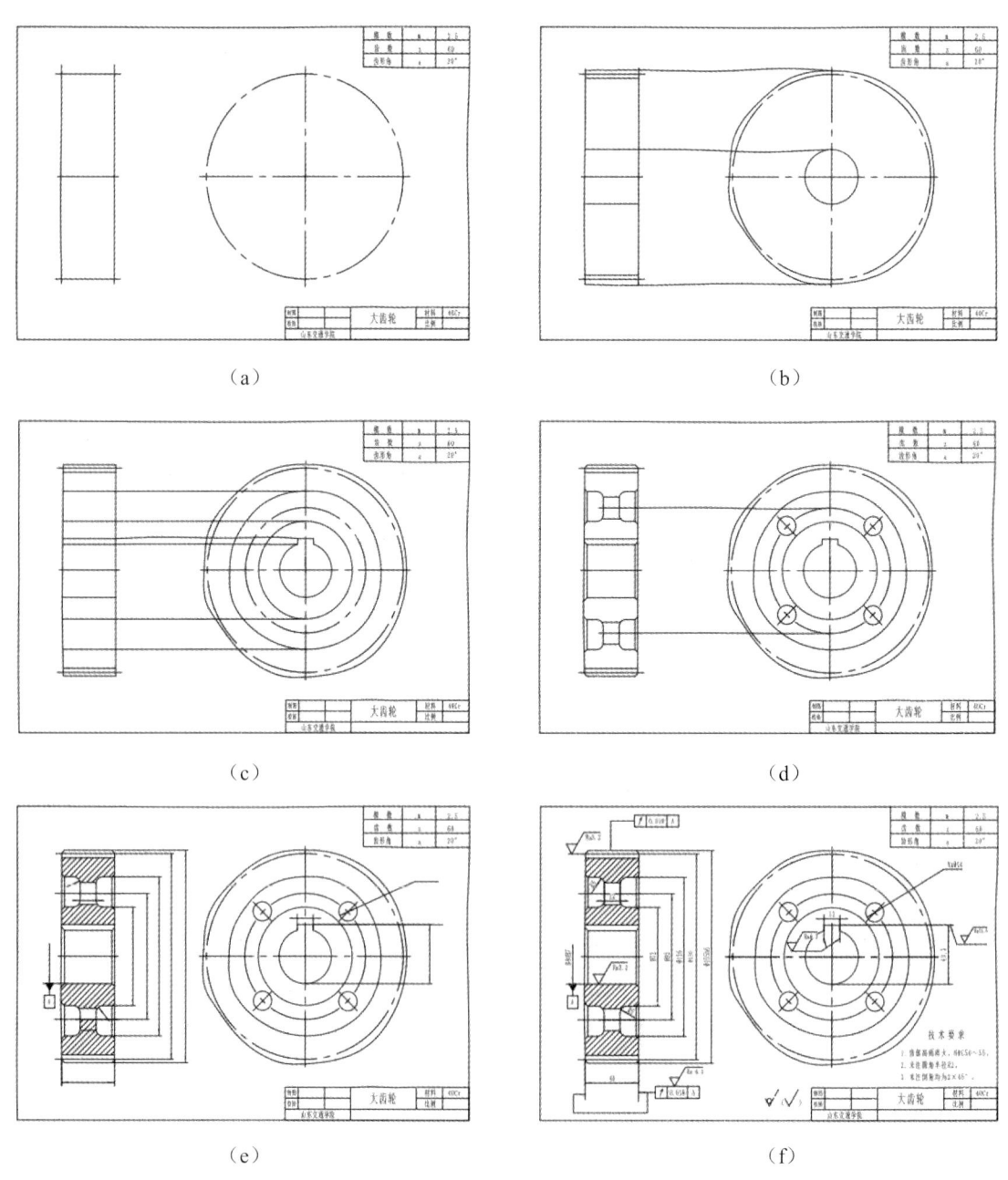

图 7-32　大齿轮草图绘制过程

（1）画出边框、标题栏。测量齿顶圆直径计算出模数，在图纸右上角绘制齿轮参数表格并填写。确定并画出作图基准，目测并绘出分度圆及分度线，如图7-32（a）所示。作出齿顶圆、齿顶线和齿根线，再绘出轴孔，如图7-32（b）所示。

（2）绘出轴孔键槽、环形沟槽，如图7-32（c）所示。作出4个减重孔及各处倒角，如图7-32（d）所示。

（3）确定尺寸基准，径向尺寸基准是轴线，轴向尺寸基准是左右的对称中心线。然后，标出所有的尺寸线与尺寸界线，如图7-32（e）所示。

（4）对零件各部分尺寸进行逐一测量，填入图中，并标注技术要求。注意，此处键槽的尺寸也不是测量出来的，是根据所在轴孔的孔径，查国标得出的，如图7-32（f）所示。

4. 根据零件草图绘制零件图

检查零件草图，检查无误后，画出其正规的零件图，如图7-33所示。

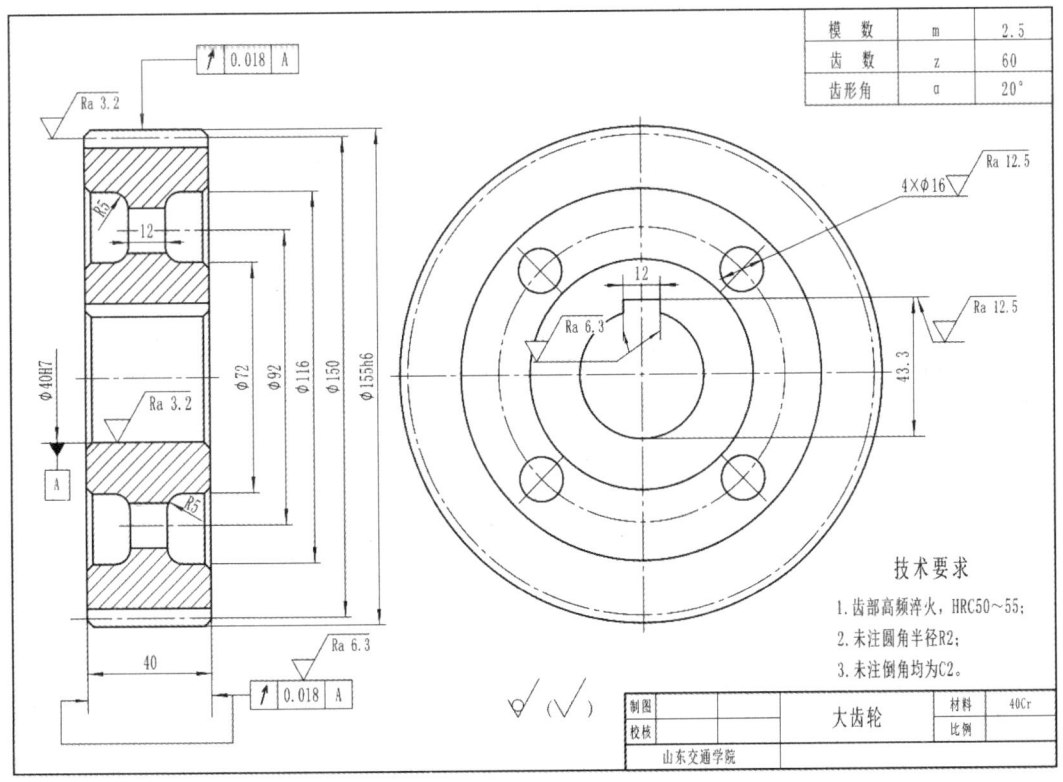

图7-33 大齿轮零件图

7.6.3 叉架类零件

叉架类零件包括各种用途的拨叉和支架，主要用在变速机构、操纵机构和支承机构中，并起连接和支承作用。如拨叉、连杆、摇臂、支架等零件。叉架类零件的外形较为复杂、不规则，加工位置较多，其毛坯多为铸件和锻件。

7.6.3.1 叉架类零件图的分析
1. 结构特点

由于叉架类零件的形状不规则，外形比较复杂，其结构按其功能的不同，常分为三部分：安装部分、连接部分和工作部分。

（1）安装部分。拨叉类零件一般安放在传动轴上，其安装部分通常是带有键槽或螺孔的套筒。支架类零件主要用于支承机构，其安装部分一般为底座，并带有螺栓孔。

（2）工作部分。用于操纵、连接和支承其他零件的部分为工作部分，如图 7-34 所示。

（3）连接部分。连接部分将安装部分和工作部分连接成一个整体。通常由不同形状的筋板组成。

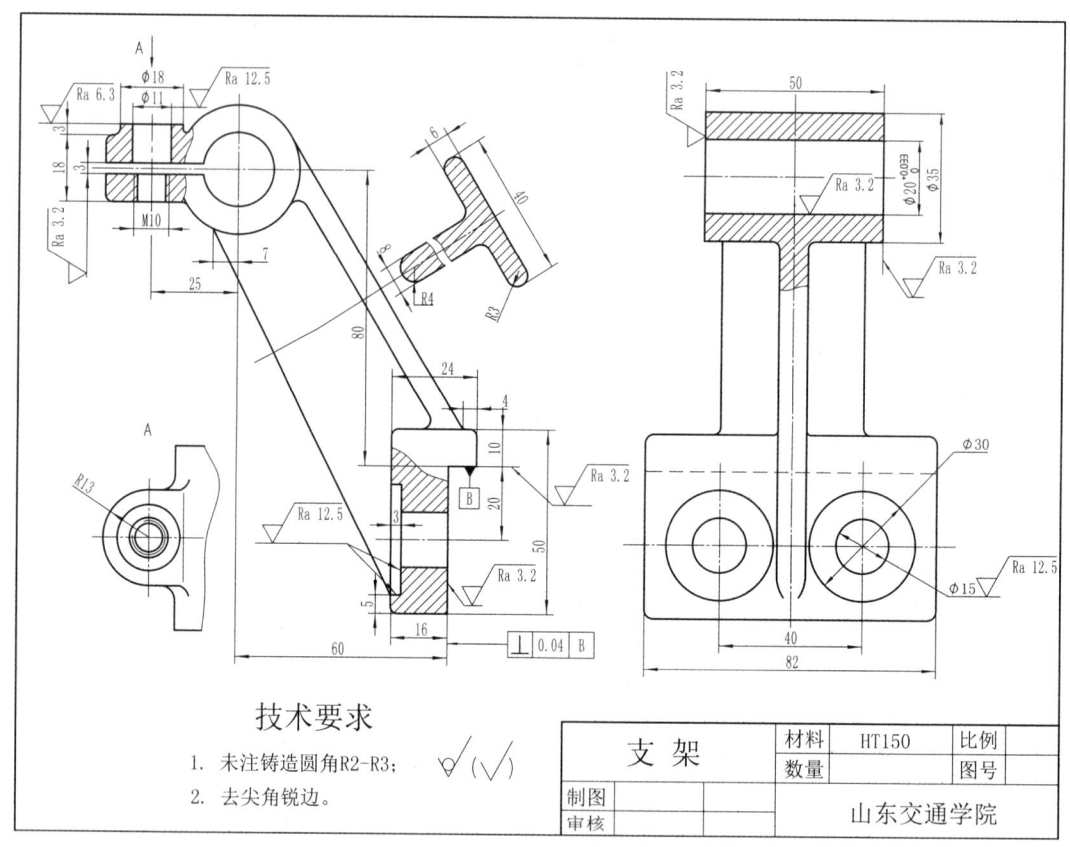

图 7-34 叉架类零件举例

2. 视图选择

根据叉架类零件的结构特点，视图的选择原则如下：

（1）主视图的选择

由于叉架类零件在加工时，各工序位置不同，故一般按工作位置，且最能反映形状特征的方向作为主视图。主视图通常采用局部剖视来表达内外结构。如图 7-34 所示，支架的主视图是按工作位置和特征原则选择的，表达了支架结构的形状特征，左上方的局部剖视表达开槽凸缘的上边是光孔，下边是螺孔。移出断面图表达连接板的断面形状。

（2）其他视图的选择

由于叉架类零件形状复杂、不规则，采用基本视图往往不能反映零件的真实形状，通常采用基本视图和辅助视图将零件的形状表达清楚。如图 7-34 所示，左视图表达了安装和连接部分的外部形状，其上方的局部剖视表示圆柱筒是贯通的，A 向局部视图表示了开槽凸缘的形状。

3. 尺寸标注

根据叉架类零件的结构特点，标注方式注意以下几点：

（1）尺寸基准的选择。要首先选择好尺寸基准，然后确定各部分的定位尺寸。一般以孔的轴线、零件的对称面和主要工作面为基准。如图 7-34 所示，安装部分的垂直和水平安装面分别为长度和高度方向的尺寸基准，从基准出发标注出圆筒的定位尺寸 60、80，再利用辅助基准标注出其他各部分的定位尺寸。左视图的对称中心线为支架的宽度方向的尺寸基准，注出沉孔的定位尺寸 40。

（2）主要尺寸的标注。零件的主要尺寸是指与控制运动有关的尺寸，标注时要考虑与它有关的运动件有联系的尺寸，如图 7-34 所示。

4. 技术要求

叉架类零件的技术要求主要考虑工作部分和安装部分，如图 7-34 所示。

（1）工作部分和安装部分工作表面应有尺寸公差和表面粗糙度要求。

（2）有关工作部分和安装部分的相对位置的控制尺寸应标注。

（3）同时注出保证工作表面使用的技术条件。

7.6.3.2 实例测绘叉架类零件——支架

1. 了解和分析零件

图 7-35 是测绘对象——支架。该支架属典型的叉架类零件，前后完全对称。右边倾斜部分是工作部分，有两个φ13 小安装孔，很明显是用来与其相关零件连接的，倾斜部分精度要求较高，属于工作部分。左边是安装部分，结构较单一，内孔（大安装孔）精度较低，螺纹孔是紧定螺钉孔。中间是连接部分，由 T 形肋板连接。材料 HT200，毛坯是铸件，因此有非机加工面。

2. 确定零件表达方案

（1）主视图的选择。支架外形结构复杂，我们选取最能反映形状特征的方向作为主视图方向，如图 7-35（a）所示，左边安装部分摆正，右边倾斜结构又不至于出现非真实投影。左边安装部分采用局部剖表达大安装孔和紧定螺钉孔的内部结构。右边工作部分的小安装孔也可采用局部剖表达其内部结构。

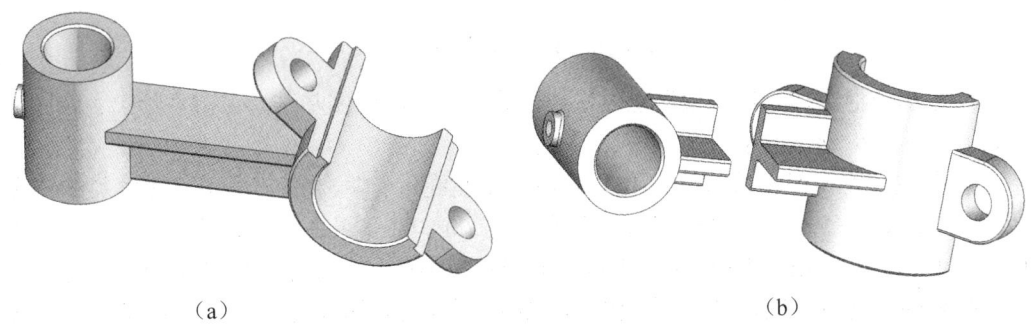

(a)　　　　　　　　　　　(b)

图 7-35　支架零件

（2）其他视图的选择。倾斜结构采用斜视图来表达。T形连接肋板采用移出断面图来表达。还要有一个表达T形肋板与安装部分连接关系的局部视图。

3. 绘制零件草图

绘制草图过程如图7-36所示。

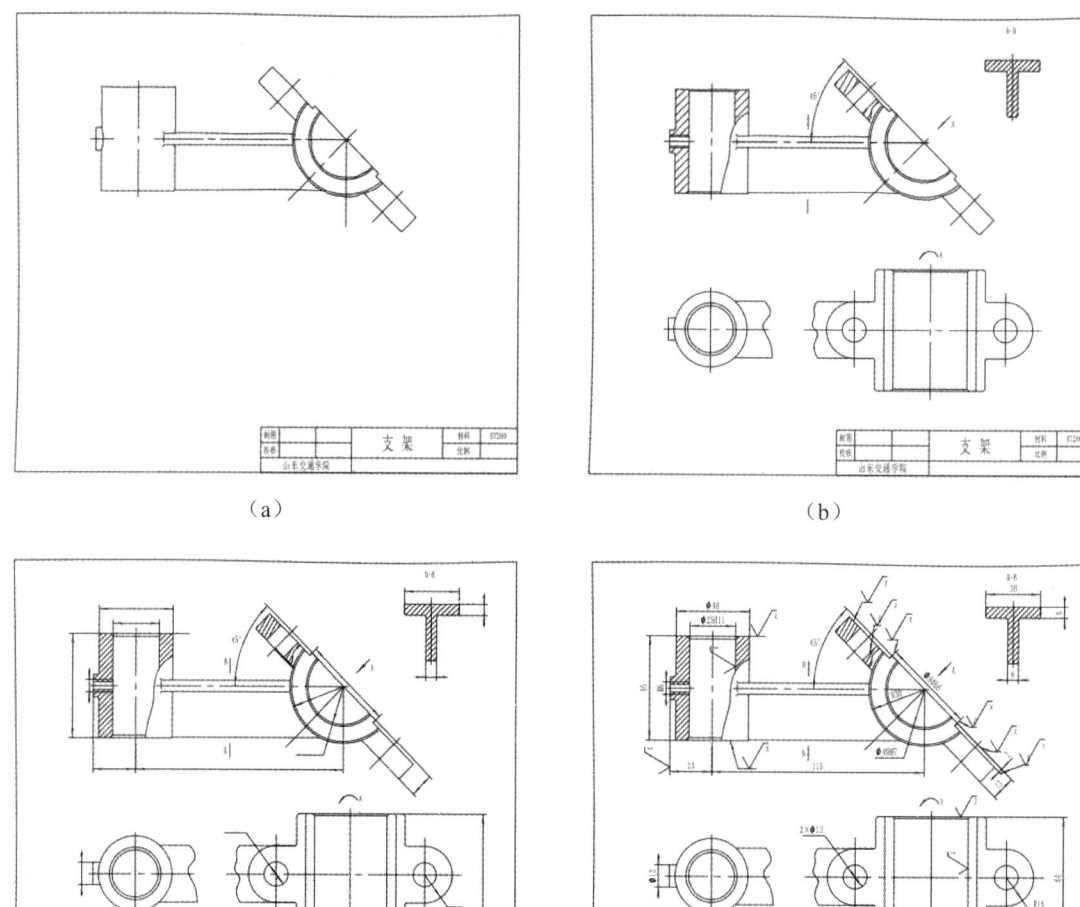

图7-36 支架草图绘制过程

（1）绘出边框、标题栏。根据上述讨论，确定并画出作图基准。目测并绘出主视图的外轮廓线，如图7-36（a）所示。

（2）在主视图内对左边大安装孔和右边小安装孔进行局部剖。由于右边倾斜结构主要轮廓线与水平成45°，所以剖面线画成与水平成60°的平行线，且其倾斜方向与左边大安装孔的剖面线一致，如图7-36（b）所示。根据实际零件加入倒角、铸造圆角等局部工艺结构。绘制A向斜视图、表达T形肋板的移出断面图以及表达T形肋板与安装部分连接关系的局部视图。

（3）确定尺寸基准，长度方向的尺寸基准是大安装孔的轴线；支架前后对称，宽度方向的尺寸基准就是对称中心线；高度方向的尺寸基准是工作部分孔的轴线。然后，标出所有的尺寸线与尺寸界线，如图 7-36（c）所示。

（4）对零件各部分尺寸进行逐一测量，填入图中，并标注技术要求，如图 7-36（d）所示。

4. 根据零件草图绘制零件图

检查零件草图，检查无误后，画出其正规的零件图，如图 7-37 所示。

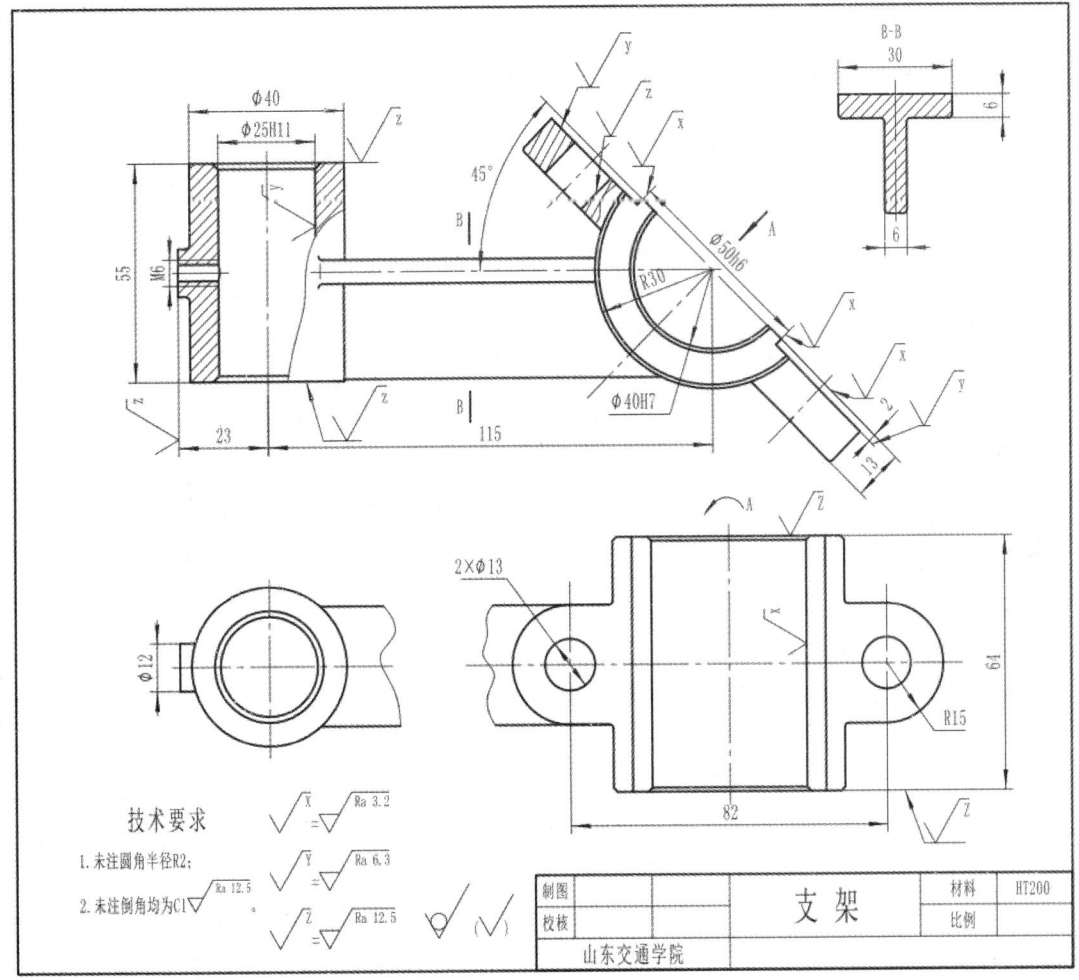

图 7-37 支架零件图

7.6.4 箱壳类零件

箱壳类零件是组成机器及部件的主要零件，一般用来支承和包容其他零件，结构较为复杂。其毛坯多为铸件，加工位置也较多。图 7-38 所示为蜗轮减速箱体的零件图。

7.6.4.1 箱壳类零件图的分析

1. 结构特点

箱壳类零件的结构根据其不同的作用大致分为以下几部分：

（1）支承部分。支持运动件的部分，是箱壳类零件的主要部分。一般需要有安装轴承的孔，在孔的两端有安装端盖的平面和螺孔。

（2）润滑部分。为了使运动件得到良好的润滑，在壳体上常设有储油池、注油孔、放油孔、回油槽、油标孔以及各种油槽。

（3）加强部分。为了使壳体受力和薄弱的部分得以加强，常采用肋板、凸台等方式增加强度。

（4）安装连接部分。为了和其他零件连接一起，壳体上有连接和安装的平面，并有定位的销孔和连接的螺栓孔。

（5）箱壁部分。将支承与安装部分连接成一体，形成空腔的部分，它以壁板结构为主，其形状多随所包容的零件形状而变化。

2. 视图选择

箱壳类零件的视图选择，根据结构特点一般采用两个以上基本视图，充分利用各种表达方法进行表达。

（1）主视图的选择

箱壳类零件一般按工作位置放置，以最能反映形状特征和结构特点的方向选取主视图。在主视图上常采用剖视以表达内部结构。如图 7-38 所示，主视图采用了全剖视，以反映壳体空腔的层次，即蜗轮轴孔、啮合腔的贯通情况与蜗轮轴孔之间的相互关系以及支撑肋板的形状。

（2）其他视图的选择

根据零件的复杂程度，一般选择两个以上的视图，配合主视图表达壳体的内外结构形状。如图 7-38 所示，该箱体采用了俯视图、左视图和局部视图等表达方法，以表达零件的其他结构形状。

3. 尺寸标注

在零件标注时，首先要选择好基准面，确定各部位的定位尺寸，一般以安装表面、主要孔的轴线和主要端面作为基准。然后在箱体零件的长、宽、高三个方向各选择一个基准，每个部位的定位尺寸确定后，再标注各定形尺寸。如图 7-38 所示，长度方向的主要基准为啮合腔左端面，辅助基准为底板左端面，根据要求标注 26、32、50、10、86、40 等。高度方向的基准为下底面，标注高度方向的定位尺寸 108、72±0.063、28、40 等。宽度方向的基准为前后对称面，定位尺寸有 120、80 等。然后标注各定形尺寸。零件的主要尺寸有支承孔的直径和轴孔中心距等。

4. 技术要求

零件的技术要求的制定要根据零件各部位的功能来确定，如图 7-38 所示。

（1）尺寸公差。由于 $\phi 120^{+0.033}_{0}$、$\phi 52^{+0.050}_{0}$、$\phi 36^{+0.027}_{0}$ 要与相应的零件配合，必须标注尺寸公差，为了保证两蜗轮中心距，应注 72±0.063。

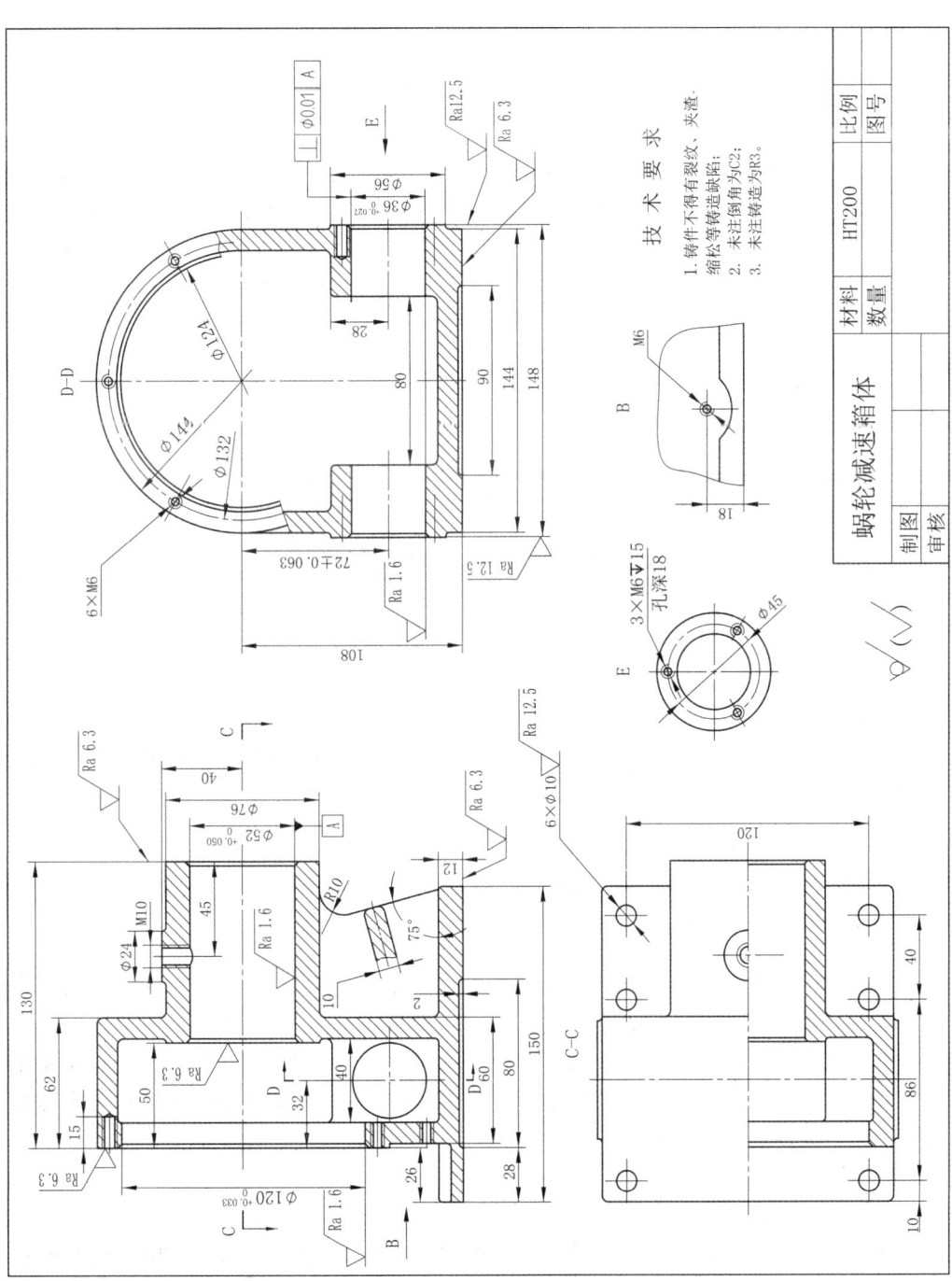

图 7-38 蜗轮减速箱体零件图

（2）表面粗糙度。有配合的表面均应标注表面粗糙度，如 $\phi 120^{+0.033}_{0}$、$\phi 52^{+0.050}_{0}$、$\phi 36^{+0.027}_{0}$ 各孔的粗糙度值为 1.6，其他加工面的粗糙度值较大或为不加工表面。

（3）形位公差。为了保证两蜗轮轴孔的垂直，应标注垂直度位置公差。

7.6.4.2 实例测绘箱壳类零件——泵体

1. 了解和分析零件

图 7-39 是测绘对象——齿轮泵的泵体。该泵体内、外形较复杂：底板有两个安装座孔；主体部分呈上下配置的长圆形；泵的进、出口位于泵体的前、后部；内形有包容一对齿轮的 8 字形空腔，还有两个支承齿轮的轴孔，其中上轴孔是封闭的，下轴孔是穿透的且有伸出端，以供齿轮运动的输入；左端有与泵盖连接用的 6 个均布螺孔。材料 HT200，毛坯是铸件，有非机加工面。

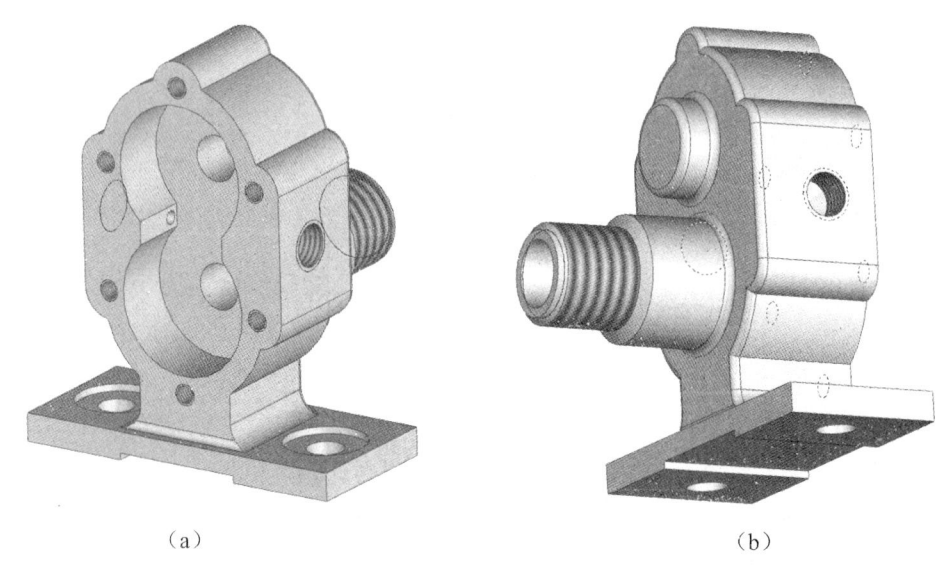

(a)   (b)

图 7-39 泵体零件

2. 确定零件表达方案

（1）主视图的选择。按工作位置摆放作为主视图方向，如图 7-39（a）所示。为了表达泵体主体部分空腔结构，主视图采用全剖剖视来表达，如图 7-39（b）所示。

（2）其他视图的选择。对于泵体复杂的外形结构，选取左视图来表达。左视图中采用 3 处局部剖，分别表达泵进、出口及底板安装孔的内部结构。至于底板的结构及底板与主体部分之间的连接，采用 A-A 全剖视来表达。

3. 绘制零件草图

绘制草图过程如图 7-40 所示。

（1）画出边框、标题栏。根据上述讨论，确定并画出作图基准，如图 7-40（a）所示。目测并绘出主视图、左视图的外轮廓线，如图 7-40（b）所示。

（2）在主视图内作全剖，对左视图的进、出口及底板安装孔进行局部剖，如图 7-40（c）所示。根据实际零件加入倒角、铸造圆角等局部工艺结构。绘制 A-A 全剖视图，并绘制剖面线，如图 7-40（d）所示。

（3）确定尺寸基准，长度方向的尺寸基准是主体结构的左端面；泵体前后对称，宽度方向的尺寸基准就是对称中心线；高度方向的尺寸基准是底板的底面。然后，标出所有的尺寸线与尺寸界线，如图7-40（e）所示。

（4）对零件各部分尺寸进行逐一测量，填入图中，并标注技术要求，如图7-40（f）所示。

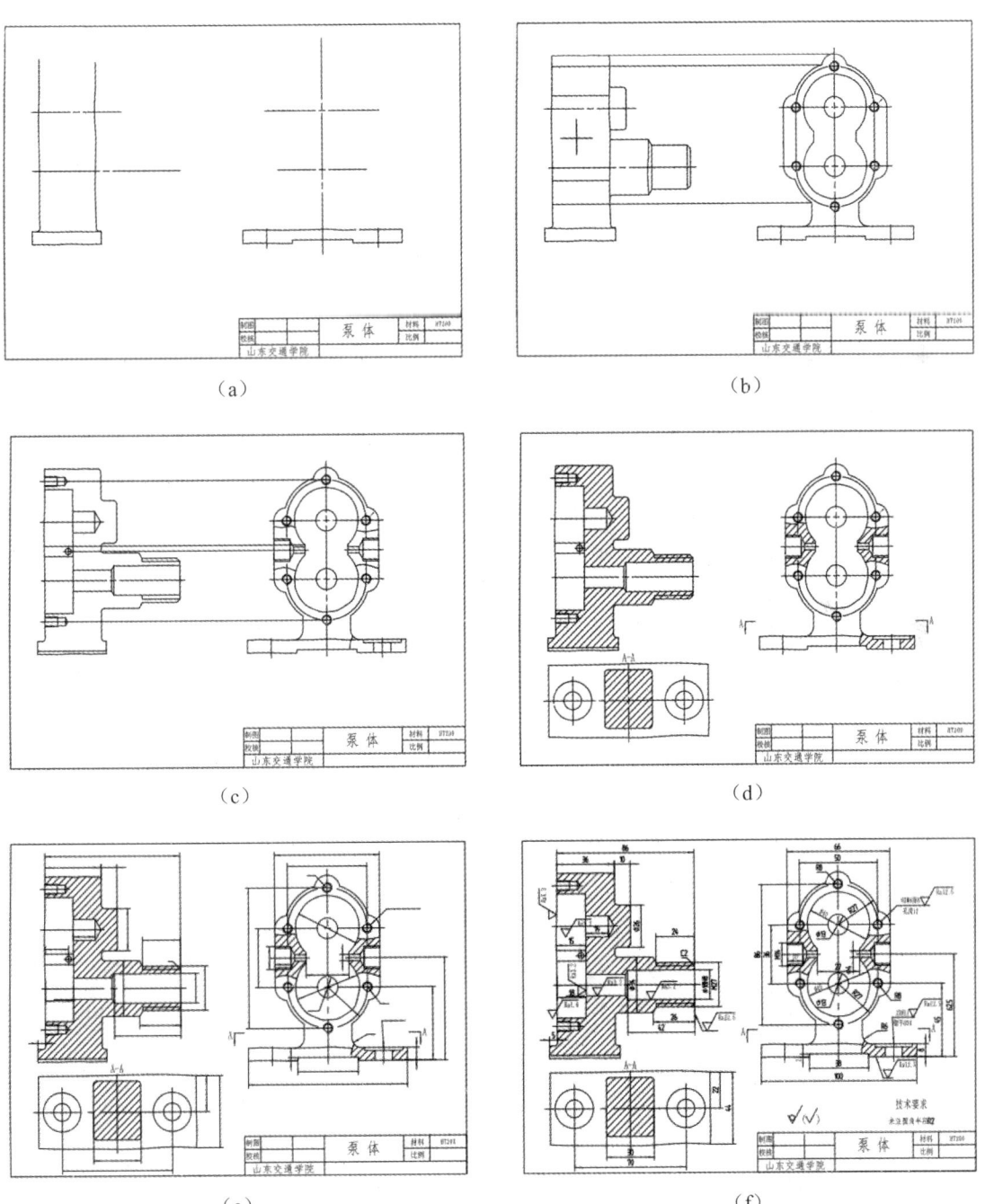

图 7-40　泵体草图绘制过程

4. 根据零件草图绘制零件图

检查零件草图,检查无误后,画出其正规的零件图,如图7-41所示。

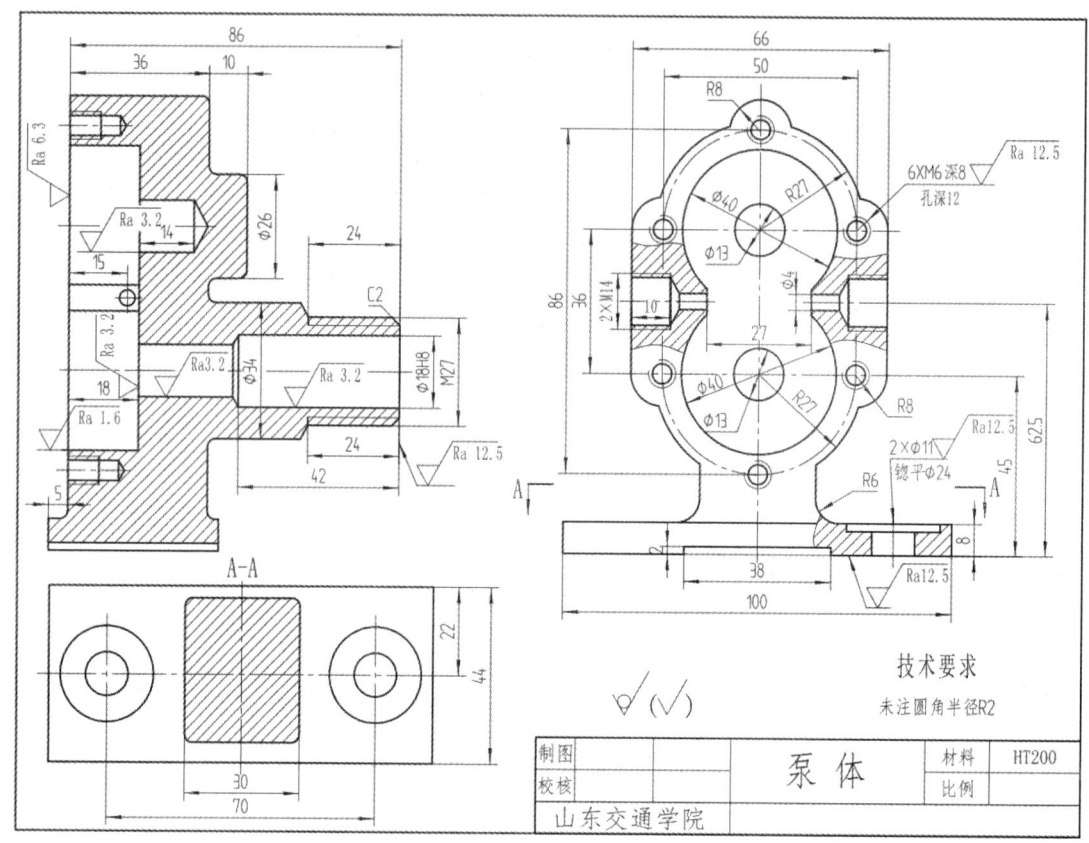

图 7-41　泵体零件图

7.7　读零件图

在设计和制造机器的实际工作中,读零件图是一项非常重要的工作,如在设计零件时,要参考同类型零件的图纸,研究分析零件结构特点,使所设计的零件更合理;在制造零件、技术改造等技术工作中同样需要看零件图。看零件图的目的和要求是根据零件图了解零件的名称、材料和用途;分析视图,了解组成零件各部分结构的形状、特点以及它们之间的相对位置;分析了解制造零件的有关技术要求。

7.7.1　读零件图的方法和步骤

(1)看标题栏,概况了解:从标题栏中了解零件的名称、材料、比例、重量、数量等,大致了解零件的功能、结构特点、毛坯形式和大小,以便对其有个初步认识,并对其进行初步分类。

(2)分析视图,明确表达目的:从图中找出主视图及其他基本视图和辅助视图,了解各视图间的关系、表达方法和表达目的，以便对所表达的零件的结构形状有一个初步印象。

（3）形体分析，想象整体形状：在分析视图、明确视图表达的基础上，对零件进行深入分析。以结构分析为线索，利用形体分析法逐一分析各组成部分的结构形状和相对位置。一般先主体，后局部，先外形，后内部。最后将各部分综合起来想象出零件的整体形状。

（4）尺寸分析：首先分析其长、宽、高三个方向的主要尺寸基准，然后从基准出发，找出主要尺寸，并以结构分析为线索，找出各组成部分的定形尺寸、定位尺寸和尺寸公差，以及零件的总体尺寸。看懂每个尺寸的主要作用，以便掌握加工精度。

（5）技术要求分析：分析零件的表面粗糙度、尺寸公差、几何公差以及其他技术要求，如热处理、表面修饰等，了解零件的加工面要求，哪些加工面要求高，哪些加工面要求低，哪些面属于不加工表面，以便合理选用加工方法。

7.7.2 实例解读顶杆帽（轴套类）零件

顶杆帽是一个典型的轴套类零件，其零件图如图 7-42 所示。

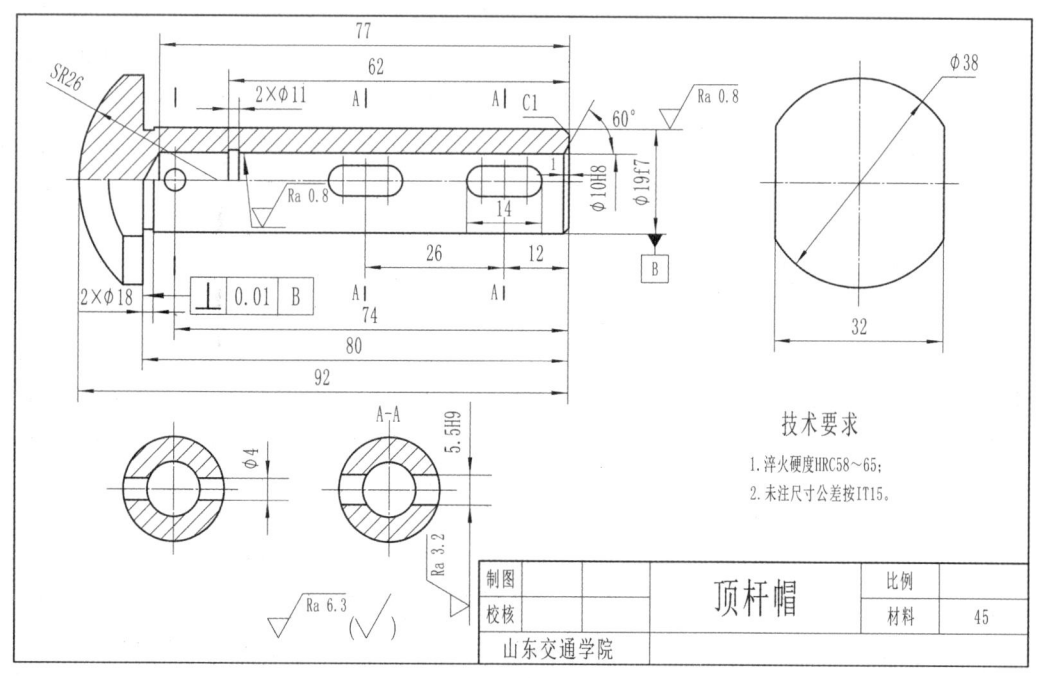

图 7-42 顶杆帽零件图

读图时首先应该阅读标题栏。标题栏的信息非常重要。你可以由零件的名称、比例、数量等信息，对该零件的类型、大小、功用、应用场合有一个大致的印象；由零件的材料和零件的图号，结合相应的装配图，推测它的加工方法、加工精度和装配要求等。因此，标题栏的阅读也是读懂零件图的一个重要环节。

本例中，顶杆帽零件的材料为 45 钢，即一种优质碳素结构钢，"45"表示平均含碳量为 0.45%，广泛应用于各种重要的结构零件，特别是那些在交变负荷下工作的连杆、螺栓、齿轮及轴类等。

1. 顶杆帽的结构分析

先看主体结构，如图 7-43 所示，这类零件的主体结构比较简单。沿轴线方向来看，顶杆帽由直径不同的同轴圆柱体、球头等部分组合而成。

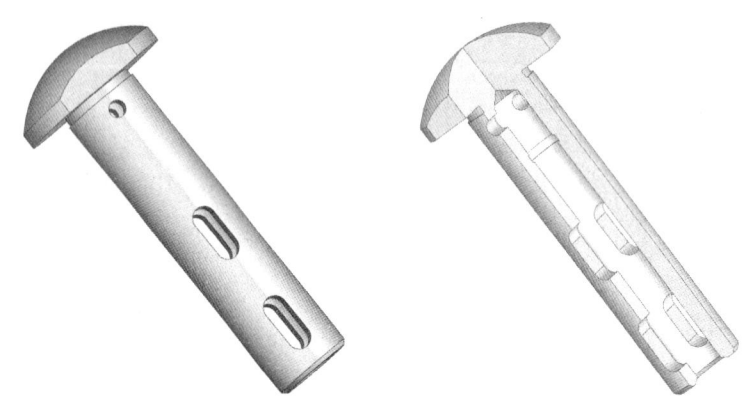

图 7-43　顶杆帽的结构分析

再看顶杆帽的局部功能性结构：2 组键槽形的通孔和 1 个 φ4 锥销孔，左端为球形的杆帽。

最后看顶杆帽的局部工艺结构：由零件图和标题栏附近的表面结构代号可知，该零件的所有表面均为机加工面。因此，该顶杆帽的局部工艺结构均为机械加工工艺结构，如右端的内、外倒角，右轴段内、外圆柱面上各有一处砂轮越程槽等。

2. 顶杆帽的视图表达方法解读

由于该零件属于轴套类零件，故主视图的安放位置按加工位置选定，即如图 7-42 所示的轴线水平放置，且将加工面多的一端置于右方，以方便加工时看图。该零件一共用了四个图形表达：主视图采用半剖视，反映了顶杆帽的内、外形结构；左视图主要反映顶杆帽头部的球形结构，并前后对称地切去了一块；A-A 移出剖面是分别用剖切平面在两处剖开零件，由于得到的剖面完全相同，所以只画出一个图形；左下角的移出断面表达了锥销孔的结构和定形尺寸，由于放置在剖切位置的延长线上，所以省略了标注。

3. 顶杆帽的尺寸标注解读

先确定顶杆帽的尺寸基准。从图 7-42 所示零件图上分析，由于顶杆帽是回转体零件，其径向尺寸基准就是轴线。根据该轴装配时的定位需要，并结合设计和制造工艺，该零件的右端面为轴向尺寸的主要尺寸基准。顶杆帽的总长是 92、总宽是 32 、总高是 φ38。

再看各部分的尺寸。由于顶杆帽是球形的头部，所以其定形尺寸标成 SR26，在半径符号"R"前加注"S"；球头被切除的部分由定形尺寸 32 确定。两个键槽形通孔的定位尺寸分别是 12 和 26，定形尺寸是长 14、高 5.5。φ4 锥销孔的定位尺寸是 74。尺寸 2×φ11 是加工 φ10H8 内圆柱面时的砂轮越程槽的结构尺寸；尺寸 2×φ18 是加工 φ19f7 外圆柱面时的砂轮越程槽的结构尺寸。右端有一个外倒角尺寸 1×45°（倒角角度是 45°，倒角高度是 1）；还有一个内倒角，倒角角度是 60°，倒角高度是 1。

4. 顶杆帽技术要求的解读

零件图中出现的技术要求一般指用符号表示的"尺寸公差""表面结构"和"几何公差"，还有一些文字说明等。

(1) 尺寸公差。该零件一共有 3 处尺寸公差：φ10H8、φ19f7 和 5.5H9。φ10H8 表示公称尺寸为 φ10、基本偏差代号为 H、公差等级为 IT8 的孔。很明显，这是与轴配合时采取基孔制中的基准孔。φ19f7 表示公称尺寸为 φ19、基本偏差代号为 f、公差等级为 IT7 的轴，这段轴是要与其他的孔配合的。两个键槽形通孔的高度标注成 5.5H9，这表示公称尺寸为 5.5、基本偏差代号为 H、公差等级为 IT9 的孔，也是与某外表面配合时采取基孔制中的基准孔。

(2) 表面结构要求。从零件图可知，该零件共有三种表面粗糙度 Ra 值的要求，它们分别为：$\sqrt{Ra\,0.8}$、$\sqrt{Ra\,3.2}$ 和 $\sqrt{Ra\,6.3}$（$\sqrt{\ }$）。顶杆帽零件所有的表面都要加工，且都是用去除材料的方法获得的：其中右段轴的外、内表面要求最高，Ra 值是 0.8μm；键槽形通孔的表面粗糙度要求次之，Ra 值是 3.2μm；其余的表面 Ra 值均为 6.3μm。

(3) 几何公差要求。由零件图可知，该零件有一处垂直度几何公差要求，表示顶帽杆球头的右端面为被测要素，右段外圆柱面的轴线为基准要素（B 基准），即球头右端面相对于 φ19f7 轴轴线的垂直度公差不得大于 0.01mm。

7.7.3 实例解读溢流阀体（箱壳类）零件

箱壳类零件是部件的主体零件，一般起容纳、支承、定位和密封等作用。这类零件结构复杂，加工位置多，且多为铸件。某溢流阀体属于箱壳类零件，其零件图如图 7-44 所示。从标题栏可知，零件的名称为溢流阀体，它是溢流阀的主体，用来安装和支承其他零件。阀体的材料是 HT150，这是一种铸铁的牌号，具有铸造结构的特点，在其上一定保留有非机械加工面。

1. 溢流阀体的视图表达方法解读

溢流阀体零件图用了 4 个图形来表达：主视图、俯视图、右视图和一个 A—A 剖视图。主视图按工作位置放置，采用全剖视图，反映阀体内部主通道的结构形状、顶部回气孔结构（锥形螺纹孔是放置油塞的）。俯视图采用外形图，表达了锥形螺纹孔的位置、3 组安装用的沉孔位置、右上部分的 T 形凸出结构、左上部分凸出结构。结合主视图的相贯线，判断出 2 组虚线分别是进油孔和卸油孔。右视图也采用外形图，表达了与溢流阀盖连接的复杂右端面的安装结构——4 组螺纹孔，以及主通道正上方回气孔的位置。A—A 全剖视图进一步确定了进油孔的位置和结构以及 3 组安装溢流阀用的沉孔的具体结构，还表明了溢流阀体左上突出部分的结构形状是 R20 圆柱状。

2. 溢流阀体的结构解读

首先还是讨论其主体结构。其组成部分的分析，以先叠加、后挖切为最佳方法。现将主视图"恢复"为外形视图，从而看懂其叠加部分；然后再分析所挖切的孔洞。看俯视图可以分成 3 个大的封闭线框，其中右边的 T 形线框是由两个等高部分叠加而成的。根据主、俯、右视图的投影关系，我们判断出该溢流阀体外形由 4 部分组成，从而获得主视图外形图，如图 7-45 所示。

结合分析结果，即可对溢流阀体形体分析，从而获得其组成部分及整体的空间想象，如图 7-46（a）和（b）所示。溢流阀体的内部孔洞较多，最主要的进油孔和卸油孔从下面与主通道垂直偏交，作为溢流泄压的通道，如图 7-46（c）和（d）所示。

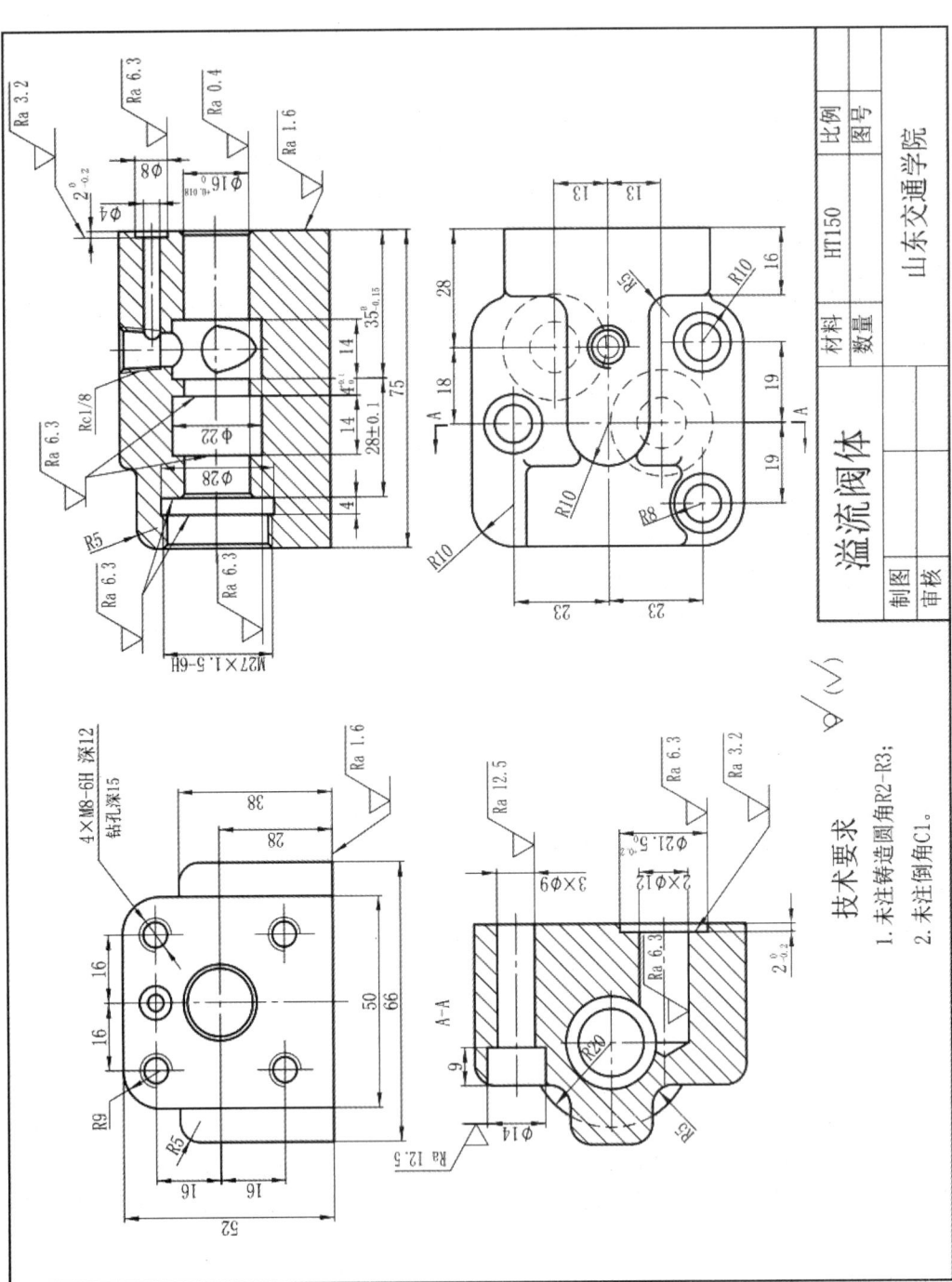

图 7-44 溢流阀体零件图

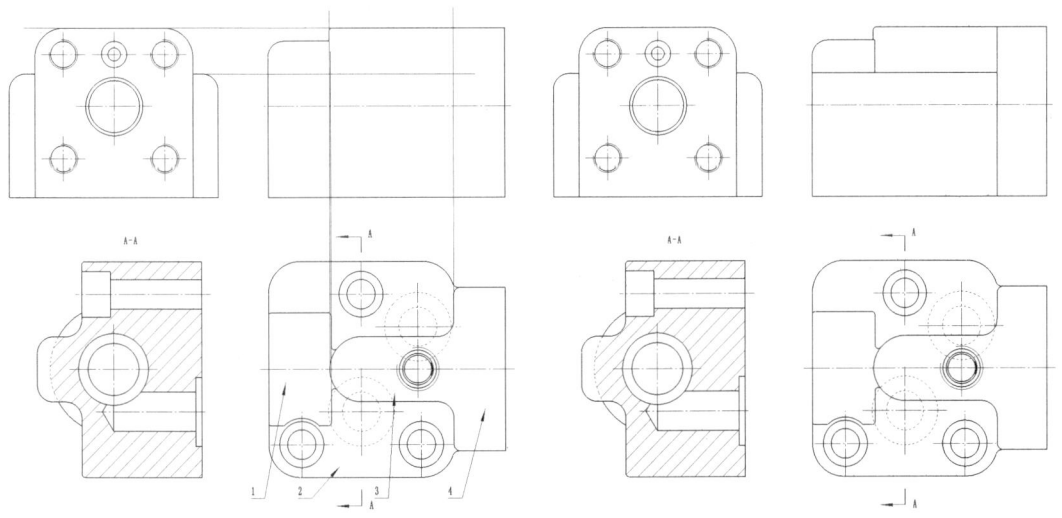

图 7-45　提取主视图的边界轮廓线，按投影关系分段识别各基本体形状

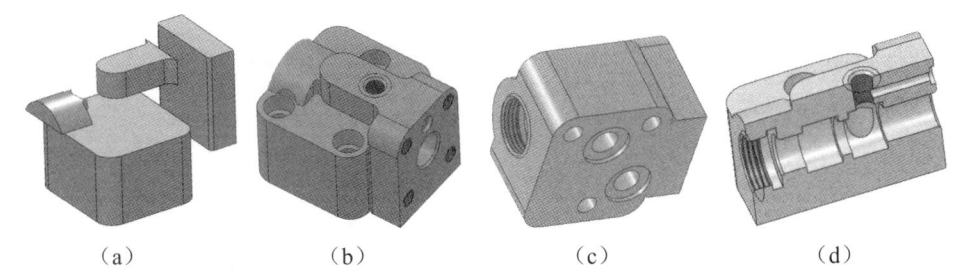

图 7-46　溢流阀结构形体分析及空间形体化

该零件的局部功能性结构有：

（1）溢流阀体主通道里装有控制和调节油压的滑阀、弹簧和密封圈等，正常情况下，进油口与卸油孔被滑阀隔绝开。当进油孔里油压过大时，推动调节滑阀向右移动，疏通了进油孔和卸油孔之间的通道，油从卸油孔流出，从而起到调节管道内油压的作用。

（2）右端中间上部的小沉孔是回气孔，保证了滑阀可以随着油压的变化左右移动。

（3）3 处螺纹孔，即左端螺纹孔、顶部锥形螺纹孔和右端 4 组螺纹孔分别与不同的外螺纹旋合，使溢流阀处于密封环境，其中右端 4 组螺纹用来与溢流阀盖相连接。

（4）上下贯通的 3 组沉孔用于溢流阀体的安装。

该零件的局部工艺结构有倒角、铸造圆角等。

3. 溢流阀体的尺寸标注解读

首先确定长、宽、高三个方向的主要尺寸基准。从零件图上已注的尺寸可知，溢流阀体的右端面是与溢流阀盖的结合面，故应为该零件长度方向的主要尺寸基准，其总长尺寸 75，2 个进油口和卸油孔的长度方向的定位尺寸从该基准标出。底面是安装面，故应该是高度方向的主要尺寸基准，主通道高度从该基准标出。宽度方向除了 3 组 $\phi9$ 安装孔外，零件前后基本对称，故这个对称面就是宽度方向的主要尺寸基准。

4. 溢流阀体技术要求的解读

（1）尺寸公差：该零件一共有 7 处尺寸公差。

（2）表面结构要求：从零件图可知，该零件图仅对表面结构提出来粗糙度 Ra 的要求。图中一共规定了 6 种粗糙度要求，它们分别为：$\sqrt{Ra\,0.4}$、$\sqrt{Ra\,1.6}$、$\sqrt{Ra\,3.2}$、$\sqrt{Ra\,6.3}$、$\sqrt{Ra\,12.5}$、和$\sqrt{}$（$\sqrt{}$）。其中，用去除材料的方法获得的表面，Ra 值分别为 0.4μm（主通道里φ16 孔，精度最高）、1.6μm（右端面，它是与溢流阀盖的结合面，有较高的精度要求）、3.2μm（回气孔相关面，精度要求次之）、6.3μm（主通道的其他内表面等）、12.5μm（溢流阀安装孔内表面）。其余的是用不去除材料的方法获得的表面（即不加工表面）。

（3）几何公差要求：该零件图没有这方面的要求。

第 8 章　装配图

8.1　装配图的作用和内容

8.1.1　装配图的作用

装配图是用来表达机器或部件的图样,它是表示机器或部件的工作原理、零件之间的装配关系和各零件的主要结构形状,以及装配、检验、安装时所需的尺寸和技术要求。

在新设计或测绘机器或部件时,要画出装配图表示该机器或部件的工作原理、性能结构、零件间的装配关系,并确定各零件的结构形状和协调各零件的尺寸等,这是绘制零件图的依据。在生产过程中,要根据装配图制定装配工艺规程,装配图是机器装配、检验、调试和安装工作的依据。在使用和维修中,装配图是了解机器或部件工作原理、性能结构,从而决定操作、保养、拆装和维修方法的依据。在进行技术交流、引进先进技术或更新改造原有设备时,装配图也是不可或缺的资料。

8.1.2　装配图的内容

图 8-1 是滑动轴承的装配轴测图和爆炸图。图 8-2 是滑动轴承的装配图,可以看出一张完整的装配图应包括下列内容:

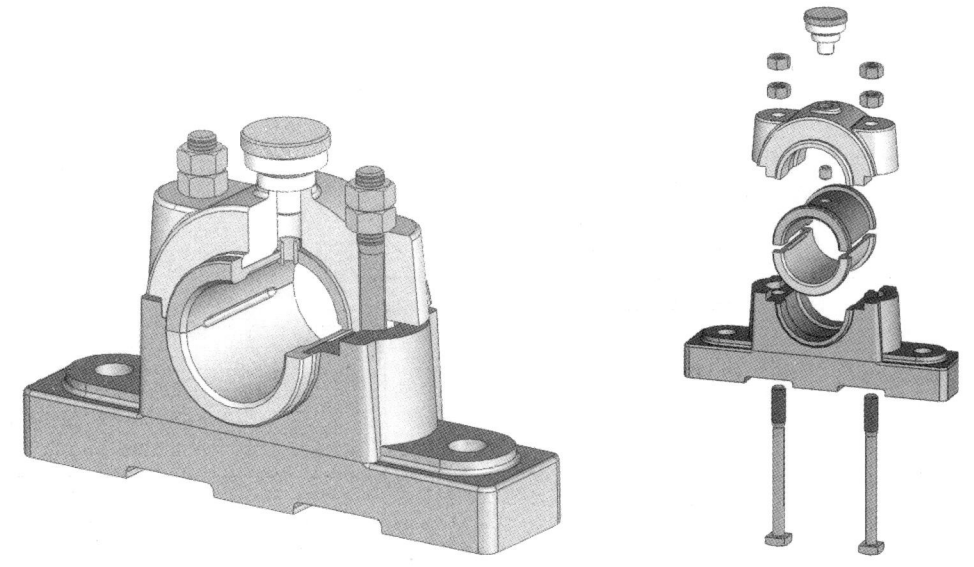

图 8-1　滑动轴承的装配轴测图和爆炸图

（1）一组视图。用一组视图正确、完整、清晰和简便地表达机器或部件的工作原理、运动情况、各零件间的装配关系和联接方式以及主要零件的主要结构形状。

（2）必要的尺寸。只标注出反映机器或部件的性能（规格）、安装情况、部件或零件间的相对位置、配合要求和机器的总体大小等尺寸。

（3）技术要求。用文字和符号来说明机器或部件在安装、调试、校核、使用和维修等方面的要求。

（4）零件序号、明细栏和标题栏。在装配图中，需对每种零件编写序号，并在明细栏中依次对应列出每种零件的序号、名称、数量、材料等内容。标题栏中应填写机器或部件的名称、图号、绘图比例、有关人员的署名等内容。

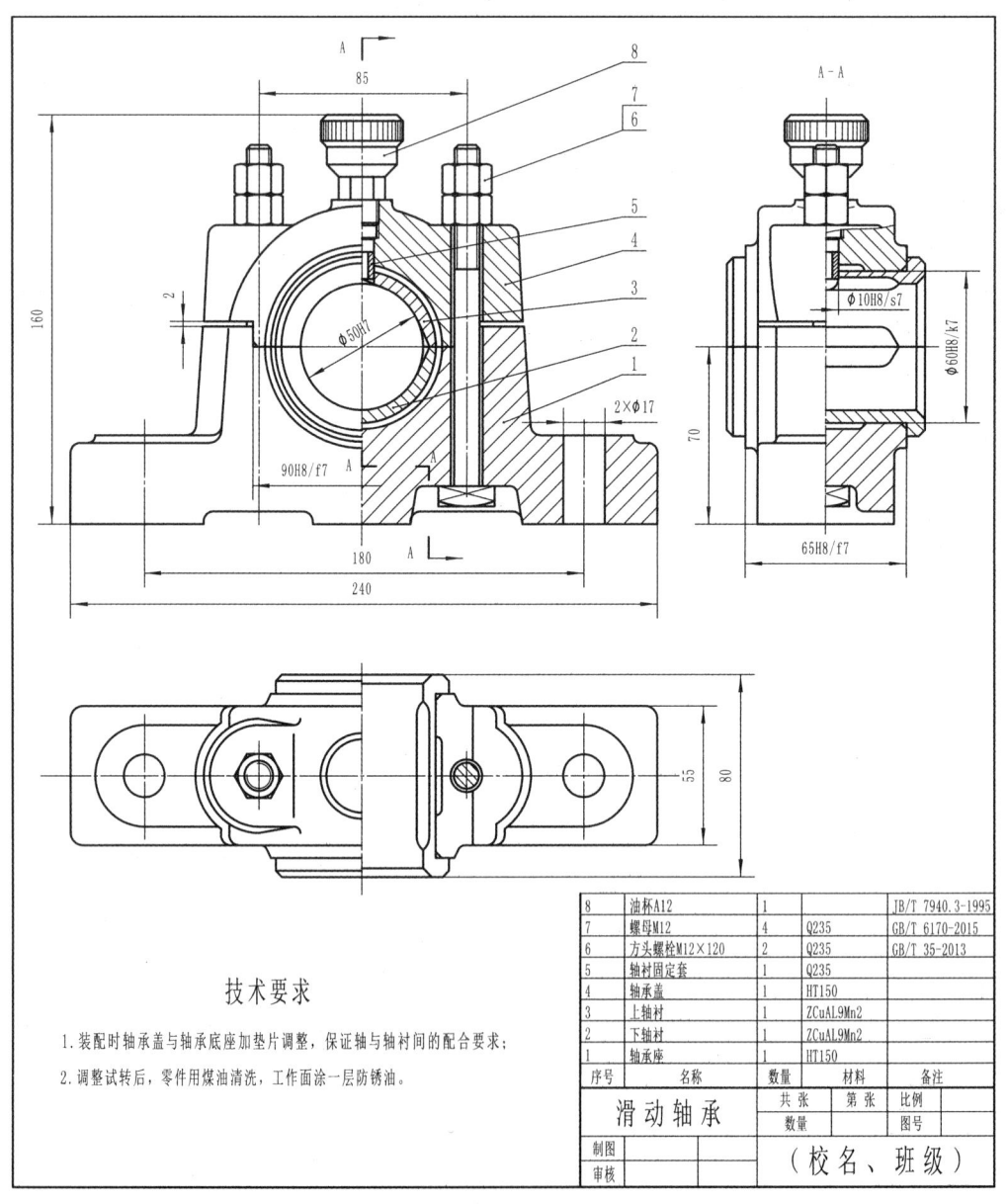

图 8-2　滑动轴承装配图

8.2 装配图的表达方法

装配图的表达方法和零件图基本相同，所以零件图中所应有的各种表达方法都适用于装配图，如视图、剖视、断面、局部放大图等。但由于机器或部件毕竟是由多个零件组成的，所以装配图还有一些与零件图不同的表达方法。

8.2.1 装配图的规定画法

（1）两相邻零件的接触面和配合面只画一条线。不接触面和非配合面，即使间隙很小也必须画两条线，如图 8-2 所示，尺寸标注 90H8/s7、φ60H8/k7 的配合面，螺母 7 与轴承盖 4 的接触面等，只画一条线。方头螺栓 6 与螺栓孔的非接触面，画两条线。

（2）为区分零件，在剖视图中两个或多个零件邻接时，剖面线的倾斜方向应相反，或方向一致间隔不同。但同一零件在各个视图上的剖面线方向和间隔必须一致。如图 8-2 所示。

（3）在剖视图中，对于标准件（如螺纹紧固件、油杯、键、销等）和实心杆件（如实心轴、连杆、拉杆、手柄等），当剖切平面通过其对称平面或基本轴线时，这些零件都按不剖绘制。如图 8-2 所示主视图中的方头螺栓 6、螺母 7 和油杯 8。

8.2.2 装配图的特殊画法

1．拆卸画法

当某个或几个零件在装配图中遮住了需要表达的其他结构或装配关系，而它（们）在其他视图中又已表达清楚时，可假想将其拆去后画出，在图上方需加注"拆去××零件"的说明。如图 8-7 所示，球阀的左视图是拆去扳手 13 之后画出的，因为它已在主、俯视图中表达清楚。

2．沿结合面剖切画法

在装配图中，当需要表达某些内部结构时，可假想沿某两个零件的结合面处剖切后画出投影。此时，零件的结合面不画剖面线，但被横向剖切的轴、螺栓、销等实心杆件要画出剖面线。如图 8-2 滑动轴承装配图中的俯视图，就是沿着底座和轴承盖的结合面剖切后画出的半剖视图。又如图 8-3 转子泵装配图中的右视图（C-C 剖视图），是沿泵体和泵盖的结合面（中间的垫片）处剖切后画出的。它与拆卸画法的区别在于它是剖切而不是拆卸。

3．单独画出某零件的某视图的画法

在装配图中，为表示某零件的结构形状，可另外单独画出该零件的某一视图（或剖视图、剖面图）并加标注。如图 8-3 转子泵中零件泵盖的 A 向视图，需要在该视图上方标注"泵盖 A 向"。

4．假想画法

（1）在装配图中，当需要表达运动件的运动范围和极限位置时，可将运动件画在一个极限位置（或中间位置）上，另一极限位置（或两极限位置）用双点划线画出该运动件的外形轮廓。如图 8-4 三星齿轮传动机构装配图上手柄的运动极限位置画法。

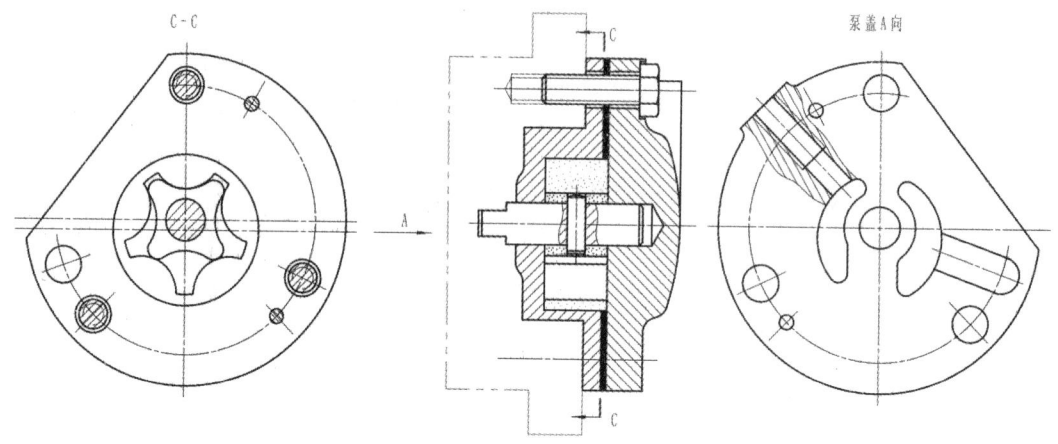

图 8-3 转子泵装配图

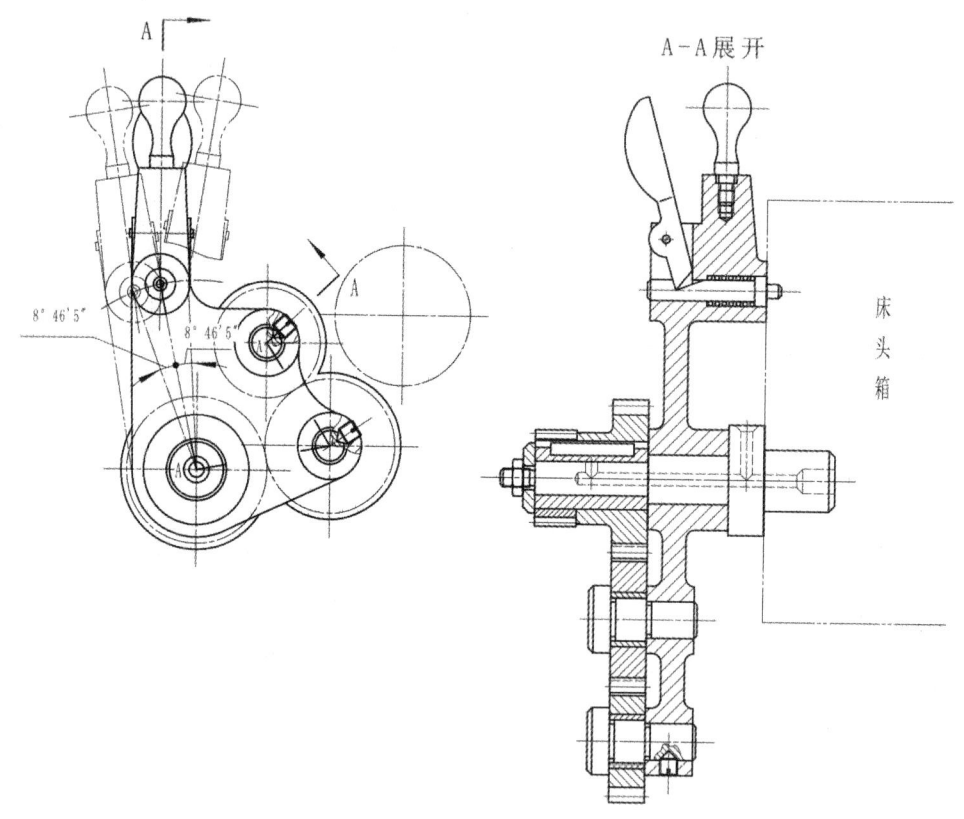

图 8-4 三星齿轮传动机构装配图

（2）在装配图中，当需要表示与本部件有装配或安装关系，但又不属于本部件的相邻零部件时，可假想用双点划线画出该相邻件的外形轮廓。如图 8-3 转子泵装配图中的主视图和图 8-4 左视图（A-A 展开）中的双点划线，分别表示转子泵的相邻零件机架和三星齿轮传动机构的相邻部件床头箱。

5. 展开画法

在表达传动机构的传动路线和装配关系时,假想按其传动顺序用几个平面沿其轴线剖切,将剖切平面依次展开在同一个平面上(即为一个复合旋转剖视),画出其剖视图,并加注"×-×展开"。如图 8-4 三星齿轮传动机构装配图中的左视图即为车床上三星齿轮传动机构的剖视展开画法。

6. 夸大画法

在装配图中,对于薄片零件、细丝弹簧、较小的斜度和锥度、较小的间隙等,为了清楚表达,允许不按原绘图比例适当加大尺寸画出。如图 8-2 主视图中螺栓与螺栓孔之间的非配合间隙,图 8-3 转子泵主视图中泵体与泵盖间的垫片(涂黑处)等,都采用了夸大画法。

7. 简化画法

(1)在装配图中,零件的一些细小的工艺结构如小圆角、倒角、退刀槽等均可省略不画。

(2)在装配图中,若干相同的零件组(如螺纹连接组件等)可以仅详细地画出一处(或几处),其余各处以点划线表示其中心位置。如图 8-5 相同组合件的简化画法。

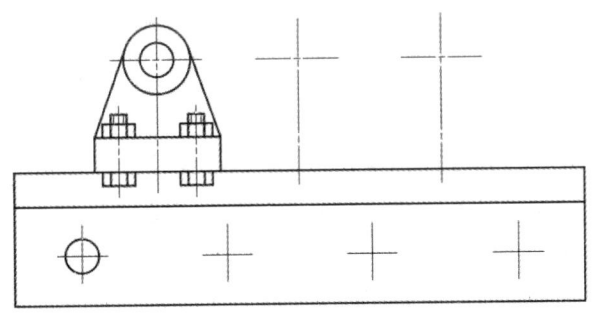

图 8-5 相同组合件简化画法

(3)视图或剖面图中,若零件的厚度在 2mm 以下时,可用涂黑代替剖面符号。如图 8-3 转子泵主视图中泵体与泵盖间的垫片。若是玻璃或其他透明材料不宜涂黑时,可不画剖面符号。

8.2.3 装配图的视图选择

1. 主视图的选择

一般将机器或部件按工作位置放置或将其放正,选择最能反映机器或部件的工作原理、传动线路、装配关系、主要零件的主要结构的视图作为主视图。具体分析装配干线、分清主次,主要装配干线在主要的视图(主或俯视图)中剖开表达,当不能在同一视图上反映以上内容时,应进行比较,一般最好选取能反映主要或较多装配关系的视图作为主视图。为此,主视图通常多采用剖视表达。

2. 其他视图的选择

主视图确定之后,再考虑还有那些装配关系、工作原理和主要零件的主要结构形状没有表达清楚,然后根据需要选择其他视图,并确定相应的表达方法。尽可能地考虑应用基本视图以及基本视图上的剖视图(包括拆卸画法、沿零件结合面剖切)来表达有关内容。视图数量的多少由机器或部件的复杂程度和装配干线的多少而定,在满足表达重点的前提下,力求视图数量少些,以使表达简练。

3. 球阀表达分析

下面以球阀为例分析表达方案。

（1）分析球阀，明确表达内容。

图 8-6 是球阀的装配轴测图和爆炸图，图 8-7 是球阀的装配图。由图 8-6 和有关资料可知，在管道系统中，球阀是用于启闭和调节流量的部件。它由阀体、阀盖、密封圈、阀芯、调整垫、双头螺柱、螺母、填料垫、中填料、上填料、填料压紧套、阀杆以及扳手共 13 种零件组成。

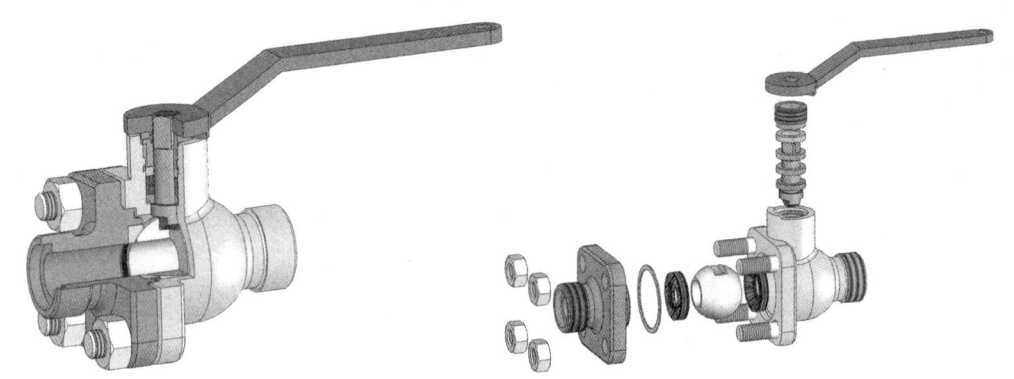

图 8-6　球阀的装配轴测图和爆炸图

工作原理：球阀的阀芯是球形，图示位置阀门全部开启，管道畅通；当扳手按顺时针方向旋转时，调节流量；当旋转 90°（图 8-7 中采用双点画线的假想画法），阀门全部关闭，管道断流。

运动关系：扳手 13→阀杆 12→阀芯 4。

密封关系：水平方向由两个密封圈 3 和调整垫 5 组成；垂直方向由填料垫 8、中填料 9、上填料 10 和填料压紧套 11 组成。

包容关系：阀体 1 和阀盖 2 是球阀的主体零件，它们之间以四组双头螺柱联接（零件 6、7），阀芯 4 通过两个密封圈 3 定位于球阀中，通过填料压紧套 11 与阀体 1 的螺纹旋合将零件 8、9、10 固定于阀体中，扳手 13 通过方孔与阀杆 12 连接。

由此可知，球阀主要有两条装配干线：一条是水平方向，固定、密封阀芯 4；另一条是垂直方向，固定、密封阀杆 12。

通过以上分析，对球阀的零件组成、工作原理、装配关系及主要零件的主要结构形状已有了一定了解，为视图选择提供了条件。

（2）选择视图，确定表达方案。

1）确定主视图。不管球阀的工作位置是否倾斜，选择主视图时，按放正位置。主视图全剖，表达了球阀两条装配干线上的各零件的形状、结构和装配连接关系。

2）确定其他视图。左视图采用 A-A 半剖视图，进一步反映了阀杆与阀芯的装配关系以及阀杆榫头的结构形状。阀盖与阀体连接板的形状以及所用四组双头螺柱联接的分布情况。图中拆卸扳手，以便能清楚地显示出阀体上端的凸台，此凸台限制了扳手的运动极限位置。

俯视图基本上是外形图，采用了两处局部剖视，进一步表达了阀体与阀盖的连接方式（双头螺柱联接），阀杆方头与扳手的连接方法，填料压紧套的顶端槽口结构，阀体上端凸台对扳手的 90° 限位。俯视图还采用了假想画法画出扳手的另一处极限位置。

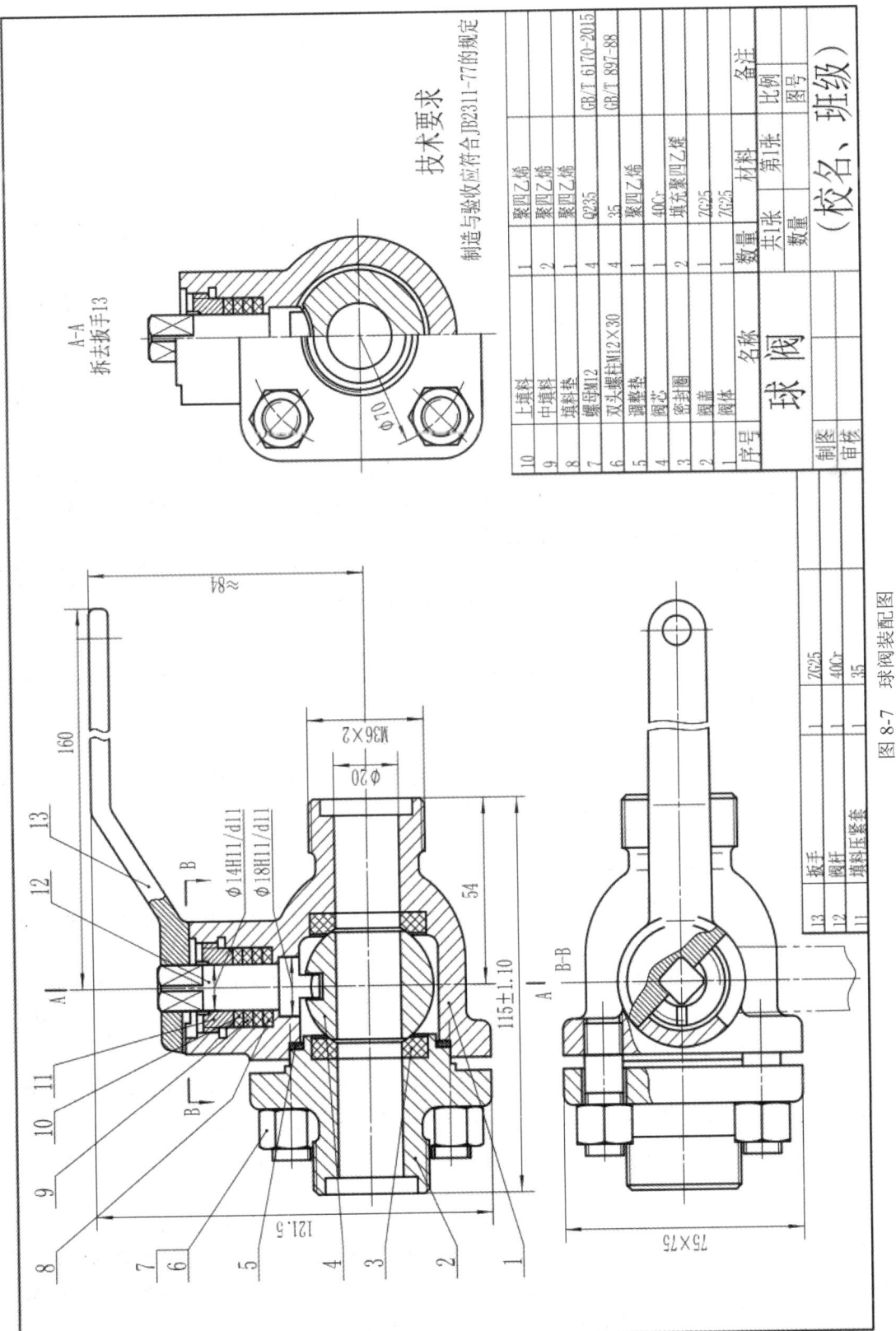

图 8-7 球阀装配图

8.3 装配图的尺寸标注和技术要求

8.3.1 装配图的尺寸标注

装配图和零件图的作用不同，装配图上不需要注出零件的全部尺寸，仅需标注进一步说明机器的性能、工作原理、装配关系和安装要求的尺寸。装配图上的尺寸标注包括以下五种尺寸：

1. 性能（规格）尺寸

性能尺寸表示机器或部件的工作性能和规格，是设计、了解和选用产品的主要依据。例如油缸的直径、活塞的行程，各种阀门连接管路的直径等。如图8-7球阀的管口直径φ20。

2. 装配尺寸

装配尺寸是表示零件间有装配关系和工作精度的尺寸。包括配合尺寸和重要的相对位置尺寸。

（1）配合尺寸。配合尺寸是表明两零件间配合性质的尺寸，一般在尺寸数字后面都注明配合代号，以便理解零件间的配合松紧或运动状态，是装配和拆画零件图时确定尺寸偏差的依据。如图8-7中的φ14H11/d11、φ18H11/a11等。

（2）相对位置尺寸。相对位置尺寸是表示设计或装配机器时需要保证的零件间较重要的距离、间隙等相对位置尺寸，也是装配、调整和校图时所需要的尺寸。如图8-7中的φ70、54、115±1.10等尺寸。

（3）装配时加工尺寸。有些零件要在装配在一起后才能进行加工，装配图上要标注装配时的加工尺寸。

3. 安装尺寸

安装尺寸是将部件安装在机器上，或机器安装在地基上，需要确定的尺寸。如图8-2中的尺寸180、2×φ17、240、55等尺寸，又如图8-7中的M36×2。

4. 外形尺寸

外形尺寸是表示机器或部件的总长、总宽、总高的尺寸，反映了机器或部件的大小，是机器或部件在包装、运输和安装过程中确定其所占空间大小的依据。如图8-2中的尺寸240、80、160。

5. 其他重要尺寸

其他重要尺寸是设计过程中经过计算确定或选定的尺寸，但又不属于上述几类尺寸之中的重要尺寸。如轴向设计尺寸、主要零件的主要结构尺寸、运动件极限位置尺寸等。如图8-2中滑动轴承的中心高度70。

必须指出，上述五种尺寸，并不是每张装配图上都全部具有的，并且装配图上的一个尺寸有时兼有几种意义。因此，应根据具体情况来考虑装配图上的尺寸标注。

8.3.2 装配图的技术要求

用文字或符号准确、简练地说明对机器或部件的性能、装配、检验、调整、安装、运输、使用、维护、保养等方面的要求和条件，统称为装配图中的技术要求。一般写在明细栏的上方或图纸下方空白处，也可另写成技术要求文件作为图样的附件。以上所述内容在一张装配图中不一定样样俱全，应根据具体情况而定。如图8-2中的技术要求。

8.4 装配图中的零部件序号和明细栏

8.4.1 零部件序号

为了便于看图，做好生产准备工作和图样管理，对装配图中每种零部件都必须编注序号。标注序号的一般规定如下：

（1）装配图中相同的零部件只编注一个序号，且一般只编注一次。
（2）零部件的序号应与明细栏中的序号一致。
（3）序号应尽可能注写在反映装配关系最清楚的视图上，且应沿水平或垂直方向排列整齐，并按顺时针或逆时针方向一次排列。
（4）零件序号的标注形式：零件序号是用指引线和数字来标注。

1）指引线的画法：指引线应从所指零件的可见轮廓内用细实线向图外引出，并在指引线的引出端画出一个小圆点，如图 8-8（a）所示。当所指部分不宜画小圆点（如很薄的零件或涂黑的剖面）时，可在指引线末端用一箭头，箭头指向该部分的轮廓线上，如图 8-8（b）所示。指引线应尽可能分布均匀，不允许彼此相交。当通过剖面线区域时，不应与剖面线平行。必要时，指引线可以曲折一次，如图 8-8（c）所示。对于一组紧固件（如螺栓、螺母和垫圈）及装配关系清楚的组件，可以采用公共指引线，如图 8-8（d）所示。

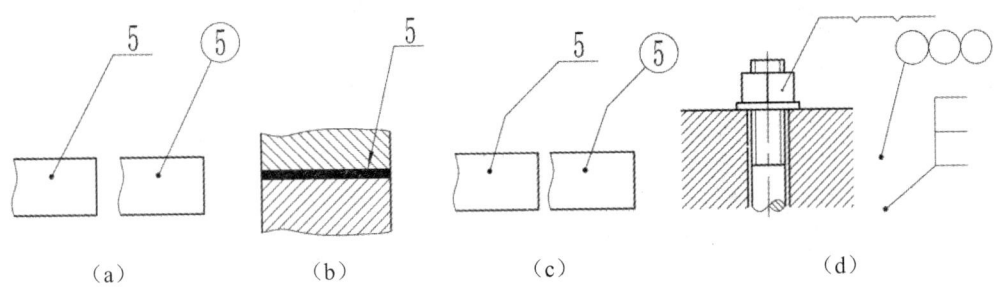

图 8-8 零件序号的编注形式

2）零件序号（数字）标注形式：有两种。

一种是在指引线的终端画一水平横线（细实线），并在该横线上方注写序号，其字高比该装配图中所注尺寸数字大一号或两号。

另一种是在指引线的终端画一细实线圆，并在该圆内注写序号，其字高比该装配图中所注尺寸数字大一号或两号。

编注序号时，应按水平或垂直方向排列整齐，可顺时针方向或逆时针方向依次编号，不得跳号，如图 8-2 和图 8-7 所示。

8.4.2 明细栏

明细栏是机器或部件中全部零件、部件的详细目录，表中填有零件的序号、名称、数量、材料、规格以及备注等项目。明细栏画在标题栏正上方，其底边线与标题栏的顶边线重合，其内容和格式在国家标准（GB/T 10609.2—2009）中已有规定。为学生做作业方便，推荐采用如

图 8-9 所示简化的明细栏,填写明细栏时应遵照以下规定。

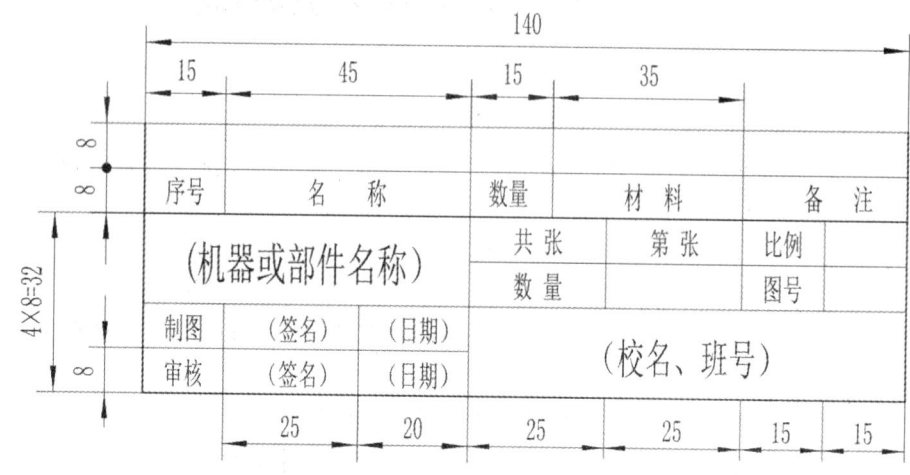

图 8-9 标题栏与明细栏

绘制和填写明细栏时应注意以下几点:

(1) 明细栏位于标题栏的上方,并与标题栏相连,上方位置不够时可续接在标题栏的左侧,若还不够可再向左侧续编。对于复杂的机器或部件也可使用单独的明细栏列出,装订成册,作为装配图的一个附件。

(2) 明细栏外框竖线为粗实线,其余线为细实线,其下边线与标题栏上边线或图框下边线重合,长度相同。

(3) 为便于修改补充,序号的顺序应自下而上填写,以便在增加零件时可继续向上画格。

(4) 在"备注"栏内填写一般零件的图号和标准件的国标代号。在"名称"栏内,标准件应填写其名称、代号。如轴承 307、螺母 M30。

8.5 装配结构的合理性简介

为了保证装配和拆卸方便,达到机器或部件规定的性能精度要求,在设计和绘制装配图时应考虑装配结构的合理性。

8.5.1 接触面或配合面的结构

(1) 当两零件接触时,在同一方向上只能有一对接触面,这样既可满足装配要求,又可降低加工要求,否则将造成加工困难,并且也不会同时接触,如图 8-10 所示。

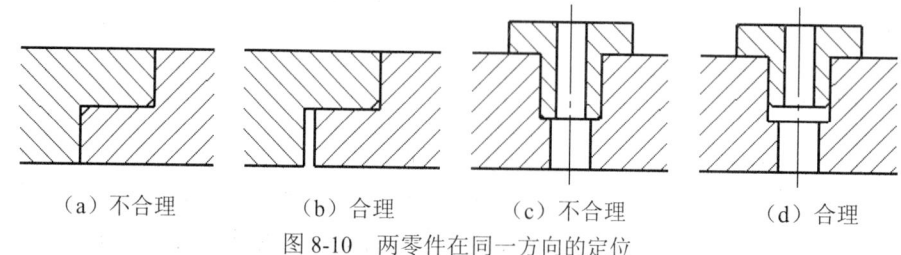

图 8-10 两零件在同一方向的定位

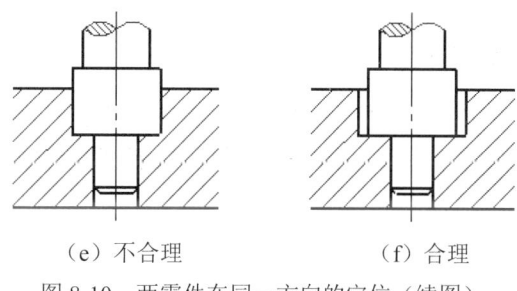

（e）不合理　　　　　　（f）合理

图 8-10　两零件在同一方向的定位（续图）

（2）当轴孔配合，且轴肩与孔的端面相互接触时，应在接触面制成倒角、圆角或在轴肩部切槽，以保证两零件接触良好，如图 8-11 所示。

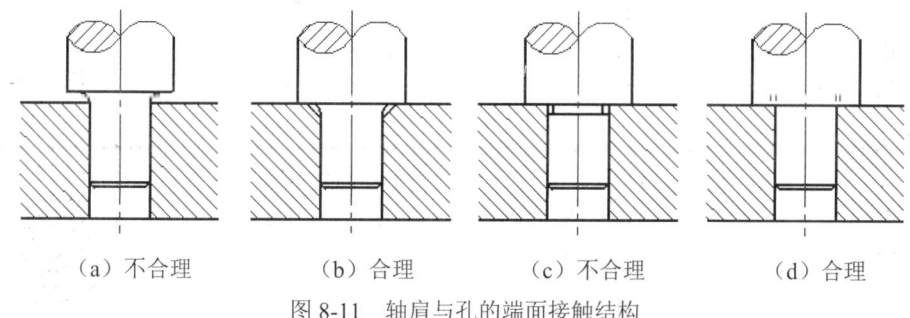

（a）不合理　　　（b）合理　　　（c）不合理　　　（d）合理

图 8-11　轴肩与孔的端面接触结构

（3）在装配体中，尽可能合理地减少零件与零件之间的接触面积，这样使机械加工的面积减少，保证了良好接触，并可降低加工成本，如图 8-12 所示。

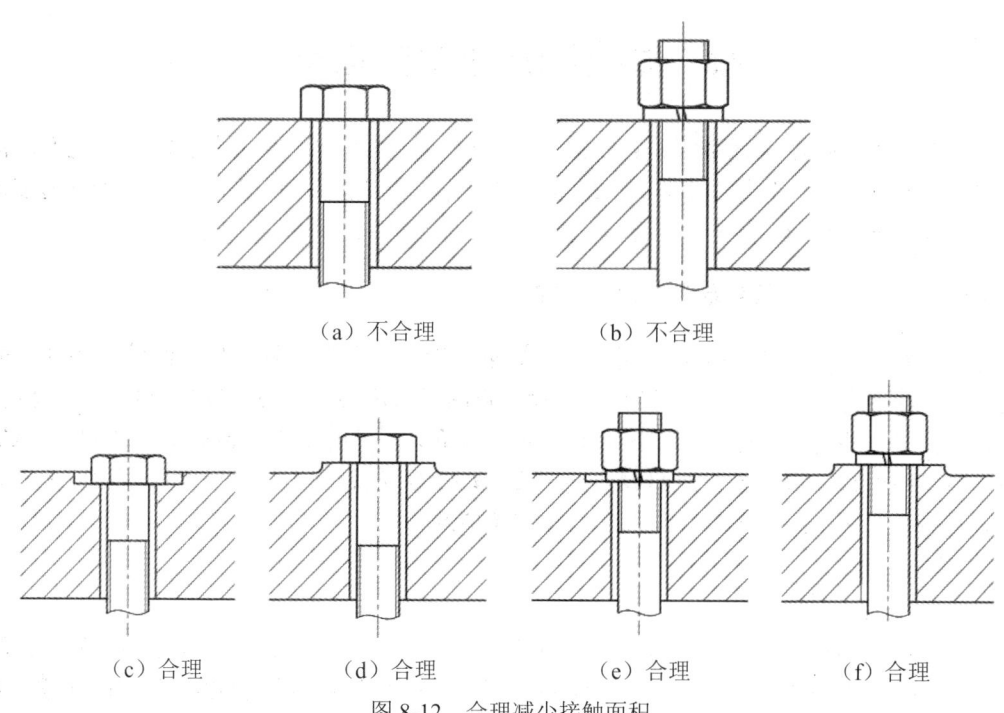

图 8-12　合理减少接触面积

8.5.2 螺纹紧固件的防松结构

机器运转时，由于受到震动或冲击，螺纹紧固件可能发生松动，这不仅妨碍机器正常工作，有时甚至会造成严重事故，因此需用防松装置。常用的防松装置有双螺母、弹簧垫圈、止动垫圈、开口销等，如图8-13所示。

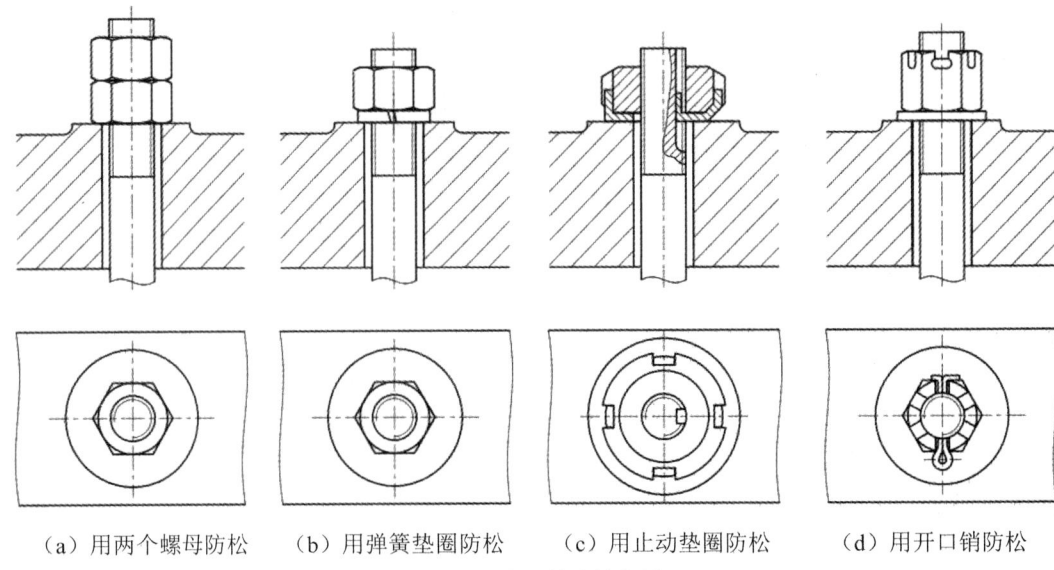

（a）用两个螺母防松　　（b）用弹簧垫圈防松　　（c）用止动垫圈防松　　（d）用开口销防松

图 8-13　常见的防松装置

8.6　部件测绘和装配图的画法

当需要对原有机器进行维修、技术改造或仿造时，在没有现成技术资料的情况下，往往要根据现有的机器的一部分或整体，画出零件和部件装配草图并进行测量，然后绘制装配图和零件图，这个过程称为部件测绘。部件测绘工作的一般步骤如下。

8.6.1　了解分析测绘对象和拆卸零部件

对测绘对象全面了解和分析是测绘工作的第一步。应首先了解部件测绘的任务和目的，决定测绘工作的内容和要求。可通过观察实物和查阅产品说明书及有关图样资料，了解部件（或机器）的性能、功用、工作原理、传动系统和运转情况，了解部件（或机器）的制造、试验、修理、构造和拆卸等情况。如图 8-14 所示为铣刀头部件的轴测图，从图中可了解到该铣刀头部件的功用、工作原理、传动情况以及装配连接情况。

8.6.2　拆卸零部件和测量尺寸

拆卸零部件的过程也是进一步了解部件中各零件作用、结构、装配关系的过程。拆卸前应仔细研究拆卸顺序和方法，对不可拆的连接和过盈配合的零件尽量不拆，并应选择适当的拆卸工具。

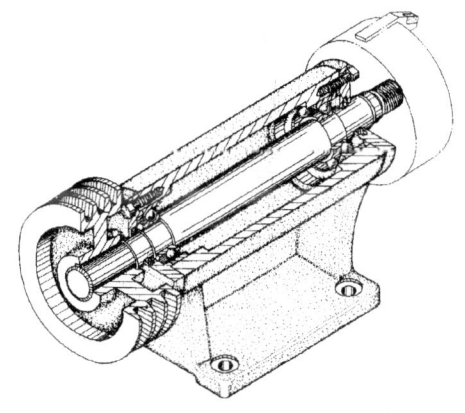

图 8-14　铣刀头部件的轴测图

常见的测量工具及测量方法见零件测绘。一些重要的装配尺寸，如零件间的相对位置尺寸、运动件极限位置尺寸等要先进行测量，并做好记录，以便重新装配时能保持原来的要求。拆卸后要将各零件编号（与装配示意图上编号一致），贴上标签，妥善保管，避免散失、错乱，防止碰伤、生锈或丢失。

8.6.3　画装配示意图

装配示意图是在拆卸过程中所画的记录图样。零件之间的真实装配关系只有在拆卸后才能显示出来，因此必须边拆边画装配示意图，记录各零件间的装配关系，作为绘制装配图和重新装配的依据。

图 8-15 为铣刀头的装配示意图。

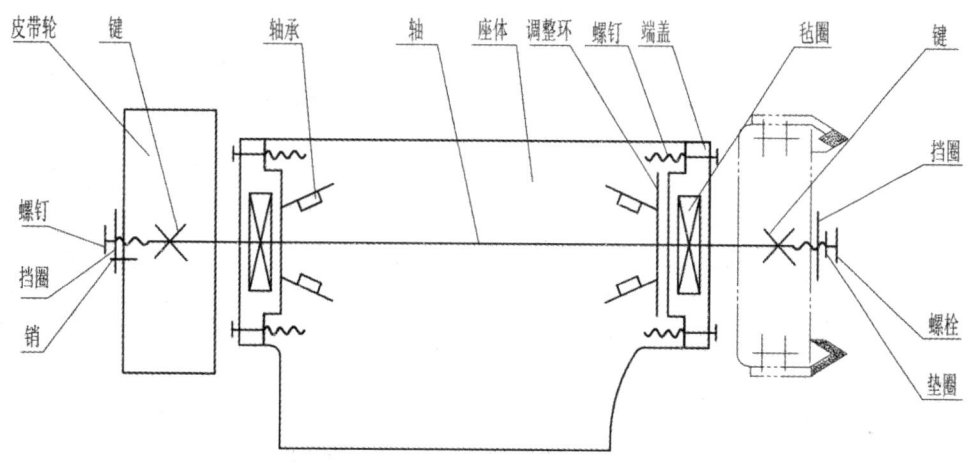

图 8-15　铣刀头装配示意图

8.6.4　测绘零件并画零件草图

零件草图是画装配图和零件图的依据。草图的画法已在第 1 章介绍过，但在部件测绘过程中画零件草图时还应注意以下几点：

（1）凡标准件只需测量其主要尺寸，查有关标准，确定规定标记，不必画零件草图。其余所有零件都必须画出零件草图。

（2）画零件草图可先从主要的或大的零件着手，按装配关系依次画出各零件草图，以便随时校核和协调零件的相关尺寸。

（3）两零件的配合尺寸或结合面的尺寸量出后，要及时填写在各自的零件草图中，以免发生矛盾。

图8-16为铣刀头部分零件草图。

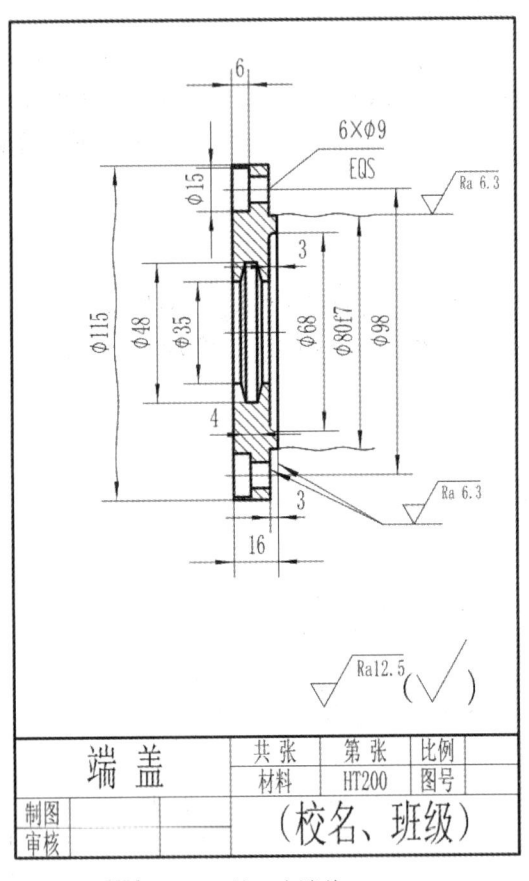

（a）铣刀头端盖

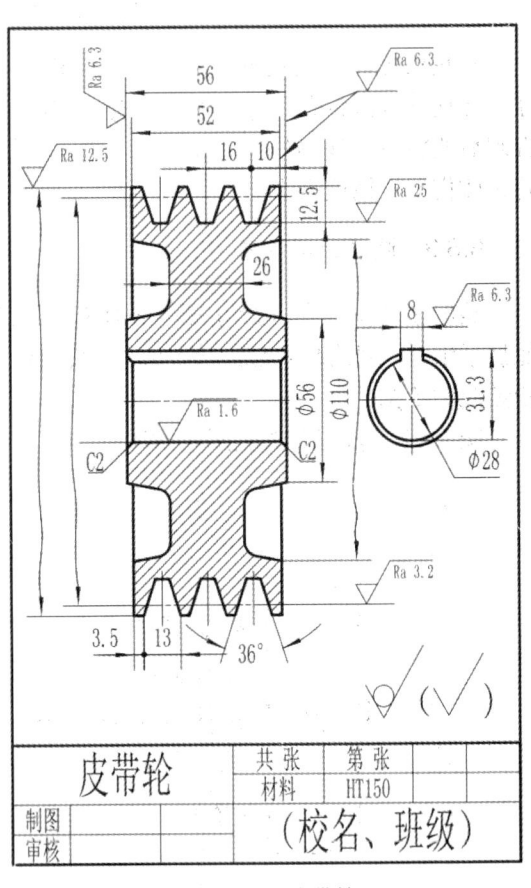

（b）铣刀头带轮

图8-16　铣刀头部分零件草图

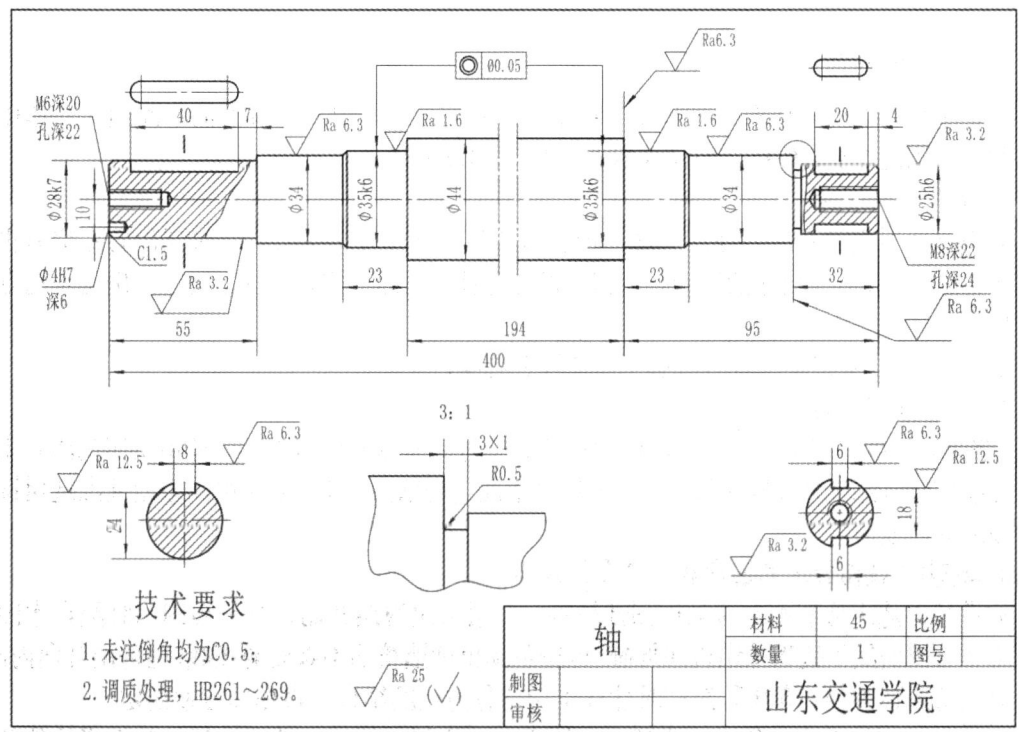

(c) 铣刀头轴

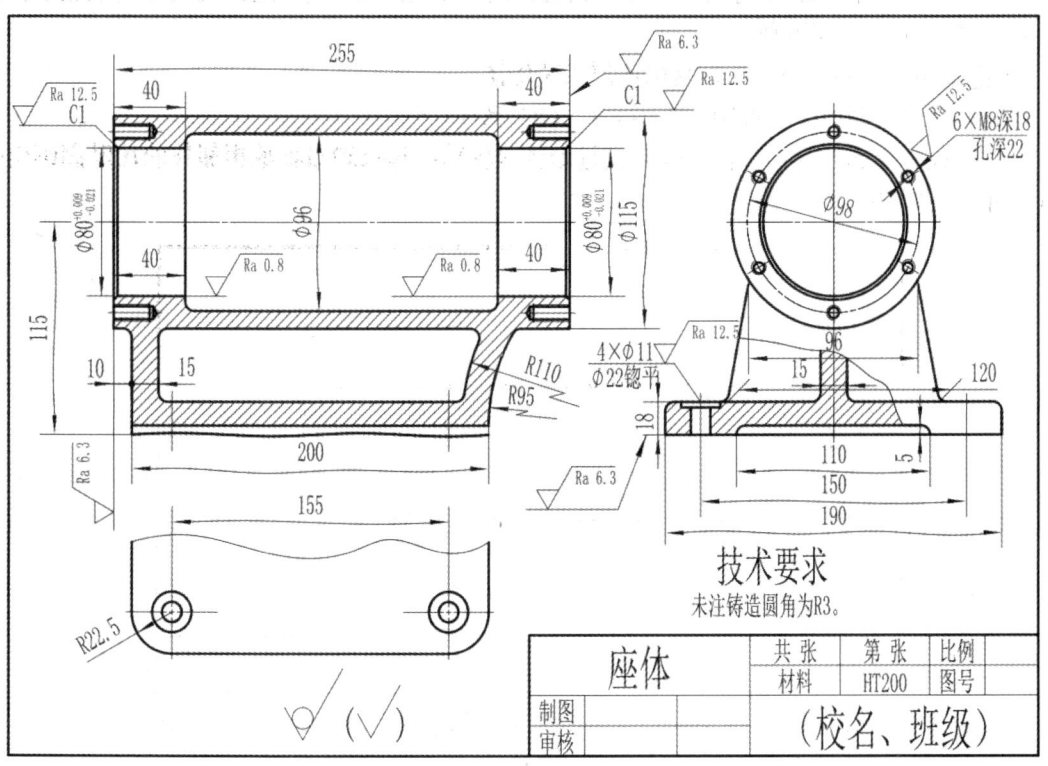

(d) 铣刀头座体

图 8-16 铣刀头部分零件草图（续图）

8.6.5 画装配图

根据装配示意图和所有零件草图、标准件的标记，就可以画出部件的装配图。具体作图方法和步骤以铣刀头装配图（见图8-18）为例，加以说明。

1. 拟定表达方案

对现有资料进行整理、分析，进一步了解部件的性能及结构特点，对部件的完整形状做到心中有数。按8.2节所述的原则、步骤，拟定部件的表达方案，选择主视图，确定表达方法和视图数量。

2. 选比例，定图幅，画出边框、标题栏和明细栏

3. 合理布图，画基准线

如图8-17（a）所示。考虑到需标注尺寸和序号，布图既要适中，还要留出图间距。主、左视图高度基准选用传动轴轴线；主视图长度基准选用轴的左端面；左视图宽度基准选用铣刀头的前后对称面。

4. 画出各视图的主要基准和主要零件轮廓

通常从表达主要装配干线的视图开始画，一般从主视图开始，几个视图同时配合作图。画剖视图时以装配干线为准由内向外画，可避免画出被遮挡的不必要的图线，也可由外向内画，如先画外边主体大件。在实际绘图时往往采用两种方法的结合，视作图方便而定。

无论采用哪种画法，都必须遵循以下原则：画完第一件后，必须找到与此相邻的件及它们的接触面，将此接触面作为画下一件时的定位面，开始画第二件，这样按装配关系顺序依次画出下一件，切勿随意乱画。

下面采用由内向外的方法，画出铣刀头装配图。

（1）画出传动轴的主视图，如图8-17（b）所示。

（2）找到相邻件轴承，在与轴的接触面处画轴承，再找到与轴承相邻件的接触面画出端盖，如图8-17（b）所示。

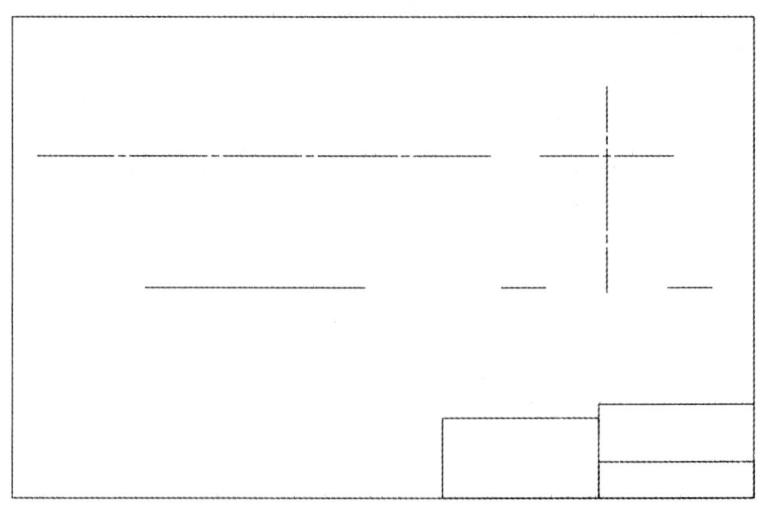

（a）

图8-17 铣刀头装配图作图步骤

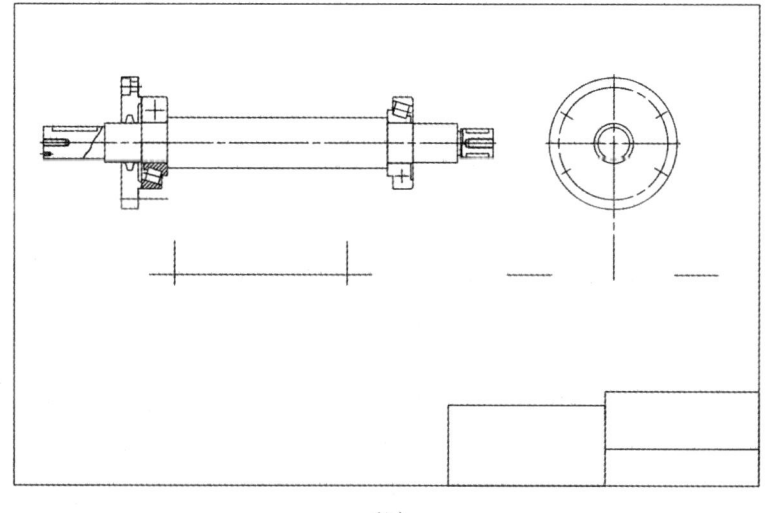

(b)

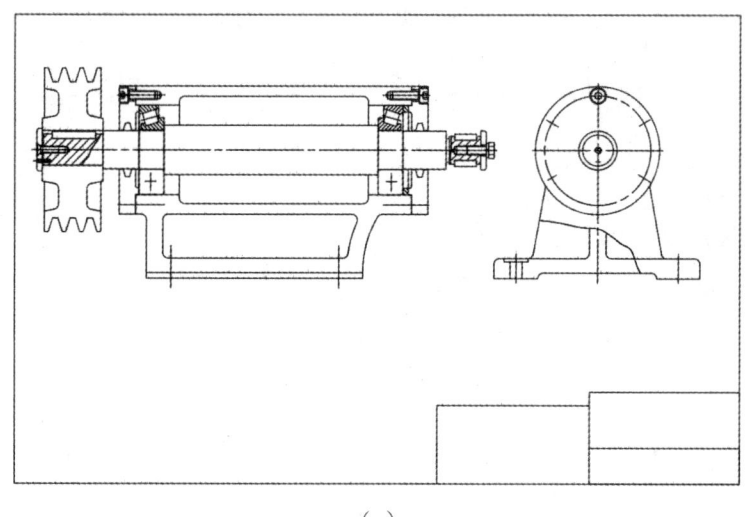

(c)

图 8-17 铣刀头装配图作图步骤（续图）

（3）从端盖内侧面开始画座体，再画出皮带轮，如图 8-17（c）所示。

（4）画出挡圈、螺钉、键、销、调整垫及刀盘等，完成底图，如图 8-17（c）所示。

（5）完成装配图。检查改错后，画剖面线，标注尺寸及配合代号，编注零件序号，描深。最后填写明细栏、标题栏和技术要求，校核，完成全图，如图 8-18 所示。

8.6.6 画零件图

根据装配图和零件草图，整理绘制出一套零件工作图，这是部件测绘的最后工作。

画零件工作图时，其视图选择不强求与零件草图或装配图的表达方案完全一致。经画装配图后发现零件草图中的问题，应在画零件工作图时加以改正。注意配合尺寸或相关尺寸应协调一致。表面粗糙度等技术要求可参阅有关资料及同类或相近产品图样，结合生产条件及生产经验加以制定和标注。

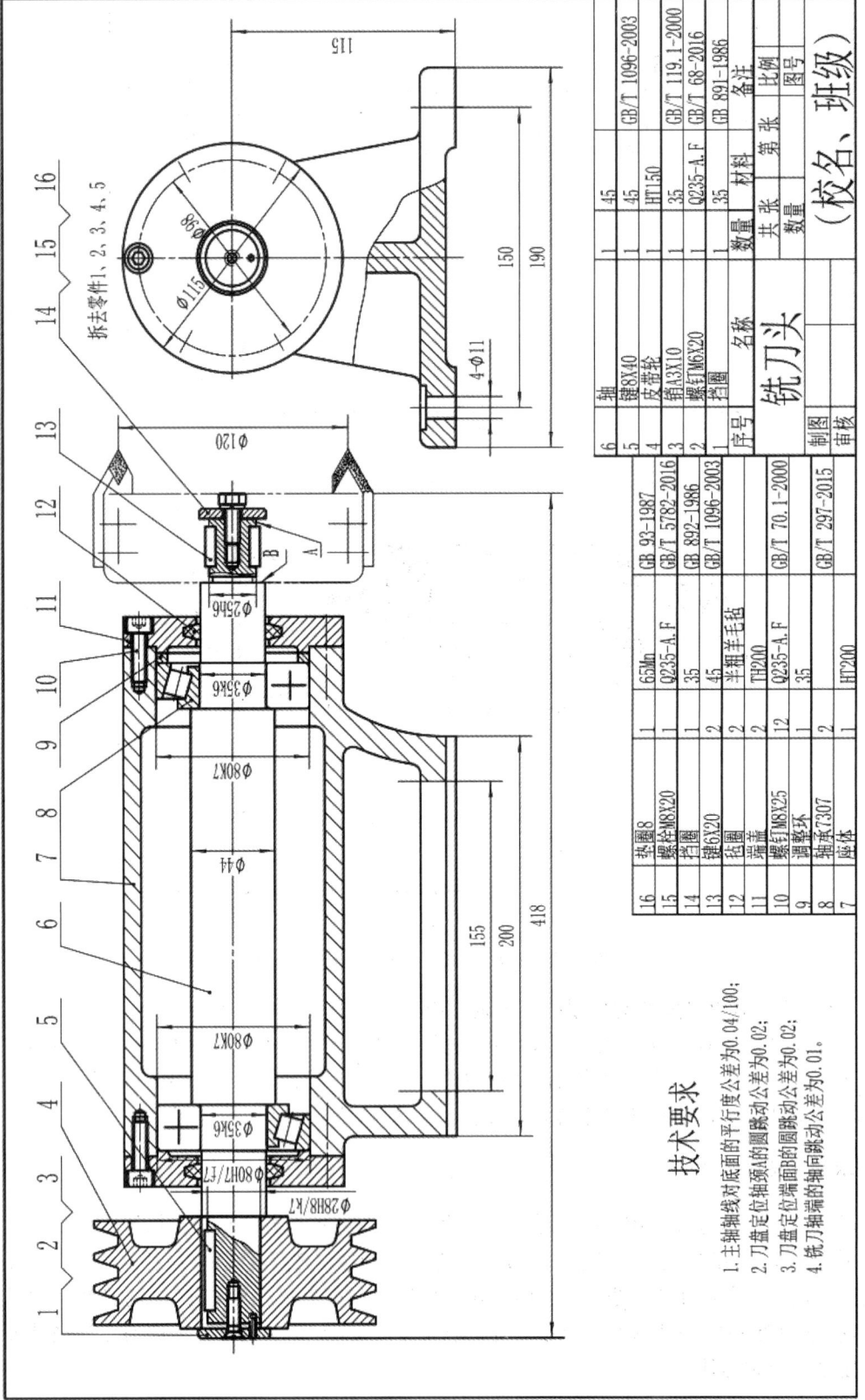

图 8-18 铣刀头装配图

8.7 读装配图和拆画零件图

画装配图是用图形、尺寸、符号和文字来表示设计意图和设计要求的过程。而读装配图是通过对现有图形、尺寸、符号、文字的分析，了解设计者的意图和要求的过程。在设计、装配、检验和维修工作中，在进行技术革新、技术交流乃至专业课程的学习工程中，都需要读装配图。工程技术人员必须具备熟练读装配图的能力。

8.7.1 读装配图

读装配图一般按表 8-1 的步骤进行。

表 8-1 读装配图步骤

步骤	（1）概括了解	（2）分析视图，明确表达目的	（3）分析工作原理及装配关系	（4）分离零件	（5）分析尺寸及技术要求	（6）归纳总结
具体要求	由标题栏了解该机器或部件的名称，由名称可略知其用途；由明细栏了解组成机器或部件的各种零件的名称、数量、材料以及标准件的规格，估计机器或部件的复杂程度；由比例、视图大小和外形尺寸，了解机器或部件的大小；由说明书等有关资料，联系生产实践知识，了解机器或部件的性能、功用等	先找到主视图，再根据投影关系识别出其他视图的名称、找出剖视图、剖面图所对应的剖切位置，识别出表达方法的名称，从而明确各视图表达的意图和重点，为下一步深入看图做准备	先从反映工作原理、装配关系较明显的视图入手，分析主要装配干线或传动线路，分析有关零件的运动情况和装配关系；然后分析其他装配干线，继续分析工作原理、装配关系、零件的连接、定位以及配合的松紧度等。此外对运动件的润滑、密封方式等内容，也应分析了解	标准件、常用件和简单的零件容易看懂，应重点分析主要的、复杂的零件。根据零件编号、投影关系、剖面线的方向和间隔等，将零件的视图从装配图中分离出来，想出其结构形状，分析其作用	分析研究全部尺寸、技术要求，了解机器或部件检验、安装方法、装拆顺序等	通过前面的分析，把对机器或部件的所有了解进行归纳，从而了解机器或部件的设计意图和装配工艺性等

下面以图 8-19 齿轮油泵装配图为例，说明读装配图的方法和步骤。

1. 概括了解

"泵"，顾名思义，是一种吸入和排出流体的机械装置，能把流体抽出或压入容器，也能把流体提送到高处。按其用途可分为气泵、水泵、油泵等。不论是哪一种泵，它的驱动原理都是靠腔体内进、出口处压力的连续变化来吸入和排出流体。而输送流体的执行部件往往是叶片、齿轮的轮齿，有时直接就是靠气体或液体的压力。由于实现泵类部件功能的驱动源是压力的变化，泵的密封性显得十分重要。因此，泵类部件内部一定要有密封装置。这些装置与阀类部件一样，有填料—填料座—填料压盖装置、密封圈装置等。泵的支撑和框架部分无疑是泵体和泵盖这两大主要零件，它们对内起着包容、支撑作用，对外负责安装及与进、出口管道的连接。

齿轮油泵是机器中用来输送润滑油的一个部件，如图 8-19 所示，从序号和明细栏中可知，该齿轮油泵共由 17 种零件装配而成；由外形尺寸 118、85、95 可知这个齿轮油泵的体积不大。

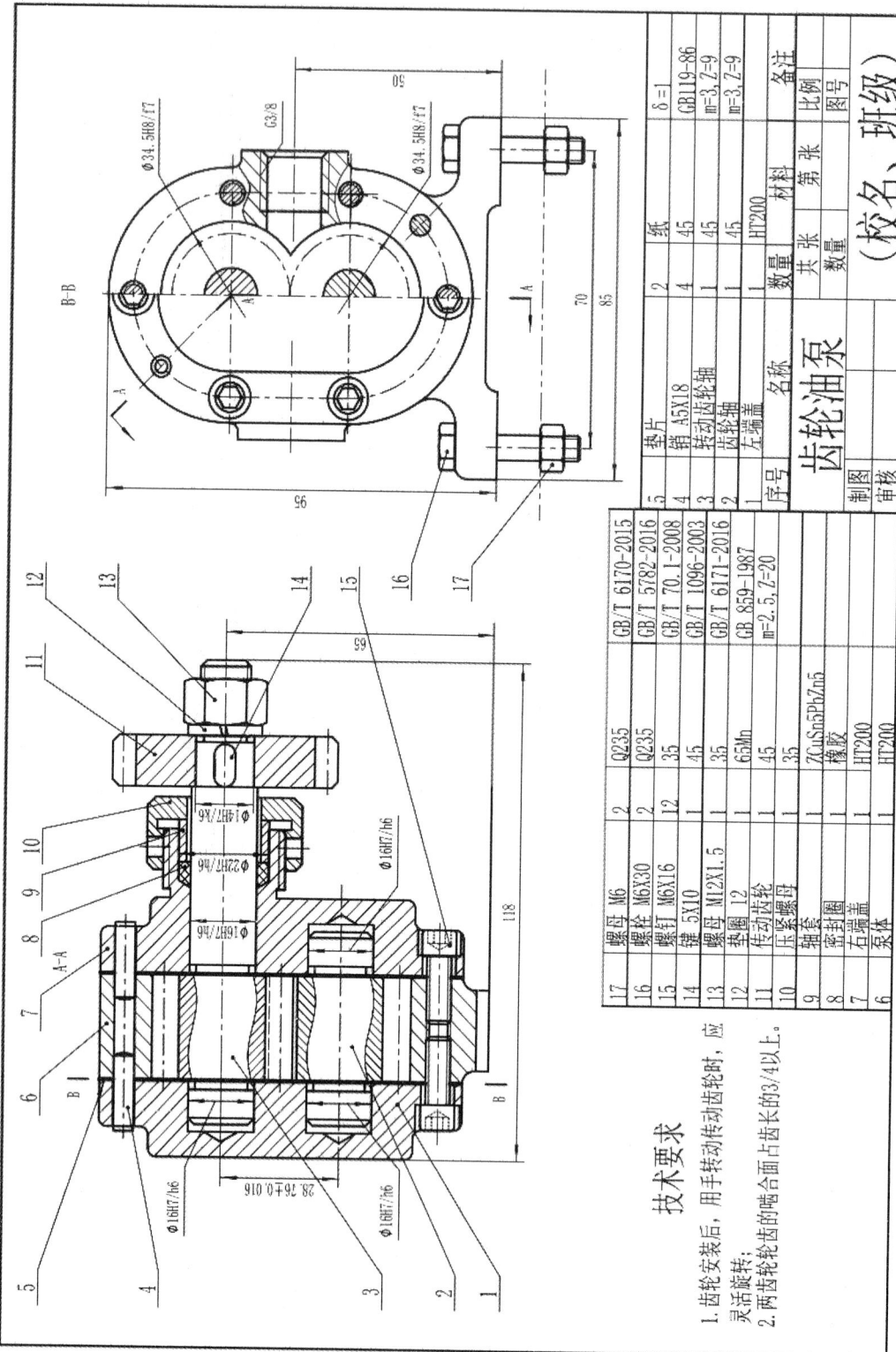

图 8-19　齿轮油泵装配图

2. 分析视图，明确表达目的

如图 8-19 所示，主视图是采用了 A-A 旋转剖的全剖视图，反映了组成齿轮油泵各个零件间的装配关系。左视图是采用沿着左端盖 1 与泵体 6 结合面剖切后移去了垫片 5 的半剖视图 B-B，清楚地反映了该油泵的外部形状，齿轮的啮合情况以及吸、压油的工作原理；再采用局部剖反映吸、压油口的结构。

3. 分析工作原理及装配关系

泵体 6 是齿轮油泵中的主要零件之一，其内腔容纳一对吸油和压油的齿轮。将齿轮轴 2、传动齿轮轴 3 装入泵体后，两侧有左端盖 1、右端盖 7 支承这一对齿轮的旋转运动。由销 4 将左、右端盖和泵体定位后，再用螺钉 15 将左、右端盖与泵体连接成整体。为了防止泵体与端盖结合面处以及传动齿轮轴 3 伸出端漏油，分别用垫片 5、密封圈 8、轴套 9 和压紧螺母 10 密封。

齿轮轴 2、传动齿轮轴 3、传动齿轮 11 是该油泵中的运动零件。当传动齿轮 11 按逆时针方向（从左视图观察）转动时，通过键 14 将扭矩传递给传动齿轮轴 3，经过齿轮啮合带动齿轮轴 2，从而使齿轮轴 2 做顺时针方向转动。从这一对齿轮啮合传动中，可以了解其工作原理，如图 8-20 所示。当一对齿轮在泵体内啮合时，啮合区右边空间的压力降低而产生局部真空，油池内的油在大气压力作用下进入油泵低压区内的吸油口，随着齿轮的转动，齿槽中的油不断沿箭头方向被带至左边的压油口，把油压出，送至机器中需要润滑的地方。

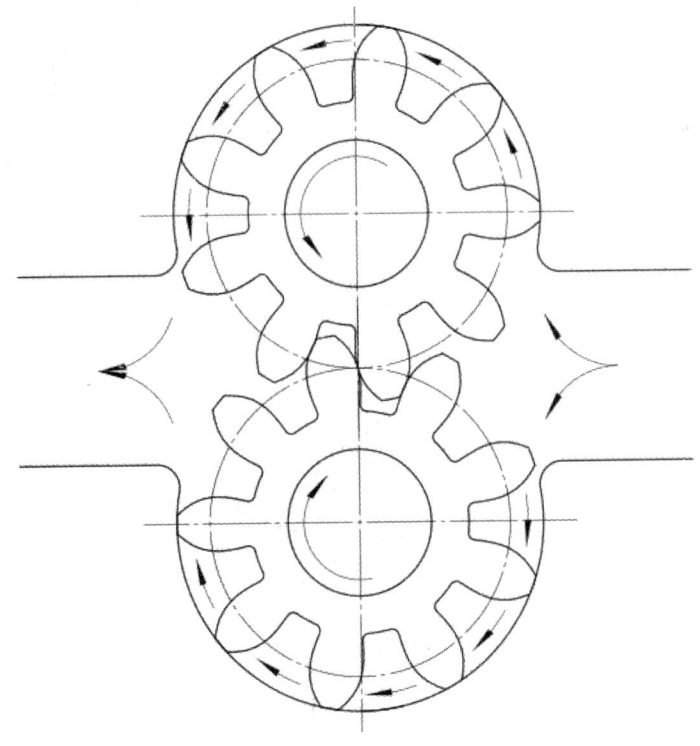

图 8-20 齿轮油泵工作原理图

4. 分离零件

下面以齿轮油泵右端盖 7 为例进行分析。由主视图可见：右端盖下部有齿轮轴 2 轴颈的支承孔；上部被传动齿轮轴 3 穿过。右端盖的右边有伸出端，伸出端有外螺纹，与压紧螺母 10 旋合，可通过轴套 9 将密封圈 8 压紧在轴的四周，起密封作用。先从主视图上区分出右端盖的视图轮廓，由于在装配图的主视图上，右端盖的一部分可见投影被其他零件所遮挡，因而它是一幅不完整的图形，如图 8-21（a）所示为从装配图主视图中分离出右端盖全剖的主视图。根据此零件的作用及装配关系，可以补全所缺的轮廓线，如图 8-21（b）所示。在装配图的左视图中，其螺钉孔、销孔、轴孔都被泵体 6、齿轮轴 2、传动齿轮轴 3 等零件挡住，不能完整地表达出来。因此这些缺少的结构形状可以通过对装配体的理解和工作情况进行补充表达和设计，右端盖的外形为长圆形，沿周围分布有六个螺钉沉孔和两个圆柱销孔。如图 8-21（c）所示为从装配图中分离、补充、想象出来的右端盖左视图，结合主、左视图即可想出其结构形状，轴测图如图 8-22 所示。

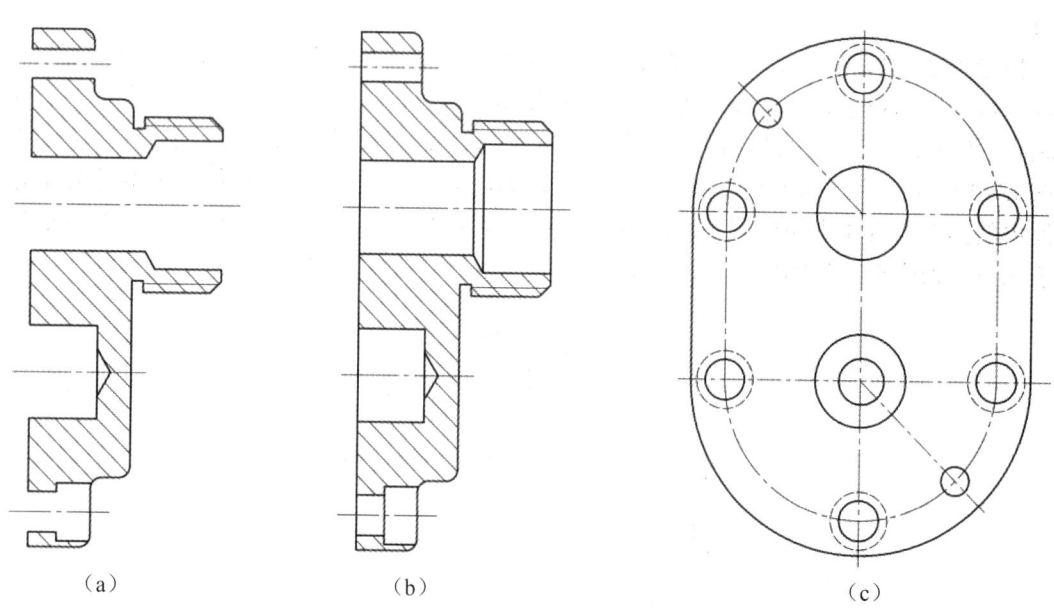

图 8-21　从装配图中分离、补充、设计后的右端盖视图

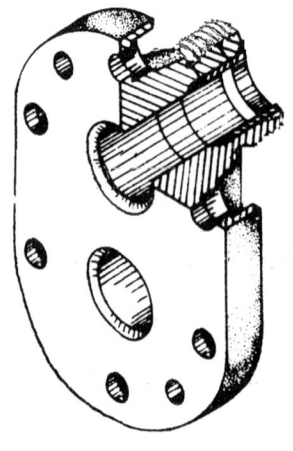

图 8-22　右端盖的轴测图

通过以上分析，对右端盖的结构形状及其作用的分析就会很容易，请读者自行分析。这样逐一分析每个零件，便可弄清每个零件的结构形状、作用及零件间的装配关系，这是读懂装配图的重要标志。

5. 分析尺寸及技术要求

根据零件在部件中的作用和要求，该齿轮油泵装配图中注出了相应的公差带代号。例如传动齿轮 11 要带动传动齿轮轴 3 一起转动，除了靠键把两者连成一体传递扭矩外，还注出了相应的配合尺寸φ14H7/k6，它属于基孔制的过渡配合。齿轮轴 2、传动齿轮轴 3 与左、右端盖在支承处的配合尺寸都是φ16H7/h6，属于基孔制的间隙配合。两齿轮的齿顶圆与泵体内腔的配合尺寸是φ34.5H8/f7，属于基孔制的间隙配合。

尺寸 28.76±0.016 是一对啮合齿轮的中心距，这个尺寸准确与否将会直接影响齿轮的啮合传动。尺寸 65 是传动齿轮轴轴线离泵体安装面的高度尺寸。28.76±0.016 和 65 分别是设计和安装所要求的尺寸。

吸、压油口的尺寸 G3/8、50 和两个螺栓 16 之间的尺寸 70 以及泵体安装面的形状大小尺寸 85 等都属于安装尺寸。

尺寸 118、95、85 属于外形总体尺寸。

齿轮油泵的装配图中注明了两条技术要求，用于说明该齿轮油泵安装后的检验要求。

齿轮油泵的拆卸顺序：螺母13、垫圈12、传动齿轮11、键14、压紧螺母10、轴套9、密封圈8、螺钉15、销4、左端盖1和右端盖7。

6. 归纳总结

通过以上分析，了解了齿轮油泵的设计意图和装配工艺性等，完成读装配图的全过程，并为拆画零件图打下基础。图 8-23 为齿轮油泵轴侧分解图。

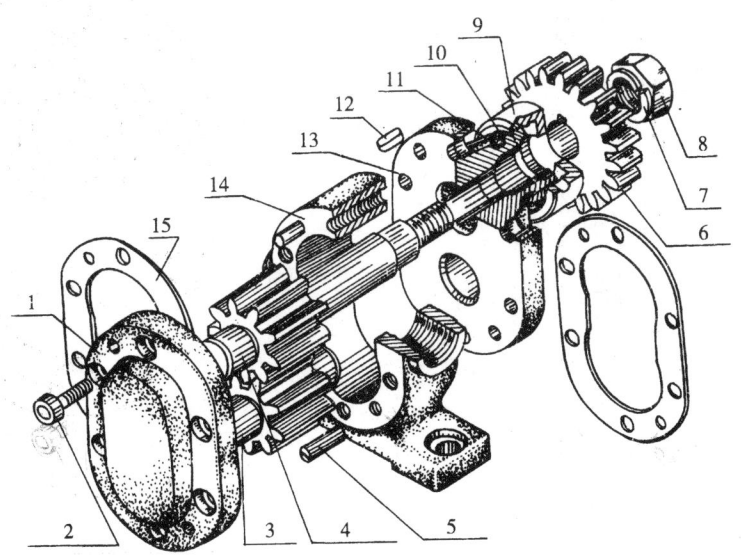

1—左端盖；2—圆柱头内六角螺钉；3—齿轮轴；4—传动齿轮轴；5—圆柱销；6—传动齿轮；7—垫圈；8—螺母；9—压紧螺母；10—压紧套；11—填料；12—键；13—右端盖；14—泵体；15—垫片

图 8-23 齿轮油泵轴测图

8.7.2 拆画零件图

由装配图拆画零件图（拆图）是设计过程中的重要环节。必须在全面读懂装配图的基础上，按照零件图的内容和要求拆画零件图，拆图的过程也是继续设计零件的过程。一般可按以下步骤进行：

（1）分离零件，补画结构。

读懂装配图，分析所拆零件的作用，并从装配体中分离出来，想象出其大体结构形状，补齐在装配图中被遮挡的轮廓线和投影线，对装配图中未表达清楚的结构进行再设计，分析该零件的加工工艺，并补充规定省略和简化了的工艺结构，想象出其结构形状。

（2）确定表达方案。

由于装配图的视图选择是从装配体的整体出发，并以表达装配关系为主来考虑的，所以不可能按每个零件的结构特征来选择主视图。所以拆画零件图时选择的表达方案不一定照搬装配图的表达，而应对零件的结构特点进行分析，重新考虑表达方案。一般情况下，箱体类零件的主视图所选位置可与装配图一致，即按工作位置选取主视图，这样装配时便于零件图与装配图对照。对轴套类、轮盘盖类零件一般按加工位置选取主视图。对叉架类零件一般按形状特征或工作位置选取主视图。根据零件的结构形状、复杂程度和特点，按第 7 章所述的原则和方法选取其他视图。图 8-24 所示为调整设计后的右端盖表达方案。

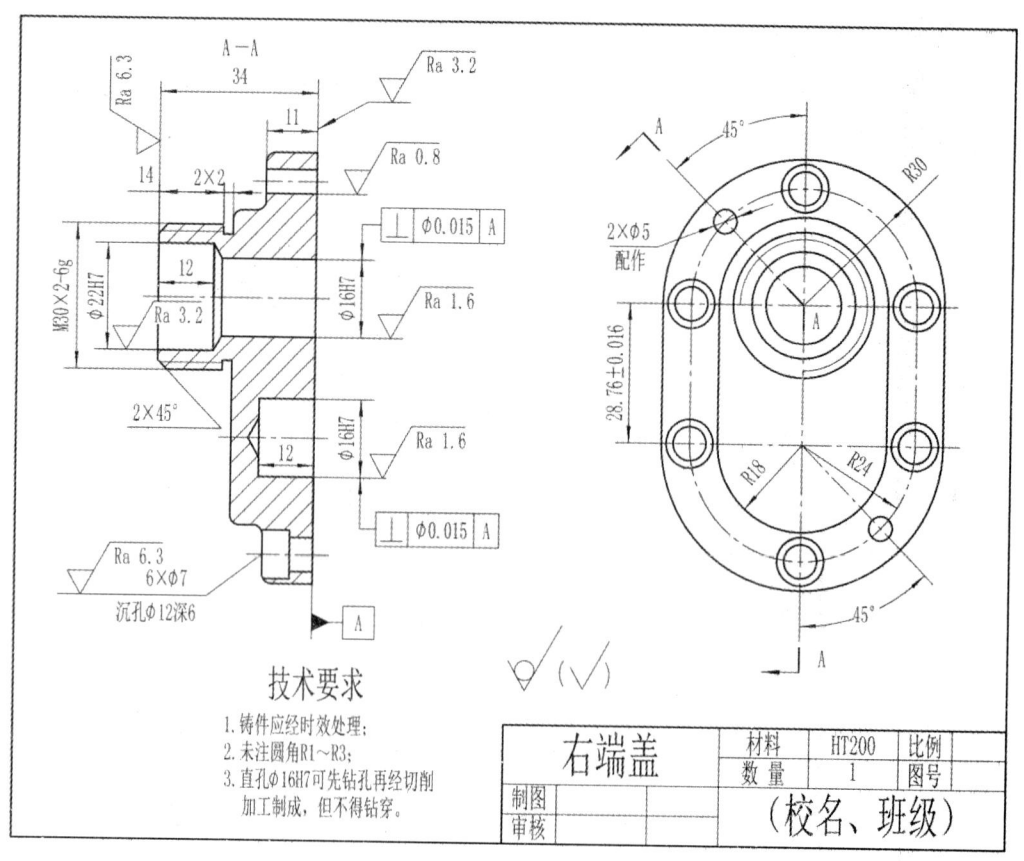

图 8-24　右端盖零件图

(3) 标注所拆零件的尺寸。

要按照正确、完整、清晰、合理的要求，标注所拆画的零件图上的尺寸。拆画的零件图，其尺寸来源可从以下几方面确定：

1）抄注。凡是装配图上已注出的尺寸都是必要的尺寸，拆图时应将与被拆零件有关的尺寸按其数值大小直接抄注在该零件图上。配合尺寸应分别按孔、轴的公差带代号或查出偏差值注在相应的零件图上。某些零件在明细栏中给定了尺寸，如弹簧、垫片厚度应当做已给尺寸标注。

2）查取。零件上的一些标准结构（如倒角、圆角、退刀槽、螺纹、销孔、键槽等）的尺寸数值，应从有关标准中查取核对后进行标注；螺孔、键槽可查明细栏，从偶件中的另一标准件规定标记来确定。

3）计算。零件的某些尺寸数值，需根据装配图所给定的有关尺寸和参数，经过必要的计算或校核来确定，并不许圆整。如齿轮分度圆直径，可根据模数和齿数或齿数和中心距计算确定。

4）量取。装配图中没有标注的其余尺寸，应按装配图的比例在装配图上直接量取后算出，并按标准系列适当圆整，使之尽量符合标准长度或标准直径的数值。

根据上述尺寸来源来配齐拆画的零件图上的尺寸，标注尺寸时要恰当选择尺寸基准和标注形式，与相关零件的配合尺寸、相对位置尺寸协调一致，避免矛盾发生，重要尺寸应准确无误。

(4) 确定技术要求。

根据零件的作用，结合设计要求，查阅有关手册或参阅同类、相近产品的零件图来确定所拆画零件图上的表面结构、极限配合、几何公差等技术要求。最后填写标题栏，完成所拆画的零件图，如图8-24所示。

8.7.3 实例解读气缸装配图及拆画零件图

图8-25所示为气缸装配图。解读任何一张装配图，都不能就图论图，而是要从功能、结构、装置等工程信息作为切入点，再以投影原理为手段，以形体分析为方法，从而达到解读的目的。

1. 读气缸装配图

(1) 概括了解气缸概貌。

从图8-25中的标题栏中知道，图中部件名称为气缸，应该有密封装置。该装配图用了主视图、左视图这2个基本视图和3个局部视图。其中主视图采用了旋转剖的全剖视图，清楚地表达了气缸的工作原理、各零件的相对位置和装配关系；左视图就是外形图，表达了气缸整体的外形半圆柱结构、气缸底部安装孔位置和结构、前盖（3号件）螺纹孔位置、前盖与缸体（5号件）的四组螺钉连接位置等。3个局部视图分别表达了气缸底部U形安装孔的具体结构和尺寸、前盖螺纹孔的具体结构等。

(2) 分析工作原理及装配关系。

由明细表和主视图可知，气缸共由13种零件组成，其中标准件4种，非标准件9种。前盖、后盖（11号件）和与缸体之间分别用了4组螺钉（12号件）连接。活塞（7号件）和活塞杆（1号件）可在气缸内左右移动。

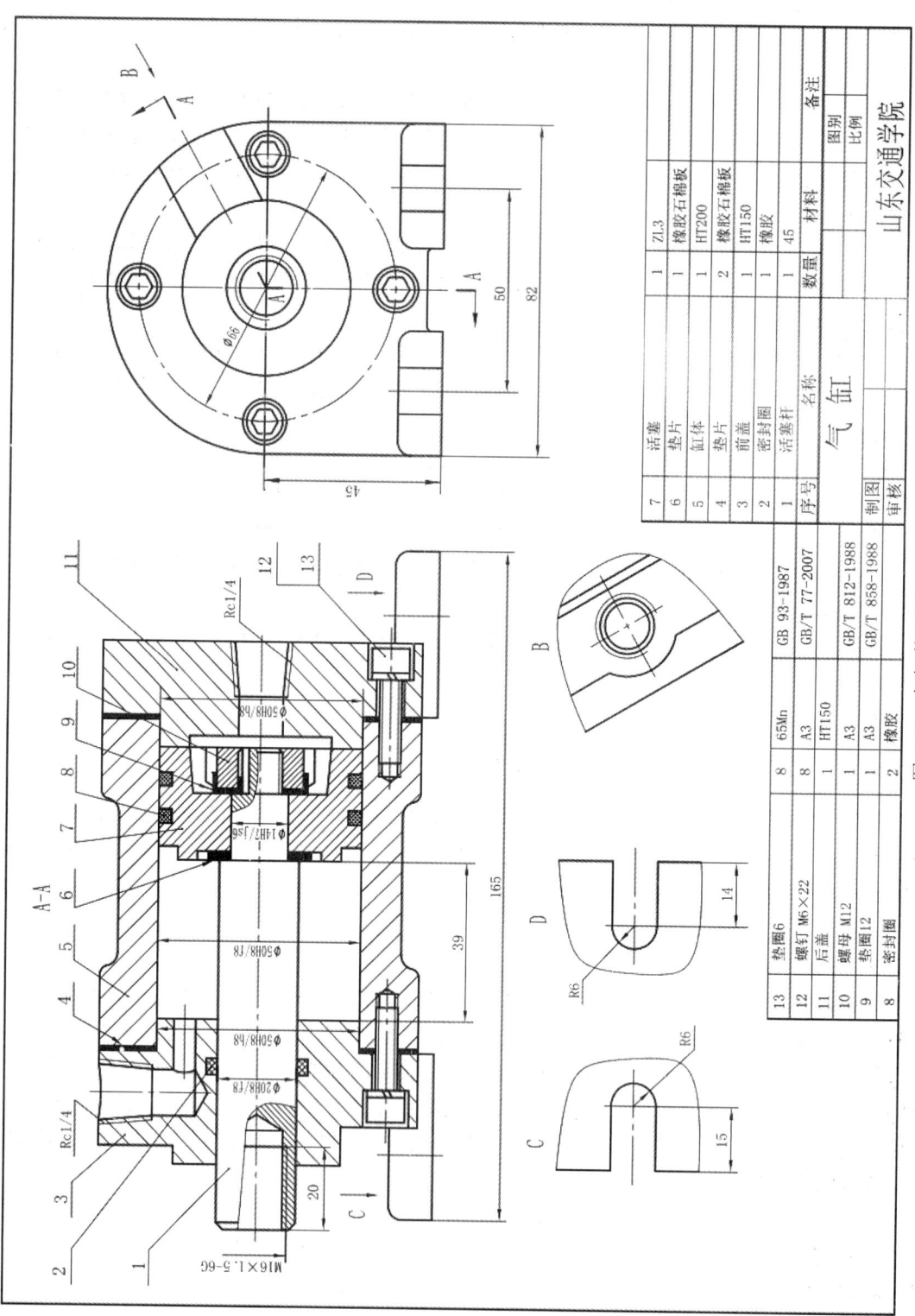

图 8-25 气缸装配图

气缸是用来夹紧工件的一种机械装置。前盖和后盖上各有一个螺纹通孔，是通高压气泵的。当需要夹紧工件时，高压气体从右边后盖的螺纹孔进入，推动活塞及活塞杆向左移动，活塞杆的左端与夹紧机构的螺杆相连，从而进行夹紧。当高压气体从左边前盖上的螺纹孔进入，推动活塞及活塞杆向右移动，从而松开夹紧的工件。

活塞孔与活塞杆采用基孔制的过渡配合φ50H7/js6，属于紧连接。活塞的轴向定位，左边用轴肩，右边依靠垫圈12（9号件、圆螺母用止动垫圈）和螺母12（10号件、圆螺母）连接，活塞杆右端的局部剖展示了活塞杆的开槽结构以及防松装置。

活塞与缸体内壁采用的是基孔制的间隙配合φ50H8/f8，活塞和活塞杆可在缸体内左右运动。活塞杆穿透前盖，与前盖通孔也采用了基孔制的间隙配合φ20H8/f8。为了便于装配，前盖、后盖与缸体都采用了基孔制的间隙配合φ50H8/h8。

（3）气缸的密封装置。

前盖和后盖与缸体用垫片（4号件）密封；活塞杆与前盖通孔用密封圈（2号件）密封；运动着的活塞将缸体分割成左右两个气室，活塞外圈上的2个密封圈（8号件）用来阻隔这两个气室。

（4）气缸的尺寸与技术要求的识读与分析。

在了解了气缸的各处结构之后，再从尺寸与技术要求来对其作进一步的了解。从前面的学习中，我们知道，一张装配图上的尺寸标注不是每一个零件的所有尺寸，而是一些必要的尺寸，如该零件的外形尺寸、性能（规格）尺寸、装配尺寸、安装尺寸等。其中，外形尺寸即是指整个部件的总长、总宽和总高，这类尺寸的标注主要表明部件的整体大小，提供工作场地及包装运输的空间条件。本例中的总长165、总宽82、总高45+82/2。性能（规格）尺寸是表明活塞的行程和气缸的容积的39、φ50H8/f8，还有表明活塞杆高度的45。气缸共有5处配合尺寸，前面已阐述。至于安装尺寸，则是指机器或部件安装在地基上或与其他部件相连接时所需要的尺寸。本例中气缸的两个接通高压气泵的螺纹孔尺寸是Rc1/4；活塞杆左端与夹紧机构的螺杆相连的螺纹孔规格是M16×1.5-6G和20；前盖和后盖底板上各有2个U形安装孔，其定位尺寸50、15、14和定形尺寸R6都属于与地基安装的安装尺寸。

装配图中的技术要求是用文字及符号表明的，一般指装配、检验和使用几个方面提出要求。本例没有提及这部分要求。

2. 拆画主要零件的零件图

看懂装配图的主要目的，是要从装配图上将所有的非标准零件一个个地"剥离"出来，绘制成用以指导生产的零件图。只有做到了这一点，才能看懂、想清楚整个机器或部件的形貌、结构、工作原理等。因此，从装配图上拆画零件图，是工程师或工程技术人员必备的基本功之一。同样，要做到正确地从装配图上拆画零件图，除了要有极强的空间想象能力，还必须有意识地积累丰富的工程方面的知识和实践经验。

通过以上对气缸的了解，该气缸的主要零件是前盖、缸体、后盖、活塞、活塞杆等。下面就通过对前盖和缸体这两个零件拆画过程的详细描述，给出拆画零件图的全过程和结果，其他零件的拆画工作，读者可自行练习。

（1）拆画前盖零件图。

1）分离零件。

前盖在整个部件中起到支撑、包容、密封的作用，它是支撑系统，同时要求有极强的密封性，以保证活塞杆有稳定的运动。前盖与缸体采用4组螺钉连接；心部有通孔，允许活塞杆穿行，因此心部孔内有容纳密封圈的槽孔。

先找出与前盖相关的所有视图，并将其从原图上"裁切"出来，如图8-26（a）所示的描粗部分。

再分离零件。在"裁切"出来的视图里，剥离去前盖右边相邻的零件，如螺钉M6×12、垫圈6、缸体、垫片。再剥离去心部相邻的零件，如活塞杆、密封圈，如图8-26（b）所示。注意B向斜视图里的垫片也要去除。

2）补画视图。

根据形体分析和投影关系补画出原图中被遮挡的轮廓线，如图8-26（c）所示。

前盖的视图补画完善之后，它的主体结构就很明朗了。图8-26（d）给出了前盖的形体分析与最终形状。

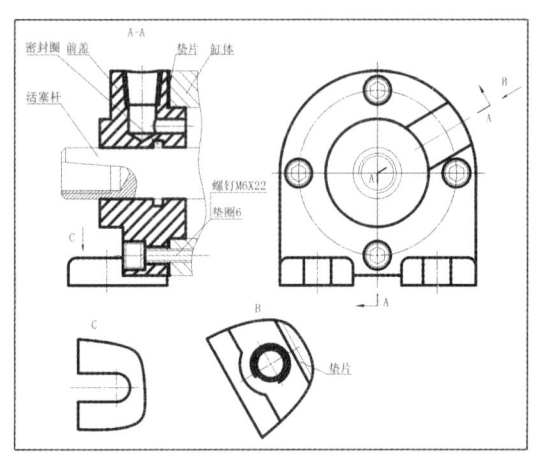

(a)

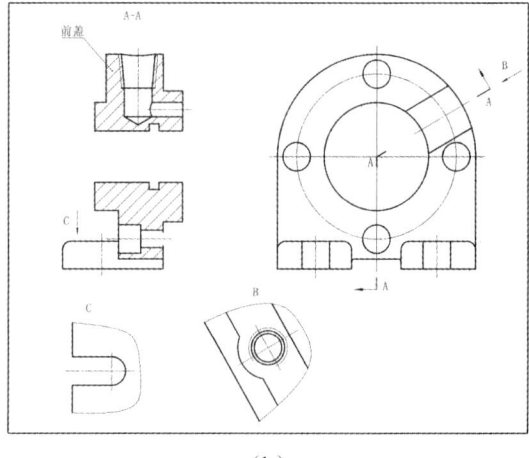

(b)

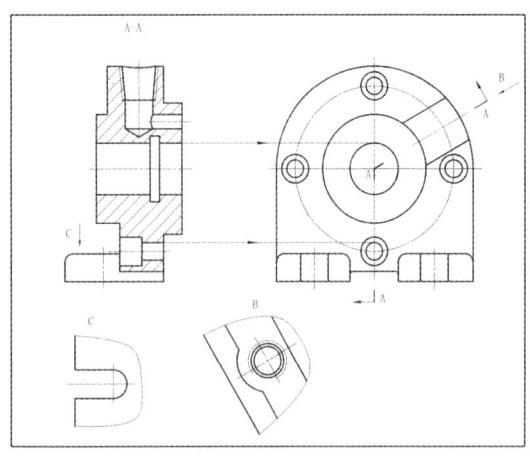

(c)

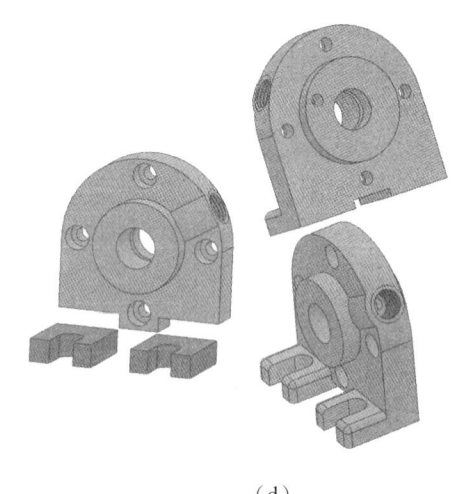

(d)

图8-26　拆画前盖零件图

3）确定表达方案。

零件的表达方案包括主视图的安放位置、投影方向；视图的数量；视图的表达方案。总之,用最少的视图,最简洁的方法,完整、正确、清晰地表达该零件。

在第7.6节,曾对典型零件的视图表达、尺寸标注等作过详尽分析。本例中的前盖可以归类到轮盘盖类零件,也可以归类到壳体类零件。我们选取其工作位置作为主视图的安放位置,也就是装配图上的位置,投影方向也取该方向。采用旋转剖的全剖,表达进出气孔和心部孔结构;左视图表达外形;B向斜视图表达进出气孔外形;C向局部视图,表达底板安装孔的结构。

4) 标注尺寸及技术要求。

零件图上的标注尺寸的基本要求是:正确(所注尺寸要符合国家标准的有关规定)、完整(尺寸标注必须齐全,不遗漏,不重复)、清晰(所注尺寸的配置要整齐、清楚,便于看图)、合理(所注尺寸既要考虑到整个零件设计要求和工艺要求的统一,又要根据加工、测量和检验时的具体要求进行调整,以达到其合理性)。

从装配图上拆画下的零件图,按抄、查、算、量的顺序进行标注。如,心部孔定位高度45、直径φ20H8就是从原装配图中抄得,螺钉孔径4×φ6.6是由螺钉公称尺寸计算获得,底板长度41是在原装配图中量取后按其比例换算取整得到。

零件图中的技术要求主要包括表面结构、极限与配合、几何公差、热处理以及其他有关制造的要求。

最终完成的前盖零件图如图8-27所示。

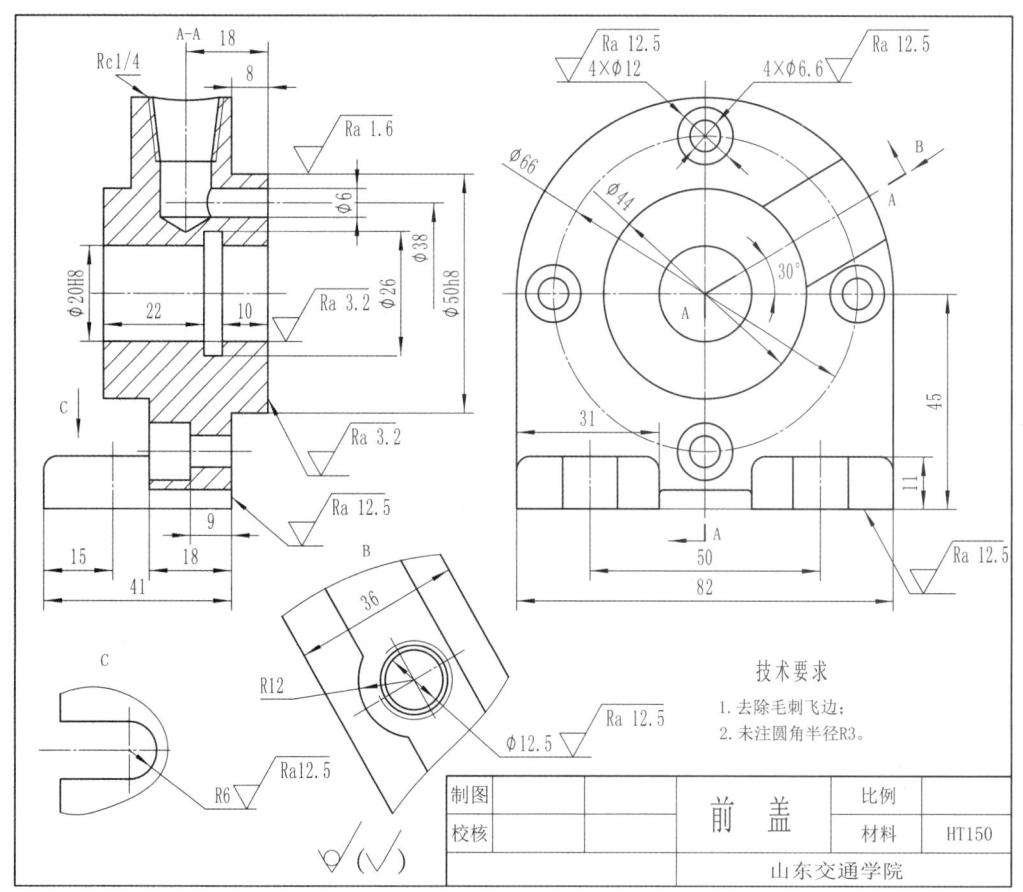

图8-27 前盖零件图

（2）拆画缸体零件图。

1）分离零件。

缸体在气缸中起到支撑、包容的作用，要求要有极强的密封性，以保证活塞有稳定的运动。缸体左右两端各有与前盖、后盖通过螺钉连接用的4组螺纹孔；中空，容纳活塞，形成气室。

先找出与缸体相关的所有视图，并将其从原图上"裁切"出来，如图8-28（a）所示。

再分离零件。在"裁切"出来的视图里，剥离去缸体左边的零件，如螺钉M6×22、垫圈6、前盖、垫片；右边零件，如螺钉M6×12、垫圈6、后盖、垫片；再剥离去心部相邻的零件，如活塞杆、垫片、活塞、密封圈、垫圈12、螺母M12。如图8-28（b）所示。注意B向斜视图里的垫片也要去除。

2）补画视图。

根据形体分析和投影关系补画出原图中被遮挡的轮廓线，如图8-28（c）所示。

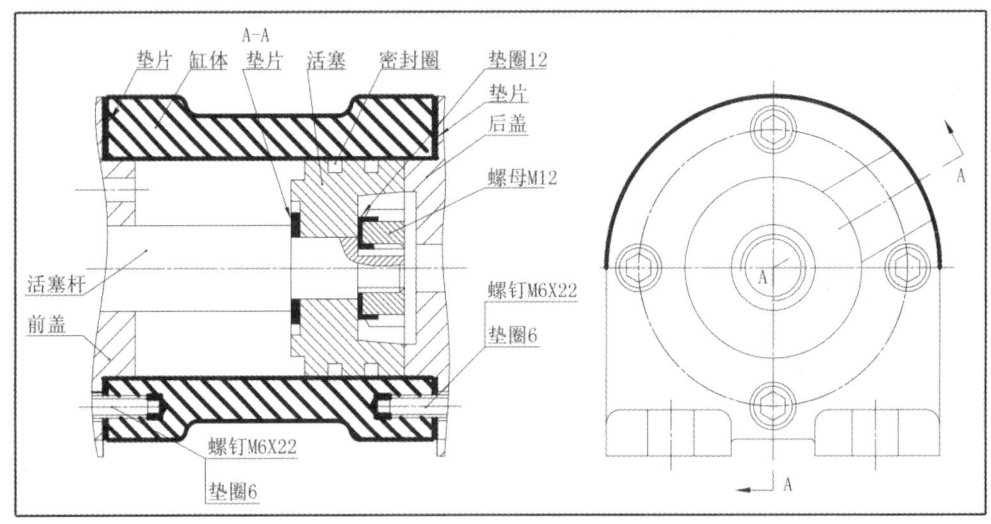

（a）

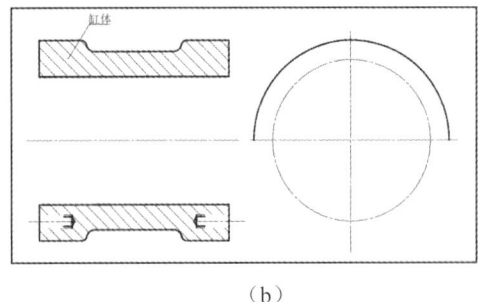

（b）

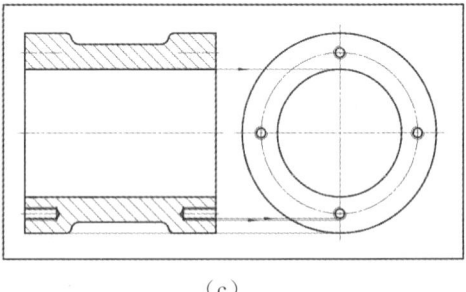

（c）

图8-28 拆画缸体零件图

3）确定表达方案。

缸体属于轴套类零件，回转体，用一个基本视图即可。

4）标注尺寸及技术要求。

最终完成的前盖零件图如图8-29所示。

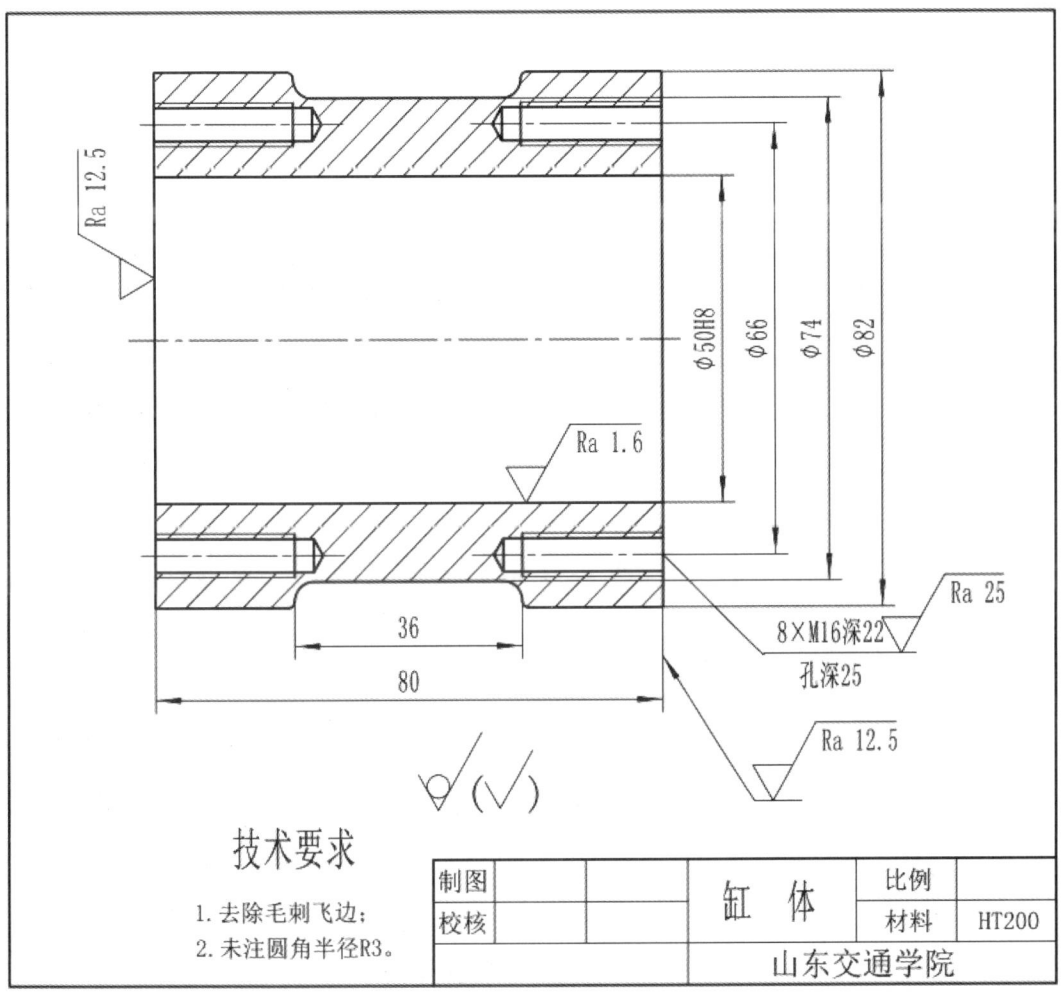

图 8-29 缸体零件图

附录

附表1 普通螺纹直径与螺距系列（GB/T 193－2003）　　　　　　（单位：mm）

公称直径 d			螺距 P		公称直径 d			螺距 P	
第一系列	第二系列	第三系列	粗牙	细牙	第一系列	第二系列	第三系列	粗牙	细牙
3			0.5	0.35	72				6, 4, 3, 2, 1.5, (1)
	3.5		(0.6)				75		(4), (3), 2, 1.5
4			0.7	0.5			76		6, 4, 3, 2, 1.5, (1)
	4.5		(0.75)			78			2
5			0.8		80				6, 4, 3, 2, 1.5, (1)
		5.5					82		2
6	7		1	0.75, (0.5)		85			
8			1.25	1, 0.75, (0.5)	90	95			
		9	(1.25)		100				
10			1.5	1.25, 1, 0.75, (0.5)		105			
		11	(1.5)	1, 0.75, (0.5)			115		6, 4, 3, 2, (1.5)
12			1.75	1.5, 1.25, 1, (0.75), (0.5)	125				
	14		2	1.5, (1.25), 1, (0.75), (0.5)			120		
		15		1.5, (1)			135		
16			2	1.5, 1, (0.75), (0.5)		140	150	145	
		17	2.5	1.5, (1)			155		
20	18		2.5	2, 1.5, 1, (0.75), (0.5)	160	170	165		6, 4, 3, (2)
	22		3		180		175		
24				2, 1.5, 1, (0.75)		190	185		
		25		2, 1.5, (1)	200		195		
		26	3	1.5		210	205		
	27			2, 1.5, 1, (0.75)	220		215		6, 4, 3
		28	3.5	2, 1.5, 1			225		
30				(3), 2, 1.5, 1, (0.75)			230		
	32		3.5	2, 1.5		240	235		
	33			(3), 2, 1.5, (1), (0.75)	250		245		
		35	4	(1.5)		260	255		
36				3, 2, 1.5, (1)			265		6, 4, (3)
	38		4	1.5			270		
	39			3, 2, 1.5, (1)	280		275		
		40	4.5	(3), (2), 1.5			285		
42	45		5	(4), 3, 2, 1.5, (1)			290		
48							295		
		50	5	(3), (2), 1.5			310		
	52			(4), 3, 2, 1.5, (1)	320		330		6, 4
		55	5.5	(4), (3), 2, 1.5		340	350		
56				4, 3, 2, 1.5, (1)	360		370		
	58		(5.5)	(4), (3), 2, 1.5		380	390		
	60			4, 3, 2, 1.5, (1)			410		
		62	6	(4), (3), 2, 1.5		420	430		
64				4, 3, 2, 1.5, (1)		440			
	65		6	(4), (3), 2, 1.5	450	460	470		6
	68			4, 3, 2, 1.5, (1)		480	490		
		70		(6), (4), (3), 2, 1.5	500	520	510		
					550	540	530		
						560	570		
					600	580	590		

注：1. 优先选用第一系列，其次是第二系列，第三系列尽可能不用。
　　2. 括号内尺寸尽可能不用。
　　3. M14×1.25 仅用于火花塞。
　　4. M35×1.5 仅用于滚动轴承锁紧螺母。

附表2 用螺纹密封的管螺纹（GB/T 7306.1－2000、GB/T 7306.2－2000） （单位：mm）

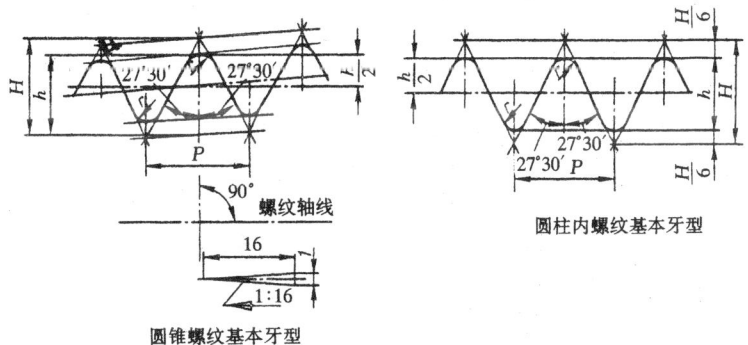

圆锥螺纹基本牙型　　　　圆柱内螺纹基本牙型

标记示例

$1\frac{1}{2}$圆锥内螺纹：$R_c 1\frac{1}{2}$；$1\frac{1}{2}$圆柱内螺纹：$R_p 1\frac{1}{2}$；$1\frac{1}{2}$圆锥外螺纹：$R1\frac{1}{2}$；$1\frac{1}{2}$圆锥外螺纹，左旋：$R1\frac{1}{2}-LH$。

圆锥内螺纹与圆锥外螺纹配合：$R_c 1\frac{1}{2}/R1\frac{1}{2}$；圆柱内螺纹与圆锥外螺纹配合：$R_p 1\frac{1}{2}/R1\frac{1}{2}$

尺寸代号	每25.4mm内的牙数 n	螺距 P	牙高 h	圆弧半径 $r \approx$	基面上的基本直径			基准距离	有效螺纹长度
					大径（基准直径）$d=D$	中径 $d_2=D_2$	小径 $d_1=D_1$		
$\frac{1}{16}$	28	0.907	0.581	0.125	7.723	7.142	6.561	4.0	6.5
$\frac{1}{8}$	28	0.907	0.581	0.125	9.728	9.147	8.566	4.0	6.5
$\frac{1}{4}$	19	1.337	0.856	0.184	13.157	12.301	11.445	6.0	9.7
$\frac{3}{8}$	19	1.337	0.856	0.184	16.662	15.806	14.950	6.4	10.1
$\frac{1}{2}$	14	1.814	1.162	0.249	20.955	19.793	18.631	8.2	13.2
$\frac{3}{4}$	14	1.814	1.162	0.249	26.441	25.279	24.117	9.5	14.5
1	11	2.309	1.479	0.317	33.249	31.770	30.291	10.4	16.8
$1\frac{1}{4}$	11	2.309	1.479	0.317	41.910	40.431	38.952	12.7	19.1
$1\frac{1}{2}$	11	2.309	1.479	0.317	47.803	48.324	44.845	12.7	19.1
2	11	2.309	1.479	0.317	59.614	58.135	56.656	15.9	23.4
$2\frac{1}{2}$	11	2.309	1.479	0.317	75.184	73.705	72.226	17.5	26.7
3	11	2.309	1.479	0.317	87.884	86.405	84.926	20.6	29.8
$3\frac{1}{2}$	11	2.309	1.479	0.317	100.330	98.851	97.372	22.2	31.4
4	11	2.309	1.479	0.317	113.030	111.551	110.072	25.4	35.8
5	11	2.309	1.479	0.317	138.430	136.951	136.472	28.6	40.1
6	11	2.309	1.479	0.317	163.830	162.351	160.872	28.6	40.1

注：尺寸代号为$3\frac{1}{2}$的螺纹，限用于蒸汽机车。

附表3　梯形螺纹直径与螺距系列、基本尺寸（GB/T 5796.2－2005、GB/T 5796.3－2005）　（单位：mm）

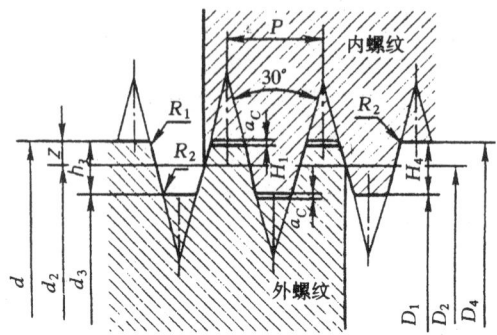

标 记 示 例

公称直径40mm，导程14mm，螺距为7mm的双线左旋梯形螺纹：

Tr40×14（P7）LH

公称直径 d		螺距 P	中径 $d_2 = D_2$	大径 D_4	小径		公称直径 d		螺距 P	中径 $d_2 = D_2$	大径 D_4	小径	
第一系列	第二系列				d_3	D_1	第一系列	第二系列				d_3	D_1
8		1.5	7.25	8.30	6.20	6.50			3	24.50	26.50	22.50	23.00
	9	1.5	8.25	9.30	7.20	7.50	26		5	23.50	26.50	20.50	21.00
		2	8.00	9.50	6.50	7.00			8	22.00	27.00	17.00	18.00
10		1.5	9.25	10.30	8.20	8.50			3	26.50	28.50	24.50	25.00
		2	9.00	10.50	7.50	8.00	28		5	25.50	28.50	22.50	23.00
	11	2	10.00	11.50	8.50	9.00			8	24.00	29.00	19.00	20.00
		3	9.50	11.50	7.50	8.00			3	28.50	30.50	26.50	27.00
12		2	11.00	12.50	9.50	10.00		30	6	27.00	31.00	23.00	24.00
		3	10.50	12.50	8.50	9.00			10	25.00	31.00	19.00	20.00
	14	2	13.00	14.50	11.50	12.00			3	30.50	32.50	28.50	29.00
		3	12.50	14.50	10.50	11.00	32		6	29.00	33.00	25.00	26.00
16		2	15.00	16.50	13.50	14.00			10	27.00	33.00	21.00	22.00
		4	14.00	16.50	11.50	12.00			3	32.50	34.50	30.50	31.00
	18	2	17.00	18.50	15.50	16.00		34	6	31.00	35.00	27.00	28.00
		4	16.00	18.50	13.50	14.00			10	29.00	35.00	23.00	24.00
20		2	19.00	20.50	17.50	18.00			3	34.50	36.50	32.50	33.00
		4	18.00	20.50	15.50	16.00	36		6	33.00	37.00	29.00	30.00
		3	20.50	22.50	18.50	19.00			10	31.00	37.00	25.00	26.00
	22	5	19.50	22.50	16.50	17.00			3	36.50	38.50	34.50	35.00
		8	18.00	23.00	13.00	14.00		38	7	34.50	39.00	30.00	31.00
		3	22.50	24.50	20.50	21.00			10	33.00	39.00	27.00	28.00
24		5	21.50	24.50	18.50	19.00			3	38.50	40.50	36.50	37.00
		8	20.00	25.00	15.00	16.00	10		7	36.50	11.00	32.00	33.00
									10	35.00	11.00	29.00	30.00

附表4 六角头螺栓—A 和 B 级（GB/T 5782—2016） （单位：mm）

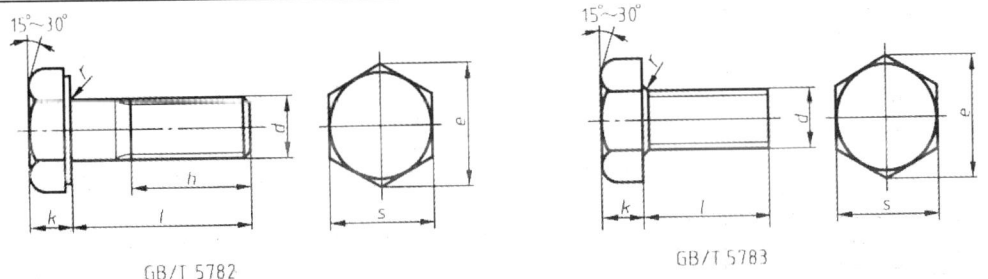

标记示例：

螺纹规格 d = M12、公称长度 l = 80mm、性能等级为 8.8 级、表面氧化、A 级的六角头螺栓：

　　螺栓　GB/T 5782　M12×80

螺纹规格 d		M3	M4	M5	M6	M8	M10	M12	(M14)	M16	(M18)	M20	(M22)	M24	(M27)	M30	M36	M42	M48
s		5.5	7	8	10	13	16	18	21	24	27	30	34	36	41	46	55	65	75
k		2	2.8	3.5	4	5.5	6.4	7.5	8.8	10	11.5	12.5	14	15	17	18.7	22.5	26	30
r		0.1	0.2	0.2	0.25	0.4	0.4	0.6	0.6	0.6	0.6	0.8	1	0.8	1	1	1	1.2	1.5
e		6.1	7.7	8.8	11.1	14.4	17.8	20	23.4	26.8	30	33.5	37.7	33.5	45.2	50.9	60.8	72	82.6
b 参考	$l \leq 125$	12	14	16	18	22	26	30	34	38	42	46	50	54	60	66	78	—	—
	$125 \leq l \leq 200$	—	—	—	—	28	32	36	40	44	48	52	56	60	66	72	84	96	108
	$l > 200$	—	—	—	—	—	—	53	57	61	65	69	73	79	85	97	109	121	—
l (GB/T 5782)		20~30	25~40	25~50	30~60	35~80	40~100	45~120	60~140	55~160	80~180	65~200	90~220	80~240	100~260	90~300	110~360	130~400	140~400
l (GB/T 5783, 全螺纹)		6~30	8~40	10~50	12~60	16~80	20~100	25~100	30~140	35~100	35~180	40~100	45~200	40~100	55~200	40~100	40~500	80~500	100~500
l 系列		6,8,10,12,16,20,25,30,35,40,45,50,(55),60,(65),70,80,90,100,110,120,130,140,150,160,180,200,220,240,260,280,300,320,340,360,380,400,440,460,480,500																	

注：1. A 级用于 $d \leq 24$mm 和 $l \leq 10d$ 或 $l \leq 150$mm 的螺栓，B 级用于 $d > 24$mm 和 $l > 10d$ 或 $l > 150$mm 的螺栓（按最小值）。

　　2. 不带括号的为优先系列。

附表5 双头螺柱（GB/T 897～900—1988） （单位：mm）

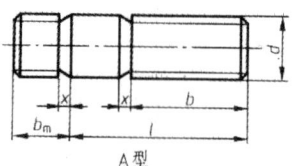

A型

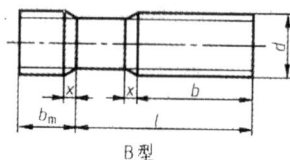

B型

标记示例：

1）两端均为粗牙螺纹，$d=10$mm、$l=50$mm、性能等级为4.8级、不经表面处理、B型、$b_m=d$的双头螺柱：

　　螺柱 GB/T 897—1988 M10×50

2）旋入机体一端为粗牙普通螺纹，旋螺母一端为螺距$P=1$mm的细牙普通螺纹，$d=10$mm、$l=50$mm、性能等级为4.8级、不经表面处理、A型、$b_m=d$的双头螺柱：

　　螺柱 GB/T 897—1988 AM10—M10×1×50

3）旋入机体一端为过渡配合螺纹的第一种配合，旋螺母一端为粗牙普通螺纹，$d=10$mm、$l=50$mm、性能等级为8.8级、镀锌钝化、B型、$b_m=d$的双头螺柱：

　　螺柱 GB/T 897—1988 GM10—M10×50-8.8-Zn.D

螺纹半径 d	b_m				l/b
	GB/T 897—1988	GB/T 898—1988	GB/T 899—1988	GB/T 900—1988	
M2	—	—	3	4	(12~16)/6、(18~25)/10
M2.5	—	—	3.5	5	(14~18)/8、(20~30)/11
M3	—	—	4.5	6	(18~20)/6、(22~40)/12
M4	—	—	6	8	(16~22)/8、(25~40)/14
M5	5	6	8	10	(16~22)/10、(25~50)/16
M6	6	8	10	12	(18~22)/10、(25~30)/14、(32~75)/18
M8	8	10	12	16	(18~22)/12、(25~30)/16、(32~90)/22
M10	10	12	15	20	(25~28)/14、(30~38)/16、(40~120)/30、130/32
M12	12	15	18	24	(25~30)/16、(32~40)/20、(45~120)/30、(130~180)/36
(M14)	14	18	21	28	(30~35)/18、(38~45)/25、(50~120)/34、(130~180)/40
M16	16	20	24	32	(30~38)/20、(40~55)/30、(60~120)/38、(130~200)/44
(M18)	18	22	27	36	(35~40)/22、(45~60)/35、(65~120)/42、(130~200)/48
M20	20	25	30	40	(35~40)/25、(45~65)/35、(70~120)/46、(130~200)/52
(M22)	22	28	33	44	(40~45)/30、(50~70)/40、(75~120)/50、(130~200)/56
M24	24	30	36	48	(45~50)/35、(55~75)/45、(80~120)/54、(130~200)/60
(M27)	27	35	40	54	(50~60)/35、(65~85)/50、(90~120)/60、(130~200)/66
M30	30	38	45	60	(60~65)/40、(70~90)/50、(95~120)/66、(130~200)/72、(210~250)/85
M36	36	45	54	72	(65~75)/45、(80~110)/60、120/78、(130~200)/84、(210~300)/97
M42	42	52	63	84	(70~80)/50、(95~110)/70、120/90、(130~200)/96、(210~300)/109
M48	48	60	72	96	(80~90)/60、(95~110)/80、120/102、(130~200)/108、(210~300)/121
l系列	6,8,10,12,16,20,25,30,35,40,45,50,(55),60,(65),70,80,90,100,110,120,130,140,150,160,180,200,220,240,260,280,300,20,340,360,380,400,420,460,480,500				

注：1. $b_m=d$一般用于旋入机件为钢的场合；$b_m=(1.25~1.5)d$一般用于机件为铸铁的场合；$b_m=2d$一般用于旋入机件为铝的场合。

2. 不带括号的为优先系列，仅GB/T 898—1988有优先系列。

3. b不包括螺尾。

4. $x_{max}=1.5P$（螺距）。

附表6 开槽圆柱头螺钉（GB/T 65—2016）、开槽盘头螺钉（GB/T 67—2016）、
开槽沉头螺钉（GB/T 68—2016） （单位：mm）

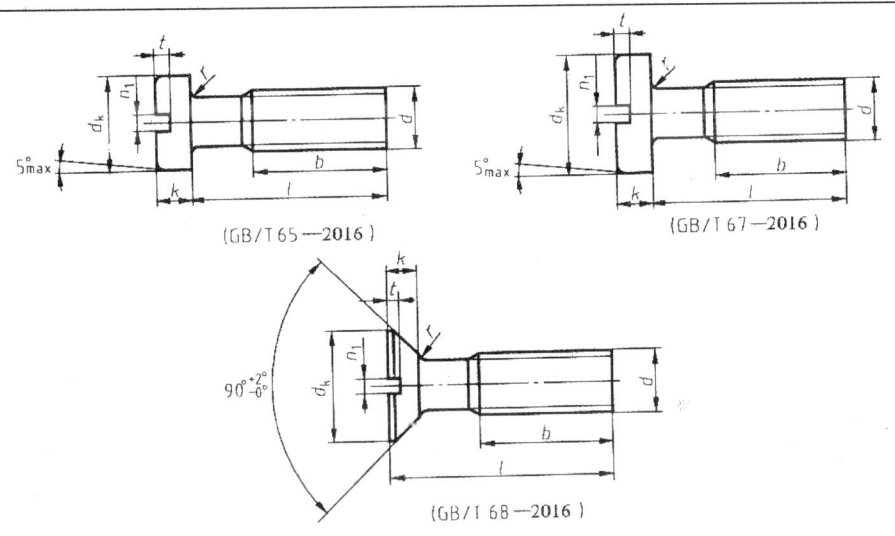

标记示例：
螺纹规格 d = M5、公称长度 l = 20mm、性能等级为4.8级、不经表面处理的开槽圆柱头螺钉：
螺钉 GB/T 65 M5×20

螺纹规格 d		M1.6	M2	M2.5	M3	M4	M5	M6	M8	M10
GB/T 65—2016	d_k	—	—	—	—	7	8.5	10	13	16
	k	—	—	—	—	2.6	3.3	3.9	5	6
	t	—	—	—	—	1.1	1.3	1.6	2	2.4
	r	—	—	—	—	0.2	0.2	0.25	0.4	0.4
	l	—	—	—	—	540	650	860	1080	1280
	全螺纹时最大长度	—	—	—	—	40	40	40	40	40
GB/T 67—2016	d_k	3.2	4	5	5.6	8	9.5	12	16	20
	k	1	1.3	1.5	1.8	2.4	3	3.6	4.8	6
	t	0.35	0.5	0.6	0.7	1	1.2	1.4	1.9	2.4
	r	0.1	0.1	0.1	0.1	0.2	0.2	0.25	0.4	0.4
	l	216	2.520	325	430	540	650	860	1080	1280
	全螺纹时最大长度	30	30	30	30	40	40	40	40	40
GB/T 68-2016	d_k	3	3.8	4.7	5.5	8.4	9.3	11.3	15.8	18.3
	k	1	1.2	1.5	1.65	2.7	2.7	3.3	4.65	5
	t	0.32	0.4	0.5	0.6	1	1.1	1.2	1.8	2
	r	0.4	0.5	0.6	0.8	1	1.3	1.5	2	2.5
	l	2.516	320	425	530	640	850	860	1080	1280
	全螺纹时最大长度	30	30	30	30	45	45	45	45	45
n_1		0.4	0.5	0.6	0.8	1.2	1.2	1.6	2	2.5
b		25					38			
l（系列）		2、2.5、3、4、5、6、8、10、12、(14)、16、20、25、30、35、40、45、50、(55)、60、(65)、70、(75)、80								

附表7　开槽锥端紧定螺钉（GB/T 71—1985）、开槽平端紧定螺钉（GB/T 73—1985）、
　　　　开槽长圆柱端紧定螺钉（GB/T 75—1985）　　　　　　　　　　（单位：mm）

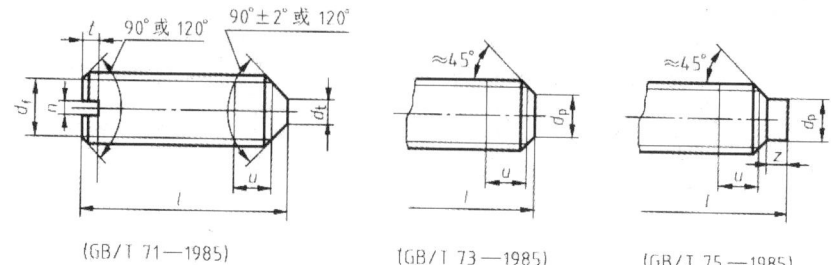

（GB/T 71—1985）　　　（GB/T 73—1985）　　　（GB/T 75—1985）

公称长度为短螺钉时，应制成120°，u 为不完整螺纹的长度≤2P。
标记示例：
螺纹规格 d = M5、公称长度 l = 12mm、性能等级为14H级、表面氧化的开槽平端紧定螺钉：
　　　　螺钉　GB/T 73—1985　M5×12

螺纹规格 d		M1.2	M1.6	M2	M2.5	M3	M4	M5	M6	M8	M10	M12
P		0.25	0.35	0.4	0.45	0.5	0.7	0.8	1	1.25	1.5	1.75
d_f ≈		螺 纹 小 径										
d_t	min	—	—	—	—	—	—	—	—	—	—	—
	max	0.12	0.16	0.2	0.25	0.3	0.4	0.5	1.5	2	2.5	3
d_p	min	0.35	0.55	0.75	1.25	1.75	2.25	3.2	3.7	5.2	6.64	8.14
	max	0.6	0.8	1	1.5	2	2.5	3.5	4	5.5	7	8.5
n	公称	0.2	0.25	0.25	0.4	0.4	0.6	0.8	1	1.2	1.6	2
	min	0.26	0.31	0.31	0.46	0.46	0.66	0.86	1.06	1.26	1.66	2.06
	max	0.4	0.45	0.45	0.6	0.6	0.8	1	1.2	1.51	1.91	2.31
t	min	0.4	0.56	0.64	0.72	0.8	1.12	1.28	1.6	2	2.4	2.8
	max	0.52	0.74	0.84	0.95	1.05	1.42	1.63	2	2.5	3	3.6
z	min	—	0.8	1	1.2	1.5	2	2.5	3	4	5	6
	max	—	1.05	1.25	1.25	1.75	2.25	2.75	3.25	4.3	5.3	6.3
GB/T 71—1985	l(公称长度)	2~6	2~8	3~10	3~12	4~16	6~20	8~25	8~30	10~40	12~50	14~60
	l(短螺钉)	2	2~2.5	2~2.5	2~3	2~3	2~4	2~5	2~6	2~8	2~10	2~12
GB/T 73—1985	l(公称长度)	2~6	2~8	2~10	2.5~12	3~16	4~20	5~25	6~30	8~40	10~50	12~60
	l(短螺钉)	—	2	2~2.5	2~3	2~3	2~4	2~5	2~6	2~6	2~8	2~10
GB/T 75—1985	l(公称长度)	—	2.5~8	3~10	4~12	5~16	6~20	8~25	8~30	10~40	12~50	14~60
	l(短螺钉)	—	2~2.5	2~3	2~4	2~5	2~6	2~8	2~10	2~14	2~16	2~20
l(系列)		2,2.5,3,4,5,6,8,10,(14),16,20,25,30,35,40,45,50,(55),60										

附表8　Ⅰ型六角螺母—A和B级（GB/T 6170－2015）　　　　　　　　　（单位：mm）

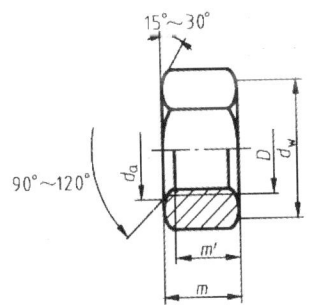 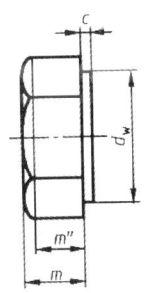 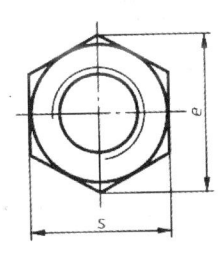

标记示例：
螺纹规格 D = M12、性能等级为10级、不经表面处理、A级的Ⅰ型六角螺母：
螺母　GB/T 6170—2016　M16

螺纹规格 D	c		d_a	d_w	e	m		m'	m''	s	
	max	min	max	min	min	max	min	min	min	max	min
M1.6	0.2		1.6	1.84	2.4	3.41	1.3	1.05	0.8	0.7	3.2	3.02
M2	0.2		2	2.3	3.1	4.32	1.6	1.35	1.1	0.9	4	3.82
M2.5	0.3		2.5	2.9	4.1	5.45	2	1.75	1.4	1.2	5	4.82
M3	0.4		3	3.45	4.6	6.01	2.4	2.15	1.7	1.5	5.5	5.32
M4	0.4		4	4.6	5.9	7.66	3.2	2.9	2.3	2	7	6.78
M5	0.5		5	5.75	6.9	8.79	4.7	4.4	3.5	3.1	8	7.78
M6	0.5		6	6.75	8.9	11.05	5.2	4.9	3.9	3.4	10	9.78
M8	0.6		8	8.75	11.6	14.38	6.8	6.44	5.1	4.5	13	12.73
M10	0.6		10	10.8	14.6	17.77	8.4	8.04	6.4	5.6	16	15.73
M12	0.6		12	13	16.6	20.03	10.8	10.37	8.3	7.3	18	17.73
M16	0.8		16	17.3	22.5	26.75	14.8	14.1	11.3	9.9	24	23.67
M20	0.8		20	21.6	27.7	32.95	18	16.9	13.5	11.8	30	29.16
M24	0.8		24	25.9	33.2	39.55	21.5	20.2	16.2	14.1	36	35
M30	0.8		30	32.4	42.7	50.85	25.6	24.3	19.4	17	46	45
M36	0.8		36	38.9	51.1	60.79	31	29.4	23.5	20.6	55	53.8
M42	1		42	45.4	60.6	72.02	34	32.4	25.9	22.7	65	63.8
M48	1		48	51.8	69.4	82.6	38	36.4	29.1	25.5	75	73.1
M56	1		56	60.5	78.7	93.56	45	43.3	34.7	30.4	85	82.6
M64	1.2		64	69.1	88.2	104.86	51	49.1	39.3	34.4	95	92.8

注：1. A级用于 $D \leq 16$ 的螺母；B级用于 $D > 16$ 的螺母。本表仅按商品规格和通用规格列出。
　　2. 螺纹规格为M8～M64、细牙、A级和B级的Ⅰ型六角螺母，请查阅GB/T 6171—2016。

附表9 平垫圈（GB/T 97.1-2002）、平垫圈—倒角型（GB/T 97.2－2002）

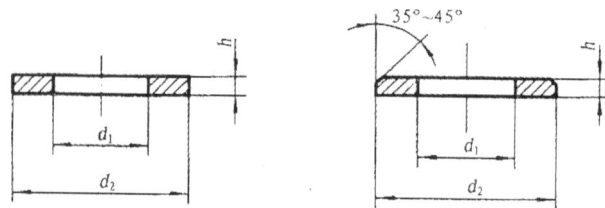

标 记 示 例

标准系列，公称尺寸 $d=8$ mm，性能等级为 140HV 级，不经表面处理的平垫圈：
　　　　垫圈　GB/T 97.1　8－140HV

（单位：mm）

规格（螺纹直径）	2	2.5	3	4	5	6	8	10	12	14	16	20	24	30
内径 d_1	2.2	2.7	3.2	4.3	5.3	6.4	8.4	10.5	13	15	17	21	25	31
外径 d_2	5	6	7	9	10	12	16	20	24	28	30	37	44	56
厚度 h	0.3	0.5	0.5	0.8	1	1.6	1.6	2	2.5	2.5	3	3	4	4

附表10　标准型弹簧垫圈（GB 93-1987）、轻型弹簧垫圈（GB 859-1987）

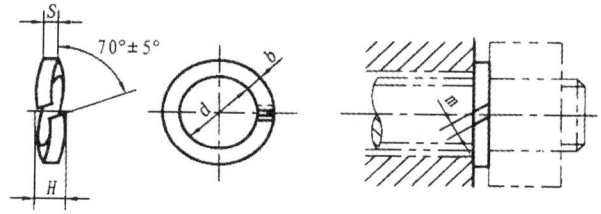

标 记 示 例

公称直径16mm，材料为65Mn，表面氧化的标准型弹簧垫圈：
　　　　垫圈　GB/T 93　16

（单位：mm）

规格（螺纹直径）		2	2.5	3	4	5	6	8	10	12	16	20	24	30	36	42	48
d		2.1	2.6	3.1	4.1	5.1	6.2	8.2	10.2	12.3	16.3	20.5	24.5	30.5	36.6	42.6	49
H	GB/T 93—1987	1.2	1.6	2	2.4	3.2	4	5	6	7	8	10	12	13	14	16	18
	GB/T 859—1987	1	1.2	1.6	1.6	2	2.4	3.2	4	5	6.4	8	9.6	12			
$S(b)$	GB/T 93—1987	0.6	0.8	1	1.2	1.6	2	2.5	3	3.5	4	5	6	6.5	7	8	9
S	GB/T 859—1987	0.5	0.6	0.8	0.8	1	1.2	1.6	2	2.5	3.2	4	4.8	6			
$m\leqslant$	GB/T 93—1987		0.4		0.5	0.6	0.8	1	1.2	1.5	1.7	2	2.5	3	3.2	3.5	4	4.5
	GB/T 859—1987		0.3		0.4		0.5	0.6	0.8		1.2	1.6	2	2.4	3			
b	GB/T 859—1987		0.8	1	1.2		1.6	2	2.5	3.5	4.5	5.5	6.5	8			

附表 11　孔用弹簧挡圈－A 型　（GB 893.1－1986）

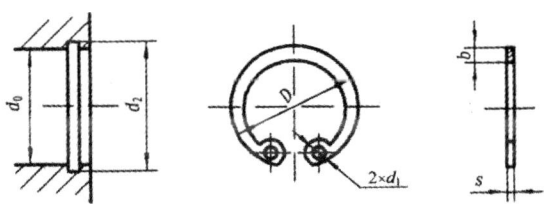

标　记　示　例

孔径 d_0 =50mm，材料为 65Mn，热处理硬度为 44～51HRC，经表面氧化处理的 A 型孔用弹性挡圈：
挡圈 50　GB/T 893.1－1986

（单位：mm）

孔径 d_0	D	S	d_2		d_1	b	孔径 d_0	D	S	d_2		d_1	b
8	8.7	0.6	8.4	+0.09 0	1	1	37	39.8	1.5	39	+0.25 0	2.5	3.6
9	9.8		8.4			1.2	38	40.8		40			
10	10.8	0.8	10.4		1.5		40	43.5		42.5			4
11	11.8		11.4			1.7	42	45.5		44.5			
12	13		12.5				45	48.5		47.5			
13	14.1		13.6	+0.11 0			47	50.5		49.5			
14	15.1		14.6			1.7	48	51.5		50.5			4.7
15	16.2		15.7				50	54.2		53			
16	17.3		16.8			2.1	52	16.2		55			
17	18.3		17.8				55	17.3		58			
18	19.5	1	19				56	18.3	2	59			
19	20.5		20				58	19.5		61	+0.30 0		5.2
20	21.5		21	+0.13 0			60	20.5		63			
21	22.5		22			2.5	62	21.5		65		3	
22	23.5		23				63	22.5		66			
24	25.9		25.2			2	65	23.5		68			5.7
25	26.9		26.2	+0.21 0		2.8	68	25.9		71			
26	27.9		27.2				70	26.9		73			
28	30.1	1.2	29.4				72	27.9	2.5	75			6.3
30	32.1		31.4			3.2	75	30.1		78			
31	33.4		32.7				78	32.1		81			
32	34.4		33.7	+0.25 0			80	33.4		83.5	+0.35 0		6.8
34	36.5		35.7			2.5	82	34.4		85.5			
35	37.8	1.5	37			3.6	85	36.5		88.5			
36	38.8		38										

附表12　轴用弹簧挡圈－A型（GB 894.1－1986）

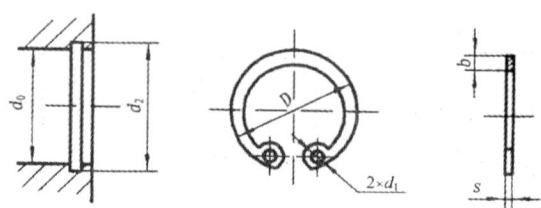

标　记　示　例

孔径 $d_0=50$mm，材料为65Mn，热处理硬度为44~51HRC，经表面氧化处理的A型孔用弹性挡圈：
挡圈 50　GB/T 893.1－1986

（单位：mm）

孔径d_0	D	S	d_2	d_1	b	孔径d_0	D	S	d_2	d_1	b
8	8.7	0.6	8.4	+0.09 0	1	1	37	39.8	1.5	39	+0.25 0	2.5	3.6
9	9.8		8.4			1.2	38	40.8		40			
10	10.8	0.8	10.4		1.5	1.7	40	43.5		42.5			4
11	11.8		11.4				42	45.5		44.5			
12	13		12.5				45	48.5		47.5			
13	14.1	1	13.6	+0.11 0	1.7		47	50.5	2	49.5	+0.30 0	3	4.7
14	15.1		14.6				48	51.5		50.5			
15	16.2		15.7			2.1	50	54.2		53			
16	17.3		16.8				52	16.2		55			
17	18.3		17.8				55	17.3		58			
18	19.5		19				56	18.3		59			
19	20.5		20				58	19.5		61			5.2
20	21.5		21	+0.13 0	2.5		60	20.5		63			
21	22.5		22				62	21.5		65			
22	23.5		23		2		63	22.5		66			
24	25.9		25.2				65	23.5		68			5.7
25	26.9		26.2	+0.21 0	2.8		68	25.9		71			
26	27.9		27.2				70	26.9		73			
28	30.1	1.2	29.4				72	27.9	2.5	75			6.3
30	32.1		31.4		3.2		75	30.1		78			
31	33.4		32.7				78	32.1		81			
32	34.4		33.7	+0.25 0			80	33.4		83.5	+0.35 0		6.8
34	36.5		35.7		2.5		82	34.4		85.5			
35	37.8	1.5	37			3.6	85	36.5		88.5			
36	38.8		38										

附表13 紧固通孔及沉孔尺寸（GB/T 5277－1985、GB/T 152.2－2014、GB/T 152.3～4－1988） （单位：mm）

螺栓或螺钉直径 d			3	4	5	6	8	10	12	14	16	20	24	30	36
通孔直径 d_1 (GB/T 5277—1985)		精装配	3.2	4.3	5.3	6.4	8.4	10.5	13	15	17	21	25	31	37
		中等装配	3.4	4.5	5.5	6.6	9	11	13.5	15.5	17.5	22	26	33	39
		粗装配	3.6	4.8	5.8	7	10	12	14.5	16.5	18.5	24	28	35	42
六角头螺栓和六角螺母用沉孔(GB/T 152.4—1988)		d_2	9	10	11	13	18	22	26	30	33	40	48	61	71
		t	只要能制出与通孔轴线垂直的圆平面即可												
沉头用沉孔 (GB/T152.2—2014)		d_2	6.4	9.6	10.6	12.8	17.6	20.3	24.4	28.4	32.4	40.4	—	—	—
开槽圆柱头用的圆柱头沉孔(GB/T 152.3—1988)		d_2	6	8	10	11	15	18	20	24	26	33	40	48	57
		t	—	3.2	4	4.7	6	7	8	9	10.5	12.5	—	—	—
内六角圆柱头用的圆柱头沉孔(GB/T 152.3—1988)		d_2	6	8	10	11	15	18	20	24	26	33	40	48	57
		t	3.4	4.6	5.7	6.8	9	11	13	15	17.5	21.5	25.5	32	38

附表14 平键和键槽的剖面尺寸（GB/T 1095－2003）
普通平键的型式尺寸（GB/T 1096－2003）

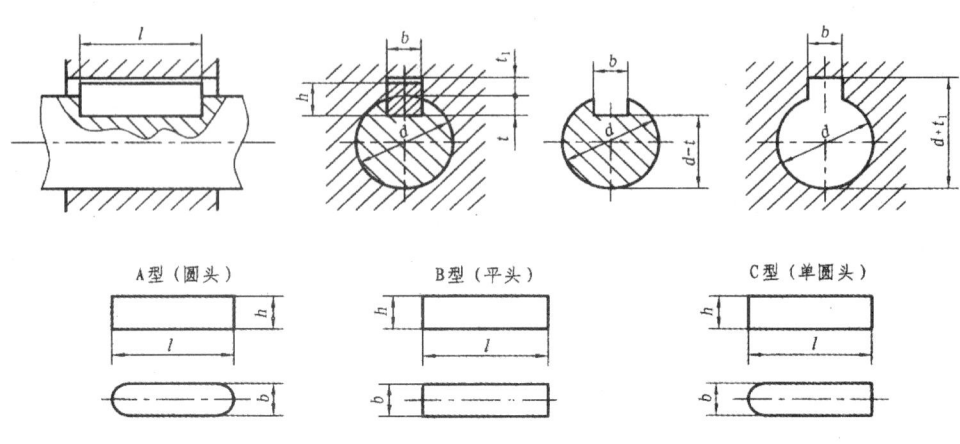

标 记 示 例

圆头普通平键（A型） $b=16mm, h=10mm, L=100mm$：
键 16×100 GB/T 1096—2003

（单位：mm）

轴径	键		键槽				
			宽 度			深 度	
d	b	h	b	一般键连接偏差		轴 t	毂 t_1
				轴 N9	毂 JS9		
自 6～8	2	2	2	−0.004	±0.0125	1.2	1
>8～10	3	3	3	−0.029		1.8	1.4
>10～12	4	4	4	0	±0.018	2.5	1.8
>12～17	5	5	5	−0.030		3.0	2.3
>17～22	6	6	6			3.5	2.8
>22～30	8	7	8	0	±0.018	4.0	3.3
>30～38	10	8	10	−0.036		5.0	3.3
>38～44	12	8	12			5.0	3.3
>44～50	14	9	14	0	±0.0215	5.5	3.8
>50～58	16	10	16	−0.043		6.0	4.3
>58～65	18	11	18			7.0	4.4
>65～75	20	12	20			7.5	4.9
>75～85	22	14	22	0	±0.026	9.0	5.4
>85～95	25	14	25	−0.052		9.0	5.4
>95～110	28	16	28			10.0	6.4
>110～130	32	18	32			11.0	7.4
>130～150	36	20	36	0	±0.031	12.0	8.4
>150～170	40	22	40	−0.062		13.0	9.4
>170～200	45	25	45			15.0	10.4
l 系列	6、8、10、12、16、18、20、22、25、28、32、36、40、45、50、56、63、70、80、90、100、110、125、140、160、180、200、220、250、280、320、360、400、450						

附表15 圆柱销（GB/T 119.1-2000、GB/T 119.2-2000）

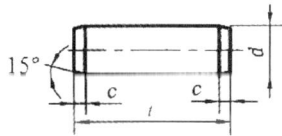

标记示例

公称直径 $d=8$mm、公差为 m6、长度 $l=30$mm、材料 35 钢、不经淬火、不经表面处理的圆柱销：
　　销　GB/T119.1　8m6×30

（单位：mm）

d	1	1.2	1.5	2	2.5	3	4	5	6	8	10	12
$a\approx$	0.12	0.16	0.20	0.25	0.30	0.40	0.50	0.63	0.80	1.0	1.2	1.6
$c\approx$	0.20	0.25	0.30	0.35	0.40	0.50	0.63	0.80	1.2	1.6	2	2.5
l 系列	2,3,4,5,6,8,10,12,14,16,18,20,22,24,26,28,30,32,35,40,45,50,55,60,65,70,75,80,85,90											

附表16 圆锥销（GB/T 117-2000）

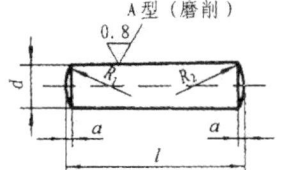 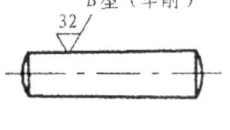

$R_1=d$

$R_2\approx\dfrac{a}{2}+d+\dfrac{(0.021)^2}{8a}$

标记示例

公称直径 $d=10$mm、长度 $l=60$mm、材料 35 钢、热处理硬度 28～38HRC、表面氧化处理的 A 型圆锥销：
　　销　GB/T 117　10×60

（单位：mm）

d	1	1.2	1.5	2	2.5	3	4	5	6	8	10	12
$a\approx$	0.12	0.16	0.2	0.25	0.3	0.4	0.5	0.63	0.8	1	1.2	1.6
l 系列	2,3,4,5,6,8,10,12,14,16,18,20,22,24,26,28,30,32,35,40,45,50,55,60,65,70,75,80,85,90											

附表17 开口销（GB/T 91-2000）

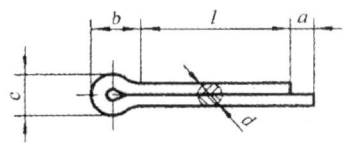

标记示例

公称直径 $d=5$mm、长度 $l=50$mm、材料为 Q215 或 Q235、不经表面处理的开口销：
　　销　GB/T91　5×50

（单位：mm）

d		1	1.2	1.6	2	2.5	3.2	4	5	6.3	8	10	12
c	max	1.8	2	2.8	3.6	4.6	5.8	7.4	9.2	11.8	15	19	24.8
	min	1.6	1.7	2.4	3.2	4	5.1	6.5	8	10.3	13.1	16.6	21.7
$b\approx$		3	3	3.2	4	5	6.4	8	10	12.6	16	20	26
a	max	1.6			2.5			3.2		4			6.3
l 系列		2,3,4,5,6,8,10,12,14,16,18,20,22,24,26,28,30,32,35,40,45,50,55,60,65,70,75,80,85,90											

附表18 深沟球轴承（GB/T 276—2013） （单位：mm）

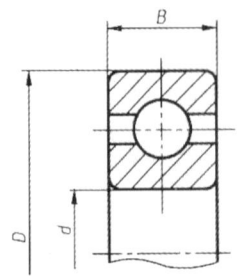
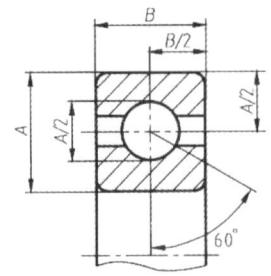

标记示例：
内径 $d=50$ 的60000型深沟球轴承，尺寸系列为(0)2：
滚动轴承 6210 GB/T 276—2015

轴承型号		外形尺寸			轴承型号		外形尺寸		
		d	D	B			d	D	B
(0)1 系列	6004	20	42	12	(0)3 系列	6304	20	52	15
	6005	25	47	12		6305	25	62	17
	6006	30	55	13		6306	30	72	19
	6007	35	62	14		6307	35	80	21
	6008	40	68	15		6308	40	90	23
	6009	45	75	16		6309	45	100	25
	6010	50	80	16		6310	50	110	27
	6011	55	90	18		6311	55	120	29
	6012	60	95	18		6312	60	130	31
	6013	65	100	18		6313	65	140	33
	6014	70	110	20		6314	70	150	35
	6015	75	115	20		6315	75	160	37
	6016	80	125	22		6316	80	170	39
	6017	85	130	22		6317	85	180	41
	6018	90	140	24		6318	90	190	43
	6019	95	145	24		6319	95	200	45
	6020	100	150	24		6320	100	215	47
(0)2 系列	6204	20	47	14	(0)4 系列	6404	20	72	19
	6205	25	52	15		6405	25	80	21
	6206	30	62	16		6406	30	90	23
	6207	35	72	17		6407	35	100	25
	6208	40	80	18		6408	40	110	27
	6209	45	85	19		6409	45	120	29
	6210	50	90	20		6410	50	130	31
	6211	55	100	21		6411	55	140	33
	6212	60	110	22		6412	60	150	35
	6213	65	120	23		6413	65	160	37
	6214	70	125	24		6414	70	180	42
	6215	75	130	25		6415	75	190	45
	6216	80	140	26		6416	80	200	48
	6217	85	150	28		6417	85	210	52
	6218	90	160	30		6418	90	225	54
	6219	95	170	32		6419	95	240	55
	6220	100	180	34		6420	100	250	58

附表 19　圆锥滚子轴承（GB/T 297—2015）　　　　　（单位：mm）

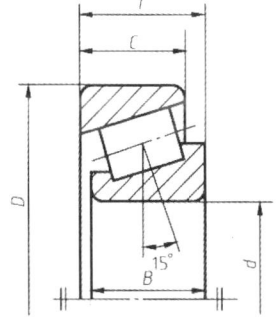

标记示例：
内径 $d=70$ mm 的 30000 型圆锥滚子轴承，尺寸系列为 22：
滚动轴承 32214　GB/T 297—2015

轴承类型		外形尺寸				轴承类型		外形尺寸			
		d	D	T	B	C		d	D	T	B	C
02系列	30204	20	47	15.25	14	12	22系列	32204	20	47	19.25	18	15
	30205	25	52	16.25	15	13		32205	25	52	19.25	18	16
	30206	30	62	17.25	16	14		32206	30	62	21.25	20	17
	30207	35	72	18.25	17	15		32207	35	72	24.25	23	19
	30208	40	80	19.75	18	16		32208	40	80	24.75	23	19
	30209	45	85	20.75	19	16		32209	45	85	24.75	23	19
	30210	50	90	21.75	20	17		32210	50	90	24.75	23	19
	30211	55	100	22.75	21	18		32211	55	100	26.75	25	21
	30212	60	110	23.75	22	19		32212	60	110	29.75	28	24
	30213	65	120	24.75	23	20		32213	65	120	32.75	31	27
	30214	70	125	26.25	24	21		32214	70	125	33.25	31	27
	30215	75	130	27.25	25	22		32215	75	130	33.25	31	27
	30216	80	140	28.25	26	22		32216	80	140	35.25	33	28
	30217	85	150	30.50	28	24		32217	85	150	38.50	36	30
	30218	90	160	32.50	30	26		32218	90	160	42.50	40	34
	30219	95	170	34.50	32	27		32219	95	170	45.50	43	37
	30220	100	180	37	34	29		32220	100	180	49	46	39
03系列	30304	20	52	16.25	15	13	23系列	32304	20	52	22.25	21	18
	30305	25	62	18.25	3217	15		32305	25	62	25.25	24	20
	30306	30	72	20.75	3319	16		32306	30	72	28.75	27	23
	30307	35	80	22.75	3421	18		32307	35	80	32.75	31	25
	30308	40	90	25.25	23	20		32308	40	90	35.25	33	27
	30309	45	100	27.25	25	22		32309	45	100	38.25	36	30
	30310	50	110	29.25	27	23		32310	50	110	42.25	40	33
	30311	55	120	31.50	29	25		32311	55	120	45.50	43	35
	30312	60	130	33.50	31	26		32312	60	130	48.50	46	37
	30313	65	140	36	33	28		32313	65	140	51	48	39
	30314	70	150	38	35	30		32314	70	150	54	51	42
	30315	75	160	40	37	31		32315	75	160	58	55	45
	30316	80	170	42.50	39	33		32316	80	170	61.50	58	48
	30317	85	180	44.50	41	34		32317	85	180	63.50	60	49
	30318	90	190	46.50	43	36		32318	90	190	67.50	64	53
	30319	95	200	49.50	45	38		32319	95	200	71.50	67	55
	30320	100	215	51.50	47	39		32320	100	215	77.50	73	60

附表20 推力球轴承（GB/T 301—2015） （单位：mm）

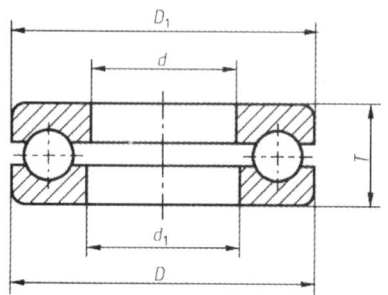

标记示例：
内径 $d=50\text{mm}$ 的51000型推力球轴承，尺寸系列为12：
滚动轴承 51210 GB/T 301—2015

轴承类型		外形尺寸					轴承类型		外形尺寸				
		d	D	T	d_1	D_1			d	D	T	d_1	D_1
11系列 (51000型)	51104	20	35	10	21	35	13系列 (51000型)	51304	20	47	18	22	47
	51105	25	42	11	26	42		51305	25	52	18	27	52
	51106	30	47	11	32	47		51306	30	60	21	32	60
	51107	35	52	12	37	52		51307	35	68	24	37	68
	51108	40	60	13	42	60		51308	40	78	26	42	78
	51109	45	65	14	47	65		51309	45	85	28	47	85
	51110	50	70	14	52	70		51310	50	95	31	52	95
	51111	55	78	16	57	78		51311	55	105	35	57	105
	51112	60	85	17	62	85		51312	60	110	35	62	110
	51113	65	90	18	67	90		51313	65	115	36	67	115
	51114	70	95	18	72	95		51314	70	125	40	72	125
	51115	75	100	19	77	100		51315	75	135	44	77	135
	51116	80	105	19	82	105		51316	80	140	44	82	140
	51117	85	110	19	87	110		51317	85	150	49	88	150
	51118	90	120	22	92	120		51318	90	155	50	93	155
	51120	100	135	25	102	135		51320	100	170	55	103	170
12系列 (51000型)	51204	20	40	14	22	40	14系列 (51000型)	51405	25	60	24	27	60
	51205	25	47	15	27	47		51406	30	70	28	32	70
	51206	30	52	16	32	52		51407	35	80	32	37	80
	51207	35	62	18	37	62		51408	40	90	36	42	90
	51208	40	68	19	42	68		51409	45	100	39	47	100
	51209	45	73	20	47	73		51410	50	110	43	52	110
	51210	50	78	22	52	78		51411	55	120	48	57	120
	51211	55	90	25	57	90		51412	60	130	51	62	130
	51212	60	95	26	62	95		51413	65	140	56	68	140
	51213	65	100	27	67	100		51414	70	150	60	73	150
	51214	70	105	27	72	105		51415	75	160	65	78	160
	51215	75	110	27	77	110		51416	80	170	68	83	170
	51216	80	115	28	82	115		51417	85	180	72	88	177
	51217	85	125	31	88	125		51418	90	190	77	93	187
	51218	90	135	35	93	135		51419	95	210	85	103	205
	51220	100	150	38	103	150		51422	110	230	95	113	225

附表 21 中心孔（GB/T 145—2001） （单位：mm）

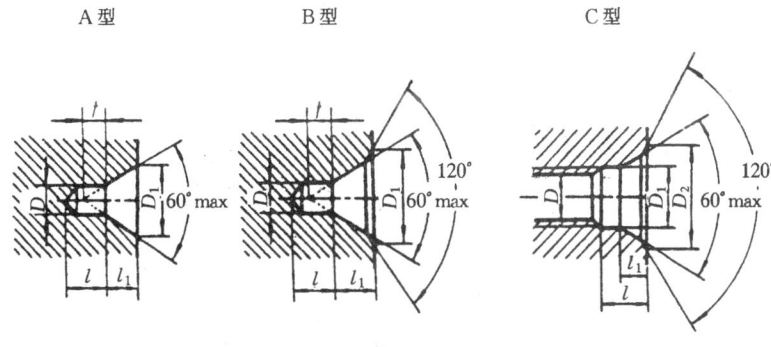

中心孔尺寸

	A、B 型					C 型					选择中心孔参考数据（非标准内容）		
	A 型			B 型							原料端部最小直径	轴状原料最大直径	工作量大重量
D	D_1	参考		D_1	参考		D	D_1	D_2	l	参考 l_1	D_0	D_c	t
		l_1	t		l_1	t								
2.00	4.25	1.95	1.8	6.30	2.54	1.8						8	10～18	0.12
2.50	5.30	2.42	2.2	8.00	3.20	2.2						10	18～30	0.2
3.15	6.70	3.07	2.8	10.00	4.03	2.8	M3	3.2	5.8	2.6	1.8	12	30～50	0.5
4.00	8.50	3.90	3.5	12.50	5.05	3.5	M4	4.3	7.4	3.2	2.1	15	50～80	0.8
(5.00)	10.60	4.85	4.4	16.00	6.41	4.4	M5	5.3	8.8	4.0	2.4	20	80～120	1
6.30	13.20	5.98	5.5	18.00	7.36	5.5	M6	6.4	10.5	5.0	2.8	25	120～180	1.5
(8.00)	17.00	7.79	7.0	22.40	9.36	7.0	M8	8.4	13.2	6.0	3.3	30	180～220	2
10.00	21.20	9.70	8.7	28.00	11.66	8.7	M10	10.5	16.3	7.5	3.8	42	220～260	3

注：1. 尺寸 l 取决于中心钻的长度，此值不应小于 t 值（对 A 型、B 型）。
2. 括号内的尺寸尽量不采用。
3. R 型中心孔未列入。

中心孔表示法

要 求	符 号	标 注 示 例	解 释
在完工的零件上要求保留中心孔		B3.15/10	要求作出 B 型中心孔 D = 3.15，D_1 = 10.0，在完工的零件上要求保留中心孔
在完工的零件上可以保留中心孔		A4/8.5	用 A 型中心孔 D = 4，D_1 = 8.5，在完工的零件上是否保留都可以
在完工的零件上不允许保留中心孔		A2/4.25	用 A 型中心孔 D = 2，D_1 = 4.25，在完工的零件上不允许保留中心孔

附表 22 标准公差数值（GB/T 1800.2－2009）

基本尺寸 /mm		标准公差等级																
		IT1	IT2	IT3	IT4	IT5	IT6	IT7	IT8	IT9	IT10	IT11	IT12	IT13	IT14	IT15	IT16	IT17	IT18
大于	至	μm											mm						
—	3	0.8	1.2	2	3	4	6	10	14	25	40	60	0.1	0.14	0.25	0.4	0.6	1	1.4
3	6	1	1.5	2.5	4	5	8	12	18	30	48	75	0.12	0.18	0.3	0.48	0.75	1.2	1.8
6	10	1	1.5	2.5	4	6	9	15	22	36	58	90	0.15	0.22	0.36	0.58	0.9	1.5	2.2
10	18	1.2	2	3	5	8	11	18	27	43	70	110	0.18	0.27	0.43	0.7	1.1	1.8	2.7
18	30	1.5	2.5	4	6	9	13	21	33	52	84	130	0.21	0.33	0.52	0.84	1.3	2.1	3.3
30	50	1.5	2.5	4	7	11	16	25	39	62	100	160	0.25	0.39	0.62	1	1.6	2.5	3.9
50	80	2	3	5	8	13	19	30	46	74	120	190	0.3	0.46	0.74	1.2	1.9	3	4.6
80	120	2.5	4	6	10	15	22	35	54	87	140	220	0.35	0.54	0.87	1.4	2.2	3.5	5.4
120	180	3.5	5	8	12	18	25	40	63	100	160	250	0.4	0.63	1	1.6	2.5	4	6.3
180	250	4.5	7	10	14	20	29	46	72	115	185	290	0.46	0.72	1.15	1.85	2.9	4.6	7.2
250	315	6	8	12	16	23	32	52	81	130	210	320	0.52	0.81	1.3	2.1	3.2	5.2	8.1
315	400	7	9	13	18	25	36	57	89	140	230	360	0.57	0.89	1.4	2.3	3.6	5.7	8.9
400	500	8	10	15	20	27	40	63	97	155	250	400	0.63	0.97	1.55	2.5	4	6.3	9.7
500	630	9	11	16	22	32	44	70	110	175	280	440	0.7	1.1	1.75	2.8	4.4	7	11
630	800	10	13	18	25	36	50	80	125	200	320	500	0.8	1.25	2	3.2	5	8	12.5
800	1000	11	15	21	28	40	56	90	140	230	360	560	0.9	1.4	2.3	3.6	5.6	9	14
1000	1250	13	18	24	33	47	66	105	165	260	420	660	1.05	1.65	2.6	4.2	6.6	10.5	16.5
1250	1600	15	21	29	39	55	78	125	195	310	500	780	1.25	1.95	3.1	5	7.8	12.5	19.5
1600	2000	18	25	35	46	65	92	150	230	370	600	920	1.5	2.3	3.7	6	9.2	15	23
2000	2500	22	30	41	55	78	110	175	280	440	700	1100	1.75	2.8	4.4	7	11	17.5	28
2500	3150	26	36	50	68	96	135	210	330	540	860	1350	2.1	3.3	5.4	8.6	13.5	21	33

注：1. 基本尺寸大于 500mm 的 IT1 至 IT5 的标准公差数值为试行的。
  2. 基本尺寸小于或等于 1mm 时，无 IT14 至 IT18。

附表23 轴的基本偏差数值（GB/T 1800.1－2009） （单位：μm）

基本尺寸/mm		上偏差 es											下偏差 ei				
		所有标准公差等级											IT5和IT6	IT7	IT8	IT4至IT7	≤IT3 >IT7
大于	至	a	b	c	cd	d	e	ef	f	fg	g	h	js	j			k	
—	3	−270	−140	−60	−34	−20	−14	−10	−6	−4	−2	0		−2	−4	−6	0	0
3	6	−270	−140	−70	−46	−30	−20	−14	−10	−6	−4	0		−2	−4		+1	0
6	10	−280	−150	−80	−56	−40	−25	−18	−13	−8	−5	0		−2	−5		+1	0
10	14	−290	−150	−95		−50	−32		−16		−6	0		−3	−6		+1	0
14	18																	
18	24	−300	−160	−110		−65	−40		−20		−7	0		−4	−8		+2	0
24	30																	
30	40	−310	−170	−120		−80	−50		−25		−9	0		−5	−10		+2	0
40	50	−320	−180	−130														
50	65	−340	−190	−140		−100	−60		−30		−10	0		−7	−12		+2	0
65	80	−360	−200	−150														
80	100	−380	−220	−170		−120	−72		−36		−12	0	偏差=±ITn/2	−9	−15		+3	0
100	120	−410	−240	−180														
120	140	−460	−260	−200		−145	−85		−43		−14	0		−11	−18		+3	0
140	160	−520	−280	−210														
160	180	−580	−310	−230														
180	200	−660	−340	−240		−170	−100		−50		−15	0		−13	−21		+4	0
200	225	−740	−380	−260														
225	250	−820	−420	−280														
250	280	−920	−480	−300		−190	−110		−56		−17	0		−16	−26		+4	0
280	315	−1050	−540	−330														
315	355	−1200	−600	−360		−210	−125		−62		−18	0		−18	−28		+4	0
355	400	−1350	−680	−400														
400	450	−1500	−760	−440		−230	−135		−68		−20	0		−20	−32		+5	0
450	500	−1650	−840	−480														

（续表）

基本尺寸/mm		下偏差 ei												
		所有标准公差等级												
大于	至	m	n	p	r	s	t	u	v	x	y	z	za	zb	zc
—	3	+2	+4	+6	+10	+14		+18		+20		+26	+32	+40	+60
3	6	+4	+8	+12	+15	+19		+23		+28		+35	+42	+50	+80
6	10	+6	+10	+15	+19	+23		+28		+34		+42	+52	+67	+97
10	14	+7	+12	+18	+23	+28		+33		+40		+50	+64	+90	+130
14	18	+7	+12	+18	+23	+28		+33	+39	+45		+60	+77	+108	+150
18	24	+8	+15	+22	+28	+35		+41	+47	+54	+63	+73	+98	+136	+188
24	30	+8	+15	+22	+28	+35	+41	+48	+55	+64	+75	+88	+118	+160	+218
30	40	+9	+17	+26	+34	+43	+48	+60	+68	+80	+94	+112	+148	+200	+274
40	50	+9	+17	+26	+34	+43	+54	+70	+81	+97	+114	+136	+180	+242	+325
50	65	+11	+20	+32	+41	+53	+66	+87	+102	+122	+14	+172	+226	+300	+405
65	80	+11	+20	+32	+43	+59	+75	+102	+120	+146	+174	+210	+274	+360	+480
80	100	+13	+23	+37	+51	+71	+91	+124	+146	+178	+214	+258	+335	+445	+585
100	120	+13	+23	+37	+54	+79	+104	+144	+172	+210	+254	+310	+400	+525	+690
120	140	+15	+27	+43	+63	+92	+122	+170	+202	+248	+300	+365	+470	+620	+800
140	160	+15	+27	+43	+65	+100	+134	+190	+228	+280	+340	+415	+535	+700	+900
160	180	+15	+27	+43	+68	+108	+146	+210	+252	+310	+380	+465	+600	+780	+1000
180	200	+17	+31	+50	+77	+122	+166	+236	+284	+350	+425	+520	+670	+880	+1150
200	225	+17	+31	+50	+80	+130	+180	+258	+310	+385	+470	+575	+740	+960	+1250
225	250	+17	+31	+50	+84	+140	+196	+284	+340	+425	+520	+640	+820	+1050	+1350
250	280	+20	+34	+56	+94	+158	+218	+315	+385	+475	+580	+710	+920	+1200	+1550
280	315	+20	+34	+56	+98	+170	+240	+350	+425	+525	+650	+790	+1000	+1300	+1700
315	355	+21	+37	+62	+108	+190	+268	+390	+475	+590	+730	+900	+1150	+1500	+1900
355	400	+21	+37	+62	+114	+208	+294	+435	+530	+660	+820	+1000	+1300	+1650	+2100
400	450	+23	+40	+68	+126	+232	+330	+490	+595	+740	+920	+1100	+1450	+1850	+2400
450	500	+23	+40	+68	+132	+252	+360	+540	+660	+820	+1000	+1250	+1600	+2100	+2600

注：1. 基本尺寸小于或等于 1mm 时，基本偏差 a 和 b 均不采用。
2. 公差带 js7 至 js11，若 ITn 数值是奇数，则取偏差 $= \pm \dfrac{ITn-1}{2}$。

附表 24　孔的基本偏差数值（GB/T 1800.1—2009）　　　　（单位：μm）

基本尺寸/mm		下偏差 EI										上偏差 ES								
		所有标准公差等级										IT6	IT7	IT8	≤IT8	>IT8	≤IT8	>IT8	≤IT8	>IT8
大于	至	A	B	C	CD	D	E	EF	F	FG	G	H	JS	J			K		M		N
—	3	+270	+140	+60	+34	+20	+14	+10	+6	+4	+2	0		+2	+4	+6	0	0	−2	−2	−4	−4
3	6	+270	+140	+70	+46	+30	+20	+14	+10	+6	+4	0		+5	+6	+10	−1+Δ		−4+Δ	−4	−8+Δ	0
6	10	+280	+150	+80	+56	+40	+25	+18	+13	+8	+5	0		+5	+8	+12	−1+Δ		−6+Δ	−6	−10+Δ	0
10	14	+290	+150	+95		+50	+32		+16		+6	0		+6	+10	+15	−1+Δ		−7+Δ	−7	−12+Δ	0
14	18																					
18	24	+300	+160	+110		+65	+40		+20		+7	0	偏差=±ITn/2	+8	+12	+20	−2+Δ		−8+Δ	−8	−15+Δ	0
24	30																					
30	40	+310	+170	+120		+80	+50		+25		+9	0		+10	+14	+24	−2+Δ		−9+Δ	−9	−17+Δ	0
40	50	+320	+180	+130																		
50	65	+340	+190	+140		+100	+60		+30		+10	0		+13	+18	+28	−2+Δ		−11+Δ	−11	−20+Δ	0
65	80	+360	+200	+150																		
80	100	+380	+220	+170		+120	+72		+36		+12	0		+16	+22	+34	−3+Δ		−13+Δ	−13	−23+Δ	0
100	120	+410	+240	+180																		
120	140	+460	+260	+200		+145	+85		+43		+14	0		+18	+26	+41	−3+Δ		−15+Δ	−15	−27+Δ	0
140	160	+520	+280	+210																		
160	180	+580	+310	+230																		
180	200	+660	+310	+240		+170	+100		+50		+15	0		+22	+30	+47	−4+Δ		−17+Δ	−17	−31+Δ	0
200	225	+740	+380	+260																		
225	250	+820	+420	+280																		
250	280	+920	+480	+300		+190	+110		+56		+17	0		+25	+36	+55	−4+Δ		−20+Δ	−20	−34+Δ	0
280	315	+1050	+540	+330																		
315	355	+1200	+600	+360		+210	+125		+62		+18	0		+29	+39	+60	−4+Δ		−21+Δ	−21	−37+Δ	0
355	400	+1350	+680	+400																		
400	450	+1500	+760	+440		+230	+135		+68		+20	0		+33	+43	+66	−5+Δ		−23+Δ	−23	−40+Δ	0
450	500	+1650	+840	+480																		

(续表)

基本尺寸/mm		上偏差 ES												Δ 值					
		≤IT7	标准公差等级大于 IT7											标准公差等级					
大于	至	P 至 ZC	P	R	S	T	U	V	X	Y	Z	ZA	AB	ZC	IT3	IT4	IT5	IT6	IT7	IT8
—	3		−6	−10	−14		−18		−20		−26	−32	−40	−40	−60	0	0	0	0	0
3	6		−12	−15	−19		−23		−28		−35	−42	−50	−80	1	1.5	1	3	4	6
6	10		−15	−19	−23		−28		−34		−42	−52	−67	−97	1	1.5	2	3	6	7
10	14		−18	−23	−28		−33		−40		−50	−64	−90	−130	1	2	3	3	7	9
14	18							−39	−45		−60	−77	−108	−150						
18	24		−22	−28	−35		−41	−47	−54	−63	−73	−98	−136	−188	1.5	2	3	4	8	12
24	30					−41	−48	−55	−64	−75	−88	−118	−160	−218						
30	40		−26	−34	−43	−48	−60	−68	−80	−94	−112	−148	−200	−274	1.5	3	4	5	9	14
40	50					−54	−70	−81	−97	−114	−136	−180	−242	−325						
50	65		−32	−41	−53	−66	−87	−102	−122	−144	−172	−226	−300	−405	2	3	5	6	11	16
65	80			−43	−59	−75	−102	−120	−146	−174	−210	−274	−360	−480						
80	100	在大于 IT7 的相应值上增加一个 Δ 值	−37	−51	−71	−91	−124	−146	−178	−214	−258	−335	−445	−585	2	4	5	7	13	19
100	120			−54	−79	−104	−144	−172	−210	−254	−310	−400	−525	−690						
120	140		−43	−63	−92	−122	−170	−202	−248	−300	−365	−470	−620	−800	3	4	6	7	15	23
140	160			−65	−100	−134	−190	−228	−280	−340	−415	−535	−700	−900						
160	180			−68	−108	−146	−210	−252	−310	−380	−465	−600	−780	−1000						
180	200		−50	−77	−122	−166	−236	−284	−350	−425	−520	−670	−880	−1150	3	4	6	9	17	26
200	225			−80	−130	−180	−258	−310	−385	−470	−575	−740	−960	−1250						
225	250			−84	−140	−196	−284	−340	−425	−520	−640	−820	−1050	−1350						
250	280		−56	−94	−158	−218	−315	−385	−475	−580	−710	−920	−1200	−1550	4	4	7	9	20	29
280	315			−98	−170	−240	−350	−425	−525	−650	−790	−1000	−1300	−1700						
315	355		−62	−108	−190	−268	−390	−475	−590	−730	−900	−1150	−1500	−1900	4	5	7	11	21	32
355	400			−114	−208	−294	−435	−530	−660	−820	−1000	−1300	−1650	−2100						
400	450		−68	−126	−232	−330	−490	−595	−740	−920	−1100	−1450	−1850	−2400	5	5	7	13	23	34
450	500			−132	−252	−360	−540	−660	−820	−1000	−1250	−1600	−2100	−2600						

注：1. 基本尺寸小于或等于 1mm 时，基本偏差 A 和 B 及大于 IT8 的 N 均不采用。

2. 公差带 JS7 至 JS11，若 ITn 数值是奇数，则取偏差 $=\pm\dfrac{ITn-1}{2}$。

3. 对小于或等于 IT8 的 K、M、N 和小于或等于 IT7 的 P 至 ZC，所需 Δ 值从表内右侧选取，例如：18～30mm 段的 K7，Δ＝8μm，所以 ES＝−2+8＝+6(μm)；18～30mm 段的 S6，Δ＝4μm，所以 ES＝−35+4＝−31(μm)。

4. 特殊情况：250～315mm 段的 M6，ES＝−9μm(代替−11μm)。

附表25 优先配合中轴的极限偏差（GB/T 1800.2－2009） （单位：μm）

基本尺寸/mm 大于	至	c 11	d 9	f 7	g 6	h 6	h 7	h 9	h 11	k 6	n 6	p 6	s 6	u 6
—	3	-60 -120	-20 -45	-6 -16	-2 -8	0 -6	0 -10	0 -25	0 -60	+6 0	+10 +4	+12 +6	+20 +14	+24 +18
3	6	-70 -145	-30 -60	-10 -22	-4 -12	0 -8	0 -12	0 -30	0 -75	+9 +1	+16 +8	+20 +12	+27 +19	+31 +23
6	10	-80 -170	-40 -76	-13 -28	-5 -14	0 -9	0 -15	0 -36	0 -90	+10 +1	+19 +10	+24 +15	+32 +23	+37 +28
10	14	-95 -205	-50 -93	-16 -34	-6 -17	0 -11	0 -18	0 -43	0 -110	+12 +1	+23 +12	+29 +18	+39 +28	+44 +33
14	18													
18	24	-110 -240	-65 -117	-20 -41	-7 -20	0 -13	0 -21	0 -52	0 -130	+15 +2	+28 +15	+35 +22	+48 +35	+54 +41
24	30													+61 +48
30	40	-120 -280	-80 -142	-25 -50	-9 -25	0 -16	0 -25	0 -62	0 -160	+18 +2	+33 +17	+42 +26	+59 +43	+76 +60
40	50	-130 -290												+86 +70
50	65	-140 -330	-100 -174	-30 -60	-10 -29	0 -19	0 -30	0 -74	0 -190	+21 +2	+39 +20	+51 +32	+72 +53	+106 +87
65	80	-150 -340											+78 +59	+121 +102
80	100	-170 -390	-120 -207	-36 -71	-12 -34	0 -22	0 -35	0 -87	0 -220	+25 +2	+45 +23	+59 +37	+93 +71	+146 +124
100	120	-180 -400											+101 +79	+166 +144
120	140	-200 -450	-145 -245	-43 -83	-14 -39	0 -25	0 -40	0 -100	0 -250	+28 +3	+52 +27	+68 +43	+117 +92	+195 +170
140	160	-210 -460											+125 +100	+215 +190
160	180	-230 -480											+133 +108	+235 +210
180	200	-240 -480	-170 -285	-50 -96	-15 -44	0 -29	0 -46	0 -115	0 -290	+33 +4	+60 +31	+79 +50	+151 +122	+265 +236
200	225	-260 -550											+159 +130	+287 +258
225	250	-280 -570											+169 +140	+313 +284
250	280	-300 -620	-190 -320	-56 -108	-17 -49	0 -32	0 -52	0 -130	0 -320	+36 +4	+66 +34	+88 +56	+190 +158	+347 +315
280	315	-330 -650											+202 +170	+382 +350
315	355	-360 -720	-210 -350	-62 -119	-18 -54	0 -36	0 -57	0 -140	0 -360	+40 +4	+73 +37	+98 +62	+226 +190	+426 +390
355	400	-400 -760											+244 +208	+471 +435
400	450	-440 -840	-230 -385	-68 -131	-20 -60	0 -40	0 -63	0 -155	0 -400	+45 +5	+80 +40	+108 +68	+272 +232	+530 +490
450	500	-480 -880											+292 +252	+580 +540

附表26 优先配合中孔的极限偏差（GB/T 1800.2－2009） （单位：μm）

基本尺寸/mm 大于	至	C 11	D 9	F 8	G 7	H 7	H 8	H 9	H 11	K 7	N 7	P 7	S 7	U 7
—	3	+120 +60	+45 +20	+20 +6	+12 +2	+10 0	+14 0	+25 0	+60 0	0 -10	-4 -14	-6 -16	-14 -24	-18 -28
3	6	+145 +70	+60 +30	+28 +10	+16 +4	+12 0	+18 0	+30 0	+75 0	+3 -9	-4 -16	-8 -20	-15 -27	-19 -31
6	10	+170 +80	+76 +40	+35 +13	+20 +5	+15 0	+22 0	+36 0	+90 0	+5 -10	-4 -19	-9 -24	-17 -32	-22 -37
10	14	+205 +95	+93 +50	+43 +16	+24 +6	+18 0	+27 0	+43 0	+110 0	+6 -12	-5 -23	-11 -29	-21 -39	-26 -44
14	18	+205 +95	+93 +50	+43 +16	+24 +6	+18 0	+27 0	+43 0	+110 0	+6 -12	-5 -23	-11 -29	-21 -39	-26 -44
18	24	+240 +110	+117 +65	+53 +20	+28 +7	+21 0	+33 0	+52 0	+130 0	+6 -15	-7 -28	-14 -35	-27 -48	-33 -54
24	30	+240 +110	+117 +65	+53 +20	+28 +7	+21 0	+33 0	+52 0	+130 0	+6 -15	-7 -28	-14 -35	-27 -48	-40 -61
30	40	+280 +120	+142 +80	+64 +25	+34 +9	+25 0	+39 0	+62 0	+160 0	+7 -18	-8 -33	-17 -42	-34 -59	-51 -76
40	50	+290 +130	+142 +80	+64 +25	+34 +9	+25 0	+39 0	+62 0	+160 0	+7 -18	-8 -33	-17 -42	-34 -59	-61 -86
50	65	+330 +140	+170 +100	+76 +30	+40 +10	+30 0	+46 0	+74 0	+190 0	+9 -21	-9 -39	-21 -51	-42 -72	-76 -106
65	80	+340 +150	+170 +100	+76 +30	+40 +10	+30 0	+46 0	+74 0	+190 0	+9 -21	-9 -39	-21 -51	-48 -78	-91 -121
80	100	+390 +170	+207 +120	+90 +36	+47 +12	+35 0	+54 0	+87 0	+220 0	+10 -25	-10 -45	-24 -59	-58 -93	-111 -146
100	120	+400 +180	+207 +120	+90 +36	+47 +12	+35 0	+54 0	+87 0	+220 0	+10 -25	-10 -45	-24 -59	-66 -101	-131 -166
120	140	+450 +200	+245 +145	+106 +43	+54 +14	+40 0	+63 0	+100 0	+250 0	+12 -28	-12 -52	-28 -68	-77 -117	-155 -195
140	160	+460 +210	+245 +145	+106 +43	+54 +14	+40 0	+63 0	+100 0	+250 0	+12 -28	-12 -52	-28 -68	-85 -125	-175 -215
160	180	+480 +230	+245 +145	+106 +43	+54 +14	+40 0	+63 0	+100 0	+250 0	+12 -28	-12 -52	-28 -68	-93 -133	-195 -235
180	200	+530 +240	+285 +170	+122 +50	+61 +15	+46 0	+72 0	+115 0	+290 0	+13 -33	-14 -60	-33 -79	-105 -151	-219 -265
200	225	+550 +260	+285 +170	+122 +50	+61 +15	+46 0	+72 0	+115 0	+290 0	+13 -33	-14 -60	-33 -79	-113 -159	-241 -287
225	250	+570 +280	+285 +170	+122 +50	+61 +15	+46 0	+72 0	+115 0	+290 0	+13 -33	-14 -60	-33 -79	-123 -169	-267 -313
250	280	+620 +300	+320 +190	+137 +56	+69 +17	+52 0	+81 0	+130 0	+320 0	+16 -36	-14 -66	-36 -88	-138 -190	-295 -347
280	315	+650 +330	+320 +190	+137 +56	+69 +17	+52 0	+81 0	+130 0	+320 0	+16 -36	-14 -66	-36 -88	-150 -202	-330 -382
315	355	+720 +360	+350 +210	+151 +62	+75 +18	+57 0	+89 0	+140 0	+360 0	+17 -40	-16 -73	-41 -98	-169 -226	-369 -426
355	400	+760 +400	+350 +210	+151 +62	+75 +18	+57 0	+89 0	+140 0	+360 0	+17 -40	-16 -73	-41 -98	-187 -244	-414 -471
400	450	+840 +440	+385 +230	+165 +68	+83 +20	+63 0	+97 0	+155 0	+400 0	+18 -45	-17 -80	-45 -108	-209 -272	-467 -530
450	500	+880 +480	+385 +230	+165 +68	+83 +20	+63 0	+97 0	+155 0	+400 0	+18 -45	-17 -80	-45 -108	-229 -292	-517 -580

附表 27　常用的热处理和表面处理名词解释

名　词		代　号	说　明	应　用
退火		5111	将钢件加热到临界温度以上（一般是 710~715℃，个别合金钢 800~900℃）30~50℃，保温一段时间，然后缓慢冷却（一般在炉中冷却）	用来消除铸、锻、焊零件的内应力，降低硬度，便于切削加工，细化金属晶粒，改善组织，增加韧性
正火		5121	将钢件加热到临界温度以上，保温一段时间，然后在空气中冷却，冷却速度比退火为快	用来处理低碳和中碳结构钢及渗碳零件，使其组织细化，增加强度与韧性，减少内应力，改善切削性能
淬火		5131	将钢件加热到临界温度以上，保温一段时间，然后在水、盐水或油中（个别材料在空气中）急速冷却，使其得到高硬度	用来提高钢的硬度和强度极限。但淬火会引起内应力使钢变脆，所以淬火后必须回火
回火		5141	回火是将淬硬的钢件加热到临界点以下的温度，保温一段时间，然后在空气中或油中冷却下来	用来消除淬火后的脆性和内应力，提高钢的塑性和冲击韧性
调质		5151	淬火后在 450~650℃ 进行高温回火，称为调质	用来使钢获得高的韧性和足够的强度。重要的齿轮、轴及丝杠等件是调质处理的
表面淬火	火焰淬火	5213	用火焰或高频电流将零件表面迅速加热至临界温度以上，急速冷却	使零件表面获得高硬度，而心部保持一定的韧性，使零件既耐磨又能承受冲击。表面淬火常用来处理齿轮等
	高频淬火	5212		
渗碳淬火		5311	在渗碳剂中将钢件加热到 900~950℃，停留一定时间，将碳渗入钢表面，深度约为 0.5~2mm，再淬火后回火	增加钢件的耐磨性能、表面强度、抗拉强度及疲劳极限 适用于低碳、中碳（w_C < 0.40%）结构钢的中小型零件
渗氮		5340	渗氮是在 500~600℃ 通入氨的炉子内加热，向钢的表面渗入氮原子的过程。渗氮层为 0.025~0.8mm，渗氮时间需 40~50h	增加钢件的耐磨性能、表面硬度、疲劳极限和抗蚀能力 适用于合金钢、碳钢、铸铁件，如机床主轴、丝杠以及在潮湿碱水和燃烧气体介质的环境中工作的零件
碳氮共渗		5320	在 820~860℃ 炉内通入碳和氮，保温 1~2h，使钢件的表面同时渗入碳、氮原子，可得到 0.2~0.5mm 的氧化层	增加表面硬度、耐磨性、疲劳强度和耐蚀性 用于要求硬度高、耐磨的中、小型及薄片零件和刀具等
固溶处理和时效		5181	低温回火后，精加工之前，加热到 100~160℃，保持 10~40h。对铸件也可用天然时效（放在露天中一年以上）	使工件消除内应力和稳定形状，用于量具、精密丝杠、床身导轨、床身等
发蓝		发蓝	将金属零件放在很浓的碱和氧化剂溶液中加热氧化，使金属表面形成一层氧化铁所组成的保护性薄膜	防腐蚀、美观。用于一般连接的标准件和其他电子类零件
硬度		HB（布氏硬度）	材料抵抗硬的物体压入其表面的能力称"硬度"。根据测定方法不同，可分布氏硬度、洛氏硬度和维氏硬度 硬度的测定是检验材料经热处理后的力学性能——硬度	用于退火、正火、调质的零件及铸件的硬度检验
		HRC（洛氏硬度）		用于经淬火、回火及表面渗碳、渗氮等处理的零件硬度检验
		HV（维氏硬度）		用于薄层硬化零件的硬度检验

参考文献

[1] 王喜仓，于利民. 工程械图. 北京：中国水利水电出版社，2006.
[2] 王喜仓，刘勇. 计算机辅助设计与绘图（AutoCAD 2011 版）. 北京：中国水利水电出版社，2010.
[3] 朱泽平，王喜仓. 机械制图与 AutoCAD 2000. 北京：机械工业出版社，2001.
[4] 郑家骧等. 机械制图及计算机绘图. 北京：机械工业出版社，2000.
[5] 刘朝儒等. 机械制图. 北京：高等教育出版社，2001.
[6] 谭建荣等. 图学基础教程. 北京：高等教育出版社，1999.
[7] 刘小年等. 机械制图. 北京：高等教育出版社，2000.
[8] 何铭新等. 机械制图. 北京：高等教育出版社，2004.
[9] 周鹏翔等. 工程制图. 北京：高等教育出版社，2000.